飞机飞行原理

苏新兵　张登成　张艳华
柴世杰　王超哲　薛　源　编

西北工业大学出版社
西安

【内容简介】 本书系统介绍了流体力学基础知识,飞机空气动力特性,现代作战飞机气动布局的特点和气动布局的新发展,飞机各种飞行性能的概念、分析方法及影响因素,飞机的平衡、稳定和操纵特性等静态飞行品质的分析方法及影响因素,飞机闭环控制的基本原理,具有增稳和控制增稳操纵系统的现代飞机的飞行品质及电传飞机飞行品质等内容。

　　本书可作为航空机械(飞行器动力工程)专业相关课程的教材,也可供有关专业研究生、飞行员以及科研和管理人员阅读参考。

图书在版编目(CIP)数据

　　飞机飞行原理 / 苏新兵等编 . — 西安:西北工业大学出版社,2023.2
　　ISBN 978 - 7 - 5612 - 8635 - 7

　　Ⅰ.①飞… Ⅱ.①苏… Ⅲ.①飞机-飞行原理-教材
Ⅳ.①V212

中国国家版本馆 CIP 数据核字(2023)第 040606 号

FEIJI FEIXING YUANLI

飞 机 飞 行 原 理

苏新兵　张登成　张艳华　柴世杰　王超哲　薛源　编

责任编辑:王玉玲		策划编辑:黄　佩	
责任校对:张　潼		装帧设计:董晓伟	
出版发行:西北工业大学出版社			
通信地址:西安市友谊西路 127 号		邮编:710072	
电　　话:(029)88491757,88493844			
网　　址:www.nwpup.com			
印 刷 者:兴平市博闻印务有限公司			
开　　本:787 mm×1 092 mm		1/16	
印　　张:20.5			
字　　数:538 千字			
版　　次:2023 年 2 月第 1 版		2023 年 2 月第 1 次印刷	
书　　号:ISBN 978 - 7 - 5612 - 8635 - 7			
定　　价:68.00 元			

如有印装问题请与出版社联系调换

前　言

　　本书是根据"十四五"空军航空机务系统教材体系工程的有关规定及新时代军队院校教学改革精神编写的一部专业理论教材,主要供军队院校航空机械(飞行器动力工程)专业本科教学使用,也可供地方航空院校教学使用,以及供军队和航空工业部门研究所、工厂、机关、部队相关人员自学和工作参考。

　　本书分为7章:第1章为流体力学基础;第2章为飞机空气动力特性,主要介绍薄翼型、低速、亚声速、跨声速、超声速的翼型,机翼及飞机的空气动力特性;为配合新型飞行器气动布局设计,第3章介绍了现代作战飞机气动布局的特点和气动布局的新发展;第4章为飞机的飞行性能,着重讨论了飞机的最大和最小速度、升限、航程和航时、起飞和着陆,以及各种机动等性能的含义和分析方法;第5章为飞机稳定与操纵特性,主要分析了飞机的静态飞行品质,即飞机的平衡、稳定和操纵特性等;第6章为飞机的闭环控制及主动控制技术,主要分析闭环控制基本原理及主动控制技术对飞行性能品质的影响等;第7章为现代飞机飞行品质,主要分析增稳、控制增稳和电传操纵系统的组成、工作原理和控制律,以及装有这种系统的飞机的飞行品质等。

　　本书是空军工程大学"飞机飞行动力学"军队院校优质课程、陕西省混合式一流本科课程和线上一流本科课程、军队院校精品课程数十年来的教学经验的总结。本书由苏新兵、张登成、张艳华、柴世杰、王超哲和薛源等同志编写,第1、2章由苏新兵、张艳华编写,第3章由张登成、苏新兵编写,第4章由王超哲、柴世杰编写,第5章由张艳华、薛源编写,第6章由薛源、王超哲编写,第7章由柴世杰、张登成编写。全书由苏新兵、张登成进行统筹与协调。在编写中参考借鉴了《应用流体力学》(王旭主编,西北工业大学出版社,2012年12月)和《飞机飞行性能品质与控制》(陈廷楠主编,国防工业出版社,2007年12月)等文献,空军工程大学航空工程学院徐浩军教授审阅了全书并提出了许多宝贵意见和建议,在此一并表示衷心的感谢。

　　在编写本书的过程中,得到了空军装备部航空机务教材体系建设各级组织机构和成员的指导和帮助,空军工程大学航空工程学院机关和领导也给本书的保质保量完成提供了有力保障,在此谨致谢意。

　　由于笔者水平有限,书中难免有不足之处,欢迎广大读者批评指正。

编　者

2022 年 8 月

目　录

第 1 章　流体力学基础

要分析作用在飞机表面上的升力、阻力、侧力俯仰力矩、偏航力矩和滚转力矩,往往需要先确定飞机表面气流的流动情况,而流动情况不仅取决于飞机的具体形状,而且取决于气流的具体属性。本章主要介绍流体的性质、一元定常流动的特点、黏性流体力学基础和标准大气等内容。

1.1　流体的主要性质

物质常见的存在状态有固态、液态和气态,处于这 3 种状态下的物质分别称为固体、液体和气体。流体则是液体和气体的总称。

从力学分析角度看,流体与固体的主要差别在于它们对外力的抵抗能力不同。固体能抵抗一定的拉力、压力和剪力。在一定的外力作用下,固体产生相应的变形以抵抗外力,并且有一定的平衡位置(弹性极限内)。一旦撤去外力,分子间的作用力可使固体恢复到原来的形状。流体则不同,它在外力作用下可以处于平衡状态,但不能承受拉力。处于静止状态的流体不能抵抗剪切力,即在任何微小剪切力的持续作用下,流体也将连续不断地变形,直到剪切力消失为止。撤去外力后,流体不能恢复到原来的形状。这就是流体的力学特性,这种特性称为流体的易流动性。由于流体具有这种易流动性,所以其没有固定的形状。

在流体中,气体和液体又有所不同。一定量的液体虽无确定的几何形状(其形状随容器的形状而定),但却有一定的体积,在容器中能够形成一定的自由表面。而气体则不同,它连体积也是不确定的,它总是能够充满容纳它的整个容器。

1.1.1　流体的连续性

流体的连续性实际上是流体连续介质的一种假设。由物理学可知,任何流体都由大量不断运动着的分子组成。每个分子都在不断地作不规则运动,彼此不时碰撞,交换着动量和能量。分子在碰撞过程中,所行经距离的平均值称为分子平均自由程。这种平均自由程比分子本身的直径大很多。以空气为例,在标准状态下,其分子的平均自由程约为 6.5×10^{-6} cm,而分子的平均直径约为 3.7×10^{-8} cm,两者之比约为 170 : 1。液体虽然比气体稠密得多,但分子间仍然有相当大的距离。因此,从微观上来说,流体是一种有间隙的不连续介质。

流体力学是研究流体平衡及运动的一门宏观力学,详细研究分子的微观特性是不必要的,因为工程上所研究的物体(如飞行器)总是有一定体积,其特征尺寸一般以米计,至少以厘米计,比流体分子的平均自由程 l 大得多,即

$$l/L \ll 1$$

其中,L 代表所研究物体(飞行器)的某一个尺寸。

流体的运动通常是因受物体的扰动而引起的,运动时,宏观上必然是大量流体分子一起运动,所表现出来的性能就不会是每个分子的行为,而是流体的总体属性。因此,有理由把流体看成是连绵一片、没有间隙、充满了它所占据的空间的连续介质,这就是所谓的连续介质假设。

连续介质假设首先是由欧拉(Euler)在 1753 年提出的,是流体力学中的一条根本性假设。根据连续介质假设,引入流体质点的概念。所谓流体质点,是指微小体积 ΔV 内所有流体分子的总称,用以表示流体的最小单位。ΔV 包含足够多分子的特征体积,其宏观特性就是大量分子的统计平均特性,且具有确定性。但相对于所研究的物体(飞行器),其几何尺寸很小(但远大于分子自由程)。这样便可将流体看成是由连续分布的流体质点组成的,两相邻流体质点之间不存在间隙。

采用流体连续介质假设后,表征流体属性的物理量为空间和时间的连续函数。因此,在解决流体力学实际问题时,就可以应用数学分析这一有力工具来处理,如对流体物理量可进行微分、积分等。

连续介质假设是建立在流体分子平均自由程远远小于物体特征尺寸的基础上的,低速空气动力学、高速空气动力学甚至高超声速空气动力学都是在这一假设的前提下进行研究的。如果到了外层大气,例如在 120 km 的高空,平均自由程达到了 200 mm,与飞行器的特征尺寸达到了同一数量级,就不会有 $l/L \ll 1$,这时就必须用稀薄空气动力学来进行研究了。稀薄空气动力学的前提不再是连续介质假设。

1.1.2 流体的主要物理量

在连续介质假设下,可以定义流体内部一点 P 处的密度 ρ、压力(压强)p、温度 T 等。以密度 ρ 为例,点 P 的密度为

$$\rho = \lim_{\Delta V \to 0} \frac{\Delta m}{\Delta V} = \frac{\mathrm{d}m}{\mathrm{d}V} \tag{1-1}$$

式中:Δm 是 ΔV 所含流体的质量。$\Delta V \to 0$ 是指 ΔV 趋近于使得平均密度保持不变的某一值。因此,式(1-1)所表示的就是点 P 的密度。

在任意时刻,空间任意点上的流体质点的密度都具有确定数值,因此密度是坐标点(x,y,z)及时间 t 的函数,即

$$\rho = \rho(x,y,z,t)$$

密度 ρ 的定义是单位体积的质量,它与比重 γ(单位体积的重量)的关系以 $\rho = \gamma/g$ 表示,其中 g 为重力加速度。密度 ρ 的倒数 $v = \dfrac{1}{\rho}$ 称为比容。

同理,可以定义空间某点的压力(压强)为

$$p = \lim_{\Delta S \to 0} \frac{\Delta p}{\Delta S} = \frac{\mathrm{d}p}{\mathrm{d}S} \tag{1-2}$$

式中:ΔS 为流体中包含所考察点的某一微元面积;Δp 为作用在微元面积 ΔS 上的力。同样,压力 p 也是空间坐标(x,y,z)及时间 t 的函数,即

$$p = p(x,y,z,t)$$

类似地有

$$T = T(x, y, z, t)$$

根据连续介质假设,一般情况下流体的这些物理量都是空间和时间的连续函数,只有在某些特殊情况下,例如激波区,才会出现不连续性。

1.1.3　流体的压缩性

1.1.3.1　压缩性定义

流体的压缩性是指流体的体积在外力作用下可以改变的特性。当质量不变时,体积的变化意味着密度的变化。因此,压缩性亦可表示为流体密度随流体压力变化的特性。

流体压缩性通常以压缩性系数 β 来表示,它表示在一定温度下,升高一个单位压力时,流体体积的相对缩小量,即

$$\beta = -\frac{\dfrac{\mathrm{d}V}{V}}{\mathrm{d}p}$$

对于一定质量的流体,其体积与密度成反比,即有 $\rho V = \text{const}$(const 表示常数),从而可得

$$V\mathrm{d}\rho + \rho\mathrm{d}V = 0$$

即

$$\frac{\mathrm{d}\rho}{\rho} = -\frac{\mathrm{d}V}{V}$$

如果用密度来表示压缩性,则

$$\beta = \frac{\dfrac{\mathrm{d}\rho}{\rho}}{\mathrm{d}p} \tag{1-3}$$

这样,流体压缩性系数又可表示为:在一定温度下,升高一个单位压力时,流体密度的相对增加量。

压缩性系数的倒数为流体的体积弹性模量 E,即

$$E = \frac{1}{\beta} = -V\frac{\mathrm{d}p}{\mathrm{d}V} = \rho\frac{\mathrm{d}p}{\mathrm{d}\rho} \tag{1-4}$$

或

$$\frac{\Delta p}{E} \approx \frac{\Delta \rho}{\rho} \tag{1-5}$$

弹性模量 E 表征了单位流体体积的相对减小所需要的压力增量。对于不同的流体,E 具有不同的数值。弹性模量越大,压缩性系数越小,流体就越不易被压缩。例如,在常温时,水的弹性模量约为

$$E_{水} = 2.1 \times 10^9 \ \text{N/m}^2$$

这就是说,当水压增加一个大气压时,即

$$\Delta p = 1.013 \times 10^5 \ \text{N/m}^2$$

有

$$\frac{\Delta \rho}{\rho} = \frac{\Delta p}{E} \approx 0.5 \times 10^{-4}$$

亦即密度只变化了万分之零点五。因此,通常情况下水可视为不可压缩流体。而空气的弹性

模量只有水的二万分之一。因此,气体的密度很容易随压力的变化而变化,也就是说,气体具有压缩性。

1.1.3.2 声速、马赫数及其与压缩性的关系

(1) 声速公式。

声速是指声音的传播速度,通常用 a 表示。由物理学知,声音的传播过程,是介质中压力、密度等变化形成的扰动波的传播过程。由于它引起的压力、密度等的变化量很小,故这种扰动称为弱扰动(或小扰动)。因此,声速的实质是弱扰动的传播速度。反之,流体中所有弱扰动的传播速度都等于声速。

声速 a 是流体力学中与压缩性有关的重要参数,其计算公式的推导如下。

如图 1-1 所示,在一个等截面的直长圆管中装一活塞,以微小速度 $\mathrm{d}v$ 向左运动,紧贴活塞左侧的流体也随之以 $\mathrm{d}v$ 向左运动,并产生微小的压力增量 $\mathrm{d}p$。向左运动的流体又推动它左侧的流体以 $\mathrm{d}v$ 运动,同时产生压力增量 $\mathrm{d}p$。如此自右向左的运动过程就形成弱扰动的传播过程。

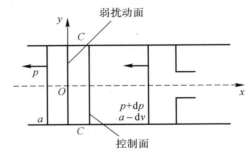

图 1-1 弱扰动波的传播

现假定该弱扰动的波面传到图 1-1 中的 $C—C$ 位置。$C—C$ 之左尚未传到,速度为零,压力为 p,密度为 ρ;$C—C$ 之右已为受扰区,速度、压力、密度分别为 $\mathrm{d}v$、$p+\mathrm{d}p$ 和 $\rho+\mathrm{d}\rho$。对静止观察者来说,这是非定常流场。但对站在 $C—C$ 面上并以波速 a 同步运行的观察者来说,这是一个定常流场。此时流体总是以速度 a 向波面运动,其压力、密度分别为 p、ρ,同时流体又始终以 $a-\mathrm{d}v$ 的速度离开波面,其压力、密度分别为 $p+\mathrm{d}p$ 和 $\rho+\mathrm{d}\rho$。在紧邻 $C—C$ 面的左、右两侧,假设分别存在截面 $A—A$ 和 $B—B$,则质量守恒定理可叙述为:单位时间流入 $A—A$ 面的流体质量等于流出 $B—B$ 面的流体质量。可建立连续方程为

$$\rho a A = (\rho + \mathrm{d}\rho)(a - \mathrm{d}v)A \tag{1-6}$$

同样动量守恒定理可叙述为:单位时间流入 $A—A$ 面的流体动量减去流出 $B—B$ 面的流体动量,等于作用在 $A—A$ 面与 $B—B$ 面的合外力。可建立动量方程为

$$pA - (p + \mathrm{d}p)A = \rho a A[(a - \mathrm{d}v) - a] \tag{1-7}$$

经简化并略去高阶小量,得

$$a\,\mathrm{d}\rho = \rho\,\mathrm{d}v \tag{1-8}$$

及

$$a\rho\,\mathrm{d}v = \mathrm{d}p \tag{1-9}$$

消去 $\mathrm{d}v$,即可得声速公式为

$$a = \sqrt{\frac{\mathrm{d}p}{\mathrm{d}\rho}} \tag{1-10}$$

将式(1-10)代入式(1-3),可得

$$\beta = \frac{1}{\rho a^2} \qquad (1-11)$$

或代入式(1-4),可得

$$E = \rho a^2 \qquad (1-12)$$

由此可见,声速的大小与流体的压缩性有关。声速越大,β 越小,E 越大。声速越大,流体越难压缩。反之,流体越易压缩,其声速就越小。从理论上讲,不可压缩流体的声速应取无穷大。

对于气体,如果符合等熵条件,则 $p/\rho^\gamma = \mathrm{const}$,而且 $p = \rho RT$。将此两式代入式(1-10),则声速公式可进一步化为

$$a = \sqrt{\gamma \frac{p}{\rho}} = \sqrt{\gamma RT} \qquad (1-13)$$

式中:γ 为绝热指数;R 为气体常数,其值随气体种类不同而异,单位为 N·m/(kg·K)。对于空气,通常取 $\gamma = 1.4$,$R = 287.05$ N·m/(kg·K)。由此可得空气中声速为

$$a = 20.05\sqrt{T} \qquad (1-14)$$

由此可见,空气中声速的大小直接取决于温度的高低。温度越高,声速越大;温度越低,声速越小。在海平面上,设 $T = 15.2$ ℃,则 $a = (20.05\sqrt{273+15.2})$ m/s $= 340.37$ m/s。

(2)马赫数及其与压缩性的关系。

马赫数通常用 Ma 表示,其定义为气流速度 v 与当地声速之比,即

$$Ma = \frac{v}{a} \qquad (1-15)$$

由于声速 a 不是常数,所以相同的 Ma 并不一定表示速度相同。例如,$Ma = 2$ 在 10 km 高空表示 $v = 600$ m/s,而在海平面表示 $v = 682$ m/s。

同样,在高度为 20 km 的范围内,当飞行速度不变时,马赫数随高度增大而增大。同一速度,在 10 km 高空的马赫数比地面上的马赫数约高 10%。Ma 是衡量气流压缩程度的一个重要参数。Ma 越大,气流压缩程度越大,Ma 越小,气流压缩程度越小。这是因为 Ma 大,说明气流速度大,或当地声速小。气流速度大,流场中速度差大,引起的压力变化大;而声速小,气流容易压缩。因此,Ma 可作为衡量气流压缩程度的一个指标。

由于

$$a^2 = \frac{\mathrm{d}p}{\mathrm{d}\rho} \approx \frac{\Delta p}{\Delta \rho} \approx \frac{\rho V^2/2}{\Delta \rho} = \frac{V^2/2}{\Delta \rho/\rho}$$

可得

$$\frac{\mathrm{d}\rho}{\rho} \approx \frac{V^2}{2a^2} = \frac{1}{2} Ma^2$$

因此,对于一般气体流动问题,当 $Ma \leqslant 0.3$ 时,$|\mathrm{d}\rho/\rho| \leqslant 5\%$,密度相对变化很小,气体就可当作不可压缩流体。而当 $Ma > 0.3$ 时,则必须考虑气体的压缩性。

1.1.4　流体的黏性

所谓黏性是指当流体流动时,在流体内部显示的内摩擦力性质,或者说是指流体运动时抵抗剪切变形的特性。

　　黏性是物体本身固有的一个重要物理特性,一切流体都存在黏性,只是不同流体黏性大小不一而已。为了说明流体黏性的物理本质,可观察以下实验。把一块无限薄的静止平板放在速度为 v_∞ 的一股直匀流中,使板面与流体平行,如图 1-2 所示。所谓直匀流是指来流的速度大小相等并且彼此平行的流动。为测量平板附近的流动情况,用尺寸十分小的测量气流速度的仪器,沿平板外法线方向测量平板附近流体速度分布情况。图中给出了测量结果,即紧贴平板表面一层流体速度为零,沿平板的外法线方向 $\overrightarrow{On}$,流体速度由零逐渐升高,直到离平板很远的地方,流体速度才接近来流值。也就是说,流体速度是离开平板的距离 n 的函数,$v = f(n)$。

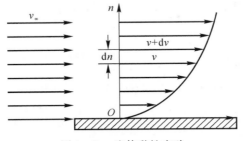

图 1-2　流体黏性实验

　　流体速度之所以形成这样的变化,正是流体具有黏性的表现。平板表面上那一层流体,由于流体分子与平板表面之间有附着力作用,使流体完全紧贴在平板表面上,所以速度为零。稍往外一层运动的流体,受到紧贴板面上的流体的黏性力的作用使流体速度大大降低了。这一层又影响到更外一层,使流体速度降低得少一些。这样一层一层地影响下去,结果形成如图 1-2 所示的速度分布。

　　由上述实验可以看出:流动较慢的流体层可阻滞较快的流体层;反之,流动较快的流体层可带动较慢的流体层。由此可见,不同速度流体层间,产生类似固体间的摩擦力。由于这种摩擦力产生在流体层之间,故称内摩擦力。而流体黏性的大小,就表现为内摩擦力的大小。黏性大,内摩擦力大,阻滞流体变形能力强;反之亦然。

　　牛顿于 1678 年经实验研究指出,流体运动所产生的内摩擦力 F 与接触面积 S 及沿接触面法线方向的速度梯度 $\dfrac{\mathrm{d}v}{\mathrm{d}n}$ 成正比,即

$$F = \pm S\mu \frac{\mathrm{d}v}{\mathrm{d}n} \qquad (1-16)$$

式中:μ 为表征流体黏性性质的比例常数,称为动力黏性系数或动力黏度。

　　当流体层相对运动时,流层间在单位面积上所产生的内摩擦力称为内摩擦应力,用 τ 表示,则牛顿黏性定律又可表示为

$$\tau = \frac{F}{S} = \pm \mu \frac{\mathrm{d}v}{\mathrm{d}n} \qquad (1-17)$$

　　式(1-16)或式(1-17)称为流体的内摩擦定律或牛顿黏性定律。式中"±"号取舍的原则是,保持内摩擦力 F 或 τ 的正值,当 $\dfrac{\mathrm{d}v}{\mathrm{d}n}$ 为负值时,应冠以负号。

　　符合牛顿黏性定律的流体称为牛顿流体。一般来说,气体和分子结构比较简单的流体,如空气、水和各种油类等均属牛顿流体。牛顿流体的内应力 τ 和速度梯度 $\dfrac{\mathrm{d}v}{\mathrm{d}n}$ 呈线性关系。凡不

符合牛顿黏性定律的流体称为非牛顿流体,如有机胶体、油漆、高分子溶液、血液等。非牛顿流体不是线性关系,如图 1-3 所示。

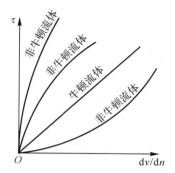

图 1-3　牛顿流体与非牛顿流体区别

动力黏性系数 μ 直接表示两相邻流体层以单位速度梯度流动时,在单位面积上所产生内摩擦力的大小。μ 的单位为 $N \cdot s/m^2$ 或 $Pa \cdot s$。

在许多空气动力学的问题中,黏性力和惯性力同时存在,μ 和 ρ 往往以 μ/ρ 这样的组合形式出现,这个比值用符号 ν 表示,即

$$\nu = \frac{\mu}{\rho} \tag{1-18}$$

ν 称为运动黏性系数,或运动黏度,单位是 m^2/s。因其量纲中只包括长度和时间,所以其只是运动学中的量。

流体的黏度与温度有关,但液体和气体又不相同。对液体,其黏度是随温度升高而减小,气体则相反,随温度升高,其黏度增大。其原因是:液体的黏性是由分子间内聚力造成的,这种内聚力随温度升高而减小,所以黏度减小;而气体分子间距离大,内聚力极微小,气体黏性主要是由于气体分子热运动造成分子间相互碰撞引起动量交换而形成的,当温度升高时,气体分子热运动加剧,相邻气体层分子间动量交换增加,引起气体内摩擦力增大,所以气体的黏度随温度升高而增大。图 1-4 所示为空气和水的运动黏性系数随温度的变化曲线。

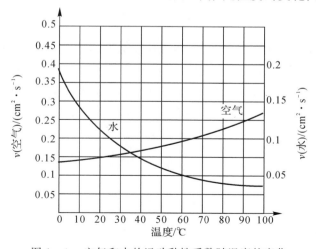

图 1-4　空气和水的运动黏性系数随温度的变化

1.1.5 流体的导热性

当流体中沿某一方向存在温度梯度时,热量就会由温度高的地方传向温度低的地方。流体的这种性质称为导热性或传热性。

实验证明,单位时间内通过流体内某一表面所传递的热量与传热面积及沿热流方向的温度梯度成正比,即

$$q = -\lambda \frac{\partial T}{\partial n} \tag{1-19}$$

式中:q 为单位时间通过单位面积的热量,单位为 kJ/(m^2·s);λ 为比例系数,称为比热系数,单位为 kJ/(m·K·s)。导热系数的大小与流体的性质有关。式中负号表示热流量传递方向与温度梯度方向相反。式(1-19)又称为热力学傅里叶(Fourier)定律。

1.2 流场及其描述方法

1.2.1 流场及其分类

所谓流场是指充满着运动流体的"空间",而用以描述运动流体特征的物理量称为"流场参量"或"流场参数",如速度、密度、压力等。因此,流场又是上述物理量的场。

流场分定常(稳定)流场和非定常(不稳定)流场两大类。

定常流场(又称定常流动)是指流体运动参数仅为空间坐标的函数,不随时间变化,即在任何时间内,通过空间某点的各质点的速度 v、压力 p、密度 ρ 等运动参数都保持固定不变的值,它们只随空间坐标位置而变。其用数学形式表示为

$$\left. \begin{array}{l} v = v(x,y,z) \\ p = p(x,y,z) \\ \rho = \rho(x,y,z) \end{array} \right\} \tag{1-20}$$

或

$$\frac{\partial v}{\partial t} = 0, \frac{\partial p}{\partial t} = 0, \frac{\partial \rho}{\partial t} = 0 \tag{1-21}$$

这里必须注意,在定常流动条件下,上述运动参数对时间 t 的全微分并不一定等于零,因为当流体质点由空间某一点转到另一点时,其 v,p,ρ 等可能会发生变化。

非定常流场是指流体运动参数(全部或其中之一)随时间而改变的运动。即

$$v = v(x,y,z,t)$$
$$p = p(x,y,z,t)$$
$$\rho = \rho(x,y,z,t)$$

或

$$\frac{\partial v}{\partial t} \neq 0, \frac{\partial p}{\partial t} \neq 0, \frac{\partial \rho}{\partial t} \neq 0$$

工程实际中所遇到的流体运动绝大多数为非定常流动。由于非定常流动的复杂性,研究它比研究定常流动要困难得多,所以我们经常把运动参数随时间变化不大的非定常流动,在一

定条件下简化为定常流动,以简化研究。此外,有些运动的定常或非定常性与坐标系的选取有关。例如,一只船在平静的湖面上作等速直线航行,船两侧湖水的运动,对于岸上的人来说是非定常的,但对船上的人来说,从前方来的湖水总是受到相同的船的扰动,其运动基本上不随时间而改变,可以认为湖水的运动是定常的。飞机在空中飞行也是如此。这也是流体力学中采用运动转换的原因之一。

1.2.2 描述流场的方法

描述流场通常要用两种方法,即拉格朗日法和欧拉法。

1.2.2.1 拉格朗日法

拉格朗日法是以流场中个别质点的运动作为研究的出发点,从而进一步研究整个流场的运动。具体地说,就是研究流体中某一指定质点的速度、加速度、压力、密度等描述流体运动的参数随时间的变化,以及相邻流体质点间这些参数的变化。由于流体质点是连续分布的,要研究某个确定质点的运动,首先必须有一个表征这个质点的方法。通常采用的办法是以某时刻 $t=t_0$ 各质点的空间坐标 (a,b,c) 来表征它们。不同的质点有不同的 (a,b,c) 值。显然,在瞬间 t 任一流体质点的位置,即空间的坐标 (x,y,z) 可以用 (a,b,c) 及 t 的函数表示为

$$\left.\begin{array}{l} x=x(a,b,c,t) \\ y=y(a,b,c,t) \\ z=z(a,b,c,t) \end{array}\right\} \tag{1-22}$$

式中,4 个变数 (a,b,c,t) 称为拉格朗日变数。

显然,当 a,b,c 固定时,式(1-22)代表确定的某个质点的运动轨道。当 t 固定时,式(1-22)代表 t 时刻各质点所处的位置。因此,式(1-22)可以描述流场中所有质点的运动。

根据式(1-22),任何流体质点的速度和加速度为

$$\left.\begin{array}{l} v_x=\dfrac{\partial x}{\partial t}=\dfrac{\partial}{\partial t}x(a,b,c,t) \\[2mm] v_y=\dfrac{\partial y}{\partial t}=\dfrac{\partial}{\partial t}y(a,b,c,t) \\[2mm] v_z=\dfrac{\partial z}{\partial t}=\dfrac{\partial}{\partial t}z(a,b,c,t) \\[2mm] a_x=\dfrac{\partial u}{\partial t}=\dfrac{\partial^2}{\partial t^2}x(a,b,c,t) \\[2mm] a_y=\dfrac{\partial v}{\partial t}=\dfrac{\partial^2}{\partial t^2}y(a,b,c,t) \\[2mm] a_z=\dfrac{\partial w}{\partial t}=\dfrac{\partial^2}{\partial t^2}z(a,b,c,t) \end{array}\right\} \tag{1-23}$$

同样,流体的密度 ρ、压力 p、温度 T 也都是 (a,b,c,t) 的函数,即

$$\left.\begin{array}{l} \rho=\rho(a,b,c,t) \\ p=p(a,b,c,t) \\ T=T(a,b,c,t) \end{array}\right\} \tag{1-24}$$

用拉格朗日法分析流体运动,相当于对每一个流体质点布置一个观察者,跟踪记录该质点

的运动情况。汇集所有观察者所记录的流体质点运动情况就是流场的运动情况。

运用拉格朗日法来研究流体运动,往往会遇到数学上的困难,所以这种方法一般很少采用。这种方法主要适用于一定流体质量封闭在一块可变空间内的一类问题,例如,研究气体在发动机汽缸内或枪炮膛内的运动。

1.2.2.2 欧拉法

欧拉法不是着眼于研究个别流体质点的运动特性,而是以流体流过空间某点时的运动特性作为研究出发点,从而研究流体在整个流场中的运动情况。具体地说,它通过下列两个方面来描述整个流场的情况:

1) 在空间固定点上流体的各参数(如速度、加速度、压力、密度等)随时间的变化。

2) 相邻的空间点上这些参数的变化。

用欧拉法分析流体运动,相当于在运动流体所充满的空间的每一个空间点上都布置了一个观察者,他们每个人都注视他们所在点流体质点的速度、加速度等物理量怎样随时间变化。在汇集全体观察者的瞬时所得到的数据后,就可以了解整个流体的运动情况。

按照欧拉法,我们不需要注意个别流体质点的运动,而只需要研究一切描述流体运动的物理量在空间的分布,即研究各物理量的场,例如速度场、加速度场、压力场、密度场等矢量场和标量场即可。因此,在欧拉法中,一切描述运动场的物理量都应该是空间点的坐标(x,y,z)以及时间 t 的函数,即

$$\left.\begin{array}{l} \boldsymbol{v}=\boldsymbol{v}(x,y,z,t) \\ \rho=\rho(x,y,z,t) \\ p=p(x,y,z,t) \\ T=T(x,y,z,t) \end{array}\right\} \tag{1-25}$$

其中,空间点的坐标 x,y,z 及时间 t 称为欧拉变数。

通过式(1-22)可直接求得质点的速度和加速度。但由式(1-25)求加速度 $\boldsymbol{a}$,其结果是有所不同的。因为加速度 $\boldsymbol{a}$ 应该是"跟踪流体质点,其速度对时间的导数",而式(1-25)中的 x,y,z 在跟踪流体质点运动时是随时间变化的,则有

$$a=\frac{\mathrm{D}\boldsymbol{v}}{\mathrm{D}t}[x(t),y(t),z(t),t]=\frac{\partial \boldsymbol{v}}{\partial t}+\frac{\partial \boldsymbol{v}}{\partial x}\frac{\mathrm{d}x}{\mathrm{d}t}+\frac{\partial \boldsymbol{v}}{\partial y}\frac{\mathrm{d}y}{\mathrm{d}t}+\frac{\partial \boldsymbol{v}}{\partial z}\frac{\mathrm{d}z}{\mathrm{d}t}=\frac{\partial \boldsymbol{v}}{\partial t}+\frac{\partial \boldsymbol{v}}{\partial x}v_x+\frac{\partial \boldsymbol{v}}{\partial y}v_y+\frac{\partial \boldsymbol{v}}{\partial z}v_z \tag{1-26}$$

引进速度的梯度表达式

$$\nabla \boldsymbol{v}=\boldsymbol{i}\,\frac{\partial \boldsymbol{v}}{\partial x}+\boldsymbol{j}\,\frac{\partial \boldsymbol{v}}{\partial y}+\boldsymbol{k}\,\frac{\partial \boldsymbol{v}}{\partial z} \tag{1-27}$$

它是哈密顿(Hamilton)算子$\nabla=\boldsymbol{i}\,\dfrac{\partial}{\partial x}+\boldsymbol{j}\,\dfrac{\partial}{\partial y}+\boldsymbol{k}\,\dfrac{\partial}{\partial z}$ 与速度 $\boldsymbol{v}$ 的并矢,为张量。于是

$$\frac{\partial \boldsymbol{v}}{\partial x}v_x+\frac{\partial \boldsymbol{v}}{\partial y}v_y+\frac{\partial \boldsymbol{v}}{\partial z}v_z=\boldsymbol{v}\cdot(\nabla \boldsymbol{v}) \tag{1-28}$$

可得

$$\boldsymbol{a}=\frac{D\boldsymbol{v}}{Dt}=\frac{\partial \boldsymbol{v}}{\partial t}+\boldsymbol{v}\cdot(\nabla \boldsymbol{v}) \tag{1-29}$$

式中:$\dfrac{\mathrm{D}}{\mathrm{D}t}$ 表示跟踪流体质点,其变量对时间的导数,称为质点导数,$\dfrac{\mathrm{D}\boldsymbol{v}}{\mathrm{D}t}$ 叫作质点加速度;$\dfrac{\partial}{\partial t}$ 表

示流场任一固定点处的变量对时间的导数,由流场的非定常性引起,称为当地(或局部)导数, $\frac{\partial \boldsymbol{v}}{\partial t}$ 叫作当地(或局部)加速度; $\boldsymbol{v} \cdot \nabla$ 是由流体质点本身的运动(迁移)性引起的,叫对流(或迁移)导数, $\boldsymbol{v} \cdot (\nabla \boldsymbol{v}) = (\boldsymbol{v} \cdot \nabla) \boldsymbol{v}$ 叫作对流(或迁移)加速度。

由此可知

$$总加速度 = 局部加速度 + 对流加速度$$

其他物理量的质点导数也都可以写成当地导数和对流导数之和,形式与式(1-29)完全相似,如

$$\frac{Dp}{Dt} = \frac{\partial p}{\partial t} + (\boldsymbol{v} \cdot \nabla) p \tag{1-30}$$

应该注意,在拉格朗日法中, x,y,z 是同一个流体质点在空间位置的坐标,而在欧拉法中 x,y,z 则是空间点的坐标,在不同的瞬时,有不同的流体质点通过该点。

运用欧拉法研究流体运动时可以广泛运用数学中的场论知识,数学上比较方便,因此欧拉法得到普遍采用。本书采用的就是欧拉法。

1.2.3 迹线、流线及流管

为了形象地描述流场,常引用迹线、流线及流管等概念。

1.2.3.1 迹线

任何一个流体质点在流场中的运动轨迹称为迹线。

1.2.3.2 流线

流线是这样的曲线,此曲线上任一点的切线与流体在该点的速度方向一致。在采用欧拉法研究流体运动时,流线是很重要的一个概念,为了加深概念,下面介绍流线的作法。

如图 1-5 所示,设在某瞬时 t_1 ,流场中点 1 处流体质点的速度为 $\boldsymbol{v}_1$,沿 $\boldsymbol{v}_1$ 矢量方向在距点 1 无穷小距离 $\mathrm{d}s_1$ 处取点 2。点 2 处流体质点在同一瞬时 t_1 的速度为 $\boldsymbol{v}_2$,再沿 $\boldsymbol{v}_2$ 矢量方向在距点 2 无穷小距离 $\mathrm{d}s_2$ 处取点 3。点 3 处流体质点在同一瞬时 t_1 速度为 $\boldsymbol{v}_3$ 。依次类推,可以找到点 4,5,……。这样,在瞬间 t_1 可以得到一条空间折线 $\overline{12},\overline{23},\overline{34},\overline{45},\cdots\cdots$ 。当各折线段 $\mathrm{d}s$ 趋于零时,该折线的极限为一条光滑曲线,该曲线就是瞬时 t_1 过点 1 的流线,见图 1-5 中曲线 a 。

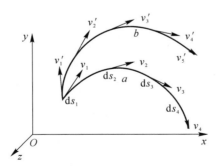

图 1-5 流场中的流线

同理可作出图 1-5 中曲线 b 所示的瞬时 t_2 过点 1 的流线。

根据流线的概念,可以得出流线的特征如下:

1）通过空间固定点流线的形状,在定常流场中不随时间变化,而在非定常流场中则随时间变化。这是由于非定常流场中流体质点速度随时间变化,所以,在瞬时 t_2 通过流场空间点 1 的速度矢量将变为 v'_1,因而瞬时 t_2 通过点 1 的流线将变为曲线 b。

2）定常流场中经过某一点的流线和经过该点流体质点的迹线重合。

3）一般情况下流线不会相交,因为同一瞬时空间每一点只能有一个速度方向,所以不可能有两条流线同时通过一点。但在 3 种情况下例外:① 在速度为零的点上,如图 1-6(a)中 A 点,一条流线在上翼面,一条流线在下翼面。通常称 A 点(即速度为零的点)为驻点。② 在速度为无穷大的点上,如图 1-6(b)中的 O 点。通常称 O 点(速度为无穷大的点)为奇点。③ 流线相切,如图 1-6(a)中的 B 点,上、下两股流体在 B 点相切。

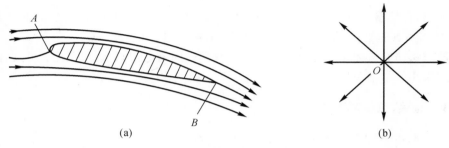

(a)   (b)

图 1-6　具有流线相交的流场

4）流场中每一点都有流线通过,所有流线的集合称为流线谱,简称流谱。

由流线上任意点的速度矢量和流线相切的这一性质,可得流线方程为

$$v \times \mathrm{d}r = 0 \tag{1-31}$$

式中,$\mathrm{d}r$ 为流线切线方向的微元向量。

将上式投影在直角坐标上,可得流线微分方程为

$$\frac{\mathrm{d}x}{v_x} = \frac{\mathrm{d}y}{v_y} = \frac{\mathrm{d}z}{v_z} \tag{1-32}$$

通过对微分方程(1-32)积分,即可求出流线方程。积分时必须注意,因为流线是对同一时刻而言,所以积分时可视 t 为常数。

例 1-1　已知流场中

$$v_x = x + t$$
$$v_y = y + t$$

求 $t = 1$ 时刻经过(1,2)点的流线。

解　将 v_x, v_y 代入式(1-32)中,得

$$\frac{\mathrm{d}x}{x + t} = \frac{\mathrm{d}y}{y + t}$$

积分得

$$\ln(x + t) = \ln(y + t) + \ln C$$

即

$$x + t = C(y + t)$$

此为该流场中的一般流线方程。

将 $t=1, x=1, y=2$ 代入,可解得

$$C = \frac{2}{3}$$

因此,$t=1$ 时刻通过 $(1,2)$ 点的流线方程为

$$x = \frac{2}{3}y - \frac{1}{3}$$

1.2.3.3　流管

在流场中,作一不与流线重合的任意封闭曲线,经过该曲线上每一点作流线,由这些流线集合构成的管状曲面,称为流管,如图 1-7 所示。

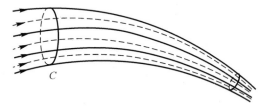

图 1-7　流场中的流管

流管有如下性质:

1)流管不能相交。

2)流管的位置与形状在定常流场中不随时间而变,而在非定常流场中则随时间变化。

3)由于流管由流线组成,因此流体不能穿出或穿入流管壁面。在任意瞬时,流场中的流管类似于真实的固体管壁。

1.2.4　运动转换

研究物体在静止流体中运动时所受到的力(例如研究飞行器在空中飞行时所受到的空气动力及舰船在水中运动时所受到的水动力等),往往采用运动转换的方法。

所谓运动转换,就是把物体以一定的速度在静止流体中的运动情况,转换成流体以同样大小的速度流过静止物体的运动情况,如图 1-8 所示。图中 R_1, R_2 为流体作用在物体上的力。根据运动相对性原理,作用在物体上的力是一样的,即

$$R_1 = R_2$$

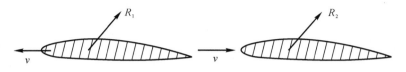

图 1-8　运动转换(物体所受的流体动力相同)

运用运动转换,可使研究工作大大简化。

运动转换可简化实验设备和实验方法。以飞行器为例,应用运动转换,飞行器在空中飞行的实验研究,变为飞行器不动,而用人造气流流向飞行器的办法来进行实验研究。这就是风洞实验的基本理论依据。

　　运动转换也可简化理论研究,使非定常流动变为定常流动。仍以飞行器为例,如果我们选取地面坐标系,当飞机(以机翼为代表)在静止空气中以速度v_∞向左运动时,其流动情况如图1-9(a)所示,其头部不断把气体质点推开,尾部又把气体质点吸引过来。因此,空间任一点的流动参数都是时间t的函数,流动是非定常的。如果此时在该系统中加一个向右的水平速度v_∞,则机翼静止了,气体却以v_∞流向机翼。叠加后的流线谱如图1-9(b)所示。这相当于观察者置身于固定在机翼上的坐标系中。此时空间中任意一点的流动参数与时间无关,因而流动是定常的。由此可见,从理论研究来看,运动转换的目的是选取适当的坐标系,使非定常流动变为定常流动,从而使问题简化。

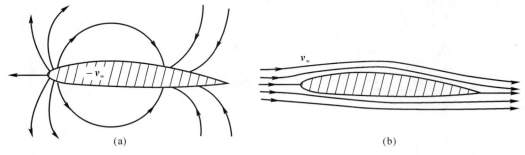

图1-9　非定常运动转换成定常运动

1.3　一元定常流动的基本方程

　　一元定常流动是指垂直于流动方向的各个截面上的流动参数(如速度、压力、密度、温度等)都均匀一致,且不随时间而变化的流动。

　　一元定常流动可以说是一种最简单、理想化的流动模型,除了在微元流管中的理想流体流动外,在实际的流体运动中并不存在严格的一元定常流动。但对于许多的工程应用实际问题,在一定的条件下可将流体运动近似地看作一元定常流动,并用一元定常流动的基本理论提供快速且准确的计算方法。一元定常流动的基本方程在后面章节中还经常用到,因此,本节讨论建立一元定常流动的连续方程与动量方程。

　　对于常见的一元定常流动,取控制体如图1-10所示。由一元定常流动的特点可知,控制体进口截面1和出口截面2均与流动方向垂直,且其上参数分布均匀。

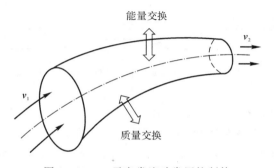

图1-10　一元定常流动常用控制体

1.3.1 连续方程

对控制体而言,质量守恒原理可叙述为:单位时间内通过控制体表面流出的质量,等于同时间内控制体内质量的减少量。即

$$\oiint_A \rho(\boldsymbol{v} \cdot \boldsymbol{n}) \mathrm{d}A = -\iiint_V \frac{\partial \rho}{\partial t} \mathrm{d}V$$

对于定常流动,则有

$$\oiint_A \rho(\boldsymbol{v} \cdot \boldsymbol{n}) \mathrm{d}A = 0$$

由图 1-10 可知,控制体表面分为进口截面(其面积为 A_1)、出口截面(其面积为 A_2)以及侧表面(其面积为 A_C)三部分。对于进、出口截面,ρV 的分布是均匀的,且与截面垂直,并记通过的质量流量分别为 Q_{m_1} 和 Q_{m_2};对于侧表面,将流体与外界的质量交换记为 Q_{m_C},且记流入控制体为正。则连续方程可写为

$$Q_{m_2} = Q_{m_1} + Q_{m_\mathrm{C}}$$

$$Q_{m_1} = -\iint_{A_1} \rho(\boldsymbol{v} \cdot \boldsymbol{n}) \mathrm{d}A = \rho_1 \boldsymbol{v}_1 A_1$$

$$Q_{m_2} = \iint_{A_2} \rho(\boldsymbol{v} \cdot \boldsymbol{n}) \mathrm{d}A = \rho_2 \boldsymbol{v}_2 A_2$$

$$Q_{m_\mathrm{C}} = -\iint_{A_\mathrm{C}} \rho(\boldsymbol{v} \cdot \boldsymbol{n}) \mathrm{d}A$$

若流体与外界没有质量交换,则 $Q_{m_\mathrm{C}} = 0$,可得连续方程为

$$Q_{m_2} = Q_{m_1} = \mathrm{const} \tag{1-33}$$

或者

$$\rho_1 \boldsymbol{v}_1 A_1 = \rho_2 \boldsymbol{v}_2 A_2 = \mathrm{const} \tag{1-34}$$

若进一步假设流体不可压,则 $\rho = \mathrm{const}$,那么连续方程又可写为

$$\boldsymbol{v}_1 A_1 = \boldsymbol{v}_2 A_2 = \mathrm{const} \tag{1-35}$$

由此可见,对于不可压流体,速度与截面积成反比。即流管收敛时,流速加快;流管扩张时,流速减慢。

在研究可压缩流体的流动时,常常把乘积 ρv 称为密流,它表示通过单位面积的质量流量,单位为 $\mathrm{kg/(s \cdot m^2)}$。对于不可压流,称 $\boldsymbol{v} \cdot A$ 为流体的体积流量(或容积流量),常用 Q_V 表示,单位为 $\mathrm{m^3/s}$。

1.3.2 动量方程

对控制体而言,动量定理可叙述为:作用在控制体内流体上的合外力加单位时间内通过控制面流入的流体动量,等于控制体内的动量对时间的变化率。即

$$\iiint_V \rho \boldsymbol{R} \mathrm{d}V + \oiint_A \boldsymbol{p}_n \mathrm{d}A - \oiint_A (\boldsymbol{v} \cdot \boldsymbol{n}) \rho \boldsymbol{v} \mathrm{d}A = \iiint_V \frac{\partial(\rho \boldsymbol{v})}{\partial t} \mathrm{d}V \tag{1-36}$$

式中:$\boldsymbol{R}$ 为单位质量的质量力;$\boldsymbol{p}_n$ 为表面应力。

对于定常流动,式(1-36)可改写为

$$\oiint_A (\boldsymbol{v} \cdot \boldsymbol{n}) \rho \boldsymbol{v} \mathrm{d}A = \iiint_V \rho \boldsymbol{R} \mathrm{d}v + \oiint_A \boldsymbol{p}_n \mathrm{d}A \qquad (1-37)$$

同样假定流出为正,且在侧面边界上无质量交换,略去重力的作用,则常用的一元定常流动的动量方程形式为

$$Q_{m_2} \boldsymbol{v}_2 - Q_{m_1} \boldsymbol{v}_1 = \boldsymbol{p}_2 A_2 + \boldsymbol{p}_1 A_1 + \boldsymbol{F}_{\mathrm{in}} \qquad (1-38)$$

由连续方程,又可写为

$$Q_m(\boldsymbol{v}_2 - \boldsymbol{v}_1) = \boldsymbol{p}_2 A_2 + \boldsymbol{p}_1 A_1 + \boldsymbol{F}_{\mathrm{in}} \qquad (1-39)$$

式中:$\boldsymbol{F}_{\mathrm{in}}$ 为控制体侧壁面对流体的作用力。在许多实际应用中,人们感兴趣的往往是其合力的综合结果,既无可能也无必要去详细地研究其具体结构。

在应用动量方程求解问题时,还应注意在动量方程中流体的速度和流体所受的作用力均是矢量,所以动量方程是一向量方程。在求解具体问题时,往往将其分解为标量方程形式,以便求解。在直角坐标系中,方程(1-39)在 x,y,z 三个坐标上的方程分别为

$$\left. \begin{array}{l} Q_m(v_{x_2} - v_{x_1}) = \sum F_x \\ Q_m(v_{y_2} - v_{y_1}) = \sum F_y \\ Q_m(v_{z_2} - v_{z_1}) = \sum F_z \end{array} \right\} \qquad (1-40)$$

式中:下标 x,y,z 分别表示向量在 3 个坐标上的分量;$\sum F$ 表示合外力。

例 1-2 设有水在弯曲成 $90°$ 的收敛形管道中流动,如图 1-11 所示。在弯管进、出口截面处水流的压力分别为 4.91×10^5 Pa,4.19×10^5 Pa,水流量为 78.5 kg/s。管道进出口截面积分别为 78.5 cm²,50.24 cm²。设水流为不可压流动,$\rho = 1\,000$ kg/m³,忽略水流本身的重量。求水流对管道内壁的作用力。

解 取控制体,如图 1-11 中虚线所示,所用坐标系也示于图中。

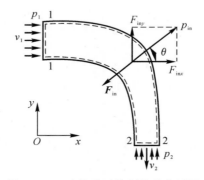

图 1-11 弯管流动控制体及分析图

设 $F_{\mathrm{in}x}$,$F_{\mathrm{in}y}$ 分别为弯管内壁对控制体内水流的作用力 F_{in} 在 x,y 坐标方向上的分量,并设 $F_{\mathrm{in}x}$,$F_{\mathrm{in}y}$ 沿坐标系正方向。

对所取控制体在 x 轴方向和 y 轴方向分别应用动量方程,则有

$$F_{\mathrm{in}x} + p_1 A_1 = Q_m(0 - v_1)$$

$$F_{\mathrm{in}y} + p_2 A_2 = Q_m(-v_2 - 0)$$

因此可得

$$F_{\mathrm{in}x} = -p_1 A_1 - Q_m v_1$$

$$F_{\mathrm{in}y} = -p_2 A_2 - Q_m v_2$$

又由连续方程

$$Q_m = \rho A_1 v_1 = \rho A_2 v_2$$

可知

$$v_1 = \frac{Q_m}{\rho A_1}, \ v_2 = \frac{Q_m}{\rho A_2}$$

则有

$$F_{\mathrm{in}x} = -p_1 A_1 - \frac{Q_m^2}{\rho A_1}$$

$$F_{\mathrm{in}y} = -p_2 A_2 - \frac{Q_m^2}{\rho A_2}$$

代入已知数据,求得

$$F_{\mathrm{in}x} = -4\,639.35 \ \mathrm{N}$$

$$F_{\mathrm{in}y} = -3\,331.62 \ \mathrm{N}$$

计算结果的负号说明 $F_{\mathrm{in}x}$,$F_{\mathrm{in}y}$ 的实际方向与原先假定的方向相反,从而可以确定弯管内壁对水流的作用力的方向如图 1-11 中 F_{in} 所示。根据牛顿第三定律,水流对弯管内壁的作用力 $\boldsymbol{p}_{\mathrm{in}} = -\boldsymbol{F}_{\mathrm{in}}$,即

$$p_{\mathrm{in}} = -\sqrt{F_{\mathrm{in}x}^2 + F_{\mathrm{in}y}^2} = 5\,711.68 \ \mathrm{N}$$

$\boldsymbol{p}_{\mathrm{in}}$ 与 x 轴正方向的夹角 θ 为

$$\theta = \arctan \frac{F_{\mathrm{in}y}}{F_{\mathrm{in}x}} = 35.68°$$

1.3.3 能量方程

根据能量守恒定律有:单位时间内传给控制体内流体的热量及外界对控制体内流体所做的功与通过控制面流入的流体总能量之和,等于控制体内流体的总能量对时间的变化率,可得

$$\iiint_V q_R \rho \, \mathrm{d}V + \oiint_A q_\lambda \, \mathrm{d}A + \iiint_V (\boldsymbol{R} \cdot \boldsymbol{v}) \rho \, \mathrm{d}V + \oiint_A (\boldsymbol{p}_n \cdot \boldsymbol{v}) \mathrm{d}A -$$

$$\oiint_A \rho \left(e + \frac{v^2}{2} \right) (\boldsymbol{n} \cdot \boldsymbol{v}) \mathrm{d}A = \iint_V \frac{\partial}{\partial t} \left[\rho \left(e + \frac{v^2}{2} \right) \right] \mathrm{d}V \qquad (1-41)$$

式中:q_R 为单位时间由外界辐射到控制体内单位质量上的热量;q_λ 为单位时间外界通过控制体表面单位面积以传导方式输入的热量;$\boldsymbol{R}$ 为单位质量流体的质量力;$\boldsymbol{p}_n$ 为表面应力,e 为单位质量流体的内能。

由于是理想流体,应力 $\boldsymbol{p}_n$ 的切向分量为零,于是 $\boldsymbol{p}_n = -p\boldsymbol{n}$,则式(1-41)中表面力在单位时间内所做的功可写为

$$\oiint_A (p_n \cdot \boldsymbol{v}) \mathrm{d}A = -\oiint_A (\boldsymbol{n} \cdot \boldsymbol{v}) p \, \mathrm{d}A$$

假设流动为绝热流动(流体与外界无能量交换),$q_R = q_\lambda = 0$,则

$$\iiint_V q_R \rho \, \mathrm{d}V = \oiint_A q_\lambda \, \mathrm{d}A = 0$$

再假设质量力有势，即 $\boldsymbol{R} = -\nabla U$，则

$$\iiint\limits_{V} (\boldsymbol{R} \cdot \boldsymbol{v}) \rho \, \mathrm{d}V = -\iiint\limits_{V} (\nabla U \cdot \boldsymbol{v}) \rho \, \mathrm{d}V = -\iiint\limits_{V} \nabla \cdot (\rho U \boldsymbol{v}) \mathrm{d}V + \iiint\limits_{V} U \nabla \cdot (\rho \boldsymbol{v}) \mathrm{d}V$$

连续方程可改写为 $\nabla \cdot (\rho \boldsymbol{v}) = 0$，并由高斯公式，上式可改写为

$$\iiint\limits_{V} (\boldsymbol{R} \cdot \boldsymbol{v}) \rho \, \mathrm{d}V = -\iiint\limits_{V} \nabla \cdot (\rho U \boldsymbol{v}) \mathrm{d}V = -\oiint\limits_{A} (\boldsymbol{n} \cdot \boldsymbol{v}) \rho U \mathrm{d}A$$

取 $U = gz$（单位质量流体位能），并记 $h = e + \dfrac{p}{\rho}$ 表示流体的焓，于是能量方程(1-41)改写为

$$\oiint\limits_{A} (\boldsymbol{n} \cdot \boldsymbol{v}) \rho \left(h + \frac{v^2}{2} + gz \right) \mathrm{d}A = 0$$

将其应用于图1-10，考虑到在侧面边界上无质量交换，以及应用连续方程，则一元定常流动的能量方程为

$$h_1 + \frac{v_1^2}{2} + gz_1 = h_2 + \frac{v_2^2}{2} + gz_2 \tag{1-42}$$

当高度变化较小时，可忽略高度变化，式(1-42)可化为

$$h + \frac{v^2}{2} = \mathrm{const} \tag{1-43}$$

式(1-43)说明，在绝热流动中，流体的焓与动能之和保持不变。流动状态的变化，只是焓与动能相互转化的结果。也就是说，当流体的焓减小时，减小了的焓就转化成了流体动能的增加。反之，当流体动能减小时，流体的焓就增大。

对于完全流体，有 $h = C_p T$，式(1-43)变为

$$C_p T + \frac{v^2}{2} = \mathrm{const} \tag{1-44}$$

1.3.4　在变截面管道中的流动

假设流体为等熵流动。对一维连续方程 $\rho v A = \mathrm{const}$ 微分，可得

$$\frac{\mathrm{d}\rho}{\rho} + \frac{\mathrm{d}v}{v} + \frac{\mathrm{d}A}{A} = 0 \tag{1-45}$$

忽略质量力，则欧拉方程在一维定常情形下具有如下形式：

$$v \, \mathrm{d}v = -\frac{\mathrm{d}p}{\rho} \tag{1-46}$$

将声速方程 $a^2 = \dfrac{\mathrm{d}p}{\mathrm{d}\rho}$ 代入，可得

$$\frac{\mathrm{d}\rho}{\rho} = -Ma^2 \frac{\mathrm{d}v}{v} \tag{1-47}$$

再将式(1-47)代入式(1-45)，得

$$(Ma^2 - 1) \frac{\mathrm{d}v}{v} = \frac{\mathrm{d}A}{A} \tag{1-48}$$

由此可以得出，当 $Ma < 1$ 时，有

$$\left. \begin{array}{l} \mathrm{d}A > 0, \mathrm{d}v < 0 \\ \mathrm{d}A < 0, \mathrm{d}v > 0 \end{array} \right\} \tag{1-49}$$

而当 $Ma > 1$ 时,有

$$\left.\begin{array}{l} \mathrm{d}A > 0, \mathrm{d}v > 0 \\ \mathrm{d}A < 0, \mathrm{d}v < 0 \end{array}\right\} \tag{1-50}$$

这说明:亚声速流在流管收缩时速度增大,在流管扩大时流速减小;超声速流正好相反,在流管收缩时速度减小,在流管扩大时流速增大。其原因从式(1-48)可以看出,亚声速时密度变化较流速变化慢,而超声速时密度变化较流速变化快。

1.3.5　伯努利方程及其应用

伯努利方程是能量守恒定律的一种特定形式。其推导却是从流体运动方程,即从动量方程出发的。

1.3.5.1　理想流体的伯努利方程

(1) 一般情形下伯努利方程的推导。

在欧拉方程

$$\frac{\partial \boldsymbol{v}}{\partial t} + (\boldsymbol{v} \cdot \nabla)\boldsymbol{v} = \boldsymbol{R} - \frac{1}{\rho}\nabla p$$

中,由于

$$\nabla\left(\frac{v^2}{2}\right) = (\boldsymbol{v} \cdot \nabla)\boldsymbol{v} + \boldsymbol{v} \times (\nabla \times \boldsymbol{v}) = (\boldsymbol{v} \cdot \nabla)\boldsymbol{v} + \boldsymbol{v} \times \boldsymbol{\Omega}$$

所以有

$$\frac{\partial \boldsymbol{v}}{\partial t} + \nabla\left(\frac{v^2}{2}\right) - \boldsymbol{v} \times \boldsymbol{\Omega} = \boldsymbol{R} - \frac{1}{\rho}\nabla p \tag{1-51}$$

采用以下假设:

1) 假设作用在流体上的质量力有势,即 $\boldsymbol{R} = -\nabla U$;

2) 流体正压,即密度仅是压力的函数 $\rho = f(p)$,且存在压力函数 $P = \int \frac{\mathrm{d}p}{\rho}$,使得

$$\nabla P = \frac{1}{\rho}\nabla p$$

3) 流动定常,$\dfrac{\partial \boldsymbol{v}}{\partial t} = \boldsymbol{0}$。

式(1-51)可改写为

$$\nabla\left(\frac{v^2}{2} + U + P\right) = \boldsymbol{v} \times \boldsymbol{\Omega} \tag{1-52}$$

当 $\boldsymbol{v} \times \boldsymbol{\Omega} = \boldsymbol{0}$ 时,即得

$$\frac{v^2}{2} + U + P = C \tag{1-53}$$

式中,C 称为伯努利常数。

$\boldsymbol{v} \times \boldsymbol{\Omega} = \boldsymbol{0}$ 将在如下三种情况下成立,即式(1-53)成立的条件为:

1)$\boldsymbol{v} = \boldsymbol{0}$,即流体处于静止状态;

2)$\boldsymbol{\Omega} = \boldsymbol{0}$,即流体为无旋流动;

3)$\boldsymbol{v} \parallel \boldsymbol{\Omega}$,即流线与涡线相重合。

对于任何平面流动，$v \perp \Omega$，故平面流动不存在第三种情况。

在重力场中，质量力位函数为 $U = gz + \text{const}$，压力函数为 $P = \dfrac{p}{\rho} + \text{const}$，于是对于无旋流动或在任一条流线或涡线上，伯努利积分具有如下形式：

$$\frac{v^2}{2} + \frac{p}{\rho} + gz = C \tag{1-54}$$

（2）一元流情形下伯努利方程的简单推导。

假设流动为一元无黏的理想流动，则由欧拉方程可得

$$Z - \frac{1}{\rho}\frac{\partial p}{\partial z} = \frac{\mathrm{d}v}{\mathrm{d}t}$$

把 z 方向的单位质量力

$$Z = -g$$

代入，并由变换 $\dfrac{\mathrm{d}v}{\mathrm{d}t} = \dfrac{\mathrm{d}v}{\mathrm{d}z}\dfrac{\partial z}{\partial t} = v\,\dfrac{\mathrm{d}v}{\mathrm{d}z}$，即可得

$$-\rho g\,\mathrm{d}z - \mathrm{d}p = \rho v\,\mathrm{d}v$$

或

$$\mathrm{d}p + \rho v\,\mathrm{d}v + \rho g\,\mathrm{d}z = 0 \tag{1-55}$$

将式（1-55）沿流线积分，得

$$\int \frac{\mathrm{d}p}{\rho} + \frac{v^2}{2} + gz = C \tag{1-56}$$

对于不可压缩流体，$\rho = \text{const}$，则式（1-56）变为与式（1-54）相同的形式，或改写为

$$p + \frac{1}{2}\rho v^2 + \rho gz = C \tag{1-57}$$

（3）伯努利方程的物理意义。

从力学观点看，伯努利方程表示了理想流体的能量守恒定律，其中 p 代表流体的压力能，$\dfrac{1}{2}\rho v^2$ 代表流体的动能，而 ρgz 则代表流体的位能。

如果流体运动时位能变化可以忽略不计（例如，高度差很小），则式（1-57）可变成

$$p + \frac{1}{2}\rho v^2 = C \tag{1-58}$$

有时取 $C = p_0$，则式（1-58）变成

$$p + \frac{1}{2}\rho v^2 = p_0 \tag{1-59}$$

式中：p 称为静压；$\dfrac{1}{2}\rho v^2$ 称为动压，通常用 q 表示；p_0 称为总压（或全压）。式（1-59）表明，对于理想不可压缩流体，沿着流管其总压 p_0 保持不变。当流速增大时，动压增大，静压减小；反之，当流速减小时，动压减小，静压增大。总压 p_0 有时用 p^* 表示。

（4）可压缩流体的伯努利方程。

可压缩流体主要对象为气体。对于作等熵流动的气体，$p/\rho^k = \text{const}$，略去高度变化，对式（1-56）进行积分，即可得到可压缩流体的伯努利方程：

$$\frac{\gamma}{\gamma - 1} \frac{p}{\rho} + \frac{1}{2} v^2 = C \tag{1-60}$$

1.3.5.2　实际流体的伯努利方程

实际流体在流动中存在黏性损失,因此伯努利方程应该在式(1-56)的基础上加上黏性损失项,此时伯努利方程变为

$$\int \frac{\mathrm{d}p}{\rho} + \frac{v^2}{2} + gz + \Delta \omega = \mathrm{const} \tag{1-61}$$

式中: $\Delta \omega$ 为流体的黏性损失。

对于不可压缩流体,实际流体的伯努利方程可以简化为

$$p + \frac{1}{2} \rho v^2 + \rho gz + \Delta p = \mathrm{const} \tag{1-62}$$

式中: Δp 为黏性引起的压力损失。其他各项物理意义与理想流体相同。

在水力学及液压传动与控制中,往往用"水头高"来代表流体的能量,此时式(1-62)可改写为

$$\frac{p}{\rho g} + \frac{v^2}{2g} + z + \Delta h = \mathrm{const} \tag{1-63}$$

式(1-63)中各项均具有长度量纲。其中 z 称为位置水头, $\frac{v^2}{2g}$ 称为速度水头, $\frac{p}{\rho g}$ 称为压力水头,而 $\frac{p}{\rho g} + \frac{v^2}{2g} + z$ 称为总水头, Δh 称为水头损失。在理想流动中,流体的总水头保持不变,在有损失的实际流动中,因为有 Δh 存在,总水头沿流动方向逐渐下降,它们之间的关系如图1-12所示。

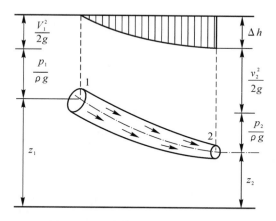

图 1-12　流体水头沿流管的变化

1.3.5.3　伯努利方程在工程测量中的应用

工程上常用的测量流速与流量的仪表,大都是以伯努利方程为工作原理制造而成的。

（1）皮托管和空速管。

皮托管是用来测量运动流体速度的仪器,之所以称为皮托管,是因为皮托（Henri Pitot）在 1773 年首次用它测量了塞纳河的流速。其测量原理如下。

在河流中某一水平的微元流束(或流线)上,沿流向取 A,B 两点。一弯成直角的玻璃管两端开口,一端开口面向来流,安装于 B 点,距离水面 H_0,一端垂直向上,管内流体上升到高出水面 h,如图 1-13 所示。B 点速度变为零,其压力为总压 p_B^*,根据液体内部静压力基本方程,应有 $p_B^* = \rho g(H_0 + h)$。此外,B 点上游的 A 点未受测管影响,应有 $p_A = \rho g H_0$。根据伯努利方程,在 A,B 两点应有

$$p_A + \frac{1}{2}\rho v_A^2 = p_B^* \qquad (1-64)$$

可得

$$v_A = \sqrt{\frac{2(p_B^* - p_A)}{\rho}} = \sqrt{2gh} \qquad (1-65)$$

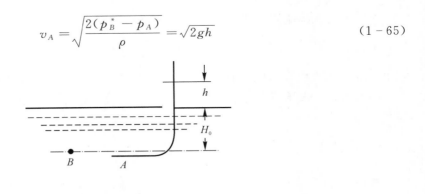

图 1-13　皮托管测河水流速

皮托管因便于携带、安装和测量,通常用于测定风管、水管、渠道和矿井巷道中任一点的流体速度。

伯努利方程在航空中的应用也很广,飞机的飞行速度就是根据伯努利方程来测得的,其原理与皮托管测速原理基本相同。

如图 1-14 所示,飞行速度是由空速管、空速表组合系统来测量和指示的。空速表上的粗针指示飞行表速,细针指示飞行真速。空速管上有两种孔:侧壁一排孔叫静压孔,它感受大气静压 p_H(指某一飞行高度时的静压),并通过导管与开口膜盒外部相通;空速管前端的孔叫全压孔,用来感受全压 p_0,并通过导管与空速表的开口膜盒内腔相通。这样,膜盒内外的压力差就是动压 q。

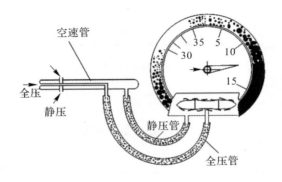

图 1-14　空速管测速原理

当飞机在海平面飞行时,膜盒内外的压力差为

$$p_0 - p_{H=0} = \frac{1}{2}\rho_0 v^2$$

膜盒在此压力差作用下膨胀,带动空速表粗针转动,指示飞机表速,用 v_i 表示。此时的表速就是飞机的真实速度。

当飞机在空中飞行时,表速 v_i 就不再是真正的飞行速度。这是因为刻度盘所表示的表速大小是根据动压和海平面的密度 ρ_0 之间的关系

$$q = \frac{1}{2}\rho_0 v_i^2$$

而确定的。即

$$v_i = \sqrt{\frac{2q}{\rho_0}} \qquad\qquad (1-66)$$

粗针所转动角度是随动压 q 的大小而增减的。如果飞行速度不变,飞行高度升高,由于空气密度减小,动压下降,膜盒收缩,空速表粗针所转动的角度减小,指示的表速也随之减小。因此,表速的大小只能反映飞行中动压的大小和海平面的飞行速度,并不代表任一高度的飞行真速。

飞行真速是由空速表中的细针指示的。细针的转动角度除了受开口膜盒控制外,还受真空膜盒的控制。当飞行高度增高时,真空膜盒膨胀,带动细针多偏一个角度,指示出飞行真速。

飞行表速和真速有一定的换算关系。根据

$$q = \frac{1}{2}\rho_H v^2 = \frac{1}{2}\rho_0 v_i^2$$

可得

$$v = \sqrt{\frac{\rho_0}{\rho_H}}\, v_i \qquad\qquad (1-67)$$

由式(1-67)可见:在海平面上,真速等于表速;随着飞行高度增加,真速将逐渐大于表速。

(2) 文丘里流量计。

文丘里(Venturi)流量计用于管道中的流量测量,它是由收缩段和扩散段组成的,如图1-15所示。

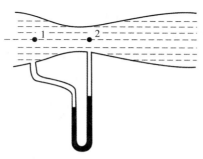

图 1-15　文丘里流量计

在文丘里流量计入口前的直管段截面 1—1 和喉部截面 2—2 两处测量静压差,根据静压差及两个截面的已知截面积就可计算管道的流量。设截面 1—1 和截面 2—2 上的流速和截面积分别为 V_1, A_1 和 V_2, A_2,根据伯努利方程,有

$$p_1 + \frac{1}{2}\rho v_1^2 = p_2 + \frac{1}{2}\rho v_2^2$$

由连续方程(1-35),有

$$v_1 = \frac{A_2}{A_1}v_2$$

于是截面 2—2 上的流速为

$$v_2 = \sqrt{\frac{2(p_1 - p_2)}{\rho\left[1 - \left(\frac{A_2}{A_1}\right)^2\right]}} \tag{1-68}$$

所通过的体积流量为

$$Q_{V_2} = A_2\sqrt{\frac{2(p_1 - p_2)}{\rho\left[1 - \left(\frac{A_2}{A_1}\right)^2\right]}} \tag{1-69}$$

在实际应用中,考虑到黏性引起的截面上速度分布的不均匀以及流动中的能量损失,还应在式(1-69)右边乘上一个修正系数 β,即

$$Q_{V_2} = \beta A_2\sqrt{\frac{2(p_1 - p_2)}{\rho\left[1 - \left(\frac{A_2}{A_1}\right)^2\right]}} \tag{1-70}$$

如果压力差$(p_1 - p_2)$用 U 形管中的液面的高度差 h 来表示,则有

$$p_1 - p_2 = (\rho_U - \rho)gh$$

式中:ρ_U 是 U 形管中液体的密度。于是得到

$$Q_{V_2} = \beta A_2\sqrt{\frac{2gh(\rho_U - \rho)}{\rho\left[1 - \left(\frac{A_2}{A_1}\right)^2\right]}} \tag{1-71}$$

1.4 黏性流体力学基础

对黏性系数较小的流体或在速度梯度不大的区域,可以假设流体为理想流体。除这两种情况外,都必须考虑流体黏性的影响,否则会导致很大的误差。黏性流体力学问题比理想流体力学问题复杂得多。目前只有某些特殊问题可以完全用理论推导的方法求得解析解,而大量的实际问题需要靠数值计算和实验方法来解决。本节从黏性流体的基本流动出发,以平板、曲面绕流为例来分析黏性对流动的影响。

1.4.1 层流与紊流

1.4.1.1 雷诺实验

在很久以前人们就观察到,在不同的条件下,流体运动具有不同的状态,但是直到1876—1883年间,英国的物理学家雷诺(O. Reynolds)经过多次实验,发表了他的实验结果后,人们对这一问题才有了全面正确的理解。现在简单介绍这个实验的情况。

如图 1-16 所示,A 为供水管,B 为水箱。为保持箱内水位稳定,在水箱内装有稳流板 J,让

多余的水从泄水管 C 流出。水箱 B 中的水流入玻璃管 G,再经阀门 H 流入量水箱中,以便计量。E 为小水箱,内盛红色液体,开启小阀门 D 后,红色流体沿细管 F 流入玻璃管 G 中,与清水一同流走。

实验时,先微微打开阀门 H,让清水以很低的速度流动,同时开启阀门 D,使红色液体也流入其中,与清水一起流动。此时可见红色液体形成一条明显的红线 S—S,与周围清水并不掺混,如图 1 - 16(b) 所示。这种流动状态称为流体的层流流动。

如继续微开阀门,玻璃管中流速逐渐加大,在一定时间内,流速未达到一定数值以前,仍然可以看到流体运动保持层流状态。

但如继续开大阀门,当管内流速增大到一定值时,便可看到红色流线开始波动,继而个别地方发生断裂,最后形成与周围清水相互混杂、穿插的紊乱流动,如图 1 - 16(c) 所示。这种流动状态称为流体的紊流流动,也称为湍流流动。

由此可以得到初步结论:当流速较低时,流体层作彼此平行且不混杂的层流运动;当流速增大到一定数值时,流体运动便成为相互混杂、穿插的紊乱流动,流速继续增大,紊乱程度变得愈加强烈。由层流状态改变为紊流状态时的速度称为上临界流速,用 v'_{cr} 表示。

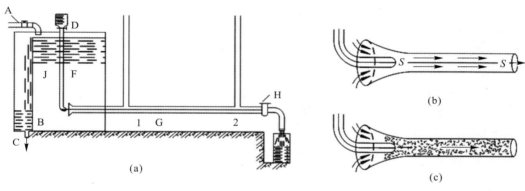

图 1 - 16　雷诺实验

上述实验还可按相反顺序进行,即先将阀门 H 开得很大,使流体高速在管 G 中流动,而后慢慢将阀门关小,使流体流动速度逐渐降低,这样可以观察到如下现象:在高速时流体作紊流流动;当流体速度降低到一定值时,流体便作彼此不相混杂的层流流动,但开始时,这种流态不太稳定。如果流速再降低,层流状态便趋向稳定。由紊流状态改变为层流状态时的流速称为下临界流速,用 v_{cr} 表示。实验证明:v_{cr} 远小于 v'_{cr}。

上述两种实验情况可概括如下:

1)当 $v > v'_{cr}$ 时,流体作紊流流动;

2)当 $v < v_{cr}$ 时,流体作层流流动;

3)当 $v_{cr} < v < v'_{cr}$ 时,流态不稳,可能保持原有的层流或紊流流动,称之为过渡区。

1.4.1.2　雷诺数和临界雷诺数

选取不同直径的玻璃管以及使用不同的流体进行大量的实验后发现:流体的黏性系数 μ、密度 ρ、流速 v 和圆管直径 d 等因素都对流态有很大的影响。减小流体的黏性,增大流体密度和流速,或是增大圆管的直径,都使层流运动的稳定性降低,导致层流变为紊流。实验还发现:

管内紊流的出现,不是单纯由某个因素所决定的,而是由它们的组合数决定的。这个组合数叫作雷诺数,用 Re 来表示,它定义为

$$Re = \frac{\rho Vl}{\mu} = \frac{V \cdot l}{\nu} \qquad (1-72)$$

式中:l 为流动的特征尺寸,对于圆管流动一般取为管径 d,对于平板流动则一般取为平板长度。

于是,将对应于上临界流速 v'_{cr} 的雷诺数叫作上临界雷诺数,对应于下临界流速 v_{cr} 的雷诺数叫作下临界雷诺数。

无数实验证明,不管流速多少,管内径多大,也不管流体的运动黏度如何,只要雷诺数相等,它们的流动状态就相似。因此,雷诺数成为判别流体流动状态的准则。

管内流动由层流开始变为紊流的雷诺数称为临界雷诺数。临界雷诺数是判断流态的一个标准。雷诺实验及许多学者的精密实验结果表明,对于非常光滑、均匀一致的直圆管,下临界雷诺数 Re_{cr} 约为 2 320。下临界雷诺数还与流体受到的扰动有关,如果在流体进入管道前,人为地给以扰动,则可能提前出现紊流,下临界雷诺数就低;如果管道进口处有很好的过渡,水箱中流体又几乎完全静止,则下临界雷诺数就很高,有时甚至可达 10^5 以上。对于上临界雷诺数,一般不易测得其精确值,一般取为 13 800。由于上临界雷诺数在工程上一般没有实用意义,故一般都取下临界雷诺数作为判别流动状态的准则。对于圆管流动,当 $Re < 2\ 320$ 时,流动状态为层流,当 $Re > 2\ 320$ 时,流动状态为紊流。但在实际工程中很难做到像实验室那样,外界干扰很容易使流体形成紊流运动,所以工业上一般取圆管的临界雷诺数为 2 000,即 $Re \leqslant 2\ 000$ 时,流动为层流,$Re > 2\ 000$ 时,流动为紊流。

对于非圆形截面管道中的流体流动,一般取 $Re_{cr} = 500$;对于明渠中的流体流动,一般取 $Re_{cr} = 300$;对于球形物体的绕流流动,一般取 $Re_{cr} = 1$。

例 1-3 运动黏度为 $\nu = 1 \times 10^{-6} \text{ m}^2/\text{s}$ 的水在内径 $d = 100 \text{ mm}$ 的管道中流动,流速 $v = 1 \text{ m/s}$,问流动呈何种状态?若管道中的流体为运动黏度为 $\nu = 31 \times 10^{-6} \text{ m}^2/\text{s}$ 的油,要使流动呈层流状态,问流速不能超过多少?

解 水的雷诺数为

$$Re = \frac{vd}{\nu} = \frac{1 \times 0.1}{1 \times 10^{-6}} = 10^5 > 2\ 000$$

则水在管道中的流动呈紊流状态。

根据油在管道中流动的雷诺数公式:

$$Re = \frac{vd}{\nu} = \frac{v \times 0.1}{31 \times 10^{-6}} < 2\ 000$$

得

$$v = \frac{Re \times 31 \times 10^{-6}}{0.1} < \frac{2\ 000 \times 31 \times 10^{-6}}{0.1} = 0.62 \text{ m/s}$$

因此,只有当油的流速不超过 0.62 m/s 时才会呈现层流流动。

对式(1-72)可进行如下的恒等变形,即

$$Re = \frac{\rho vl}{\mu} = \frac{\rho v^2 l^2}{\mu vl} = \frac{\rho l^3 (l/t^2)}{\mu l^2 (v/l)} = \frac{ma}{\mu S (\mathrm{d}V/\mathrm{d}l)} = \frac{\text{惯性力}}{\text{黏性力}}$$

由此可见,雷诺数是一个无量纲量,表征了在流体运动过程中,流体微团的惯性力与其所受黏性力哪个在起主导作用。当 Re 小于临界雷诺数时,表示流体惯性力相对较小,黏性作用较强,此时黏性力的作用使流体运动比较规则而成为层流;当 Re 大于临界雷诺数时,表示流体微团的惯性作用大而黏性作用小,流体易于冲破黏性力的束缚作用而使流动成为不规则的脉动紊流。

对雷诺数的物理意义进行分析,有助于认识层流变紊流的物理本质。流体运动中凡是与黏性有关的现象,都要用到雷诺数的概念。

1.4.2　附面层的基本概念

理想流体的绕流问题与实际流体的绕流差别很大。图 1-17 分别给出了理想流体和实际流体绕二元机翼流动的流谱。当流体流过物体壁面时,由于壁面和黏性的影响,在紧靠壁面处出现了沿物面法线方向速度逐渐增大的薄层。我们把速度从零增大到 99% 主流速度的这一薄层,称作附面层或边界层,如图 1-17 所示。

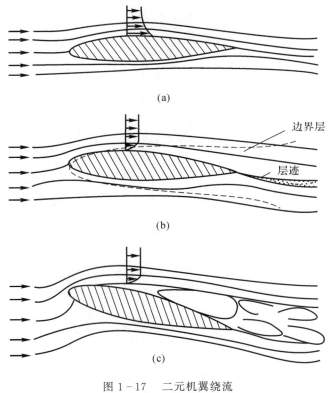

图 1-17　二元机翼绕流
(a)理想流体绕流;　(b)未脱体绕流;　(c)脱体绕流

1.4.2.1　附面层特点

1)附面层厚度随气流流过物体距离的增大而增大。由物面沿法向到附面层边界的距离,称为附面层厚度 δ。附面层的厚度是随着流体流经物面的距离增大而逐渐增大的。这是因为:流体沿物面流动时,紧贴附面层的一层流体要不断受到附面层内流体黏性的影响,逐渐减速变为附面层内的流体,所以流体沿物面流过的路程越长,附面层也就越厚。对一般飞机而言,离机翼前缘 $1 \sim 2$ m 处的附面层厚度约为数毫米到数十毫米。

2)附面层内压力沿物面法线方向是不变的,且等于法向的主流压力。实验证明,流体流过物体时,在物面附近只有与物面平行的流动,没有沿法向的流动,如图 1-18 所示,因此物面上 P 点的压力与附面层边界上 Q 点的压力必须相等,且都等于法向的主流压力。即

$$\frac{\Delta p}{\Delta y} = 0 \qquad\qquad (1-73)$$

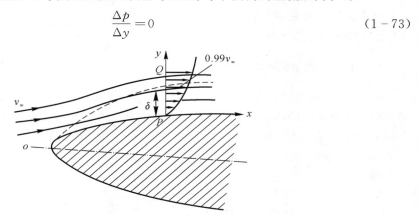

图 1-18 物面附面层示意图

为什么附面层内流速沿物面法线方向是变化的,而压力却是相等的呢? 这是因为具有黏性的流体,在各层间相互摩擦的结果是一部分动能转化为热能,使流体温度升高,所以压力不会由上至下地逐渐增大。

根据附面层产生的原理和特点,可以把流过物体表面的流体分成 3 个区,如图 1-19 所示。

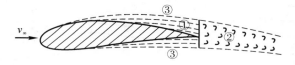

图 1-19 物体表面的流动

1)附面层。这是紧贴物体表面的一层,在该层内有显著的黏性作用。

2)尾迹区。它是由附面层出来的流体所形成的,里面充满了旋涡。该区内流体速度比外部流体速度小。

3)外部自由流。 该区域内流体黏性的影响很小,可以忽略,把流体作为理想流体来处理。

1.4.2.2 层流附面层和紊流附面层

如图 1-20 所示,附面层内的流动也有层流和紊流之分,但两者之间有明显不同之处:一是紊流附面层厚度大于层流附面层厚度;二是紊流附面层底层的速度梯度比层流附面层底层的速度梯度大,即

$$\left(\frac{\mathrm{d}v}{\mathrm{d}y}\right)_{t,\,y=0} > \left(\frac{\mathrm{d}v}{\mathrm{d}y}\right)_{l,\,y=0}$$

其原因在于:紊流附面层各层间的流体微团沿法向脉动速度较大,故各流层间动量交换剧烈。这一方面使得紊流附面层底层流体微团对上层流体影响范围广,导致附面层增厚,另一方面又使紊流附面层内各流层速度差较层流附面层小,即紊流附面层内速度分布较为饱满,接近

底层的流速较层流附面层大,因而紊流附面层底层的速度梯度较层流附面层要大。

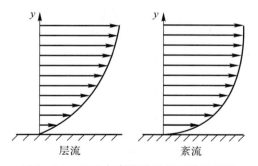

图 1－20　层流与紊流附面层速度的区别

1.4.2.3　附面层的转捩

均匀流体流过平板时,流动情况如图 1－21 所示。OT 段为层流附面层,TS 段为紊流附面层。层流附面层和紊流附面层之间有一过渡区,由于此过渡区很小,通常把它看成一个过渡点 T,叫作转捩点。下面分别说明层流附面层为什么会转捩成紊流附面层,以及转捩点 T 的位置与哪些因素有关。

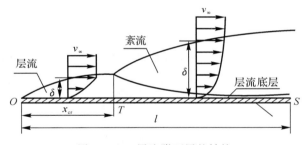

图 1－21　层流附面层的转捩

（1）附面层转捩原因。

附面层由层流转捩为紊流的内因是层流本身的不稳定性,外因则是物面的扰动作用。

层流本身为什么具有不稳定性呢? 如图 1－22 所示,取 a,b,c 流线,如果流线 b 受到扰动而变形,则 1—2 之间的 ab 流管切面变细,流速增大,压力降低,而 bc 流管切面变粗,流速减小,压力升高。流线 b 在两侧压力差作用下,不但不能自动恢复到原来位置,而且要加剧变形,同时流线 a,b 在两侧压力差作用下也要发生变形。可见,层流附面层是不稳定的。

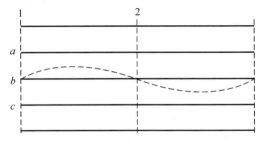

图 1－22　层流的不稳定性

物面是怎样对流体进行扰动的呢？经过精心加工的物面，在放大镜下可以看出，物面总是凹凸不平的，如图 1-23 所示。凹凸不平的壁面对附面层内流体有两个作用：一方面它对附面层底层流体有扰动作用，使该层流体出现上下脉动，并通过流体的不稳定性逐步将扰动传播给相邻的上层流体，使上层流体随之出现上下脉动，随着流体流过物面的路程增加，附面层上层流体不断受到扰动，流体上下脉动也将越来越剧烈，当脉动增大到一定程度时，层流附面层就转捩为紊流附面层；另一方面物面除对流体有扰动作用外，还对附面层底层流体有限制作用，使该层流体上下脉动不能过大，即使在附面层已转捩为紊流附面层时，该层流动仍然是层流的，将其称为层流底层或黏性底层，层流底层的厚度约为整个附面层厚度的 1%，之外为过渡层和紊流核心区。

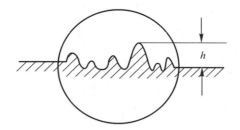

图 1-23　物面的粗糙情况

（2）影响转捩点位置的因素。

若转捩点的位置为 x_T，如图 1-21 所示，对应于该点的雷诺数叫作转捩（或临界）雷诺数 Re_T，表示为

$$Re_T = \frac{\rho v_\infty x_T}{\mu}$$

当 $Re < Re_T$ 时，附面层为层流；当 $Re > Re_T$ 时，附面层转捩为紊流。

由此可得

$$x_T = \frac{\mu Re_T}{\rho v_\infty} \tag{1-74}$$

因而转捩点的位置就取决于流体黏性系数 μ、密度 ρ、来流速度 v_∞ 及临界雷诺数 Re_T 等因素。

1）流体黏性系数 μ。μ 大，说明流体对流动变形的黏性阻滞作用增强，增大了层流的稳定性，因而使转捩点后移；反之，μ 小，则使转捩点前移。

2）流体速度 v_∞ 与流体密度 ρ。v_∞ 和 ρ 愈大，则流线变形时所产生的压力差愈大，附面层也就愈容易转捩，因而转捩点前移；反之，v_∞ 和 ρ 减小，会使转捩点后移。

3）临界雷诺数 Re_T。Re_T 大，则转捩点后移；反之，Re_T 小时，转捩点前移。而 Re_T 的大小又和流体的原始紊乱程度、物面的粗糙度以及逆压梯度的大小有关。流体原始紊乱程度大，则说明流体中脉动剧烈，将促使附面层提前转捩，因而使 Re_T 减小。物面愈粗糙，对附面层的扰动也就愈大，会使附面层提前转捩，Re_T 减小。

当流体流经平板时，就像流过等切面的流管，如图 1-24 所示。根据连续方程和伯努利方程，主流沿平板 x 方向的压力不会发生变化，附面层中沿平板 x 方向的压力也不会变化，压力

梯度 $\dfrac{\mathrm{d}p}{\mathrm{d}x}=0$。如果流体流过一个曲面,如图 1-25 所示,在凸顶点 S 前半部流管切面积愈来愈小,则压力沿 x 方向也将愈来愈小,即 $\dfrac{\mathrm{d}p}{\mathrm{d}x}<0$。凸顶点 S 是流管最窄处,也是最小压力点。过了 S 点以后流管面积逐渐扩大,压力沿 x 方向也愈来愈大,因而 $\dfrac{\mathrm{d}p}{\mathrm{d}x}>0$。$\dfrac{\mathrm{d}p}{\mathrm{d}x}<0$ 表明流体是由高压区流向低压区,故称其为顺压梯度,而 $\dfrac{\mathrm{d}p}{\mathrm{d}x}>0$ 表明流体是由低压区流向高压区,故称其为逆压梯度。在逆压梯度作用下,流体顶着越来越高的压力前进,相当于流体受到扰动,因而加速了附面层转捩,使 Re_T 减小。

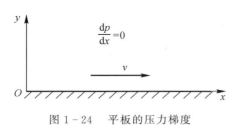

图 1-24　平板的压力梯度　　　　图 1-25　曲面的压力梯度

平板附面层中的流动同样存在着转捩问题。平板附面层的转捩雷诺数

$$Re_\mathrm{T}=\left(\frac{v_\infty x}{\nu}\right)_\mathrm{T}=3.5\times10^5\sim3.5\times10^6$$

如果来流紊流度甚小,平板 Re_T 有时可达到 4×10^6。

1.4.2.4　附面层分离

所谓附面层分离是指附面层内流体发生倒流而脱离物体表面,并形成大量旋涡的现象,如图 1-26 所示。附面层分离的内因是流体的黏性,外因则是沿曲面流动而出现的逆压梯度。

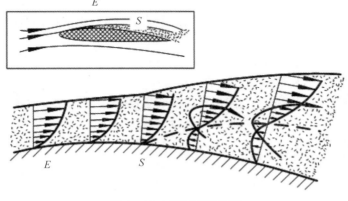

图 1-26　附面层的分离

例如流体绕圆柱体的流动,如图 1-27 所示,在圆柱体 $\overset{\frown}{CD}$ 部分,$\dfrac{\mathrm{d}p}{\mathrm{d}x}<0$,为顺压梯度;而在 $\overset{\frown}{AB}$ 部分,$\dfrac{\mathrm{d}p}{\mathrm{d}x}>0$,为逆压梯度。

在顺压梯度段,虽然附面层的黏性作用要使流体减速,但顺压的作用却使附面层内流体加速,总的来说,附面层内流体还是加速流动的。

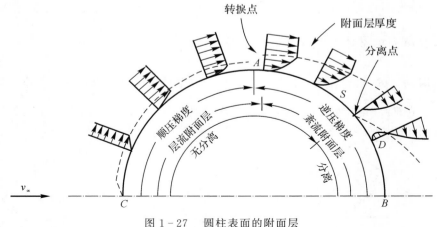

图 1-27　圆柱表面的附面层

在逆压梯度段,附面层的黏性和逆压双重作用都使流体减速,因此附面层底层速度迅速减小,以致在点 S 达到 $\left(\dfrac{\mathrm{d}v}{\mathrm{d}x}\right)_{y=0}=0$。在 S 点以后,附面层底层的流体在逆压的继续作用下向前倒流,倒流而上的流体与顺流而下的流体在 S 点相遇,使附面层拱起而脱离物面,并被主流卷走,形成大量旋涡,于是形成了流体附面层分离。通常称附面层流体开始离体的 S 点为分离点。

分离点的位置主要取决于附面层的逆压梯度 $\dfrac{\mathrm{d}p}{\mathrm{d}x}$ 和附面层的类型。$\dfrac{\mathrm{d}p}{\mathrm{d}x}$ 越大,会使附面层提前分离,即分离点 S 前移,反之会使 S 点后移。紊流和层流相比,紊流附面层下部流体的速度较大,流体比较不容易分离,因而分离点 S 后移。

无论是机翼的表面,还是发动机的进气道、压缩机叶片通道以及其他扩压通道内,均可能发生附面层的分离,这个分离对于飞机会影响其升力系数,对发动机则影响部件的气动性能,严重时甚至引起发动机故障。

为了防止附面层分离,人们采取了一些措施,例如:在扩压器中,既有黏性作用,又有逆压梯度作用,气流容易分离,一般是使扩压器的扩张角 θ 不超过 $6° \sim 8°$,用以限制逆压梯度。还有在机翼上或超声速进气道中,采用附面层控制装置(即采用吹除或吸附附面层的方法)来增大附面层气流的动能,使附面层分离现象延缓以至避免分离。

1.4.3　附面层对流体流动的影响

为进一步研究黏性流体力学问题,必须了解附面层对流体流动的影响。下面将分别讨论附面层对通道尺寸的影响,以及流体作用于物体的摩擦阻力和压差阻力等问题。

1.4.3.1　附面层对通道尺寸的影响

在流过管道的流量一定的条件下,考虑黏性时和不考虑黏性对流体的影响时,其所需要的截面积是不同的。这是因为考虑黏性影响,通道截面上存在附面层,而附面层内速度低于中心流速度,因此如果按理想流体计算流量,必须对通道尺寸加以修正。

如图 1-28 所示,假设壁面上附面层的厚度为 δ,在附面层内流过 $\delta \times 1$(垂直于图面尺寸为 1)这个截面的理想流量(即不考虑黏性影响时的流量)应该是

$$\int_0^\delta \rho v_\infty \mathrm{d}y = \rho v_\infty \delta$$

式中,v_∞,ρ 分别是附面层外气流的位流速度和密度。

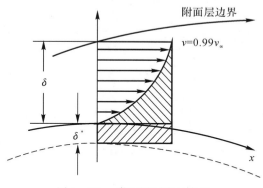

图 1-28　附面层厚度示意图

附面层内的流速 v 沿 y 方向是有变化的,故经过 $\delta \times 1$ 这个截面的实际流量为

$$\int_0^\delta \rho v \mathrm{d}y$$

这样,理想流量和实际流量之差等于

$$\rho \int_0^\delta (v_\infty - v) \mathrm{d}y$$

由此可见,由于附面层内流速减小,要想流过预计的流量,必须把壁面下移。

如果把壁面下移 δ^* 距离,而通过截面 $\delta^* \times 1$ 的流量(按理想无黏流的速度计算,在图中用小长方形阴影面积表示其容积流量大小)刚好弥补了上述附面层内理想流量和实际流量之差(在图中用小三角形阴影面积表示其容积流量大小)。则小三角形和小长方形两块阴影面积相等,即

$$\delta^* \rho v_\infty = \rho \int_0^\delta (v_\infty - v) \mathrm{d}y$$

或

$$\delta^* = \int_0^\delta \left(1 - \frac{v}{v_\infty}\right) \mathrm{d}y \qquad (1-75)$$

由于边界层外 $v/v_\infty \approx 1$,所以 $\int_\delta^\infty \left(1 - \dfrac{v}{v_\infty}\right) \mathrm{d}y \approx 0$,因此式(1-75)又可写为

$$\delta^* = \int_0^\infty \left(1 - \frac{v}{v_\infty}\right) \mathrm{d}y \qquad (1-76)$$

式中:δ^* 叫作附面层的位移厚度。工程上若给定了管内流体参数的分布,如速度与流量,需要设计管形时,则可先用无黏流理论,求出管壁形状,然后计算附面层厚度,并用式(1-75)求出壁面各点的位移厚度 δ^*,把管壁各点都相应地外移一个 δ^*,就得到实际所需的管形;若给定了管形和几何尺寸,需要确定管道内的流体参数,则可先按照给定管形,用无黏理论计算流体参数,然后计算附面层厚度,求出壁面上各点的位移厚度 δ^*,将壁面内移一个 δ^*,得出实际有效

的通道截面。在这种情况下，若管道半径为 R，从图 $1-29$ 看出，实际有效的通道截面积 F_{eff} 为

$$F_{eff} = \pi(R - \delta^*)^2$$

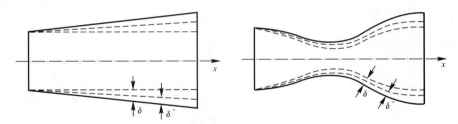

图 $1-29$　位移厚度使流体通道截面积减小的示意图

只有按照 F_{eff} 的大小，再用无黏流理论计算流体流量参数才符合实际情况。所以，要计算有效通道截面积，必须首先确定附面层的位移厚度。

如果知道了附面层内的速度分布规律，位移厚度可由式 $(1-75)$ 计算。例如，已知在紊流附面层内，速度分布规律为

$$\frac{v}{v_\infty} = \left(\frac{y}{\delta}\right)^{\frac{1}{7}}$$

代入式 $(1-75)$，可得

$$\delta^* = \int_0^\delta \left(1 - \frac{v}{v_\infty}\right) \mathrm{d}y = \int_0^\delta \left[1 - \left(\frac{y}{\delta}\right)^{\frac{1}{7}}\right] \mathrm{d}y = \int_0^\delta \mathrm{d}y - \int_0^\delta \left(\frac{y}{\delta}\right)^{\frac{1}{7}} \mathrm{d}y =$$

$$\delta - \delta\int_0^\delta \left(\frac{y}{\delta}\right)^{\frac{1}{7}} \mathrm{d}\frac{y}{\delta} = \delta - \frac{7}{8}\delta = \frac{1}{8}\delta$$

上式说明位移厚度是与附面层厚度成正比的。

对于层流附面层，算出附面层厚度，就可求出附面层位移厚度。

在计算中，有时为了方便，可不必具体计算 δ^*，而是按照无黏流参数算出通道尺寸后，根据经验数据适当予以放大。如超声速进气道中，由于附面层的存在会使喉部有效面积减小，而且飞行 Ma 越高的飞行器，喉部附面层所占喉部面积的比例也越大。为了考虑这一影响，对于 $Ma < 2$ 的进气道，常要将按理想流计算得到的喉部面积放大 2%。

1.4.3.2　摩擦阻力

当黏性流体绕流物体时，物体总要受到压力和切向应力的作用。在沿物体横截面的流动平面中，这些力的合力可分解为两个分力：与来流方向一致的作用力 F_D 和与来流方向垂直的升力 F_L。由于 F_D 与物体运动方向相反，起着阻碍物体运动的作用，称为阻力。阻力是由流体绕物体流动所引起的切向应力和压力差造成的，故阻力又可分为摩擦阻力和压差阻力两种。

摩擦阻力是由黏性流体对物体表面作用的切向应力产生的，所以摩擦阻力是指作用在物体表面的切向应力在来流方向上的投影之和，即

$$F_D = \iint\limits_A (\tau_{yx})_b \sin\alpha \, \mathrm{d}A$$

式中：A 为流体流过的物面面积；$(\tau_{yx})_b$ 为作用在物面上的切应力；α 为物面法线方向与来流方向的夹角。

飞机在飞行中,气流流经机翼、尾翼等舵面时,由黏性引起的摩擦阻力对飞机性能有直接影响。而飞机机翼、尾翼等舵面摩擦阻力的大小,通常是在估算平板摩擦阻力的基础上,加以适当的修正而计算的。本节以低速平板流动为基础,研究平板摩擦阻力的产生、估算方法及维护质量对摩擦阻力的影响。

(1) 平板摩擦阻力的产生及计算。

如图 1 - 30 所示,流体流过平板时,附面层内紧贴平板表面的流体,就像黏在平板表面一样,其速度恒等于零,此层流体记为 A 层。作用于 A 层上的力有上层邻近流体的黏性力 F_v 和平板表面的作用力 F'。由于 A 层流体不动,所以 $F_v = F'$。根据牛顿第三定律可知,A 层流体对平板必有反作用力,这个反作用力就是作用于平板的摩擦阻力 F_f,而且有

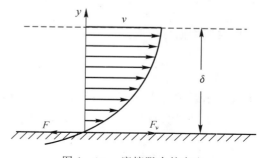

图 1 - 30　摩擦阻力的产生

$$F_f = F' = F_v$$

摩擦阻力的表达式推导如下:设平板宽度为1,长度为 l,微元面积为 $\mathrm{d}x \cdot 1$,则微元面积上的力 $\mathrm{d}F_f$ 可写成

$$\mathrm{d}F_f = \mathrm{d}F_v = \tau_0 \mathrm{d}x \cdot 1 = \mu \left(\frac{\mathrm{d}v}{\mathrm{d}y}\right)_{y=0} \mathrm{d}x$$

整个平板单面的摩擦阻力 F_f 为

$$F_f = \int_0^l \mathrm{d}F_f = \int_0^l \tau_0 \mathrm{d}x = \mu \int_0^l \left(\frac{\mathrm{d}v}{\mathrm{d}y}\right)_{y=0} \mathrm{d}x \qquad (1-77)$$

式(1-77)即为宽度为1的平板的摩擦阻力表达式。由表达式可以看出,要计算平板摩擦阻力的大小,关键在于确定被积函数 $\left(\frac{\mathrm{d}v}{\mathrm{d}y}\right)_{y=0}$,而 $\left(\frac{\mathrm{d}v}{\mathrm{d}y}\right)_{y=0}$ 与附面层的类型有关。因此,下面分别研究层流、紊流、混合附面层摩擦阻力的具体表达式。

(2) 层流附面层的平板摩擦阻力。

如果平板表面全部是层流附面层,为计算其摩擦阻力,首先应了解层流层的速度分布和厚度分布规律,从而求得层流附面层底层的速度梯度。

理论和实验证明:层流附面层内的速度分布接近于抛物线分布,可写为

$$v = 2v_\infty \left(\frac{y}{\delta} - \frac{y^2}{2\delta^2}\right)$$

式中:y 为层流附面层内某一点的纵坐标;v 为层流附面层内某一点的速度;v_∞ 为附面层边界处的速度(对于平板即是来流速度);δ 为附面层厚度。

将 v 对 y 求导,则可得层流附面层的速度梯度为

$$\frac{\mathrm{d}v}{\mathrm{d}y} = 2v_\infty \left(\frac{1}{\delta} - \frac{y}{\delta^2}\right)$$

令 $y=0$,可求得层流附面层底层的速度梯度为

$$\left(\frac{\mathrm{d}v}{\mathrm{d}y}\right)_{y=0} = \frac{2v_\infty}{\delta} \qquad (1-78)$$

由理论分析得层流附面层厚度 δ 的分布规律为

$$\delta = 5.83 \sqrt{\frac{\mu x}{\rho v_\infty}}$$

将上式代入式(1-78),可得

$$\left(\frac{\mathrm{d}v}{\mathrm{d}y}\right)_{y=0} = 0.343 \sqrt{\frac{\rho v_\infty^3}{\mu x}}$$

所以层流附面层的摩擦应力 τ_0 为

$$\tau_0 = \mu \left(\frac{\mathrm{d}v}{\mathrm{d}y}\right)_{y=0} = 0.343 \sqrt{\frac{\mu \rho v_\infty^3}{x}}$$

上式表示摩擦应力 τ_0 在平板前部最大,并随 x 的增大而减小。

把 τ_0 的数值代入式(1-77),即可求得平板单面的摩擦阻力:

$$F_\mathrm{f} = \int_0^l \tau_0 \mathrm{d}x = 0.343 \int_0^l \sqrt{\frac{\mu \rho v_\infty^3}{x}} \mathrm{d}x =$$

$$0.343 \sqrt{\mu \rho v_\infty^3} \int_0^l x^{-\frac{1}{2}} \mathrm{d}x = 0.343 \sqrt{\mu \rho v_\infty^3} \left(2x^{\frac{1}{2}}\right) \Big|_0^l =$$

$$0.686 \sqrt{\mu \rho v_\infty^3 l} = 0.686 v_\infty^{\frac{3}{2}} \sqrt{\mu \rho l}$$

通常,将平板摩擦阻力写为摩擦阻力系数的表达式,即

$$F_\mathrm{f} = C_{\mathrm{l} \cdot \mathrm{f}} \frac{1}{2} \rho v_\infty^2 S = C_{\mathrm{l} \cdot \mathrm{f}} \frac{1}{2} \rho v_\infty^2 \times l \times 1$$

因此平板单面的摩擦阻力系数为

$$C_{\mathrm{l} \cdot \mathrm{f}} = \frac{F_\mathrm{f}}{\frac{1}{2} \rho v_\infty^2 l \times 1} = \frac{0.686 v_\infty^{\frac{3}{2}} \sqrt{\mu \rho l}}{\frac{1}{2} \rho v_\infty^2 l} =$$

$$1.372 \sqrt{\frac{\mu}{\rho v_\infty l}} =$$

$$1.372 \sqrt{\frac{1}{Re}}$$

而平板单面摩擦阻力系数的实验结果为

$$C_{\mathrm{l} \cdot \mathrm{f}} = 1.33 \sqrt{\frac{1}{Re}} \tag{1-79}$$

由此可见,理论分析与实验结果基本相符。

如果计算平板双面的摩擦阻力系数,只需将上述的 C_f 乘以 2 即可。

(3)紊流附面层的平板摩擦阻力。

紊流附面层的平板摩擦阻力计算的思路与层流附面层的平板摩擦阻力计算相似,但是由于紊流附面层中流动情况比较复杂,有些公式是借助于实验或经验得到的。

紊流附面层内的速度分布是借用圆管中的紊流流动的速度分布规律来表示的,即

$$v = v_\infty \left(\frac{y}{\delta}\right)^{\frac{1}{7}} \tag{1-80}$$

实验证明,对于光滑平板,这个规律在雷诺数小于 10^7 时是符合实际情况的。

应该说明,式(1-80)并不描述紊流附面层中层流底层的速度分布情况,因而不能直接把它用于黏性力的计算公式来求光滑平板的摩擦应力。

由理论分析可得平板紊流附面层厚度分布规律为

$$\delta = 0.37 \left(\frac{\mu}{\rho v_\infty x} \right)^{\frac{1}{5}} x \qquad (1-81)$$

Blasius 根据圆管和槽中实验数据证明,在 $Re < 10^5$ 时,紊流附面层的摩擦应力为

$$\tau_0 = 0.022\ 5 \rho v_\infty^{\frac{7}{4}} \left(\frac{\mu}{\rho \delta} \right)^{\frac{1}{4}}$$

此结果可用于平板阻力的计算。

将式(1-81)代入上式,得

$$\tau_0 = 0.057\ 8 \frac{\rho v_\infty^2}{2} \left(\frac{\mu}{\rho v_\infty x} \right)^{\frac{1}{5}}$$

与层流类似,平板一个表面所受的摩擦阻力是

$$F_{t \cdot f} = \int_0^l \tau_0 \, \mathrm{d}x = \frac{\rho v_\infty^2}{2} \int_0^l 0.057\ 8 \left(\frac{\mu}{\rho v_\infty x} \right)^{\frac{1}{5}} \mathrm{d}x =$$

$$\frac{\rho v_\infty^2}{2} \times l \times 0.057\ 8 \times \frac{5}{4} \left(\frac{\mu}{\rho v_\infty l} \right)^{\frac{1}{5}}$$

故紊流附面层的单面平板摩擦阻力系数为

$$C_{t \cdot f} = \frac{F_{t,f}}{\frac{1}{2} \rho v_\infty^2 l} = 0.072 (Re)^{-\frac{1}{5}} \qquad (1-82)$$

由实验测量所得 $C_{t,f}$ 的值是 0.074。可见上述计算结果是比较精确的。

需要指出的是,在 $Re \geqslant 10^7$ 后,应改用下列公式:

$$C_{l \cdot f} = \frac{0.455}{(\ln Re)^{2.58}} \qquad (1-83)$$

层流附面层及紊流附面层的平板单面摩擦阻力系数与 Re 的关系可如图 1-31 所示,可以看出,同一 Re 下,$C_{t \cdot f}$ 比 $C_{l \cdot f}$ 要大得多。

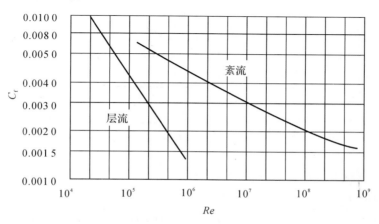

图 1-31　平板的摩擦阻力系数

例 1-4 飞机以 150 m/s 的速度在 10 000 m 的高空飞行，假定将机翼看成沿飞行方向长 2 m、宽 1.5 m 的一块平板，机翼表面全部为紊流光滑壁附面层。试求机翼尾缘处的附面层厚度，离机翼表面 1 cm 高度处的速度，以及机翼的摩擦阻力。

解 10 000 m 处，空气的密度及运动黏性系数分别为

$$\rho = 0.412\ 83\ \text{kg/m}^3, \nu = 3.521\ 9 \times 10^{-5}\ \text{m}^2/\text{s}$$

因此，尾缘处的雷诺数为

$$Re_L = \frac{v_\infty L}{\nu} = \frac{150 \times 2}{3.5219 \times 10^{-5}} = 8.52 \times 10^6$$

尾缘处附面层厚度为

$$\delta = 0.37L(Re_L)^{-\frac{1}{5}} = \frac{0.37 \times 2}{(8.52 \times 10^6)^{1/5}} = \frac{0.74}{24.33} = 3.04\ \text{cm}$$

尾缘处 1 cm 高度处的速度为

$$v = v_\infty \left(\frac{y}{\delta}\right)^{1/7} = 150 \times \left(\frac{1}{3.04}\right)^{1/7} = 150 \times 0.853\ 1 = 127.97\ \text{m/s}$$

机翼摩擦阻力系数

$$C_f = \frac{0.072}{(Re_L)^{1/5}} = \frac{0.072}{(8.52 \times 10^6)^{1/5}} = \frac{0.072}{24.33} = 0.002\ 96$$

因此，机翼摩擦阻力为

$$F_f = 2C_f \frac{1}{2}\rho v_\infty^2 bL = 2 \times 0.002\ 96 \times \frac{1}{2} \times 0.412\ 83 \times 150^2 \times 2 \times 1.5 = 82.48\ \text{N}$$

（4）混合附面层的平板摩擦阻力系数。

在实际流动中，通常平板上的附面层前部为层流附面层，后部为紊流附面层，在层流附面层与紊流附面层之间有一个过渡区。为了计算方便，在大雷诺数下可将层流附面层与紊流附面层的过渡看成是在某一截面上突然发生转捩的。这种混合附面层的平板摩擦阻力可用下列方法计算，其计算结果和实验结果相当吻合。

设平板宽度为 1，长度为 l，流体的 ρ, v_∞, μ 以及转捩点位置 x_T 均为已知，如图 1-32 所示。

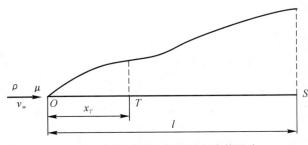

图 1-32 混合附面层的平板摩擦阻力

此平板的摩擦阻力可视为前段 OT 的层流摩擦阻力与后段 TS 的紊流摩擦阻力之和。层流段摩擦阻力计算方法如前所述，如何计算这种紊流的摩擦阻力呢？因为这时平板上的附面层并非全部是紊流，不能直接引用前面计算紊流附面层的平板摩擦阻力方法。为此，采用如下两个假设：

1) 在 T 点由层流附面层突然转捩为紊流附面层；

2) 在计算紊流附面层的厚度变化、层内速度和切向应力的分布时都认为是从前缘点 O 开始的。

于是，只要用整个平板（长为 l）的紊流摩擦阻力，减去 T 点以前这一段平板（长度为 x_T）的紊流摩擦阻力，就可以求出平板后段的紊流摩擦阻力。因此，混合附面层的平板摩擦阻力可写为

$$F_f = (F_{OT})_l + (F_{OS})_t - (F_{OT})_t$$

用系数表达，可写为

$$F_f = (C_{fOT})_l \times \frac{1}{2}\rho v_\infty^2 \times x_T \times 1 + (C_{fOL})_t \times \frac{1}{2}\rho v_\infty^2 \times l \times 1 - (C_{fOT})_t \times \frac{1}{2}\rho v_\infty^2 \times x_T \times 1$$

其摩擦阻力系数为

$$C_f = \frac{F_f}{\frac{1}{2}\rho v_\infty^2 l \times 1} = (C_{fOT})_l \frac{x_T}{l} + (C_{fOS})_t - (C_{fOT})_t \frac{x_T}{l} \tag{1-84}$$

这样，在平板雷诺数 Re、临界雷诺数 Re_T 已知后，就可按照 $Re < 10^7$ 或 $Re \geqslant 10^7$ 的不同情况分别计算具有混合附面层的平板摩擦阻力系数。

例 1-5　设 $Re = 10^8$，$x_T/l = 0.1$，求 C_f。

解　首先确定转捩点前后的雷诺数，然后分别计算转捩点前后的摩擦阻力系数。因为

$$Re_T = Re \times \frac{x_T}{l} = 0.1 \times 10^8 = 10^7$$

所以转捩点前按 $Re \leqslant 10^7$ 计算，转捩点后按 $Re \geqslant 10^7$ 计算，即

$$(C_{fOT})_l = \frac{1.33}{\sqrt{Re_T}} = \frac{1.33}{\sqrt{10^7}} = \frac{1.33}{3162} = 0.000\ 42$$

$$(C_{fOS})_t = \frac{0.455}{(\lg Re)^{2.58}} = \frac{0.455}{(\lg 10^8)^{2.58}} = \frac{0.455}{213.78} = 0.002\ 13$$

$$(C_{fOT})_t = \frac{0.455}{(\lg 10^7)^{2.58}} = \frac{0.455}{151.48} = 0.003\ 00$$

代入式（1-84），得

$$C_f = 0.000\ 42 \times 0.1 + 0.002\ 13 - 0.003\ 00 \times 0.1 = 0.001\ 87$$

例 1-6　一平板宽 $b = 2$ m，长 $L = 5$ m，在空气中运动的速度为 2.42 m/s，若空气密度为 $\rho = 1.226$ kg/m³，运动黏性系数 $\nu = 1.45 \times 10^{-5}$ m²/s。试分别计算沿宽度方向和沿长度方向运动时的摩擦阻力。

解　取 $Re_T = 5 \times 10^5$，则

$$x_T = \frac{Re_{cr}\nu}{v_\infty} = \frac{5 \times 10^5 \times 1.45 \times 10^{-5}}{2.42} = 3\ \text{m}$$

可见，沿宽度方向运动时为层流附面层，沿长度方向运动时为混合附面层。

1) 沿宽度方向：

$$Re = \frac{v_\infty b}{\nu} = \frac{2.42 \times 2}{1.45 \times 10^{-5}} = 3.34 \times 10^5$$

$$C_f = \frac{1.372}{\sqrt{Re}} = \frac{1.372}{\sqrt{3.34 \times 10^5}} = 0.002\ 236$$

沿宽度方向平板的摩擦阻力为

$$F_f = 2 \cdot C_f \frac{1}{2} \rho v_\infty^2 bL = 2 \times 0.002\ 236 \times \frac{1}{2} \times 1.226 \times 2.42^2 \times 2 \times 5 = 0.160\ 52\ \text{N}$$

2）沿长度方向：

$$x_T / l = 3/5 = 0.6$$

$$Re = \frac{v_\infty b}{\nu} = \frac{2.42 \times 5}{1.45 \times 10^{-5}} = 8.35 \times 10^5$$

$$Re_T = Re \times \frac{x_T}{l} = 8.35 \times 10^5 \times 0.6 = 8.35 \times 10^5 \times 0.6 = 5.01 \times 10^5$$

$$(C_{foT})_1 = \frac{1.33}{\sqrt{Re_T}} = \frac{1.33}{\sqrt{5.01 \times 10^5}} = 0.023\ 75$$

$$(C_{foS})_t = \frac{0.072}{(Re)^{1/5}} = \frac{0.072}{(8.35 \times 10^5)^{1/5}} = 0.004\ 7$$

$$(C_{foT})_t = \frac{0.072}{(Re_T)^{1/5}} = \frac{0.072}{(5.01 \times 10^5)^{1/5}} = 0.005\ 2$$

$$C_f = 0.002\ 45 \times \frac{3}{5} + 0.004\ 7 - 0.005\ 2 \times \frac{3}{5} = 0.003\ 005$$

沿长度方向平板的摩擦阻力为

$$F_f = C_f \frac{1}{2} \rho v_\infty^2 bL = 0.003\ 005 \times \frac{1}{2} \times 1.226 \times 2.42^2 \times 2 \times 5 = 0.184\ \text{N}$$

（5）维护质量对摩擦阻力的影响。

近代飞机蒙皮的绝对粗糙度 Δ 约为 $0.002\ 5$ mm，如板长为 l，则相对粗糙度为 Δ/l。如果维护质量好，则平板处于气动光滑区域，紊流的摩擦阻力系数仍为

$$C_{t \cdot f} = 0.072 \left(\frac{\mu}{\rho v_\infty l} \right)^{\frac{1}{5}} \quad (Re < 10^7)$$

或

$$C_{t \cdot f} = \frac{0.455}{(\ln Re)^{2.58}} \quad (Re \geqslant 10^7)$$

如果平板处于气动粗糙区，则摩擦阻力系数 C_f 随着相对粗糙度 Δ/l 的增加会逐渐增大。当 Δ/l 增大到粗糙颗粒完全暴露在紊流附面层中，便会形成与 Re 无关的摩擦阻力。此时，C_f 与 Re 无关，而仅与 Δ/l 有关，此时平板叫作气动力全粗糙，其摩擦阻力系数 C_f 可用下面经验公式来计算

$$C_{r \cdot t \cdot f} = \left(1.89 + 1.62 \lg \frac{\Delta}{l} \right)^{-2.5} \tag{1-85}$$

式中，Δ/l 称为粗糙度系数。

1.4.3.3 压差阻力

当理想流体流过圆柱体时，圆柱体表面上的压力分布是与 x 轴和 y 轴对称的，如图 1-33 所示，因此圆柱体在 x 轴方向的合力为零。

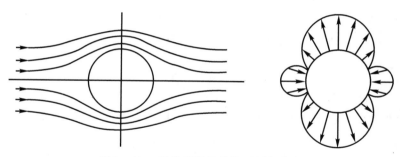

图 1-33　无分离绕流的柱面压力分布

当黏性流体流过圆柱体时,在圆柱体后面将产生附面层分离。在分离区内,流体质点迅速转动,在内摩擦力作用下,流体机械能迅速转变成热能,压力显著降低,使整个分离区压力几乎接近于分离点的压力,破坏了圆柱体前后压力的对称分布,如图 1-34 所示。使圆柱体在 x 轴方向的合力不为零。其合力方向与来流方向一致,成为阻碍物体的阻力,称为压差阻力。由于压差阻力与物体形状密切相关,故压差阻力又称作物形阻力。

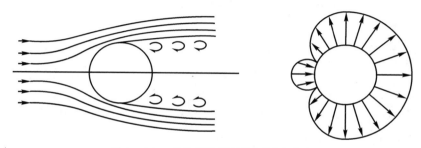

图 1-34　有分离绕流的柱面压力分布

显然,压差阻力是物面压力对物体的合力在来流方向的分量,故可表示为

$$F_p = \iint_A (p)_b \cos\alpha \, \mathrm{d}A$$

式中:A 为流体流过的物面面积;$(p)_b$ 为物面压力;α 为物面法线方向与来流方向的夹角。

压差阻力的大小一般由实验得出。实验结果表明:附面层的分离区越大,压差阻力也越大;反之,压差阻力越小。要减小压差阻力,就要减小流体分离区,使附面层分离点后移。对层流附面层而言,分离点往往发生在物体最大截面点附近,从而在物面后形成较宽的尾涡区,形成很大的压差阻力。而紊流附面层由于流体微团的相互掺混,发生强烈的动量交换,可使分离点后移,尾涡区变窄。因此,减小物面的逆压梯度或使物面产生紊流附面层,均可减小压差阻力。通常为减小物面的逆压梯度,将飞机的机身、机翼、挂弹架等都做成流线型。

1.5　标　准　大　气

围绕在地球表面的一层空气叫大气层。大气层的总质量约为地球质量的百万分之一,按大气的性质,首先可以把大气层分为低层大气和高层大气两层。从海平面到 85 km 高度范围属低层大气。低层大气的组分是均匀的,其中氮气占 78.1%,氧气占 21%。低大气层又可分为对流层、平流层和中间大气层。85 km 高度以上属于高层大气。高层大气的特点是大气组分不均匀,它直接吸收太阳辐射来的紫外线。

1.5.1　对流层

对流层是大气的最低层,它占据了大气的大部分质量(约占 3/4)。由于靠近地面,受地面加热和起伏不平等影响,空气处于不断运动中,不仅有水平方向的流动,而且有上下方向的对流,同时还发生风暴、雷雨等气象。空气的密度、压力、温度等参数均随高度的增大而减小。对流层的平均高度为 11 km(赤道处约为 16 ~ 18 km,中纬度地区约为 10 ~ 12 km,两极约为 7 ~ 10 km)。

在海平面($H = 0$)处,$T_0 = 288.15$ K,$P_0 = 760$ mmHg $= 1.013\ 25 \times 10^5$ Pa,$\rho_0 = 1.225$ kg/m³。

在 $H = 11$ km 处,$T = 216.65$ K $= -56.5$ ℃。

对流层内参数的变化关系为

$$T = T_0 - 0.006\ 5\ H\ (单位 K,H 以 m 计),\quad p = p_0\left(\frac{T}{T_0}\right)^{5.256},\quad \rho = \rho_0\left(\frac{T}{T_0}\right)^{4.256}$$

1.5.2　平流层

对流层之上为平流层,其范围一直到 32 km 高度左右。此层大气已很稀薄,几乎没有自然对流,只有水平方向流动而没有上下方向流动,已经没有雷雨等现象。平流层中绝大部分范围(11 ~ 20 km)内温度保持不变,等于 216.7 K。在往上延伸时,空气中出现臭氧的成分,它的吸热率高,使温度随高度增加而升高,在 32 km 处达到 228.65 K。

在平流层内,温度随高度的变化规律为:当 11 km $\leqslant H \leqslant$ 20 km,$T = 216.65$ K $= -56.5$ ℃;当 20 km $< H \leqslant$ 32 km,$T = 216.65 + 0.001(H - 20\ 000)$。

空气质量主要集中在对流层和平流层。紧接地面厚度为 5.5 km 的空气层中,空气质量约占大气中全部空气质量的 50%,由地面起到高度为 10 km 的范围中,约占 75%,而由地面到高度为 30 km 的范围中,就大约占了全部空气质量的 99%。

1.5.3　中间大气层

高度从 32 ~ 80 km 称为中间大气层。这一层大气温度变化剧烈,先随高度增加而增加,在 47 km 处达到 270.65 K,而后保持到 51 km 处温度不变。然后,又随高度增加而下降,在 71 km 处达到 214.65 K,在 80 km 处下降到 180.7 K。这一层所含空气质量只占整个大气层的 1/3 000,十分稀薄。

1.5.4　高温层

高度从 80 ~ 400 km 之间为高温层。在高温层里,温度随高度升高而增加。在 400 km 的高空处,白天的温度高达 1 500 ~ 1 600 K,这是由于直接受到太阳的短波辐射造成的。短波辐射还使空气分子分解和电离,成为带电粒子和自由电子,能导电,可反射无线电波,故高温层亦称为电离层。

1.5.5　外层

400 km 高度以上称为外层大气。外层大气的上边界已没有明确的界限，一直过渡到宇宙空间。在那里空气分子有机会逸入太空而不与其他分子相碰撞。这里的空气极其稀薄，是地面附近的 270 万亿分之一。

普通飞机主要在对流层和平流层里活动。飞机的高度记录是 39 km，探测气球高度记录是 44 km。在往上只有火箭、导弹、航天飞机和人造卫星等航天器可以到达，这是由于它们所使用的是火箭发动机，其燃烧过程不需要外来氧气的助燃。

复　习　题

1. 压缩机压缩空气，绝对压力从 1 个工程大气压升高到 6 个工程大气压，温度从 20 ℃ 升高到 80 ℃，问空气体积减少的百分比是多少？

2. 飞机在标准大气中飞行，飞行高度为 10 000 m，飞行当地马赫数为 0.8，求飞机对于地面的飞行速度。

3. 飞机在 20 000 m 高空中以 2 400 km/h 的速度飞行，求气流相对于飞机的马赫数。

4. 一块长 180 cm、宽 10 cm 的平板在另一块固定平板上水平滑动。两平板的间隙是 0.3 mm，用密度为 918 kg/m³、运动黏性系数为 0.893×10^{-4} m²/s 的润滑油充满此间隙。如果以 30 cm/s 的稳定速度拖动上面的平板，求所需的力是多少。

5. 直径为 60 mm 的活塞在直径为 60.1 mm 的缸体内运动，当润滑油的温度由 0 ℃ 升高到 120 ℃ 时，求推动活塞所需的力减少的百分数。（已知润滑油在 0 ℃ 时的动力黏性系数为 0.015 Pa·s，在 120 ℃ 时的动力黏性系数为 0.002 Pa·s。）

6. 如图 1-35 所示，用水银 U 形管测压计测量压力水管中 A 点的压力。若测得 $h_1 = 800$ mm，$h_2 = 900$ mm，并假定大气压力为 $p_a = 10^5$ N/m²，求 A 点的绝对压力。

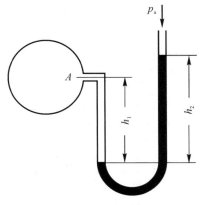

图 1-35　习题 6

7. 如图 1-36 所示，盛有空气的的球形容器上连接有两根测压管，一根插入水中，水面上升 $h_1 = 30$ cm，另一根 U 形管中盛有水银。试确定：

（1）球形容器中的压力 p；

（2）U 形管中水银面高度差 h_2。

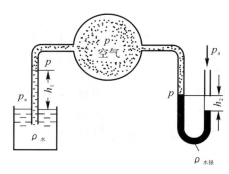

图 1-36　习题 7

8. 某不定常流动流场的速度 $v = (x + c)t^2 i + (y + b)t^2 j$，试确定通过 $(-c, -b)$ 点的迹线方程（b, c 为常数）。

9. 某一平面流动的速度分量：$v_x = x + 2t, v_y = -y + t + 3$。试求该流动的流线方程及在 $t = 0$ 时通过点 $P(-1, -1)$ 的流线。

10. 某流场速度 $v = (a + bt)i + cj$，试求通过坐标原点的流线和迹线方程，并就 a, b 的取值进行讨论。

11. 在一平面流动的流场中，已知速度分量 $v_x = -4y, v_y = 4x$，试求流线方程并判别流动方向（a, b 为常数）。

12. 已知流场的速度分布为 $v = 2(x + y + t)i - 2(y - z - t)j + (x - z + t)k$，求 $t = 3$ 时流场中点 $(2, 2, 1)$ 处的流线方程和加速度。

13. 有一输送 40 ℃ 空气的直径为 400 mm 的圆形风道，若保持管中流动为层流状态，最大流速应为多少？如果管道中输送的空气量为 400 m³/h，试问管中空气流动的状态。

14. 水流经过一渐缩圆管，若已知进、出口直径比 $d_1 / d_2 = 1.5$，求该两截面雷诺数之比。

15. 有一矩形风道，截面面积为 300 mm×250 mm，试求在此风道中输送 20 ℃ 的空气，保持层流流态的最大流量。

16. 平板层流边界层内速度分布为 $\dfrac{v}{v_\infty} = 2\dfrac{y}{\delta} - \left(\dfrac{y}{\delta}\right)^2$，试求边界层厚度 δ、摩擦阻力系数 C_f 与雷诺数的关系式。

17. 温度为 25 ℃ 的空气，以 30 m/s 的速度纵向绕流一块极薄的平板，压力为大气压力，计算离平板前缘 200 mm 处附面层的厚度为多少。

18. 一块长 6 m、宽 2 m 的平板平行静止地安放在速度为 60 m/s 的 40 ℃ 空气流中，在平板附面层内从层流转变为紊流的临界雷诺数 $Re_x = 10^6$，试计算平板的摩擦阻力。

19. 空气温度为 40 ℃，沿着长 6 m、宽 2 m 的光滑平板以 60 m/s 的速度流动，设平板附面层由层流转变为紊流的条件为 $Re_x = 10^6$，求平板两侧所受的总摩擦力。

20. 一平行放置于流速为 60 m/s 的空气流中的薄平板，长 1.5 m，宽 3 m，空气绝对压力为 10^5 N/m²，温度为 25 ℃，求以下两种假设情况下平板末端的附面层厚度及平板两侧所受的总阻力：

（1）设为层流附面层；

（2）设为紊流附面层。

21. 薄平板长 3 m,宽 0.3 m,其上流过 21 m/s 风速的空气(运动黏性系数 $\nu = 15 \times 10^{-6}$ m^2/s),附面层由层流转变为紊流的条件为 $Re_x = 5 \times 10^5$,求沿长度方向和沿宽度方向流动的阻力比值。

22. 试求一辆汽车以 60 km/h 速度行驶时,克服空气阻力所做功的功率 N。已知汽车垂直于运动方向的投影面积 $A = 2$ m^2,阻力系数 $C_D = 0.3$,假设静止空气的温度为 0 ℃。

23. 如图 1-37 所示,某一置于运动流体中的圆柱体半径为 r,母线可视为无穷长,若实验测得边界层分离点接近于 A,B 两点,而尾迹压力等于分离点处按位流计算的压力值,求作用于单位长度圆柱体上的压差阻力。

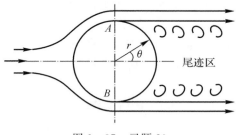

图 1-37　习题 23

第2章　飞机空气动力特性

飞机在大气中运动,其运动状态由作用于飞机上的重力、发动机推力以及空气动力决定。本章讨论飞机在大气中运动时所受空气动力与飞机外形、姿态、来流参数等的关系,为分析估算飞机的飞行性能提供重要的依据。飞机机翼是飞机空气动力的最主要的产生部件,本章以低速到高速、二元到三元机翼的顺序研究机翼的空气动力特性。

2.1　翼型的低速气动特性

一般机翼都有对称面。平行于机翼对称平面截得的翼剖面形状,通常称为翼型,如图2-1所示。

翼剖面的形状主要有平凸形、双凸形、对称形、圆弧形、菱形等,如图2-2所示。平凸形翼型大都用于低速飞机;而高速飞机机翼的翼型,一般都采用对称翼型;超声速飞机的机翼,有时采用前缘较尖的对称翼型,如圆弧形、菱形等。

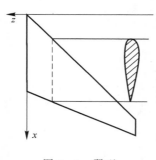

图 2-1　翼型　　　　　　　图 2-2　现代飞机的翼型

2.1.1　翼型的几何参数

翼型的形状特点可以用一些数据来表示,这些数据称为翼型的几何参数。翼型的主要几何参数有以下 11 个,如图 2-3 所示。

1) 弦长 b。翼型最前点 A 与翼型最后点 B 的连线,称为翼弦。它的长度叫弦长,用 b 表示。

2) 厚度(最大厚度)c。翼型厚度是指上、下翼面在垂直于翼弦方向的距离,其中最大距离称为最大厚度,用符号 c 表示。

3) 相对厚度 $\bar{c}$。翼型的相对厚度是指翼型最大厚度 c 与弦长 b 的比值,用符号 $\bar{c}$ 表示,$\bar{c} = \dfrac{c}{b}$。

4）最大厚度位置 x_c。翼型最大厚度点到前缘 A 的弦向距离称为最大厚度位置，记作 x_c。

5）最大厚度相对位置 $\bar{x}_c$。最大厚度相对位置是指最大位置 x_c 与弦长 b 的比值。用符号 $\bar{x}_c$ 表示，$\bar{x}_c = \dfrac{x_0}{b}$。

6）弯度（指最大弯度）f。翼型厚度中点的连线叫中弧线，它与翼弦之间的最大距离叫作翼型的最大弯度，简称弯度，用符号 f 表示。

7）相对弯度 $\bar{f}$。最大弯度 f 与弦长 b 的比值称为相对弯度，用符号 $\bar{f}$ 表示，$\bar{f} = \dfrac{f}{b}$。

8）最大弯度位置 x_f。最大弯度到前缘 A 的弦向距离称为最大弯度位置，用符号 x_f 表示。

9）最大弯度相对位置 $\bar{x}_f$。最大弯度位置 x_f 与弦长 b 的比值称为最大弯度相对位置，用符号 $\bar{x}_f$ 表示。

10）前缘半径 r_g。翼型在前缘点附近的外型多是圆弧型，圆弧的半径称为翼型前缘半径，用符号 r_g 表示。为了确定圆心的位置，可以在前缘点作中弧线的切线，在该切线上距离前缘点 r_g 的点，即为前缘圆弧的圆心位置。

11）后缘角 τ。翼型上、下表面周线在后缘处切线的夹角叫后缘角，记作 τ。

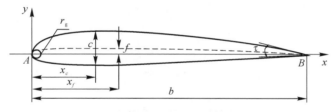

图 2 - 3　翼型的主要几何参数

2.1.2　翼型的空气动力系数

在翼型平面上，来流（流速为 v_∞）与翼弦间的夹角定义为翼型的几何夹角，简称迎角，用 α 表示。相对翼弦来说，来流上偏 α 为正，下偏 α 为负。

气流绕翼型的流动是二元流动。翼型上的空气动力应视为无限翼展机翼在 z 方向截取的单位展长翼段上的空气动力。翼型上每一点都要受到空气动力的作用，他们产生一个合力 $\boldsymbol{R}$，将 $\boldsymbol{R}$ 分解为垂直于 v_∞ 方向上的升力 Y 和平行于 v_∞ 方向上的阻力 X，合力 $\boldsymbol{R}$ 对前缘点取力矩可得纵向力矩 M_z，规定 M_z 使翼型抬头为正，低头为负，如图 2 - 4 所示。

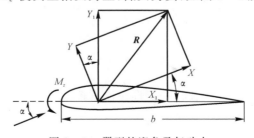

图 2 - 4　翼型的迎角及气动力

在描述飞机空气动力特性时,经常使用无量纲的空气动力系数,翼型的无量纲空气动力系数定义如下。

升力系数:

$$C_y = \frac{Y}{\frac{1}{2}\rho v_\infty^2 b \cdot 1} \qquad (2-1)$$

阻力系数:

$$C_x = \frac{X}{\frac{1}{2}\rho v_\infty^2 b \cdot 1} \qquad (2-2)$$

俯仰力矩系数:

$$m_2 = \frac{M_z}{\frac{1}{2}\rho v_\infty^2 b^2 \cdot 1} \qquad (2-3)$$

2.1.3 翼型升力产生原理

2.1.3.1 库塔-儒可夫斯基后缘条件

根据库塔-儒可夫斯基升力定理,在定常理想、不可压流中,直匀流流过任意截面形状翼型的升力为

$$\boldsymbol{Y} = \rho \boldsymbol{v}_\infty \times \boldsymbol{\Gamma} \qquad (2-4)$$

因此对给定 ρ 和 v_∞ 值,只要确定了给定迎角和几何外形翼型的环量值,根据升力定理即可求出作用在翼型上的升力。

理想不可压流绕圆柱的流动,对圆柱可以取不同的环量 Γ 值,对应的驻点位置也有多个。对于绕尖后缘的翼型来说,在理想流基础上也可以存在多个环量值。以图 2-5 为例,三种流动虽然均满足翼型表面是流线的边界条件,但后驻点却分别位于上翼面、下翼面、尖后缘上,但(a)(b) 两种情况将出现绕尖后缘的流动,理论上尖后缘处将出现无穷大的速度和无穷大的负压,这在物理上是不可能的。只有(c) 情况,上、下翼面气流平滑地流过后缘,后缘速度为有限值。根据实验流态观察,当迎角不太大时绕翼型的流动只有(c) 是实际存在的。这就是库塔-儒可夫斯基的后缘条件。

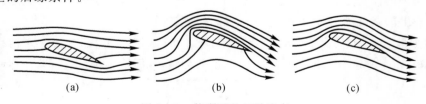

(a)   (b)   (c)

图 2-5 绕翼型的三种流态

(a) 后驻点在上表面; (b) 后驻点在下表面; (c) 后驻点在后缘

根据库塔-儒可夫斯基条件,气流以一定迎角流过翼型时必然存在环量。

2.1.3.2 环量的产生和后缘条件的关系

根据旋涡守恒定理,在理想不可压流中忽略切向力时,绕相同质点组成的封闭周线上的速

度环量 Γ 不随时间变化，即 $\dfrac{\mathrm{d}\Gamma}{\mathrm{d}t}=0$。也就是说，从静止开始加速运动到定常状态时，根据旋涡守恒定理，翼型引起流体运动的速度环量应和静止流体一样处处为零，而由库塔-儒可夫斯基后缘条件确定的速度环量是一个不为零的值，这是否违背了旋涡守恒定理呢？绕翼型环量产生的物理原因以及与后缘条件的关系是什么呢？

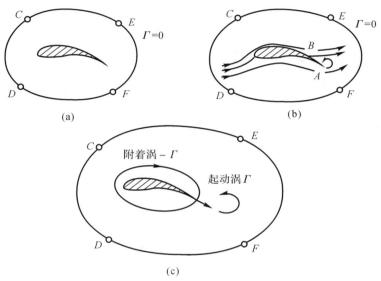

图 2 - 6　绕流环量的产生
（a）静止情况；　（b）起动情况；　（c）匀速前进情况

　　为说明这两个问题，首先在翼型流场中作一个将翼型包围在内的相当大的封闭流体周线 $CDEF$。翼型静止时，此流体周线上的速度环量 $\Gamma=0$，如图 2-6(a) 所示，在以后所有的时间内也保持 $\Gamma=0$。当翼型刚开始起动的瞬间，观察者站在翼型上看，因贴近翼型表面的黏性附面层还来不及生成（黏性起作用需要一段时间），机翼上形成无环量的无黏流，并出现从下向上的绕尖后缘流，此时后驻点不在后缘处而在翼面上，例如在翼面 B 点处，如图 2-6(b) 所示。某一时间间隔后，翼面上黏性附面层已生成，下翼面气流绕过后缘沿上翼面前流，由于在后缘处流速很大，压力很低，后缘与后驻点之间的翼面上存在很大的逆压梯度，使附面层发生分离，产生一个逆时针的旋涡 $+\Gamma$，这种旋涡立即脱离机翼，称为起动涡，如图 2-6(c) 所示。它绕着流体向下游运动，封闭流体周线 $CDEF$ 在连续运动中越来越扩大，但始终包围翼型和起动涡。根据旋涡守恒定理，此流体周线上的环量始终等于零，因此绕流翼型上相应地要产主一个顺时针的环量 $-\Gamma$。由于 $-\Gamma$ 的作用，翼型上表面的速度增加，后驻点向后缘推移，但只要后驻点还在上翼面上，上述过程继续发生，不断有逆时针的起动涡拖向下游，因而绕翼型的顺时针环量不断增大，驻点不断后移，直到后驻点 B 移至后缘为止。这时上、下翼面的气流恰好在后缘处平滑地汇合。以后翼型匀速前进，起动涡被遗留在远后方，绕翼型的环量为一定值。

　　根据以上分析可得到下述重要物理概念：

　　1）流体的黏性和翼型的尖后缘是产主起动涡的物理原因。一旦起动涡已经形成，又忽略黏性，绕翼型的速度环量总是与起动涡大小相等、方向相反。

2）对形状一定的翼型来说，只要给定运动速度和迎角，就有一个强度由库塔－儒可夫斯基后缘条件完全确定的环量与之相对应。

3）如果速度和迎角变化了，上、下翼面流动汇合处就要从后缘移向上翼面或下翼面，则重复上述起动过程，直到新的环量值可保证气流在翼型后缘处平滑汇合为止。

代表绕翼型环量的旋涡，因始终附着在翼型上，故称为附着涡，以区别于外流场中随气流一起运动的旋涡。根据升力定理，直匀流中一个具有适当强度的附着涡，完全相当于直匀流中一个有环量的翼型。

2.1.4 低速薄翼型理论

理想不可压流体流过一个翼型，如果来流迎角以及翼型的厚度和弯度很小，流场是小扰动位流场，那么翼面上的边界条件以及压力系数可以线化，厚度、弯度和迎角的影响可以分开考虑。翼型的这种位流解法在空气动力学上称为薄翼型理论。

2.1.4.1 流动的分解

采用如图 2-7 所示的体轴坐标系 Oxy，原点 O 取在翼型前缘，x 轴沿翼弦向后为正，y 轴向上。

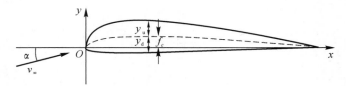

图 2-7　实际薄翼型

令翼面上扰动速度分量分别为 v'_x,v'_y，则小迎角 α 下翼面上速度分量分别为

$$v_x = v_\infty \cos\alpha + v'_x \approx v_\infty + v'_x$$

$$v_y = v_\infty \sin\alpha + v'_y \approx v_\infty \alpha + v'_y$$

由翼面边界条件有

$$\frac{\mathrm{d}y}{\mathrm{d}x} = \frac{v_y}{v_x} = \frac{v_\infty \alpha + v'_y}{v_\infty + v'_x}$$

或

$$v'_y = v_\infty \frac{\mathrm{d}y}{\mathrm{d}x} + v'_x \frac{\mathrm{d}y}{\mathrm{d}x} - v_\infty \alpha \qquad (2-5)$$

对于薄翼型，$\bar{c}$ 和 $\bar{f}$ 很小，翼面坐标 y 和翼面斜率 $\dfrac{\mathrm{d}y}{\mathrm{d}x}$ 可认为是一阶小量。小迎角 α 亦为一阶小量。小扰动下 v'_x 和 v'_y 与 v_∞ 相比也是一阶小量，在保留一阶小量的条件下，式（2-5）可简化为

$$v'_y = v_\infty \frac{\mathrm{d}y}{\mathrm{d}x} - v_\infty \alpha \qquad (2-6)$$

因为 $y^u_l = y_f \pm y_c$（角标 u,l 分别表示上、下翼面），故式（2-4）又可写成

$$v'^u_l = v_\infty \frac{\mathrm{d}y_f}{\mathrm{d}x} \pm v'_x \frac{\mathrm{d}y_c}{\mathrm{d}x} - v_\infty \alpha \qquad (2-7)$$

式（2-5）表示 v'_y 在小扰动下可表示为弯度、厚度和迎角三部分贡献的线性和。

由此可知，薄翼型小 α 下的绕流问题可分解为 $\alpha=0$ 的弯度问题［中弧线弯板 $\alpha=0$ 的绕流］，$\alpha=0$ 的厚度问题［厚度分布为 $y_c(x)$ 对称翼型 $\alpha=0$ 的绕流］和 $\alpha\neq0$ 的迎角问题（平板 $\alpha\neq0$ 的绕流）的叠加。

厚度问题因流动上、下对称，上、下表面无压差，不产主升力和力矩。而弯度问题和迎角问题上、下流动不对称，均有升力和力矩贡献。因此在求翼型升力和力矩问题时，可以忽略翼型的厚度作用，只考虑翼型的弯度部分即可。

此外，弯度和迎角作用可合在一起处理，称为迎角-弯度问题。将有迎角的中弧线弯板的升力和力矩特性代表薄翼型小迎角下的升力和力矩特性，这种理论通常就称为薄翼型理论。

2.1.4.2　迎角-弯度问题气动模型

迎角-弯度问题实际上就是来流 v_∞ 以迎角 α 绕中弧线弯板的流动问题。根据理想流体绕流模型，弯板上气流速度方向处处与弯板相切，并且上、下表面气流在翼型后缘汇合，满足库塔-儒可夫斯基后缘条件。

显然，在源、汇、偶极子、旋涡等基本流动中，旋涡能符合这两个条件。这样中弧线弯板可以用沿中弧线分布的一系列变强度的二元旋涡来代替，对于薄翼，$\bar{f}\ll1$，这些二元旋涡可以认为是沿翼弦分布的。这就是迎角-弯度问题的气动模型，如图 2-8 所示。流场中速度分布由直匀流加涡面诱导速度场组成。

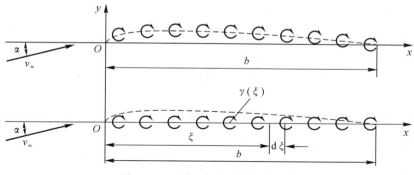

图 2-8　迎角-弯度问题气动模型

设中弧线的方程是 $y_f=y(x)$，诱导速度是 v'_y，边界条件即为

$$v'_y=v_\infty\left(\frac{\mathrm{d}y_f}{\mathrm{d}x}-\alpha\right)$$

因薄翼弯度很小，此边界条件可近似在 x 轴上满足，即

$$(v'_y)_{y=0}(x)=v_\infty\left(\frac{\mathrm{d}y_f}{\mathrm{d}x}-\alpha\right) \tag{2-8}$$

位于 ξ 处强度为 $\gamma(\xi)\mathrm{d}\xi$ 的一个涡在 x 处所产生的诱导速度为

$$(v'_y)_{y=0}(x)=\int_0^b\frac{\gamma(\xi)\mathrm{d}\xi}{2\pi(\xi-x)}$$

将上式代入式（2-8）可得 $\gamma(\xi)$ 所满足的积分方程为

$$\frac{\mathrm{d}y_f}{\mathrm{d}x}=\alpha+\frac{1}{2\pi v_\infty}\int_0^b\frac{\gamma(\xi)\mathrm{d}\xi}{\xi-x} \tag{2-9}$$

如图 2-9 所示，作变量置换

$$\begin{cases} \xi = \dfrac{b}{2}(1 - \cos\theta) \\[2mm] x = \dfrac{b}{2}(1 - \cos\theta_1) \end{cases}$$

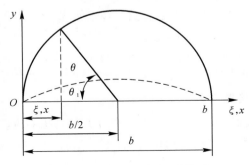

图 2-9　ξ 与 θ，x 与 θ_1 的关系

将方程（2-9）变换为

$$\frac{\mathrm{d}y_f}{\mathrm{d}x} = \alpha + \frac{1}{2\pi v_\infty}\int_0^b \frac{\gamma(\theta)\sin\theta}{\cos\theta - \cos\theta_1}\mathrm{d}\theta$$

将 $\gamma(\xi)$ 表示为一个傅氏级数，即

$$\gamma(\theta) = 2v_\infty\left[A_0\cot\frac{\theta}{2} + \sum_{n=1}^{\infty} A_n\sin(n\theta)\right] \tag{2-10}$$

式中：$A_0, A_1, A_2, \cdots, A_n$ 为待定系数。第一项设为 $\cot\dfrac{\theta}{2}$ 是为了表达弯板前缘处理论上将出现无穷大的速度$\left(x=0,\text{即 }\theta=0°\text{ 时，}\cot\dfrac{\theta}{2}\to\infty\right)$，在弯板后缘处 $x=b$，$\theta=\pi$，级数各项均为零，满足库塔-儒可夫斯基后缘条件。于是方程（2-9）进一步变换为

$$\frac{1}{\pi}\int_0^\pi\left\{\frac{A_0(1+\cos\theta)}{\cos\theta - \cos\theta_1} + \frac{\dfrac{1}{2}\sum_{n=1}^{\infty}A_n[\cos(n-1)\theta - \cos(n+1)\theta]}{\cos\theta - \cos\theta_1}\right\}\mathrm{d}\theta = \frac{\mathrm{d}y_f}{\mathrm{d}x} - \alpha \tag{2-11}$$

利用以下积分公式

$$\int_0^\pi \frac{1+\cos n\theta}{\cos\theta - \cos\theta_1}\mathrm{d}\theta = \pi\frac{\sin n\theta_1}{\sin\theta_1}$$

将式（2-11）各项逐一积分，可得

$$\alpha - A_0 + \sum_{n=1}^{\infty}A_n\cos n\theta_1\mathrm{d}\theta_1 = \frac{\mathrm{d}y_f}{\mathrm{d}x} \tag{2-12}$$

给定 $\dfrac{\mathrm{d}y_f}{\mathrm{d}x}$，即可得系数表达式为

$$A_0 = \alpha - \frac{1}{\pi}\int_0^\pi \frac{\mathrm{d}y_f}{\mathrm{d}x}\mathrm{d}\theta_1 \tag{2-13}$$

$$A_n = \frac{2}{\pi} \int_0^\pi \frac{\mathrm{d}y_f}{\mathrm{d}x} \cos(n\theta_1) \mathrm{d}\theta_1 \tag{2-14}$$

再将 $A_0, A_1, A_2, \cdots, A_n$ 代入式(2-10)，即得旋涡密度的分布。

2.1.4.3　低速薄翼型的气动特性

有了旋涡密度分布，就不难确定薄翼型的低速气动特性。

(1) 升力分布。

由斯托克斯定理可知，绕翼型的环量应等于沿翼弦分布的涡强之和，即

$$
\begin{aligned}
\Gamma &= \int_0^b \gamma(\xi) \mathrm{d}\xi = \frac{b}{2} \int_0^\pi \gamma(\theta) \sin\theta \, \mathrm{d}\theta = \\
&\quad v_\infty b \int_0^\pi \left[A_0(1+\cos\theta) + \sum_{n=1}^\infty A_n \sin(n\theta) \cdot \sin\theta \right] \mathrm{d}\theta = \\
&\quad V_\infty b \pi \left(A_0 + \frac{A_1}{2} \right)
\end{aligned}
$$

从而升力为

$$Y = \rho v_\infty \Gamma = \rho \pi v_\infty^2 b \left(A_0 + \frac{A_1}{2} \right) \tag{2-15}$$

翼型升力系数为

$$C_y = \frac{Y}{\frac{1}{2} \rho v_\infty^2 b} = 2\pi \left(A_0 + \frac{A_1}{2} \right) \tag{2-16}$$

将 A_0, A_1 的表达式代入式(2-16)，得

$$C_y = 2\pi(\alpha - \alpha_0) \tag{2-17}$$

式中

$$\alpha_0 = -\frac{1}{\pi} \int_0^\pi \frac{\mathrm{d}y_f}{\mathrm{d}x} (\cos\theta - 1) \mathrm{d}\theta \tag{2-18}$$

由式(2-17)可见，$\alpha = \alpha_0$ 时 $C_y = 0$，所以 α_0 称为翼型的零升力迎角。从式(2-18)可知 α_0 与翼型的中弧线形状有关。当中弧线为直线时(如对称翼型)，$\alpha_0 = 0$；当中弧线为正弯度时，α_0 为一小负值。

(2) 力矩特性。

在小扰动下，通过对压力系数的线性化处理，可得 x 处 $\mathrm{d}x$ 微段上、下表面的压力系数 $\overline{p}_\mathrm{u}$，$\overline{p}_\mathrm{l}$ 分别为

$$\overline{p}_\mathrm{u} = -\frac{\gamma(\xi)}{v_\infty}, \quad \overline{p}_\mathrm{l} = \frac{\gamma(\xi)}{v_\infty}$$

则上、下翼面压力差系数为

$$\Delta \overline{p} = \overline{p}_\mathrm{l} - \overline{p}_\mathrm{u} = 2\frac{\gamma(\xi)}{v_\infty}$$

它对翼型前缘的力矩为

$$\mathrm{d}M_z = -x \Delta p \, \mathrm{d}x = -x \Delta \overline{p} \, \frac{1}{2} \rho v_\infty^2 \, \mathrm{d}x$$

故整个翼型上的力对前缘的力矩为

$$M_z = -\int_0^b x \, \Delta \bar{p} \, \frac{1}{2} \rho v_\infty^2 \, \mathrm{d}x = -\rho v_\infty \int_0^b \gamma(\xi) x \, \mathrm{d}x =$$

$$-\rho v_\infty \frac{b^2}{4} \int_0^\pi (1 - \cos\theta) \gamma(\theta) \sin\theta \, \mathrm{d}\theta =$$

$$-\frac{\rho v_\infty^2 b^2}{2} \cdot \frac{\pi}{2} \left(A_0 + A_1 - \frac{A_2}{2} \right) \tag{2-19}$$

对前缘的力矩系数为

$$m_z = \frac{M_z}{\frac{1}{2} \rho v_\infty^2 b^2} = -\frac{\pi}{2} \left(A_0 + A_1 - \frac{A_2}{2} \right) =$$

$$-\frac{1}{4} \left[2\pi \left(A_0 + \frac{A_1}{2} \right) \right] - \frac{\pi}{4} (A_1 - A_2) =$$

$$m_{z0} - \frac{1}{4} C_y \tag{2-20}$$

式中

$$m_{z0} = \frac{\pi}{4} (A_2 - A_1) = \frac{1}{2} \int_0^\pi \frac{\mathrm{d}y_f}{\mathrm{d}x} \left[\cos(2\theta) - \cos\theta \right] \mathrm{d}\theta \tag{2-21}$$

m_{z0} 称为零升力矩系数,它仅与翼型中弧线形状有关。对于对称翼型,$\frac{\mathrm{d}y_f}{\mathrm{d}x} = 0$,故 $m_{z0} = 0$。

2.1.5 任意翼型的低速气动特性

对任意翼型的低速气动特性,因其不满足小扰动假设而不能将流动分解,因此必须将厚度、弯度、迎角统一考虑。这里仅以实验为基础来研究其低速气动特性。

2.1.5.1 升力特性

升力特性常用 $C_y - \alpha$ 曲线表示,图 2-10 给出翼型 C_y 随 α 的变化规律:

1)在中小迎角范围内 $C_y - \alpha$ 变化曲线接近直线,即 $C_y = C_y^\alpha (\alpha - \alpha_0)$;

2)在较大迎角范围内,C_y 随 α 增大而缓慢上升,当 $\alpha = \alpha_{cr}$ 时,$C_y = C_{ymax}$;

3)$\alpha > \alpha_{cr}$ 时,C_y 随 α 增大而下降,下降的趋势随翼型不同而有所不同。

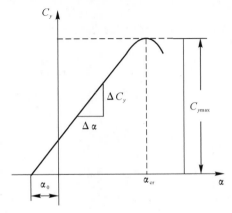

图 2-10　$Cy - \alpha$ 变化曲线(后缘分离)

2.1.5.2　失速特性

所谓翼型失速，是指它在 $C_{y\max}$ 附近的性能。如前所述，$\alpha > \alpha_{cr}$ 后，C_y 随 α 增大而下降的趋势主要反映了翼型在大迎角下的气流分离特性。

（1）后缘分离。

在小 α 范围内，流体附体流动无分离，翼型表面上附面层较薄，其后涡流区很窄，对翼型的压力分布影响很小。前驻点在下表面距前缘点很近处，从而前缘处形成较大的正压力。在后缘处，上、下表面两股气流平滑汇合，沿中弧线切线方向向下后方流去，并逐渐转折回来流方向，满足库塔 -儒可夫斯基后缘条件。

随着迎角的增大，翼型下翼面的前驻点后移，附着涡强增强，环量与直匀流叠加使翼型上表面流速增大，特别是上表面前部，流线更加弯曲，流管更为收缩，流速更加快，压力降低，吸力增大。与此同时，气流在下表面流速减慢，压力增加，这相当于气流在下表面受到翼型的阻挡造成流速减慢，压力增高。此时压力分布仅因为迎角增大而变化，因此在这种迎角变化范围内，C_y 随 α 增大呈线性增加。

在比较大的迎角下，气流流经翼型上表面时，前缘区的负压增大，后缘附近的附面层因受较强逆压梯度作用，分离点前移，涡流区扩大，使得上、下表面压力差和 C_y 随 α 的增长率下降增加较慢，C_y 与 α 呈非线性关系。

当迎角达到临界迎角后，继续增大迎角，分离点迅速前移，涡流区迅速扩大，致使翼型上表面前段流管变粗，流速减慢，吸力降低。在靠近后缘的一段范围内，吸力虽然稍有增大，但很有限，补偿不了前段的吸力降低，所以升力减小，升力系数也减小。

这种后缘分离的速度发展比较缓慢，其原因是翼型较厚，最低压力点靠近前缘，在翼型头部有一小段层流附面层，然后在最低压力点附近转换为紊流附面层。由于紊流附面层内有较大的动能，因此，紊流附面层的分离是随着迎角增大而逐渐由后向前发展的。这就使得 $\alpha > \alpha_{cr}$ 以后，C_y 下降比较缓和。

（2）前缘分离。

对于尖头翼型或很薄的圆头翼型（$\bar{c} < 9\%$），当气流以一定迎角流过较尖前缘时，由于前缘处速度很大而产生很大的负压力，但前缘后压力又回升，因此在前缘附近形成高的逆压梯度，产生附面层分离。但分离后接着发生附面层转捩，附面层由层流变为紊流，"忍受"逆压梯度能力增强而使附面层重新附体，这样在分离点和附体点之间就形成一个局部分离区，称为气泡。这种气泡一旦形成即约为弦长的 $2\% \sim 3\%$，所以称为长泡分离。随 α 增大，分离点仍在前缘，而附体点逐渐后移，气泡增长，C_y 对 α 的斜率减小；当气泡不再附体，变成完全分离之后，C_y 便达到 $C_{y\max}$。这种长泡分离使其升力曲线偏离直线相当早，$C_{y\max}$ 的值也相当低，可以不超过 1.0。但由于长泡分离是逐渐发展的，所以 $\alpha > \alpha_{cr}$ 后，C_y 的下降并不突然。

前缘分离的另一种是短泡分离，气泡的长度只有弦长的 $0.5\% \sim 1.0\%$。中等厚度翼型（$9\% < \bar{c} < 15\%$），在中等雷诺数下，会发生短泡分离。它与长泡分离的区别是：由于翼型表面曲率较大，故随 α 增大，最低负压区前移，分离点前移，转换点也前移，使分离区缩短。前缘出现短泡分离时，翼型升力特性几乎见不到什么变化。α 增大，气泡尺寸反而变小，只有当 $\alpha > \alpha_{cr}$ 时，气泡突然破裂，分离的气流不再附体，变成很长的气泡，C_y 才随 α 增大而突然下降。

2.1.5.3　阻力特性和极曲线

作用在翼型上空气动力在 v_∞ 方向上的分量称为翼型阻力，简称型阻 $C_{x\,pr}$。低速翼型阻力由空气黏性引起的。从物理实质上可将黏性阻力分为摩擦阻力 C_{xf} 和压差阻力 C_{xp}（与附面层分离有关）两部分。当迎角不大时,摩擦阻力是型阻的主要部分,它可由平板的摩擦阻力系数通过适当修正得到。随 C_y（或 α）的增大,压差阻力变为翼型阻力的主要成分。当 $\alpha > \alpha_{cr}$ 后,翼型表面气流出现严重分离,C_{xp} 急剧增大。由此可见,$\alpha > \alpha_{cr}$ 时飞机不仅升力下降,并且阻力急剧上升,这将导致飞机迅速丧失速度,这种现象称之为"失速"。飞机失速前,C_{xp} 可近似认为与 C_y^2 成正比。

典型的翼型阻力系数与迎角 α 的关系如图 2-11 所示。

虽然翼型升阻力特性可用 $C_y - \alpha$,$C_x - \alpha$ 曲线表示,但飞机设计中经常用 $C_y - C_x$ 曲线表示翼型的升阻特性,称为极曲线,如图 2-12 所示。失速前,翼型极曲线可近似用下式表示,即

$$C_x = C_{x0} + kC_y^2 \qquad (2-22)$$

式中:C_{x0} 为翼型的零升阻力系数;k 为黏性压差阻力系数。

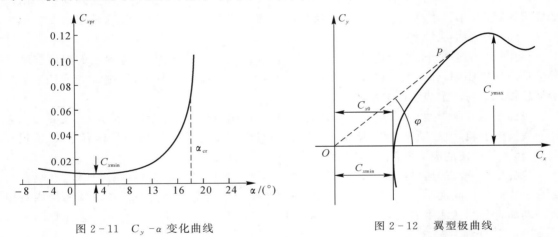

图 2-11 $C_y - \alpha$ 变化曲线   图 2-12 翼型极曲线

极曲线上任一点 P 与原点 O 的连线 OP 与 Ox 轴的夹角为 φ,定义

$$K = \tan\varphi = \frac{C_y}{C_x} \qquad (2-23)$$

K 称为翼型的升阻比。K 的最大值用 K_{max} 表示,称为翼型的最大升阻比。K_{max} 是衡量翼型升阻特性的重要指标之一,性能优良的翼型 K_{max} 可达 50 以上。

2.2   有限翼展机翼的低速气动特性

机翼是飞机的最重要的部件之一,它应具有高升力、低阻力的优良气动特性。对机翼的研究在空气动力学中占有重要的地位,本节仅限于讨论常用机翼的低速气动特性。

2.2.1   机翼的几何参数

为描述机翼的几何参数,引入 $Oxyz$ 右手坐标系。坐标原点位于翼根根弦前缘点上,x 轴沿机翼对称面内翼型弦线,向后为正,称为机翼纵轴;y 轴在机翼对称面内,与 x 轴正交,向上为正,称为机翼竖轴;z 轴与 x,y 轴构成右手坐标系,向左为正,称为机翼横轴。机翼的几何参数主要包括平面形状、几何扭转角 $\varphi_t(z)$ 和上下反角 ψ。

2.2.1.1　机翼的平面形状和平面几何参数

机翼的平面形状是指机翼在 Oxz 平面内投影的形状。常见的机翼平面形状有矩形、梯形、后掠、三角形等,如图 2-13 所示。

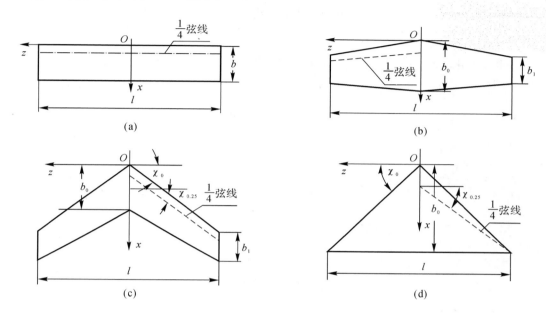

图 2-13　常见的机翼平面形状
（a）矩形；（b）梯形；（c）后掠；（d）三角形

表示平面形状的主要几何参数如下。

1）面积 S：机翼平面形状的面积。

2）展长 l：机翼在 z 方向的最大长度；

3）弦长 $b(z)$：垂直于 Oz 轴方向的机翼剖面弦长,是展向位置 z 的函数。有代表性的弦长是 $z=0$ 时根弦长 b_0 和 $z=\pm l/2$ 时尖弦长 b_1。在气动计算上还常用平均几何弦长 b_{cp} 和平均气动弦长 b_A,其定义如下。

平均几何弦长为

$$b_{cp} = \frac{S}{l}$$

平均气动弦长为

$$b_A = \frac{2}{S}\int_0^{l/2} b^2(z)\mathrm{d}z$$

4）展弦比 λ：$\lambda = \dfrac{l}{b_{cp}} = \dfrac{l^2}{S}$,一般机翼 $\lambda = 2 \sim 12$。

5）根梢比 η：$\eta = \dfrac{b_0}{b_1}$,一般机翼 $\eta = 1 \sim \infty$。

6）后掠角 χ：前缘、后缘、翼弦 1/4（或 1/2）点连线与 z 轴的夹角分别称为前缘后掠角 χ_0、后缘后掠角 χ_1,1/4（或 1/2）弦线后掠角 $\chi_{1/4}$（或 $\chi_{1/2}$）,一般后掠角 $\chi_{1/4} = 35 \sim 60°$。

2.2.1.2 机翼几何扭转角 $\varphi_t(z)$

机翼展向任一剖面处翼型弦线与翼根剖面处弦线的夹角称为机翼几何扭转角 $\varphi_t(z)$。上扭为正,下扭为负,如图 2-14(a) 所示。要注意的是除了几何扭转角以外还有气动扭转角,它指的是平行于机翼对称面的任一翼剖面的零升力线与翼根剖面零升力线的夹角。

2.2.1.3 上(下)反角 ψ

上(下)反角 ψ 为机翼的弦平面与 Oxz 平面的夹角,如图 2-14(b) 所示。上反为正,下反为负。一般 $\psi = +7° \sim -3°$。

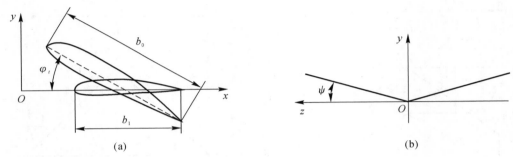

图 2-14 机翼上反角和几何扭转角

(a) 机翼几何扭转角; (b) 机翼上反角

2.2.2 机翼的空气动力系数

表征机翼的空气动力常采用风轴系(速度轴系)。其中 x 轴沿来流方向向后, y 轴在机翼对称面内垂直于 x 轴向上为正, z 轴与 x, y 轴构成右手正交坐标系。

如来流 v_∞ 与机翼对称面平行,则 v_∞ 与翼根剖面弦线的夹角定义为机翼迎角 α。 v_∞ 相对翼根剖面弦线上偏为正,下偏为负,此时作用于机翼上的空气动力和翼型一样有升力 Y、阻力 X、纵向力矩 M_z。定义无量纲空气动力系数如下。

升力系数为

$$C_y = \frac{Y}{\frac{1}{2}\rho v_\infty^2 S} \tag{2-24}$$

阻力系数为

$$C_x = \frac{X}{\frac{1}{2}\rho v_\infty^2 S} \tag{2-25}$$

纵向力矩系数为

$$m_z = \frac{M_z}{\frac{1}{2}\rho v_\infty^2 S b_A} \tag{2-26}$$

若来流与机翼对称面有夹角,则定义此夹角为侧滑角 β。 v_∞ 在对称面右面 β 为正。此时作用于机翼上的空气动力除升力 Y、阻力 X、纵向力矩 M_z 以外,还有侧力 Z、滚转力矩 M_x 和偏航力矩 M_y,定义其无量纲空气动力系数如下。

侧力系数：

$$C_z = \frac{Z}{\frac{1}{2}\rho v_\infty^2 S} \qquad (2-27)$$

滚转力矩系数：

$$m_x = \frac{M_x}{\frac{1}{2}\rho v_\infty^2 Sl} \qquad (2-28)$$

偏航力矩系数：

$$m_y = \frac{M_y}{\frac{1}{2}\rho v_\infty^2 Sl} \qquad (2-29)$$

2.2.3　大展弦比直机翼低速气动特性

气流流过二元翼型的情况代表了气流流过无限翼展机翼的情况，因此，翼型气动特性代表了无限翼展机翼的气动特性。而实际机翼的展长 l 及相应的展弦比 λ 均为有限值，流动必是三维的。本节着重讨论低速飞机上经常采用的大展弦比（$\lambda \geqslant 5$）直机翼（$x_{1/4} \approx 0$）的低速气动特性。

2.2.3.1　绕流流态及特点分析

（1）翼端效应和展向流动。

气流以正迎角绕流机翼时，机翼产生向上的升力，下翼面的压力必高于上翼面的压力，下翼面的高压气流有向上翼面流动的倾向。对于 $\lambda = \infty$ 的无限翼展机翼，由于无翼端存在，上、下翼面压力差不会引起展向流动，展向任一剖面均保持二维特性。对有限翼展机翼来说，由于翼端存在，下翼面高压气流通过翼端（该处上下表面压力相等）与上表面互相沟通。下表面从翼根剖面产生向外侧的展向流速，上表面产生向内侧的展向流速，使得下翼面流线向翼端偏斜，上翼面的流线向对称面偏斜，如图 2-15 所示。

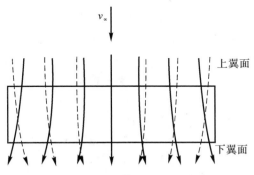

图 2-15　机翼上、下表面流线

（2）自由涡面及升力（环量）的展向分布。

上、下翼面气流在后缘汇合时，由于上、下翼面流线的偏斜，以及展向分速的突跃，在后缘拖出无数条涡线，组成一个涡面，称为机翼的自由涡面，如图 2-16 所示。由于黏性和涡的相互诱导作用，自由涡面在距机翼后缘约一倍展长的地方，逐渐卷起并形成一对旋转方向相反的涡卷向后延伸,其轴线大致与来流平行。

在翼端处与上、下表面相通,压差为零,故升力(环量)为零。对有升力的平直机翼,下翼面中间(根部)剖面压力最高,向两侧逐渐降低;上翼面正好相反,翼端处压力最高,向中间逐渐下降。因此,上、下翼面压差升力或环量沿展向是变化的,中间剖面最大,向外侧逐渐降低,翼端为零。

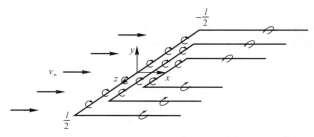

图 2-16　直机翼气动模型

2.2.3.2　气动模型的升力线假设

要从理论上分析和估算机翼的气动特性,应根据上述流动特点建立气动模型。对于翼型,按照薄翼型理论,翼型的升力是迎角和弯度的贡献,可在翼型的中弧线上连续分布其轴线与展向平行的旋涡来代替翼型的作用,这个涡面称为附着涡面。翼型的总升力与此附着涡总强度 Γ 成正比。对于三元机翼来讲,从升力特性看,其与无限展长机翼的主要差别或者说三元效应是以下两点:首先是 Γ 沿展向是变化的,即 $\Gamma_{z=0} = \Gamma_{\max}$,$\Gamma_{z=\pm l/2} = 0$;其次是机翼后出现二个从后缘拖出的自由涡面。因此,为建立计算大展弦比直机翼小迎角下的升力特性的位流气动模型,应对翼型的气动模型"直匀流＋附着涡"进行修改。

对于大展弦比机翼,自由涡面的卷起和弯曲主要发生在远离机翼的地方。为简单起见,假设此自由涡面不卷起也不耗散,顺着来流方向延伸到无穷远。因此,直匀流绕大展弦比直机翼流动的气动模型应为

直匀流＋附着涡面＋自由涡面

将附着涡线和自由涡线组成的涡线称作 Π 形马蹄涡,因此,附着涡面和自由涡面可用无数条 Π 形马蹄涡来模拟。

Π 形马蹄涡与直匀流叠加对大展弦比直机翼来说是既合理又实用的气动模型,这是因为:

第一,它符合沿一根涡线强度不变且不能在流体中中断的旋涡定理。

第二,Π 形马蹄涡垂直来流那部分是附着涡系,可替代机翼的升力作用。沿展向各剖面上通过的涡线数目不同:中间剖面通过的涡线最多,环量最大;翼端剖面无涡线通过,环量为零。

第三,Π 形马蹄涡平行来流且拖向下游无限远,模拟了自由涡面。由于展向相邻两剖面间拖出的自由涡强度等于这两个剖面上附着涡的环量差,从而建立了展向自由涡线强度与机翼上附着涡环量之间的关系。

利用此马蹄涡系气动模型来计算机翼的升力模型仍较烦琐。对大展弦比直机翼,由于弦长比展长小得多,所以可以近似将机翼上的附着涡系合并成一条展向变强度的附着涡线,各剖面的升力就作用在该线上,称为升力线假设。如图 2-17 所示,此时气动模型简化为

直匀流＋附着涡线＋自由涡系

因为低速翼型的升力增量作用点在焦点处,约 1/4 弦点处,所以附着涡线可放在展向各剖面的 1/4 弦点的连线上,此线即为升力线。

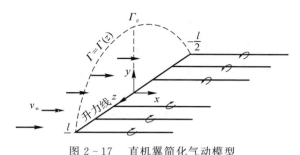

图 2-17　直机翼简化气动模型

2.2.3.3　升 力 线 理 论

基于升力线模型建立起来的机翼理论称为升力线理论。

（1）剖面假设。

如前所述,有限翼展机翼上的翼剖面与二维翼型特性不同,主要反映在绕机翼的三维效应。对大展弦比直机翼小迎角下的绕流来说,各剖面上的展向分速及各流动参数沿展向的变化比其他两个方向的分速及流动参数小得多,这样有理由把每一剖面上的流动看成是二维的。而在展向不同剖面上的二维流动,由于自由涡的影响,其彼此又是不相同的。这种从局部剖面来看是二维流动,而从机翼全体剖面看又是三维流动的假设,称为剖面假设。剖面假设实际上是一种准二元假设,机翼展弦比 λ 越大,这种假设越实际,当 $\lambda \to \infty$,此假设是准确的。

（2）下洗速度、升力和诱导阻力。

大展弦比直机翼展向任一剖面与二维翼型的主要差别在于,自由涡面在展向剖面处引起一个向下（正升力时）的诱导速度,称为下洗速度。

如图 2-18 所示,若附着涡强度分布为 $\Gamma(z)$,则从该展向位置 $\mathrm{d}z_b$ 段所拖出的自由涡强为 $\dfrac{\mathrm{d}\Gamma}{\mathrm{d}z_b}\mathrm{d}z_b$,这是因为如果在 z_b 处附着涡的强度为 $\Gamma(z_b)$,在 $z_b + \mathrm{d}z_b$ 处附着涡强度为 $\Gamma(z_b) + \dfrac{\mathrm{d}\Gamma}{\mathrm{d}z_b}\mathrm{d}z_b$,则 $\mathrm{d}z_b$ 段附着涡强度变为 $\dfrac{\mathrm{d}\Gamma}{\mathrm{d}z_b}\mathrm{d}z_b$。根据旋涡的亥姆霍兹定理,涡线不可能在流体内终止,因此,当附着涡系的涡强改变时,就会有同样环量改变量的涡线离开附着涡向下游拖出去。因此,从 $\mathrm{d}z_b$ 段拖出的自由涡的强度就应是 $\dfrac{\mathrm{d}\Gamma}{\mathrm{d}z_b}\mathrm{d}z_b$。

于是,$\mathrm{d}z_b$ 段拖出的自由涡对附着涡线任意点 $P(z)$ 的诱导引起的下洗速度与 v_∞ 垂直,根据半无限长自由涡在 $P(z)$ 点诱导引起的下洗速度公式,其大小为

$$\mathrm{d}v_y = -\frac{\dfrac{\mathrm{d}\Gamma(z_b)}{\mathrm{d}z_b}\mathrm{d}z_b}{4\pi(z_b - z)}$$

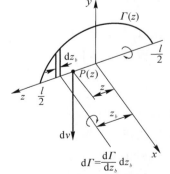

图 2-18　具有流线相交的流场

式中:z_b 表示自由涡所在位置;z 表示受扰动点 $P(z)$ 所在位置。当 $\dfrac{\mathrm{d}\Gamma(z_b)}{\mathrm{d}z_b}\mathrm{d}z_b < 0$ 时,z_b 处的自由涡（$z_b > z$）对

$P(Z)$ 点引起的下洗速度是向下的（下洗速度指向负 y 轴为正），故式中有一负号。

整个自由涡在一点 $P(z)$ 处引起的下洗速度为

$$v = -\frac{1}{4\pi}\int_{-l/2}^{l/2}\frac{1}{z_b-z}\frac{\mathrm{d}\Gamma(z_b)}{\mathrm{d}z_b}\mathrm{d}z_b \qquad (2-30)$$

如图 2-19 所示，考虑了自由涡引起的下洗速度以后，流向机翼微段的速度为有效速度 v_e，有效迎角为 α_e（有效速度 v_e 与机翼弦线的夹角），其下洗角为 ε（有效速度 v_e 与来流速度 v_∞ 的夹角）。它们之间的关系为

$$\alpha_e = \alpha(z) - \varepsilon(z) \qquad (2-31)$$

式中

$$\varepsilon(z) = \arctan\frac{v(z)}{v_\infty} \approx v(z) \qquad (2-32)$$

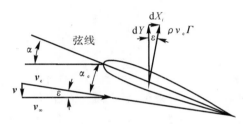

图 2-19　有效迎角与诱导流动

作用在 $P(z)$ 处机翼微段 $\mathrm{d}z$ 上的力 $\mathrm{d}R$ 按库塔-儒可夫斯基升力定理可得，即

$$\mathrm{d}R = \rho v_e \Gamma(z)\mathrm{d}z$$

$\mathrm{d}\boldsymbol{R}$ 的方向垂直于有效速度 v_e，它在垂直和平行于 v_∞ 方向上的分量 $\mathrm{d}Y$ 和 $\mathrm{d}X_i$ 分别称为升力和诱导阻力。

$$\mathrm{d}Y = \mathrm{d}R\cos\varepsilon = \rho v_\varepsilon(z)\Gamma(z)\cos\varepsilon\,\mathrm{d}z = \rho v_\infty\Gamma(z)\mathrm{d}z \qquad (2-33)$$

$$\mathrm{d}X_i = \mathrm{d}R\sin\varepsilon \approx \mathrm{d}Y\cdot\varepsilon = \rho v_\infty\Gamma(z)\mathrm{d}z\frac{v(z)}{v_\infty} = \rho v(z)\Gamma(z)\mathrm{d}z \qquad (2-34)$$

将上两式沿整个翼展积分即得机翼的升力和诱导阻力为

$$Y = \rho v_\infty\int_{-l/2}^{l/2}\Gamma(z)\mathrm{d}z \qquad (2-35)$$

$$X_i = \rho\int_{-l/2}^{l/2}v(z)\Gamma(z)\mathrm{d}z = -\frac{\rho}{4\pi}\int_{-l/2}^{l/2}\Gamma(z)\mathrm{d}z\cdot\int_{-l/2}^{l/2}\frac{\mathrm{d}\Gamma}{\mathrm{d}z_b}\frac{\mathrm{d}z_b}{z_b-z} \qquad (2-36)$$

从以上各式可见，计算机翼的气动特性时，首先确定机翼上附着涡的展向环量分布 $\Gamma(z)$。

一般情况下，$\Gamma(z)$ 所满足的积分-微分方程为

$$\Gamma(z) = \frac{1}{2}C_{yp}^a b(z)v_\infty\left[\alpha(z)-\alpha_0(z)+\frac{1}{4\pi v_\infty}\int_{-l/2}^{l/2}\frac{\mathrm{d}\Gamma}{\mathrm{d}z_b}\frac{\mathrm{d}z_b}{z_b-z}\right] \qquad (2-37)$$

式中：$\alpha_0(z)$ 表示 z 点处剖面的零升迎角，如果机翼展向各剖面的零升迎角相同，则称该机翼为无气动扭转机翼；C_{yp}^a 为二元机翼（即翼型）的升力线斜率，其理论值为 2π。

只有在少数特殊的情况下，该方程才具有精确的解析式，椭圆形环量分布就是其中之一。

（3）椭圆形环量分布机翼的气动特性。

设机翼环量沿展向分布 $\Gamma(z)$ 为椭圆形，即

$$\Gamma(z) = \Gamma_0 \sqrt{1 - \left(\frac{z}{l/2}\right)^2} \tag{2-38}$$

式中:Γ_0 表示机翼对称面($z = 0$)处的环量。

将式(2-38)代入式(2-30),并令 $\frac{2z_b}{l} = \cos\theta_b$,$\frac{2z}{l} = \cos\theta$,$\mathrm{d}z_b = -\frac{l}{2}\sin\theta_b \mathrm{d}\theta_b$,则诱导速度的分布为

$$v = -\frac{1}{4\pi}\int_{-l/2}^{l/2}\frac{\mathrm{d}\Gamma(z_b)}{\mathrm{d}z_b} \cdot \frac{\mathrm{d}z_b}{z_b - z} =$$

$$-\frac{\Gamma_0}{2\pi l}\int_{-l/2}^{l/2}\frac{\frac{2}{l}z_b}{\sqrt{1 - \left(\frac{z}{l/2}\right)^2}} \cdot \frac{\mathrm{d}z_b}{z_b - z} =$$

$$\frac{\Gamma_0}{2\pi l}\int_0^\pi \frac{\cos\theta_b}{\cos\theta_b - \cos\theta}\mathrm{d}\theta_b$$

由于

$$\int_0^\pi \frac{\cos\theta_b}{\cos\theta_b - \cos\theta}\mathrm{d}\theta_b = \pi$$

故得

$$v = \frac{\Gamma_0}{2l} \tag{2-39}$$

式(2-39)说明,椭圆形环量分布的机翼,其下洗速度(或下洗角)沿展向为一常数。机翼的升力为

$$Y = \rho v_\infty \int_{-l/2}^{l/2}\Gamma(z)\mathrm{d}z = \rho v_\infty \int_{-l/2}^{l/2}\Gamma_0 \sqrt{1 - \left(\frac{2z_b}{l}\right)^2}\mathrm{d}z =$$

$$\rho v_\infty \Gamma_0 \frac{l}{2}\int_0^\pi -\sin^2\theta \mathrm{d}\theta = \frac{\pi}{4}\rho v_\infty l \Gamma_0 \tag{2-40}$$

升力系数为

$$C_{ye} = \frac{Y}{\frac{1}{2}\rho v_\infty^2 \cdot S} = \frac{\pi l \Gamma_0}{2v_\infty S} \tag{2-41}$$

式中:S 为机翼的面积。

机翼的诱导阻力为

$$X_i = -\frac{\rho}{4\pi}\int_{-l/2}^{l/2}\Gamma(z)\mathrm{d}z \cdot \int_{-l/2}^{l/2}\frac{\mathrm{d}\Gamma}{\mathrm{d}z_b}\frac{\mathrm{d}z_b}{z_b - z} =$$

$$\frac{\rho}{4\pi}\Gamma_0^2 \int_0^\pi \sin^2\theta \mathrm{d}\theta \int_0^\pi \frac{\cos\theta_b}{\cos\theta_b - \cos\theta}\mathrm{d}\theta_b = \frac{\pi}{8}\rho\Gamma_0^2 \tag{2-42}$$

阻力系数为

$$C_{xi} = \frac{X_i}{\frac{1}{2}\rho v_\infty^2 \cdot S} = \frac{\frac{\pi}{8}\rho\Gamma_0^2}{\frac{1}{2}\rho v_\infty^2 \cdot S} = \frac{\pi\Gamma_0^2}{4v_\infty^2 S} \tag{2-43}$$

由式(2-41),则有

$$\Gamma_0 = \frac{2v_\infty S}{\pi l} C_{ye}$$

故得

$$C_{xi} = \frac{C_{ye}^2}{\pi} \left(\frac{S}{l^2}\right) = \frac{C_{ye}^2}{\pi \cdot \lambda} \tag{2-44}$$

式(2-44)说明了椭圆形机翼的诱导阻力系数与 C_{ye}^2 成正比,而与 λ 成反比,这是因为升力越大,下洗角越大,所以诱导阻力越大,因此诱导阻力又称为升致阻力。前面已经指出,对于无限翼展机翼,后缘后面没有自由涡系,当然也不存在诱导阻力,所以展弦比越大,有限翼展的机翼就越接近于无限翼展机翼,诱导阻力越小。

对于一般形状大展弦比直机翼,气动特性可在椭圆形机翼的基础上加以修正而得,即

$$C_y^a = \frac{2\pi\lambda}{\sqrt{\lambda^2/K^2 + 4} + 2} \tag{2-45}$$

$$C_{xi} = \frac{C_{ye}^2}{\pi\lambda}(1 + \delta) \tag{2-46}$$

式中:$K = \frac{C_{yp}^a}{2\pi}$;$\delta$ 为诱导阻力系数修正因子,与机翼展弦比 λ 和根梢比 η 有关。

2.2.3.4 低速大展弦比直机翼的失速特性

和翼型一样,大展弦比直机翼在大迎角下也会因附面层严重分离而引起失速。不同的是,由于展向各剖面的有效迎角 α_e 和升力系数 $C_y(z)$ 是不一样的,故随着机翼 α 的增加,各剖面上的 $C_y(z)$ 不能同时达到 $(C_{ymax})_\infty$,机翼的 C_{ymax} 要小于翼型的 $(C_{ymax})_\infty$。因此我们应根据机翼几何参数对 $C_y(z)$ 的影响来讨论其对机翼的 C_{ymax} 的影响。图2-20所示为椭圆形机翼、矩形翼和梯形翼的展向下洗速度 v_y 和 $C_y(z)$ 的分布。

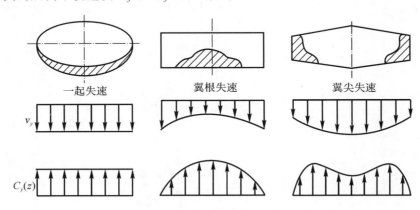

图 2-20 大展弦比直机翼的失速特性

由图2-20可看出:

第一,椭圆形机翼沿展向下洗速度相同,α_e 和 $C_y(z)$ 相同,故机翼的分离沿整个机翼后缘一起分离的,$C_{ymax} = (C_{ymax})_\infty$。

第二,矩形机翼翼根 v_y 小,α_e 和 $C_y(z)$ 大,故必先在根部分离,然后再向翼尖区扩展。

第三，梯形机翼翼尖 v_y 小，α_e 和 $C_y(z)$ 大，故必先在翼尖区发全气流分离，并随着 η 增大，$C_y(z)$ 的峰值向外侧移动，翼尖分离更加严重，不仅使 C_{ymax} 下降，且使副翼等操纵面效率下降。

由此可见，椭圆形机翼不仅在中小迎角下的升阻特性好，在大迎角下的失速特性也好。矩形机翼在中小迎角下的升阻特性不如椭圆形机翼，大迎角的 C_{ymax} 也小，但翼根区先分离不会引起副翼特性的恶化，并可给飞行员一个快失速的警告，一般还是可以接受的。较大根梢比梯形机翼由于中小迎角下的升阻特性接近椭圆翼，且结构重量轻、工艺简单，因而使用甚为广泛，但在大迎角下其失速特性不好，尤其是翼尖先分离所造成的副翼效率下降可能导致严重的飞行安全问题，所以应给予以改善。

改善翼尖失速的方法，一般是采用气动扭转，即在翼尖处采用零升力迎角小的翼型，或是采用机翼的负几何扭转，以减小翼尖的有效迎角，延缓翼尖失速。保证翼根先于翼尖失速有两方面好处：首先，机翼内侧面的分离气流打到平尾上可使飞行员感受到它所造成的扰流抖动而避免进入失速状态；其次，即使在全机处于失速状态时，副翼等操纵面仍有足够的效率，以保证将飞机从危险的螺旋中改出来。

2.2.4　后掠翼低速气动特性

低速飞机广泛采用大展弦比直机翼。随着飞机速度提高到跨声速和低超声速，发现 $\chi = 35° \sim 65°$ 的后掠翼可推迟激波阻力的出现或减弱激波限力，因此在高速飞机上已广泛采用各种 λ 值、各种平面形状的后掠翼。但后掠翼也有低速飞行阶段，如起飞和着陆等，且后掠翼的亚声速气动特性可通过压缩性修正从低速特性而得，因此研究后掠翼的低速气动特性仍具有重要意义。

2.2.4.1　无限翼展斜置翼的气动特性

为定性说明机翼的后掠效应，可先分析无限翼展斜置翼的气动特性，将一个无限翼展正置翼相对于来流斜置一个 χ 角就构成一个无限翼展斜置翼，如图 2-21 所示。

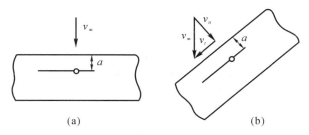

图 2-21　无限翼展正置翼和斜置翼
(a) 正置翼；　(b) 斜置翼

将来流 v_∞ 分解为垂直和平行于无限翼展斜置翼前缘的法向分速 $v_n = v_\infty \cos\chi$ 和展向分速 $v_t = v_\infty \sin\chi$。如果不计气流黏性的影响，此斜置翼的气动特性只取决于 v_n，而与 v_t 无关。因此，我们可以借助气流的法向分速 v_n 绕正置二元机翼的流动来计算无限翼展斜置翼的气动特性。

由图 2-22 所示的简单几何关系可得，正置翼的迎角 α_n 和斜置翼迎角 α 有以下关系：

$$\sin\alpha_n = \frac{v_\infty \sin\alpha}{v_\infty \cos\chi} = \frac{\sin\alpha}{\cos\chi}$$

当 α 很小时，$\sin\alpha_n \approx \alpha_n$，$\sin\alpha \approx \alpha$，则上式变为

$$\alpha_n = \frac{\alpha}{\cos\chi} \qquad\qquad (2-47)$$

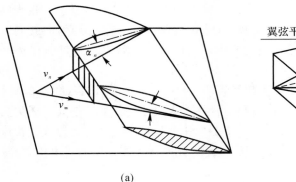 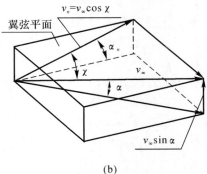

(a)   (b)

图 2-22 　正置翼和斜置翼速度、迎角的关系

(a) 正置翼；　(b) 斜置翼

设正置翼上某点距前缘距离为 a，其压力为 p，其压力系数 $\overline{p}_n$ 为

$$\overline{p}_n = \frac{p - p_\infty}{\frac{1}{2}\rho v_n^2}$$

而斜置翼上相应距离点（即距前缘距离为 a）的压力仍为 p，但其压力系数 $\overline{p}$ 为

$$\overline{p} = \frac{p - p_\infty}{\frac{1}{2}\rho v_\infty^2} = \frac{p - p_\infty}{\frac{1}{2}\rho v_\infty^2 \cos^2\chi}\cos^2\chi = \overline{p}_n \cos^2\chi \qquad (2-48)$$

设作用在正置翼单位翼展上的升力为 Y，升力系数 C_{yn} 为

$$C_{yn} = \frac{Y}{\frac{1}{2}\rho v_n^2 b_n \cdot 1}$$

式中：b_n 为正置机翼的弦长，也就是斜置机翼的法向弦长（$b_n = b\cos\chi$）。而作用在斜置翼同一翼段长度上的升力仍为 Y，但升力系数 C_y 为

$$C_y = \frac{Y}{\frac{1}{2}\rho v_\infty^2 b_n \cdot 1} = \frac{Y}{\frac{1}{2}\rho v_n^2 b_n \cdot 1}\cos^2\chi = C_{yn}\cos^2\chi \qquad (2-49)$$

设作用在正置翼单位翼展上的阻力为 X_n，那么，v_n 方向的阻力系数 C_{xn} 为

$$C_{xn} = \frac{X}{\frac{1}{2}\rho v_n^2 b_n \cdot 1}$$

而作用在斜置翼同一翼段长度上在 V_∞ 方向的阻力 $X = X_n\cos\chi$，所以阻力系数 C_x 为

$$C_x = \frac{X}{\frac{1}{2}\rho v_\infty^2 b_n \cdot 1} = \frac{X_n\cos\chi}{\frac{1}{2}\rho v_n^2 b_n \cdot 1}\cos^2\chi = C_{xn}\cos^3\chi \qquad (2-50)$$

根据式（2-47）和式（2-49），可得到斜置翼的升力线斜率 C_y^α 和正置翼升力线斜率 $(C_y^\alpha)_n$ 之间的关系为

$$C_y^\alpha = \frac{\mathrm{d}C_y}{\mathrm{d}\alpha} = \frac{\mathrm{d}(C_{yn}\cos^2\chi)}{\mathrm{d}(\alpha_n\cos\chi)} = \frac{\mathrm{d}C_{yn}}{\mathrm{d}\alpha_n}\cos\chi = (C_y^\alpha)_n\cos\chi \tag{2-51}$$

由式（2-51）可见，无限翼展的升力线斜率是正置二元机翼的 $\cos\chi$ 倍。

通过以上讨论，可知斜置翼的 $\overline{p}$，C_y^α，C_x 等都比相应的正置翼小。

应该注意的是，气流绕无限翼展斜置翼流动时，其展向分速 v_t 虽然对机翼的升力特性不产生影响，但它会使气流绕无限翼展斜置翼的流谱不同于绕无限翼展平直机翼的流谱。在不考虑黏性时，展向分速 v_t 是个常量，保持不变，而法向分速 v_n 不断地改变，所以流线就会左右偏斜，其形状呈"S"形，如图 2-23 所示。这是因为，气流从远前方流向机翼前缘时，其法向分速 v_n 受阻滞而越来越慢，致使气流合速越来越向左偏斜；当气流从前缘 P 流向最小压力点 Q 时，法向分速又逐渐增大，而展向分速 v_t 保持不变，所以气流的合速越来越大，并向右偏转。因此，气流流经斜置翼时，流线就呈"S"形。

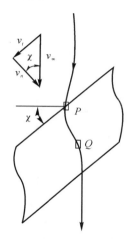

图 2-23　流线弯曲分析

2.2.4.2　后掠翼的低速气动特性

（1）后掠翼的流态和载荷特性。

后掠机翼可认为是由两个对称的斜置机翼组成的。后掠机翼半翼展的中间部分的绕流流线（见图2-24）与无限翼展斜置机翼十分接近，无限翼展斜置翼的分析结论可用来定性地分析后掠翼对机翼绕流的影响。但是，后掠翼由于有翼根和翼尖的存在，会引起"翼根效应"和"翼尖效应"，这将使后掠翼的气动特性和无限翼展斜置翼有所不同。在翼根上表面的前段，流线将偏离对称面，使流管扩张变粗，流速减慢，压力升高（吸力变小），而在后段流管变细，流速加快，压力降低（吸力增大），这种现象被称为"翼根效应"。至于翼尖部分，情况正好相反，在翼剖面前段吸力变大，后段吸力变小，这种现象被称为"翼尖效应"。因此，在翼根和翼尖处，沿弦向的压力系数分布与半翼展中间部分的压力系数分布不同，如图 2-25 所示。

后掠翼的"翼根效应"和"翼尖效应"引起翼弦的压力分布发生变化，这种变化在机翼上表面前段较为明显。由于上表面前段对升力贡献较大，所以"翼根效应"使翼根部分的升力系

减小,而"翼尖效应"使翼尖部分的升力系数增大。因此,后掠机翼剖面升力系数 $C_y(z)$ 沿展向的分布如图 2-26 所示。

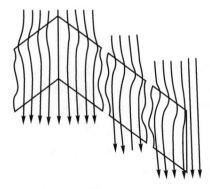

图 2-24 后掠机翼流线谱

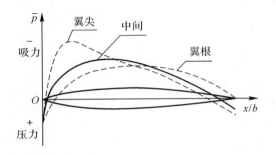

图 2-25 后掠翼的翼根效应和翼尖效应

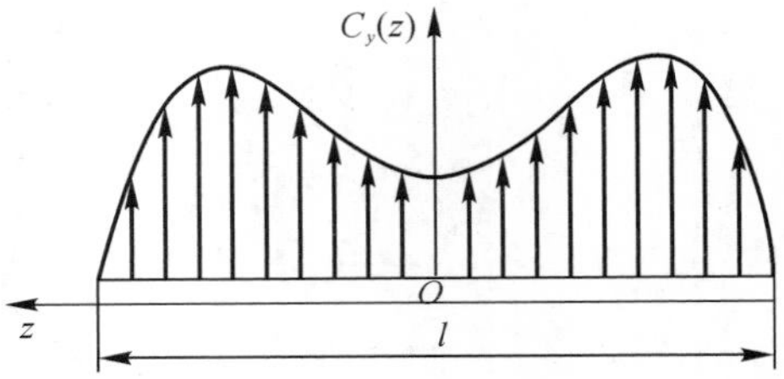

图 2-26 后掠机翼展向剖面升力系数分布

(2)后掠翼低速气动特性。

1)升力特性。根据式(2-51),只要将式(2-45)中 C_{yp}^{α} 乘以 $\cos\chi_{0.5}$($\chi_{0.5}$ 表示 1/2 弦点连线的后掠角),即可得到低速时后掠机翼的升力线斜率:

$$C_y^{\alpha} = \frac{2\pi\lambda}{\sqrt{\lambda^2 / \left(\dfrac{C_{yp}^{\alpha}\cos\chi_{0.5}}{2\pi}\right)^2 + 4} + 2} = \frac{2\pi\lambda}{\sqrt{\lambda^2 / K^2 \cos^2\chi_{0.5} + 4} + 2}$$

$$= \frac{2\pi\lambda}{\sqrt{\dfrac{\lambda^2}{K^2}(1+\tan^2\chi_{0.5}) + 4} + 2} \quad (1/\text{rad}) \tag{2-52}$$

由式(2-52)可以看出,当 λ 一定时,后掠角增大,C_y^{α} 减小。而当后掠角一定时,C_y^{α} 随 λ 增大而增大。

2)阻力特性。后掠翼诱导阻力系数仍可按式(2-46)估算,即 $C_{xi} = \dfrac{C_y^2}{\pi\lambda}(1+\delta)$,其修正因子 $(1+\delta)$ 由实验曲线确定。

3)失速特性。由于后掠翼的翼根效应和翼尖效应,上翼面形成自翼根向翼尖的压力梯度,促使附面层内的气流向翼尖方向流动,致使翼尖部分附面层变厚;同时,翼尖效应又使翼尖部分剖面的逆压梯度增大。因此,当迎角增大时,后掠翼气流分离首先在翼尖出现,造成了翼尖失速。

　　翼尖失速会给飞机的稳定性、操纵性带来不利的影响。因此,后掠翼飞机已采用了一系列措施以延缓后掠翼的翼尖失速。如:机翼采用几何扭转,即各剖面的翼弦不在同一平面内,因而各剖面迎角也不相同,当翼尖处的迎角较其他部位小时,不容易发生翼尖失速;翼尖部分采用失速迎角较大的翼型;机翼上表面装置翼刀,这样可以阻止附面层气流的横向流动,延缓翼尖失速;减小后掠翼翼尖部分的后掠角,使翼尖部分横向流动减弱,延缓翼尖失速;在翼尖上采用前缘锯齿,锯齿所产生的旋涡可起到诱导作用并能向附面层内的空气输入能量,增大其速度,以延缓翼尖失速。

　　后掠翼翼尖过早的失速使得后掠翼的 C_{ymax} 和 α_{cr} 较直机翼小。此外,后掠翼的升力系数曲线斜率下降也是造成最大升力系数下降的原因。图 2-27 所示为一后掠角 $\chi = 35°$ 的后掠翼与相同展弦比直机翼的升力系数曲线的比较。由图看出,其 C_{ymax} 比直机翼减小了 20%,临界迎角减小了 $3°$。

　　需进一步指出的是,后掠翼在临界迎角附近,C_y 变化较直机翼平缓。这是由于后掠翼翼尖失速后,虽然翼尖区域的 C_y 急剧下降,见图 2-28 中的曲线 2,但由于机翼翼根部分尚未失速(曲线 1),整个机翼的 C_y 随 α 增大而增大,增长较缓慢(曲线 3)。通常将对应开始翼尖失速时的迎角 α_q 叫作抖动迎角,因为此时翼尖区域失速后所产生的旋涡会使飞机产生抖动现象。抖动迎角所对应的升力系数称为 C_{yq}。为了保证安全,不致失速,后掠翼飞机在正常飞行时所使用的升力系数应小于 C_{yq}。

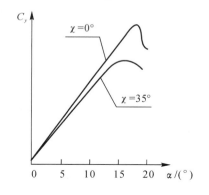
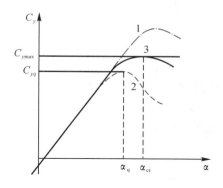

图 2-27　相同的 λ、不同 χ 的 C_y 比较　　　　图 2-28　后掠机翼的 C_{yq} 和 C_{ymax}

　　综上分析可知:后掠翼首先是因为相当大部分翼段上的流动与无限展长斜置翼接近,它的气动特性取决于来流法向分速和法向迎角,其 $\bar{p}$,C_y^α 等均比无后掠正置翼小;其次,由于翼根效应和翼尖效应改变了剖面的 $\bar{p}$ 和 $C_y(z)$ 分布,从而影响后掠翼的气动特性。因此,后掠翼的三元效应就体现在后掠效应、翼根效应和翼尖效应上,这些效应的影响与平面几何参数 χ,λ 和 η 密切相关。与直机翼相比,后掠翼的升力和力矩特性、展向载荷分布等有相当大的变化,具有许多新的特点。

2.2.5　三角翼低速气动特性

　　三角翼通常具有较小的展弦比($\lambda < 3$),且一般为锐缘无弯曲对称薄型,常用于超声速飞机。

2.2.5.1 低速绕流特点

风洞试验和试飞表明,绕三角形机翼的低速流动有以下特点:

1) 因三角翼前缘后掠角很大,下翼面压力较高的气流通过前缘翻向上翼面,产生较大的横向流动,这种横向流动的结果,会使上下表面的压力得到一定程度的均衡,如图2-29所示。

2) 由于前缘后掠的结果,会使三角翼上翼面的流线像后掠翼一样呈"S"形,所以在三角翼上也有翼根效应和翼尖效应。

3) 当迎角稍大时($\alpha > 3°$),在三角翼前缘就会形成脱体涡。脱体涡的形成,可作如下理解:通常,三角翼具有较大的后掠角和较薄的翼型,在正迎角情况下,薄翼上、下翼面的压力差驱使气流绕前缘流动,并产生前缘分离,使气流产生了旋转运动,如图2-30所示,在切向分速v_t的作用下,旋转气流将作有规则的螺旋运动,形成脱体涡。

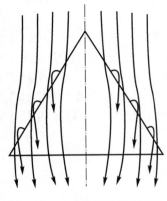 

图2-29 三角翼的流动图画　　　　图2-30 脱体涡的形成

脱体涡的强度和位置与机翼的迎角有关。图2-31给出某三角翼的油流谱实验结果。由图可见,当迎角较小时,涡卷靠近前缘,随着迎角增大,涡卷变粗增强,涡心逐渐向翼根移动,当迎角增大到一定程度时,机翼大部分表面处于涡卷的控制之下。

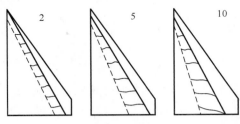

图2-31 具有流线相交的流场

2.2.5.2 脱体涡的法洗效应和切洗效应

(1) 法洗效应。

气流流过具有正迎角三角翼,前缘脱体涡在其内侧诱起气流下洗,在外侧诱起气流上洗,如图2-32(a)所示。下洗区的局部迎角减小,升力减小;上洗区的局部迎角增大,升力增大。这种现象称为法洗效应。通常,由于上洗区的翼面面积较小,所以下洗区所造成的升力损失往往大于上洗区的升力增量,即法洗效应使三角翼升力减小。

（2）切洗效应。

脱体涡在翼面上所诱起的切向速度分布如图 2-32(b) 所示，其方向由翼根指向翼尖，其大小与距涡心的距离有关，离涡心距离越近，切洗速度越大，反之，则越小。切洗速度使流经机翼表面的主流速度 v_∞ 偏斜并增大，如图 2-33 所示，从而致使翼面升力增大，这种现象称为切洗效应。图 2-34 所示为某三角形机翼的压力系数分布实验结果，由图中看出，机翼上翼面有两个吸力峰，这就是脱体涡法洗效应的结果。

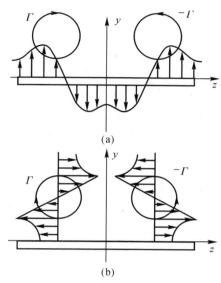

图 2-32　脱体涡的法洗效应和切洗效应

(a) 法洗效应；　(b) 切洗效应

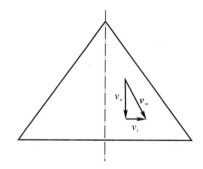

图 2-33　切洗效应对主流速度的影响

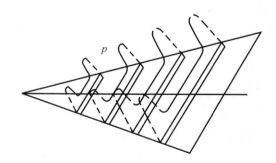

图 2-34　三角翼的压力系数分布

2.2.5.3　三角形机翼的低速气动特性

三角形机翼的低速气动特性由其低速绕流特性所确定。

（1）C_y 及 C_y^α 较小。

与大展弦比机翼相比，在同一迎角下，三角翼的升力系数较小。这是因为，上、下翼面均压作用较强，使上、下翼面压差减小，翼根效应使根部剖面上翼面总吸力减小，法向效应使根部剖面的有效迎角减小，这两者都使翼根剖面的升力减小。虽然切洗效应和翼尖效应使翼尖部分剖面的升力增大,但因根部的翼弦长、面积大,对升力的影响大,故总的升力较小,因而升力系数 C_y 和 C_y^α 也就较小。

(2)$C_y - \alpha$ 呈"S"形的非线性变化

图 2-35 中 A 点对应着脱体涡产生前的迎角。随着 α 增大,脱体涡变粗增强,且涡心逐渐向翼根移动,由于脱体涡的切洗效应,使机翼上表面产生了附加的吸力,故使 C_y 非线性的增大,当 α 进一步增大到 B 点之后,由于脱体涡在翼面上"破碎",切洗效应显著下降,如图 2-36 所示。附加吸力减小,故使 C_y 也逐渐减小,即 C_y 呈"S"形非线性变化。

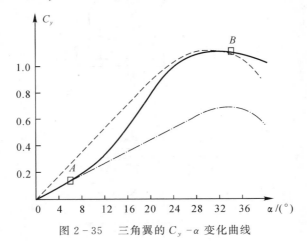

图 2-35　三角翼的 $C_y - \alpha$ 变化曲线

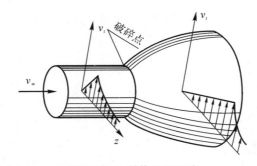

图 2-36　脱体涡的破碎

$C_y - \alpha$ 的非线性变化随着后掠角增大而明显,这是因为脱体涡影响的翼面相对增大。

(3)临界迎角和最大升力系数较大。

由于横向流动的均压作用使翼面的逆压梯度减小,又因脱体涡控制了大部分翼面,不断地给附面层输入能量,所以小展弦比三角翼很难出现失速。只有当迎角很大,脱体涡的破碎点移至机翼前部时,才会出现分离失速,因而临界迎角显著增大(α_{cr} 可达 $30° \sim 40°$),其最大升力系数 C_{ymax} 也随之增大。

虽然小展弦比三角翼有较大的升力系数,但要充分利用它,还是相当困难的。例如,飞机起飞着陆时,迎角过大,不仅会影响飞行员的视界,而且还会造成机身尾部擦地。因此,歼 7 飞机起飞着陆时的迎角仅为 $9° \sim 10°$,远远小于它的临界迎角。为了获得较大的升力系数,改善飞机的起飞着陆性能,有些超声速飞机采用了机头下折和加高起落架等措施。

2.3　翼型和机翼的亚声速气动特性

高速可压流根据来流 Ma_∞ 的大小可划分为 3 个速度范围：①亚声速流，$Ma_\infty > 0.3$ 且流场中各点流速均小于当地声速；②超声速流，$Ma_\infty < 5$ 且流场中各点流速均大于当地声速；③跨声速流，$Ma_\infty \approx 1$ 且流场中一部分区域流速大于当地声速，另一部分区域稍小于当地声速，个别地方恰好等于声速。物形和迎角不同，这三个速度范围的分界点也不同。这一个速度范围的两个分界点分别称为下临界 Ma 和上临界 Ma。具体说明如下：当来流马赫数 Ma_∞ 以亚声速绕过机翼时，空气流过机翼上表面的凸起部分，由于流管收缩，局部流速必然大于来流速度，而局部温度降低，从而局部声速也降低。这样随飞机飞行速度增大，机翼上表面最低压力点（即局部流速最大的那一点）气流速度也不断增大，而该点的局部声速则不断减小，以至局部流速与局部声速逐渐接近。当来流马赫数 Ma_∞ 增大到某一马赫数 Ma_{cr} 时，该点的气流速度恰好等于当地声速，即局部马赫数增大为 1。此时飞机的飞行速度称为下临界速度 v_{cr}，对应的马赫数称为下临界马赫数，以 Ma_{cr} 表示，通常称为临界马赫数。当 $Ma_\infty < Ma_{cr}$ 时，机翼表面各点的气流速度小于当地声速，这样的流动称为亚声速流动；当来流马赫数 Ma_∞ 继续超过 Ma_{cr} 时，机翼表面上将出现同时具有亚、超声速的混合流动，这样的流动称为跨声速流动；当来流马赫数 Ma_∞ 继续增大到某一马赫数 Ma_T 时，机翼表面上任一点的局部流速均大于当地声速。Ma_T 称为上临界马赫数。当 $Ma_\infty > Ma_T$ 时，机翼表面上只存在超声速流。这样的流动称为超声速流。本节在小扰动假设的线化理论基础上，讨论无黏的有位定常亚声速流绕翼型和机翼流动时，翼型和机翼的纵向空气动力特性。

2.3.1　翼型的亚声速气动特性

2.3.1.1　绕流特点

亚声速绕流图与不可压流相比并无质的变化，如扰动遍及全流场，流管截面积缩小则流速增加等。但由于亚声速时空气密度 ρ 是变量，在速度变化的量上是与不可压流有差别的。

如图 2-37 所示，设 $Ma_\infty = 0$ 时 PP'，QQ'，RR' 是三条相邻流线，相邻两条流线的流管截面积在直匀流处皆为 A_∞。根据一元不可压流微分形式的连续方程，有

$$\frac{\mathrm{d}v}{v} = -\frac{\mathrm{d}A}{A}$$

在翼型上表面前部负压区，因流速增大，故根据上式，该处流管与来流相比变窄，$\mathrm{d}A = A - A_\infty < 0$，而在下表面前部正压区，则流速变小而流管变宽，$\mathrm{d}A = A - A_\infty > 0$。对于可压缩流（$Ma_\infty > 0$），为定性分析简单起见，这里先假定此时流线形状与不可压流（$Ma_\infty = 0$）时完全一样，但一元可压流微分形式的连续方程为

$$\frac{\mathrm{d}v}{v} = -\frac{\mathrm{d}\rho}{\rho} - \frac{\mathrm{d}A}{A}$$

在翼型表面上 $v > v_\infty$ 的区域中，因 $Ma > Ma_\infty$，$\rho < \rho_\infty$，$\dfrac{\mathrm{d}\rho}{\rho} < 0$，而 $\dfrac{\mathrm{d}A}{A}$ 不变，故 $\left(\dfrac{\mathrm{d}v}{v}\right)_{Ma>0} > \left(\dfrac{\mathrm{d}v}{v}\right)_{Ma=0}$；而在 $v < v_\infty$ 的区域中，$\left(\dfrac{\mathrm{d}v}{v}\right)_{Ma>0} < \left(\dfrac{\mathrm{d}v}{v}\right)_{Ma=0}$。根据线化压力系数计算式

$$\overline{p}=-2\frac{v_\infty}{v_\infty}=-2\frac{\mathrm{d}v}{v_\infty}$$

可知：在 $v>v_\infty$ 区，$\overline{p}_{Ma>0}<\overline{p}_{Ma=0}$；在 $v<v_\infty$ 区，$\overline{p}_{Ma>0}>\overline{p}_{Ma=0}$。这就是说，$Ma_\infty>0$ 的亚声速流对翼面上压力分布的影响是使原来 $Ma_\infty=0$ 的不可压流中翼型的"吸处更吸，压处更压"。

当然上面的分析没有计及流管形状的变化，但从定性角度来说，结论仍是正确的，只是量上没有那么大。总之，亚声速时压缩性的影响是使翼型上、下表面压差变大，升力增加。

对三元机翼，上面的结论还是正确的，即 $Ma_\infty>0$ 时压缩性影响仍是使 C_y 比不可压同一迎角下的数值大。

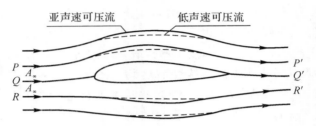

图 2-37　低速和亚声速流绕翼剖面的流线变化

2.3.1.2　翼型的亚声速气动特性

由二元定常不可压位流理论容易确定在纯亚声速小扰动假设下理想定常扰动速度位 φ 的方程，物面边界条件以及内边界条件和压力系数 $\overline{p}$ 的线化表达式。因此，只要能求解在给定边界条件下的扰动速度位方程，即可根据压力系数的表达式算出翼型表面任一点上的压力系数，通过积分即得翼型的上的升力、俯仰力矩等气动特性。

但是，通常并不这样做，比较方程亚声速小扰动速度位方程和拉普拉斯方程，它们两者只相差一个常数因子 $(1-Ma_\infty^2)$，因此数学上可通过适当的坐标变换，将方程亚声速小扰动速度位方程化为拉普拉斯方程，并将边界条件和压力系数进行相应的变换，以建立亚声速流场与不可压流场的联系。这样把求解一定边界条件下的亚声速小扰动速度位方程的问题转化为我们已经解决的一定边界条件下求解拉普拉斯方程的问题。

（1）流场变化和翼型的对应几何关系。

为将速度方程变换为拉普拉斯方程，采用如下仿射变换

$$\left.\begin{aligned}v_\infty&=v'_\infty\\x&=x'\\y&=\frac{1}{\beta}y'\\\varphi&=\frac{1}{\beta^2}\varphi'\end{aligned}\right\}\tag{2-53}$$

式中，带""号的量分别为对应不可压平面流场的坐标及扰动速度位。由式（2-53）可得

$$\frac{\partial\varphi}{\partial x}=\frac{\partial\varphi}{\partial\varphi'}\frac{\partial\varphi'}{\partial x'}\frac{\partial x'}{\partial x}=\frac{1}{\beta^2}\frac{\partial\varphi'}{\partial x'}$$

$$\frac{\partial^2\varphi}{\partial x^2}=\frac{1}{\beta^2}\frac{\partial^2\varphi'}{\partial x'^2}$$

$$\frac{\partial \varphi}{\partial y} = \frac{\partial \varphi}{\partial \varphi'} \frac{\partial \varphi'}{\partial y'} \frac{\partial y'}{\partial y} = \frac{1}{\beta} \frac{\partial \varphi'}{\partial y'}$$

$$\frac{\partial^2 \varphi}{\partial y^2} = \frac{\partial^2 \varphi'}{\partial y'^2}$$

代入速度位方程及其边界条件的表达式,得

$$\frac{\partial^2 \varphi'}{\partial x'^2} + \frac{\partial^2 \varphi'}{\partial y'^2} = 0 \tag{2-54}$$

$$\left(\frac{\partial \varphi'}{\partial x'}\right)_{\infty} = \left(\frac{\partial \varphi'}{\partial y'}\right)_{\infty} = 0 \tag{2-55}$$

$$\left(\frac{\partial \varphi'}{\partial y'}\right)_{b} = v_{\infty} \left(\frac{\mathrm{d} y'}{\mathrm{d} x'}\right)_{b} \tag{2-56}$$

由式(2-54)～式(2-56)可见,通过仿射变化式(2-53),将边界条件下的位流方程转化成了边界条件[式(2-55)、式(2-56)]下的拉普拉斯方程(2-54)的问题,并由仿射变化式(2-53)可见,变换后对应的不可压流中的翼型在 x 方向尺寸不变,而 y 方向的尺寸则缩小到原来的 $1/\beta$ 倍。因此,对应不可压流中翼型的几何参数 $\bar{c}, \bar{f}'$ 和迎角 α' 与亚声速翼型相应的几何参数 $\bar{c}', \bar{f}'$ 和迎角 α 之间亦存在如下关系。

相对厚度为

$$\bar{c}' = \beta \bar{c}$$

相对弯度为

$$\bar{f}' = \beta \bar{f}$$

迎角为

$$\alpha' = \beta \alpha$$

(2)气动特性的对应关系 —— 戈泰特法则。

由式(5-24)得小扰动条件下物面压力系数:

$$\bar{p} = -\frac{2}{v_{\infty}} \frac{\partial \varphi}{\partial x}$$

变换后,薄翼型的压力系数为

$$\bar{p}' = -\frac{2}{v'_{\infty}} \frac{\partial \varphi'}{\partial x'} = -\beta^2 \frac{2}{v_{\infty}} \frac{\partial \varphi}{\partial x} = \beta^2 \bar{p} \tag{2-57}$$

升力系数为

$$C'_y = \frac{Y'}{\frac{1}{2}\rho v'^2_{\infty} b'^2} = \frac{\oint (p' - p_{\infty}) \mathrm{d} x'}{\frac{1}{2}\rho v^2_{\infty} b'} = \oint \bar{p}' \mathrm{d} \bar{x}' = \beta^2 \oint \bar{p} \mathrm{d} \bar{x} = \beta^2 C_y \tag{2-58}$$

俯仰力矩系数为

$$m'_z = \frac{M'_z}{\frac{1}{2}\rho v'^2_{\infty} b'^2} = \frac{Y'x'}{\frac{1}{2}\rho v^2_{\infty} b^2} = C'_y \frac{x'}{b'} = \beta^2 C_y \frac{x}{b} = \beta^2 m_z \tag{2-59}$$

升力线斜率为

$$(C^{\alpha}_y)' = \frac{\mathrm{d} C'_y}{\mathrm{d} \alpha'} = \frac{\beta^2 \mathrm{d} C_y}{\beta \mathrm{d} \alpha} = \beta C'^{\alpha}_y \tag{2-60}$$

式(2-57)～式(2-60)所示的气动力对应关系即为著名的戈泰特法则。它说明当均匀来流 $Ma_\infty > 0$ 的亚声速流以迎角 α 流过相对厚度 $\bar{c}$、相对弯度 $\bar{f}$ 的薄翼型时,翼型上任一点的压力系数、翼型的升力系数、俯仰力矩系数是 $Ma_\infty = 0$ 的不可压流流过仿射相关翼型$(\beta\alpha, \beta\bar{c}, \beta\bar{f})$ 时对应的压力系数、升力系数、俯仰力矩系数的 $\dfrac{1}{\beta^2}$ 倍,而升力线斜率则增大 $\dfrac{1}{\beta}$ 倍。

虽然仿射变换法为我们提供了一条可压流与不可压流之间的联系途径。但在实用上我们经常需要两流场中翼型几何形状相同、来流迎角亦相同情况下气动力的对应关系,这就是下面要介绍的普兰特-葛劳渥法则。

我们知道,在不可压缩流场中,若翼型很薄,则物面压力系数近似地与相对厚度 $\bar{c}$、相对弯度 $\bar{f}$ 和迎角 α 成正比。

根据薄翼不可压绕流的这个性质,可以很容易给出不可压缩流体中两个仿射相似的薄翼绕流流场中压力系数的关系。若仿射相似系数为 β,即

$$\frac{y_1}{y_2} = \frac{\bar{c}_1}{\bar{c}_2} = \frac{\bar{f}_1}{\bar{f}_2} = \frac{\alpha_1}{\alpha_2} = \beta$$

则物面对应点的压力系数也近似地与仿射系数成正比,即

$$\bar{p}_1 = \beta\bar{p}_2 \tag{2-61}$$

若仿射相似系数为 β^2,即

$$\frac{y_1}{y_2} = \frac{\bar{c}_1}{\bar{c}_2} = \frac{\bar{f}_1}{\bar{f}_2} = \frac{\alpha_1}{\alpha_2} = \beta^2 \tag{2-62}$$

则对应点的压力系数也近似与仿射系数成正比,即

$$\bar{p}_1 = \beta^2\bar{p}_2 \tag{2-63}$$

将式(2-57)两边除以不可压流中来流迎角 α,翼型几何参数为 $\bar{c}, \bar{f}, \bar{x}, \bar{y}$ 的压力系数,得

$$\frac{(\bar{p})_{Ma_\infty, \alpha, \bar{c}, \bar{f}, \bar{x}, \bar{y}}}{(\bar{p})_{0, \alpha, \bar{c}, \bar{f}, \bar{x}, \bar{y}}} = \frac{1}{\beta^2} \frac{(\bar{p})_{0, \beta\alpha, \beta\bar{c}, \beta\bar{f}, \bar{x}, \beta\bar{y}}}{(\bar{p})_{0, \alpha, \bar{c}, \bar{f}, \bar{x}, \bar{y}}} = \frac{1}{\beta^2}\beta = \frac{1}{\beta}$$

从而有

$$\frac{(\bar{p})_{Ma_\infty, \alpha, \bar{c}, \bar{f}, \bar{x}, \bar{y}}}{(\bar{p})_{0, \alpha, \bar{c}, \bar{f}, \bar{x}, \bar{y}}} = \frac{1}{\beta}$$

略去压力系数下标中的迎角及翼型几何参数项,有

$$(\bar{p})_{Ma_\infty} = \frac{1}{\beta}(\bar{p})_0 \tag{2-64}$$

该关系称为普朗特-葛劳渥法则(Prandtl-Glauert Rules)。它是葛劳渥与普朗特于1927年前后提出来的。$1/\beta$ 称为亚声速流的压缩性因子。它说明亚声速均匀来流的薄翼型绕流流场中物面压力系数为不可压均匀来流的同一薄翼型绕流流场中对应系数的 $1/\beta$ 倍。

同理,对升力系数、俯仰力矩系数、升力线斜率均有

$$(C_y)_{Ma_\infty} = \frac{1}{\beta}(C_y)_0 \tag{2-65}$$

$$(m_z)_{Ma_\infty} = \frac{1}{\beta}(m_z)_0 \qquad (2-66)$$

$$(C_y^\alpha)_{Ma_\infty} = \frac{1}{\beta}(C_y^\alpha)_0 \qquad (2-67)$$

此外,按压力中心的定义有

$$\bar{x}_p = -\frac{m_z}{C_y}$$

因此

$$(\bar{x}_p)_{Ma_\infty} = (\bar{x}_p)_0 \qquad (2-68)$$

同理,焦点位置为

$$(\bar{x}_F)_{Ma_\infty} = (\bar{x}_F)_0 \qquad (2-69)$$

需要注意的是,戈泰特法则和普兰特-葛劳渥法则均是建立在小扰动假设基础上的。其中戈泰特法则是准确的,而普兰特-葛劳渥法则则较为粗糙,它是建立在近似关系式(2-63)基础上的,在 Ma_∞ 较大的情况下,它与实验结果存在较大的误差。

2.3.2　机翼的亚声速气动特性

与纯亚声速小扰动假设下推导翼型的定常扰动速度位线化方程、线化物面条件、压力系数类似,可得三维机翼的线化扰动速度位方程为

$$(1 - Ma_\infty^2)\frac{\partial^2 \varphi}{\partial x^2} + \frac{\partial^2 \varphi}{\partial y^2} + \frac{\partial^2 \varphi}{\partial z^2} = 0 \qquad (2-70)$$

外边界条件为

$$\left(\frac{\partial \varphi}{\partial x}\right)_\infty = \left(\frac{\partial \varphi}{\partial y}\right)_\infty = \left(\frac{\partial \varphi}{\partial z}\right)_\infty = 0 \qquad (2-71)$$

内边界条件为

$$\frac{v'_b}{v_\infty} = \left(\frac{\mathrm{d}y}{\mathrm{d}x}\right)_b \qquad (2-72)$$

$$\bar{p} = -\frac{2}{v_\infty}\frac{\partial \varphi}{\partial x} \qquad (2-73)$$

与翼型一样,它可以用仿射变换法来求解。

2.3.2.1　相应机翼形状之间的变换

由仿射变换式(2-53),并且令

$$z = \frac{1}{\beta}z' \qquad (2-74)$$

可以求得相应机翼之间平面几何参数的关系如下。

根梢比为

$$\eta' = \eta$$

展弦比为

$$\lambda' = \beta\lambda$$

后掠角为

$$\chi' = \tan^{-1}\left(\frac{\tan\chi}{\beta}\right)$$

或可写成

$$(\lambda\tan\chi)' = \lambda\tan\chi$$

上式表明,亚声速流动中,所对应不可压流机翼的展弦比较亚声速流机翼的展弦比小,后掠角则较亚声速流机翼的后掠角大,根梢比不变,如图 2-38 所示。

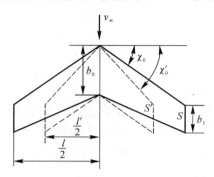

图 2-38　对应不可压流中机翼平面形状

2.3.2.2　机翼的亚声速相似律

与翼型相似,对满足式(2-74)的亚声速和相应不可压流机翼,具有形状相同的翼型,并在同一迎角下,有

$$(\bar{p})_{Ma_\infty,\lambda,\eta,\tan\chi} = \frac{1}{\beta}(\bar{p})_{0,\beta\lambda,\eta,\frac{1}{\beta}\tan\chi} \tag{2-75}$$

$$(C_y)_{Ma_\infty,\lambda,\eta,\tan\chi} = \frac{1}{\beta}(C_y)_{0,\beta\lambda,\eta,\frac{1}{\beta}\tan\chi} \tag{2-76}$$

$$(m_z)_{Ma_\infty,\lambda,\eta,\tan\chi} = \frac{1}{\beta}(m_z)_{0,\beta\lambda,\eta,\frac{1}{\beta}\tan\chi} \tag{2-77}$$

$$(C_y^\alpha)_{Ma_\infty,\lambda,\eta,\tan\chi} = \frac{1}{\beta}(C_y^\alpha)_{0,\beta\lambda,\eta,\frac{1}{\beta}\tan\chi} \tag{2-78}$$

式(2-78)还可以写成

$$\left(\frac{C_y^\alpha}{\lambda}\right)_{Ma_\infty,\lambda,\eta,\tan\chi} = \frac{1}{\beta\lambda}(C_y^\alpha)_{0,\beta\lambda,\eta,\left(\frac{1}{\beta\lambda}\right)\lambda\tan\chi}$$

或

$$\left(\frac{C_y^\alpha}{\lambda}\right)_{Ma_\infty,\lambda,\eta,\tan\chi} = f(\beta\lambda,\eta,\lambda\tan\chi) \tag{2-79}$$

另外,按压力中心定义可得

$$(\bar{x}_p)_{Ma_\infty,\lambda,\eta,\tan\chi} = (\bar{x}_p)_{0,\beta\lambda,\eta,\frac{1}{\beta}\tan\chi} \tag{2-80}$$

当机翼无弯度、无扭转,则焦点与压力中心重合,有

$$(\bar{x}_F)_{Ma_\infty,\lambda,\eta,\tan\chi} = (\bar{x}_p)_{0,\beta\lambda,\eta,\frac{1}{\beta}\tan\chi} \tag{2-81}$$

类似地,可写成

$$(\bar{x}_F)_{Ma_\infty,\lambda,\eta,\tan\chi} = f(\beta\lambda,\eta,\lambda\tan\chi) \tag{2-82}$$

2.4　翼型和机翼的超声速气动特性

作超声速运动飞机的机翼,承受着波阻力的作用,这使得机翼的超声速空气动力特性和亚声速空气动力特性存在质的差别。

2.4.1　翼型的超声速气动特性

2.4.1.1　翼型的超声速绕流特点

从实验可以看到,超声速气流流过物体时,如果物体钝粗,在物体前面将有脱体激波产生。由于脱体激波中有一段强度较大的正激波,使物体承受较大的激波阻力(波阻力),从减小波阻力角度看,超声速翼型前缘最好做成尖的,如菱形、四边形和双弧形等尖前缘。但是,超声速飞机也必然要经历起飞、着陆等的低速阶段,尖头翼型在低速绕流时,在较小迎角时气流就有可能在前缘产主分离,使翼型的气动特性变差。因此,为兼顾超声速飞机高速飞行的低速特性,目前低超声速飞机的翼型,其形状大都为圆头对称薄翼型。

下面以双弧形翼型为例,说明超声速翼型的绕流特点。

图 2-39(a) 所示是超声速风洞中所见到的超声速气流以小 α 绕双弧翼型流动的示意图。如果 α 小于薄翼型前缘半顶角 θ,则气流流过翼型上、下表面时,在前缘处都相当于绕凹角流动,因此,前缘上、下表面处将产生两道附体的斜激波。因有 α 存在,上、下翼面气流相对于来流的偏转角不同,因此上、下翼面的激波强度和倾角也不相同。

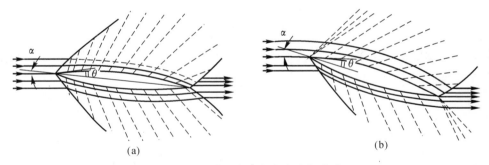

图 2-39　翼型表面的膨胀波与激波

(a)$\alpha < \theta$;　(b)$\alpha > \theta$

靠近翼面的气流,通过激波后,将偏转到与前缘处翼型的切线方向一致,随后气流沿翼型表面的流动相当于绕凸曲面的流动,通过一系列膨胀波而连续膨胀。从图 2-39 中看出,从翼型前部所发出的膨胀波,将与头部激波相交,激波强度受到削弱,使激波相对于来流的倾角逐渐减小,最后退化为马赫波。

当上、下翼面的超声速气流流到翼型的后缘时,由于上、下气流的指向不一致(两者之差为后缘角),且压力一般也不相等,故根据来流迎角情况,在后缘上、下必产生两道斜激波(或一道斜激波和一组膨胀波),以使在后缘会合的气流具有相同的指向(近似地认为等于前方来流的方向)和相等的压力。后缘激波同样也要被翼面的膨胀波所削弱,最后退化为马赫波。

翼面压力在激波后为最大,以后沿翼面经一系列膨胀波而顺流逐渐下降。由于翼面前半部的压力大于后半部的压力,因而翼面上压力的合力在来流的方向将有一向后的分力,此即波阻力,简称波阻。

当翼型处于小的正迎角时,由于上翼面前缘的切线相对于来流所组成的凹角,较下翼面的小,故上翼面的激波较下翼面弱,其波后马赫数较下翼面大,波后压力较下翼面低,所以上翼面的压力将小于下翼面的压力,压力的合力在与来流相垂直的方向上将有一分力,即为升力。

如果翼型的迎角大于翼型前缘的半顶角,即 $\alpha > \theta$[见图 2-39(b)],则气流绕上翼面前缘的流动,就相当于绕凸角流动,上翼面前缘处将产生一组膨胀波,下表面仍为激波,同时在后缘的上表面形成斜激波,而下表面则为一组膨胀波。

实验结果表明,在薄翼型、小 α 情况下,除后缘附近外,黏性对翼型的波系和压力分布影响不大,可用理想位流求解。

2.4.1.2 薄翼型超声速气动特性的一级近似理论

为减小波阻,超声速飞机机翼的翼型一般为厚度、弯度都很小的薄翼型,如果来流迎角也不大,则小扰动假设成立。以 $\mathrm{d}\delta$ 角表示来流 v_∞ 方向与翼面任一点的切线夹角,小扰动下它是小量,因此激波强度较弱,可近似为马赫波。由第 5 章公式(5-29)得压力系数得表达式为

$$\bar{p} = -\frac{2\mathrm{d}\delta}{\sqrt{Ma_\infty^2 - 1}} = -\frac{2\mathrm{d}\delta}{B} \tag{2-83}$$

式中,$B = \sqrt{Ma_\infty^2 - 1}$。

由于翼型较薄,翼面上各点 $\mathrm{d}\delta$ 较小,故 $\mathrm{d}\delta$ 可近似用翼面上某点斜率 $\dfrac{\mathrm{d}y}{\mathrm{d}x}$ 代表,因此

$$\bar{p}_1^{\mathrm{u}} = \pm\frac{2}{B}\frac{\mathrm{d}y}{\mathrm{d}x} \tag{2-84}$$

注意这里 x 轴平行于来流方向,y 轴垂直于 x 轴(风轴系)。应用小迎角 α 下风轴系与体轴系的转化关系,由图 2-40 可得

$$\frac{\mathrm{d}y}{\mathrm{d}x} = \frac{\mathrm{d}y_1}{\mathrm{d}x_1} - \alpha = \left(\frac{\mathrm{d}y}{\mathrm{d}x}\right)_b - \alpha \tag{2-85}$$

将式(2-85)代入式(2-84)得

$$\bar{p}_1^{\mathrm{u}} = \pm\frac{2}{B}\left[\left(\frac{\mathrm{d}y}{\mathrm{d}x}\right)_b - \alpha\right] = \pm\frac{2}{B}\frac{\mathrm{d}y_f}{\mathrm{d}x} + \frac{2}{B}\frac{\mathrm{d}y_c}{\mathrm{d}x} \mp \frac{2}{B}\alpha \tag{2-86}$$

因此,超声速薄翼型绕流像低速一样可以分解为迎角、弯度和厚度问题,分别求解,然后叠加,即得整个绕流解。

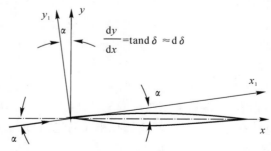

图 2-40 风轴系 Oxy 与体轴系 Ox_1y_1 的关系

（1）迎角问题。

迎角问题是翼型弦线构成的平板把在 $\alpha \neq 0$ 时的超声速流动问题，如图 2-41 所示。

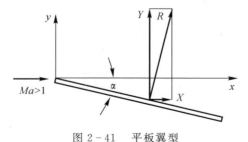

图 2-41 平板翼型

平板翼型 $y_c = y_f = 0$，由式（2-86），得

$$\bar{p}_1^{\mathrm{u}} = \mp \frac{2}{B}\alpha$$

则有

$$\Delta \bar{p}_a = \bar{p}_1 - \bar{p}_u = \frac{4}{B}\alpha$$

于是平板上所受的空气动力系数为

$$C_{Ra} = \frac{R}{q_\infty \cdot b} = \int_0^b \frac{p_1 - p_u}{q_\infty} \cdot \frac{\mathrm{d}x}{b} = \int_0^1 \Delta \bar{p}_a \,\mathrm{d}\bar{x} = \frac{4}{B}\alpha \tag{2-87}$$

因此

$$C_{Ra}^a = \frac{4}{B} = \frac{4}{\sqrt{Ma_\infty^2 - 1}} \tag{2-88}$$

垂直来流的升力系数及其斜率分别为

$$C_{ya} = C_{Ra}\cos\alpha = \frac{4}{B}\alpha \tag{2-89}$$

$$C_{ya}^a = \frac{4}{B} \tag{2-90}$$

C_{Ra} 在来流方向上的分量称为迎角波阻系数，其值为

$$C_{xwa} = C_{Ra}\sin\alpha = \frac{4}{B}\alpha^2 = \frac{4\alpha^2}{\sqrt{Ma_\infty^2 - 1}} \tag{2-91}$$

绕前缘点的力矩系数为

$$(m_z)_a = \frac{(M_z)_a}{q_\infty \cdot b^2} = -\int_0^1 \frac{p_1 - p_u}{q_\infty} \cdot \frac{x}{b} \cdot \mathrm{d}\frac{x}{b} = -\int_0^1 (\Delta \bar{p}_a)\bar{x}\,\mathrm{d}\bar{x} = -\frac{2}{B}\alpha = -\frac{C_{ya}}{2} \tag{2-92}$$

压力中心（焦点）位置是

$$\bar{x}_p = \bar{x}_F = -\frac{m_z}{C_y} = \frac{1}{2} \tag{2-93}$$

由式（2-89）、式（2-91）和式（2-93）看出，当来流 Ma_∞ 大于 1，为超声速流动时，C_{ya} 和 C_{xwa} 均随 Ma_∞ 的增大而减小，其平板翼型的焦点位置从低速的 1/4 后移至 1/2。

（2）弯度问题。

弯度问题是翼型中弧线弯板在 $\alpha = 0$ 时的超声速流动问题，如图 2-42 所示。

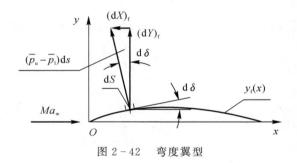

图 2 - 42　弯度翼型

弯度翼型 $y_c = \alpha = 0$，由式（2 - 86），得

$$\bar{p}\,_1^u = \pm \frac{2}{B} \frac{\mathrm{d}y_f}{\mathrm{d}x}$$

$$\Delta \bar{p}_f = \bar{p}_1 - \bar{p}_u = -\frac{4}{B} \frac{\mathrm{d}y_f}{\mathrm{d}x} \tag{2 - 94}$$

而升力系数为

$$C_{yf} = \int_0^b \Delta \bar{p}_f \frac{\mathrm{d}S\cos\mathrm{d}\delta}{b} = \int_0^1 \Delta \bar{p}_f \mathrm{d}\bar{x} = -\int_0^1 \frac{4}{B} \frac{\mathrm{d}y_f}{\mathrm{d}x} \mathrm{d}\bar{x} =$$

$$-\int_0^1 \frac{4}{B} \frac{\mathrm{d}\bar{y}_f}{\mathrm{d}\bar{x}} \mathrm{d}\bar{x} = \frac{4}{B} \bar{y}_f \Big|_0^1 = 0 \tag{2 - 95}$$

式（2 - 95）说明一级近似下弯度无升力贡献。

平行于来流的阻力系数叫弯度波阻系数 C_{xwf}，表示为

$$C_{xwf} = -\int_0^1 \Delta \bar{p}_f \frac{\mathrm{d}S\sin\mathrm{d}\delta}{b} = -\int_0^1 \Delta \bar{p}_f \frac{\mathrm{d}\bar{x}}{\cos\mathrm{d}\delta} \sin\mathrm{d}\delta =$$

$$-\int_0^1 \Delta \bar{p}_f \frac{\mathrm{d}\bar{y}_f}{\mathrm{d}\bar{x}} \mathrm{d}\bar{x} = \frac{4}{B} \int_0^1 \left(\frac{\mathrm{d}\bar{y}_f}{\mathrm{d}\bar{x}} \right)^2 \mathrm{d}\bar{x} \tag{2 - 96}$$

式（2 - 96）说明一级近似下弯度对波阻有贡献。由此可见超声速翼型应选用无弯度的对称翼型。对弯度前缘的俯仰力矩系数为

$$(m_z)_f = m_{z0} = \frac{M_{zf}}{q_\infty b^2} = -\int_0^1 \Delta \bar{p}_f \bar{x} \, \mathrm{d}\bar{x} =$$

$$\frac{4}{B} \int_0^1 \frac{\mathrm{d}\bar{y}_f}{\mathrm{d}\bar{x}} \bar{x} \, \mathrm{d}\bar{x} = \frac{4}{B} \int_0^1 \bar{x} \, \mathrm{d}\bar{y}_f = -\frac{4}{B} \int_0^1 \bar{y}_f \mathrm{d}\bar{x} \tag{2 - 97}$$

式（2 - 97）说明，当正弯度 $\bar{y}_f > 0$，则 $(m_z)_f = m_{z0} < 0$，但绝对值通常较小。

（3）厚度问题。

厚度问题是厚度分布函数为原来的 $y_c(x)$ 时的对称翼型在 $\alpha = 0$ 时的超声速流动问题，如图 2 - 43 所示。

因为 $y_f = \alpha = 0$，则由式（2 - 86），得

$$\bar{p}\,_1^u = \frac{2}{B} \frac{\mathrm{d}y_c}{\mathrm{d}x}$$

由于 $\bar{p}$ 分布上、下对称，所以厚度在一级近似下无升力和俯仰力矩贡献，但因压力分布前

后不对称要产生压差阻力,称为厚度波阻或零升厚度波阻。由图 2-43 可见,dS 微段上压力造成的波阻为

$$dX_{wc} = 2p\,dS\sin d\delta = 2p\,\frac{dx}{\cos d\delta}\sin d\delta = 2p\,\frac{dy_c}{dx}dx$$

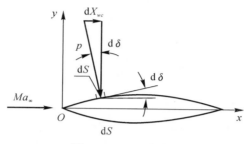

图 2-43　厚度翼型

而总的厚度波阻为

$$X'_{wc} = \int_0^b dX_{wc} = 2\int_0^b p\,\frac{dy_c}{dx}dx =$$

$$2\int_0^b (p - p_\infty)\,\frac{dy_c}{dx}dx + 2p_\infty\int_0^b dy_c =$$

$$2\int_0^b (p - p_\infty)\,\frac{dy_c}{dx}dx$$

厚度波阻系数为

$$C_{xwc} = \frac{X_{xwc}}{q_\infty b} = 2\int_0^1 \bar{p}_c\,\frac{d\bar{y}_c}{d\bar{x}}d\bar{x} = \frac{4}{B}\int_0^1 \left(\frac{d\bar{y}_c}{d\bar{x}}\right)^2 d\bar{x} \tag{2-98}$$

对于菱形翼型,$\dfrac{dy_c}{dx} = \bar{c}^2$,其厚度波阻系数为

$$(C_{xwc})_{\text{r.w.s}} = \frac{4}{B}\bar{c}^2 \tag{2-99}$$

由此可见,翼型的超声速升力特性只取决于 α 和 Ma_∞,而与翼型厚度、弯度无关。但是对波阻来说,即使是初步计算,厚度、弯度的影响不能忽略。

厚度波阻系数又称为零升波阻系数,它与翼型的形状和厚度有关。减小零升波阻是超声速翼型设计的重要课题。理论和实验表明,最大厚度在翼弦的 50% 处的尖前缘、小厚度的对称翼型的零升波阻较小,因而超声速飞机多采用此种翼型。

2.4.2　机翼的超声速气动特性

2.4.2.1　三元薄机翼超声速流场的几个基本概念

（1）前、后马赫锥。

如图 2-44 所示,超声速流场内,从任意点 P,作两个轴线与来流方向相平行的马赫锥,一个锥底迎着来流,另一个背着来流,前者称为 P 点的前马赫锥,后者称为 P 点的后马赫锥。马赫锥的半顶角为 μ,$\mu = \sin^{-1}\dfrac{1}{Ma_\infty}$,称为来流马赫角。前马赫锥所围的区域 B 内任意一扰动

源,都能对 P 点产生影响,而不在 B 区域内的扰动源,其后马赫锥一定不包含 P 点,因此前马赫锥所围的区域 B 称为 P 点的依赖区;在后马赫锥内的地区 A,都将受到 P 点扰动的影响,因此,后马赫锥所围的区域 A 称为 P 点的影响区。

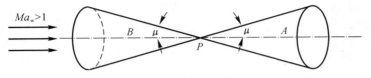

图 2-44   前后马赫锥

(2) 超声速前缘与亚声速前缘。

超声速机翼本身的不同边缘对机翼的绕流性质有很大的影响,从而影响机翼的气动特性。一般一个任意平面形状的机翼,其整个边缘可分为前缘、侧缘和后缘三部分。机翼与来流方向平行的直线段交于第一点的机翼边缘,称为机翼的前缘;交于第二点的机翼边缘,称为机翼后缘;与来流方向平行的机翼边缘,称为侧缘。

如果来流相对于机翼前(后)缘的法向分速 $v_n < a_\infty$(即 $Ma_{\infty n} < 1$),称该前(后)缘为亚声速前(后)缘;如 $v_n > a_\infty$($Ma_{\infty n} > 1$),称为超声速前(后)缘;如 $v_n = a_\infty$($Ma_{\infty n} = 1$),则为声速前(后)缘。

机翼平面形状给定,前后缘属于哪一种,则要随 Ma_∞ 的大小而变化。下面以直边梯形后掠翼的前缘为例加以说明,如图 2-45 所示。

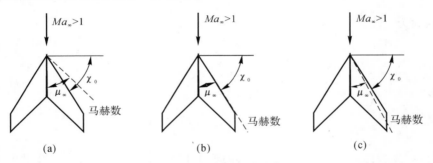

图 2-45   超声速前后缘
(a)亚声速前缘; (b)声速前缘; (c)超声速前缘

来流 v_∞ 在垂直前缘的分速为

$$v_n = v_\infty \cos\chi_0 = v_\infty \sin\left(\frac{\pi}{2} - \chi_0\right)$$

而 v_∞ 在垂直于马赫线上的分速即为 a_∞,表示为

$$a_\infty = v_\infty \sin\mu_\infty$$

对于亚声速前缘,$v_n < a_\infty$($Ma_n < 1$),有

$$\frac{\pi}{2} - \chi_0 < \mu_\infty \tag{2-100}$$

对于超声速前缘,$v_n > a_\infty$($Ma_n > 1$),有

$$\frac{\pi}{2} - \chi_0 > \mu_\infty \tag{2-101}$$

对于声速前缘，$v_n = a_\infty (Ma_n = 1)$，有

$$\frac{\pi}{2} - \chi_0 = \mu_\infty \tag{2-102}$$

这样，为判断前缘是哪种，可从顶点画出一条马赫线，当前缘线在马赫线后为亚声速前缘，前缘线与马赫线重合为声速前缘，前缘线在马赫线前则为超声速前缘。

为计算方便，不妨按上述结论引用参数：

$$B = \sqrt{Ma_\infty^2 - 1} = \cot\mu_\infty \tag{2-103}$$

$$K_0 = \tan\chi_0 = \cot\left(\frac{\pi}{2} - \chi_0\right) \tag{2-104}$$

令

$$m_0 = \frac{B}{K_0} = \frac{\cot\mu_\infty}{\cot\left(\dfrac{\pi}{2} - \chi_0\right)} = \frac{\tan\left(\dfrac{\pi}{2} - \chi_0\right)}{\tan\mu_\infty} \tag{2-105}$$

显然，亚声速前缘 $B < K_0$，$m_0 < 1$；超声速前缘 $B > K_0$，$m_0 > 1$；声速前缘 $B = K_0$，$m_0 = 1$。上述判断方法同样适用于后缘。

（3）二元流区和三元流区。

在超声速三元机翼中，往往可以找到一些区域，在这些区域中的流场，与二元机翼（包括无限翼展直机翼或无限翼展斜置机翼）的流场一样，仅受单一前缘的影响，这些区域称为二元流区。如区内任一点的依赖区与二元机翼不同，则是三元流区。显然二元流区的流动参数仅与翼型有关。因此，在二元流区中，可将机翼看成一无限翼展机翼。机翼的三元流区的流动参数不仅与翼型有关，还受到机翼平面形状的影响。

图 2-46 所示为 3 种平面形状机翼的二元流区和三元流区。

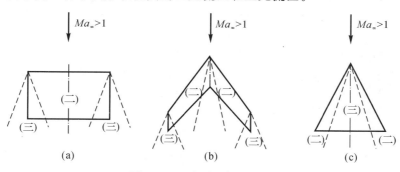

图 2-46　二元区与三元区
(a) 矩形翼；(b) 后掠翼；(c) 三角翼

由图 2-46 可见，矩形翼的二元区为倒梯形。三元区为左、右两个翼尖直角三角形区，区内任一点的依赖区包括前缘和侧缘；超声速前缘三角翼的翼根三元区，区内任一点的依赖区包括两个前缘，三元区外左、右各有一块二元区，区内任一点的依赖区和无限翼展斜置翼一样只包括一个前缘；梯形后掠翼的三元区包括翼根和翼尖两部分，其余才是二元区。

可见，某一具体平面形状机翼是否有二元区，以及二元区和三元区的大小，与来流 Ma_∞ 值的大小密切相关。

2.4.2.2 有限翼展薄机翼超声速绕流特点

现在根据上述的几个基本概念,以梯形平板后掠翼为例,分析三元机翼的超声速绕流特点。

对一个确定的梯形平板后掠翼,随 Ma_∞ 从大变到小,其前、后缘将顺序出现超声速前缘和超声速后缘、亚声速前缘和超声速后缘、亚声速前缘和亚声速后缘。对常用机翼,一般 $\eta \geqslant 1$, $\chi_1 \leqslant \chi_0$,因此不会出现超声速前缘亚声速后缘这种情况。

(1)超声速前缘和超声速后缘情况。

如图 2-47 所示,此时流动特点为:

1)翼面上有三元流区,三元流区包括翼梢影响区和翼根影响区;

2)因为前、后缘 $Ma_{\infty n} > 1$,上、下翼面气流不会通过前、后缘而相互影响;

3)在垂直前、后缘的截面上看前、后缘载荷均为有限值。

完全处于二元流区的弦向 $A—A$ 剖面上的压力分布可按无限翼展斜置翼来计算,与机翼平面形状无关。部分处于三元流区的 $B—B$ 剖面上,二元区那段与二元斜置翼法向超声速特性相同。但在顶点马赫线后处于翼根三元流区,要受到部分右翼面的影响而出现与平面形状有关的三元效应。计算结果表明,$\Delta \bar{p}(三) < \Delta \bar{p}(二)$。由于是超声速后缘,后缘载荷仍不为零。

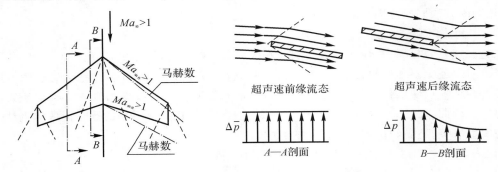

图 2-47 超声速前后缘流态与压力分布

(2)亚声速前缘和超声速后缘情况。

如图 2-48 所示,这种情况的一个明显特点是翼面上不存在二元流区,全部是三元流区;此外,不仅前缘上的点要受到一部分翼面的影响,而且在垂直前缘截面上看前缘具有亚声速无激波绕流特性,$A—A$ 剖面弦向载荷特点是 $\Delta p_{前缘} \to \infty$,$\Delta p_{后缘}$ 为有限值。

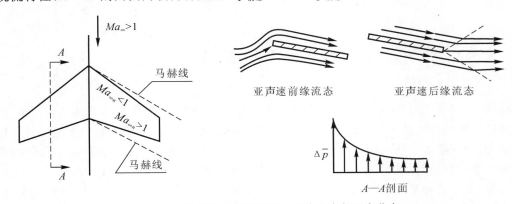

图 2-48 亚声速前缘和超声速后缘流态与压力分布

（3）亚声速前缘和亚声速后缘情况。

亚声速前缘和亚声速后缘情况的绕流特点如图 2－49 所示。

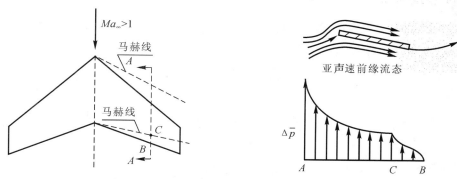

图 2－49　亚声速前缘和亚声速后缘流态与压力分布

此种情况最显著的特点是后缘也要影响翼面上的流动，且上、下翼面通过后缘流动汇合而互相影响。在垂直后缘截面上看气流应满足后缘载荷为零的条件。$A—A$ 剖面弦向载荷分布特点是 $\Delta \bar{p}_A \to \infty, \Delta \bar{p}_B \to 0, \Delta \bar{p}_C$ 因受马赫线影响而出现导数不连续。

由上述分析可见，前、后缘是超声速的还是亚声速的对三元薄翼的流态和载荷分布有很大影响。在计算三元机翼气动特性时必须针对前、后缘具体情况分别考虑。

2.4.2.3　机翼的超声速相似律

类似于机翼的亚声速相似律，也有机翼的超声速相似律。它只需在亚声速相似律中把 β 变为 B，把不可压流的 $Ma = 0$ 变为 $Ma = \sqrt{2}$，即

$$(\bar{p})_{\mu_\infty, \lambda, \eta, \tan\chi} = \frac{1}{B}(\bar{p})_{\sqrt{2}, \beta\lambda, \eta, \frac{1}{B}\tan\chi} \tag{2-106}$$

$$\frac{C_y^\alpha}{\lambda} = F(B\lambda, \eta, \lambda\tan\chi) \tag{2-107}$$

2.4.2.4　超声速薄翼空气动力特性

（1）升力特性。

按照式（2－145）的机翼超声速相似律，可对不同平面形状的机翼用理论和实验的方法整理出一套 C_y^α 随$\lambda\sqrt{Ma^2 - 1}$ 的变化曲线，从该曲线中可根据机翼的几何参数 $\lambda, \tan\chi_{0.5}, \eta$ 查出 C_y^α 的数值。

（2）阻力特性。

按线化理论，与超声速翼型气动特性分析相仿，一个具有厚度和迎角的对称机翼亦可以分解成厚度问题和迎角问题来处理。在厚度问题中，相当于超声速气流以零迎角流过一个具有对称翼型的机翼，这时只产生波阻力而没有升力，因此称此波阻力为厚度波阻或零升力波阻；在迎角问题中，相当于超声速气流以迎角 α 流过一个无厚度的平板机翼，这时既要产生升力，又要产生阻力，此阻力称为诱导阻力。理论和实验表明，在全部波阻中，零升力波阻占主要地位。

除了零升波阻和诱导阻力外，还存在与黏性有关的型阻力，故超声速薄翼阻力可表示为

$$C_x = C_{x0w} + C_{xi} + C_{xp} \qquad (2-108)$$

超声速机翼的型阻系数 C_{xp} 与亚声速机翼计算一样,这里只介绍零升波阻系数 C_{x0w} 和诱导阻力系数 C_{xi} 的计算方法。

1)零升波阻系数。机翼的零升波阻除与 $B\lambda$,$\lambda\tan\chi$,η 有关外,还与机翼的剖面形状相关,因此超声速机翼的零升波阻系数可表示为

$$\frac{C_{x0w}}{\lambda \bar{c}^2} = f(B\lambda, \eta, \lambda\tan\chi, 剖面形状) \qquad (2-109)$$

也就是说,对超声速机翼,如果它们的 $B\lambda$,$\lambda\tan\chi$,η 以及剖面形状相同,则它们的 $\dfrac{C_{x0w}}{\lambda \bar{c}^2}$ 值就相同。

2)诱导阻力系数。这里讲的诱导阻力系数包括全部与升力有关的阻力,即升致阻力。

对超声速前缘机翼,前缘绕流具有超声速性质,则诱导阻力系数为

$$C_{xi} = C_y \tan\alpha \qquad (2-110)$$

对亚声速前缘机翼,机翼前缘绕流具有亚声速性质,机翼前缘附近负压很大,有前缘吸力 F_{su} $\left[其吸力系数 C_{su} = F_{su} \Big/ \left(\dfrac{1}{2}\rho v_\infty^2 s\right)\right]$ 存在,使得诱导阻力系数比超声速前缘时小。

C_{su} 与机翼升力系数的平方 C_y^2 成正比,其实验值与理论值之比 ζ 称为修正因子,则对亚声速前缘,在 $\alpha < \alpha_{cr}$ 范围内,诱导阻力系数 C_{xi} 的一般表达式可写成

$$C_{xi} = C_y \tan\alpha - \left(\frac{C_{su}}{C_y^2}\right) C_y^2 \zeta \qquad (2-111)$$

综上所述,为减小超声速机翼阻力,在翼型的选择上应遵循下述原则:① 在亚声速最大厚度线时,应选择圆头薄翼型(使 C_{xi} 最小);② 在超声速最大厚度线,亚声速前缘时,应采用小圆头薄型(使 $C_{xi} + C_{x0w}$ 最小);③ 在超声速前缘时,应选用 $\bar{x}_c = 0.5$ 的尖头翼型(使 C_{x0w} 最小)。

同时,我们还可看出后掠翼的基本作用在于降低气流的有效分速,使机翼具有亚声速前缘,降低高速飞行时的波阻。

2.5 翼型和机翼的跨声速气动特性

由于跨声速流场是一个既具有亚声速流又具有超声速流的混合可压流场,即使在来流迎角不大的情况下,激波和附面层的相互干扰使黏性影响相当显著,从而跨声速流场的理论分析相当困难,实验上也存在不少需要进一步研究和解决的问题。

2.5.1 翼型的跨声速气动特性

飞机飞行马赫数超过临界马赫数 Ma_{cr} 后,翼型表面出现局部激波,导致空气动力特性发生急剧变化。因此,要研究翼型的跨声速空气动力特性,必须在阐明局部激波的基础上进行。

2.5.1.1 局部激波的产生和发展

当 $Ma_\infty = Ma_{cr}$ 时,翼型上表面首先出现等声速点;当 $Ma_\infty > Ma_{cr}$ 后,等声速点后面由于翼型连续外凸,流管扩张,空气膨胀加速,出现超声速区。超声速区内,压力下降,比大气压小,而翼型后缘处的压力接近于大气压,当超声速气流冲入高压区时,就会产生激波,并稳定在气

流速度等于激波传播速度 $v_s = \sqrt{\dfrac{\Delta p}{\Delta \rho} \dfrac{\rho + \Delta \rho}{\rho}}$ 的位置上,由于激波是局部超声速气流引起的,故称为局部激波。气流通过该局部激波后变为亚声速气流向后流去。

某翼型局部激波的发展情况如图 2-50 所示。

1)当 $Ma_\infty = 0.75$ 时,翼型上表面只有很小的超声速区,但尚未形成局部激波,如图 2-50(a)所示。当 Ma_∞ 稍大于 0.75 时,在机翼上表面形成局部激波。随 Ma_∞ 的增大,等声速点前移,局部超声速扩大,激波前气流速度 v_l 增大,迫使局部激波后移,强度增大。当 $v_s = v_l$ 时,局部激波又稳定在该位置上,如图 2-50(b)(c)所示。

2)Ma_∞ 由 0.81 增至 0.89 的过程中,翼型的下表面也出现局部激波,但下表面最低压力点较靠后,且流管变化较小,所以下表面局部激波一旦形成后,位置也较靠后,但随 Ma_∞ 的增大,迅速移至后缘,如图 2-50(c)所示。

3)Ma_∞ 继续增大至 0.98 时,上表面激波继续后移,直至后缘处,如图 2-50(d)所示。

4)Ma_∞ 再增大,将出现头部激波,如图 2-50(e)所示。

5)Ma_∞ 再增大,头部激波附体,跨声速范围到此结束,整个流场变为单一的超声速流场,如图 2-50(f)所示。

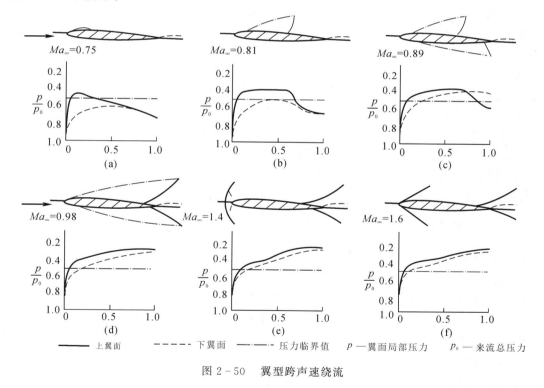

图 2-50　翼型跨声速绕流

2.5.1.2　翼型的跨声速气动特性

(1) 升力系数随来流 Ma_∞ 的变化。

图 2-51 所示为翼型 C_y 随 Ma_∞ 变化的典型曲线。图中 A,B,C,D,E 分别对应图 2-50 中的(a)(b)(c)(d)(e)。从图上看出,α 固定,C_y 随 Ma_∞ 在跨声速阶段的变化特点为"两起两落"。

在 A 点以前，$Ma_\infty < 0.75$，翼型表面全部是亚声速流动，其变化规律是随 Ma_∞ 增大，C_y 增大，$C_y \approx \dfrac{\pi \alpha}{\sqrt{1 - M_\infty^2}}$。

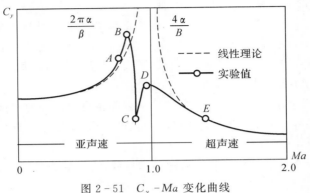

图 2-51　$C_y - Ma$ 变化曲线

从 A 点到 B 点，C_y 随 Ma_∞ 的增大而迅速增大。这是由于在气流的 Ma_∞ 从 0.75 增大至 0.81 的过程中，翼型上表面出现局部超声速区，并不断扩大，使上表面吸力不断增大，故 C_y 也迅速增加。

从 B 点到 C 点，C_y 又随 Ma_∞ 增大而迅速减小。这是由于 Ma_∞ 从 0.81 增至 0.89 时，下表面出现超声速区而导致压力下降，以及上表面附面层分离形成激波失速，致使上表面尾部压力较高。以上两种情况使 C_y 下降。

从 C 点到 D 点，C_y 随 Ma_∞ 的增大而有所回升。这是因为下翼面激波移至后缘，不再移动，而上翼面激波仍继续后移，超声速区有所扩大，压力继续下降，使 C_y 有所回升。

从 D 点到 E 点，C_y 随 Ma_∞ 的增大又逐渐下降。原因是：该时 $Ma_\infty \approx 1$，翼型前方出现脱体激波，在脱体激波未附体之前，上、下翼面压力分布基本不随 Ma_∞ 而变（即所谓流场冻结）。但 Ma_∞ 增大使气流动压增大，所以升力系数仍随 Ma_∞ 的增大而下降。

E 点以后，激波附体，C_y 按超声速流动规律 $C_y = \dfrac{4\alpha}{\sqrt{Ma_\infty^2 - 1}}$ 变化。

(2) 阻力系数随 Ma_∞ 的变化。

实验指出，气流 $Ma_\infty > Ma_{cr}$ 后，阻力急剧增加。这是因为在翼型表面上产生了局部激波。由于出现局部激波所产生的那部分阻力称为波阻，相应的阻力系数叫波阻系数。

1) 波阻产生的原因。波阻产生的原因主要有两种：一是超过临界马赫数以后，翼型表面上出现局部超声速区和局部激波，局部超声速区吸力增大，吸力增大的地方大部分位于翼型中、后段，使得翼型前后的压力差额外增加，如图 2-52 所示；二是局部激波发展到一定程度时，引起附面层气流分离，在分离点后面的涡流区内，平均压力降低，使得翼型前、后的压力差进一步增加，导致波阻增大。

2) 阻力系数随 Ma_∞ 的变化。实验和理论表明，在翼型和迎角固定的条件下，阻力系数 C_x 随气流马赫数变化的大致趋势是：临界马赫数以前，C_x 基本不随 Ma 变化；接近 Ma_{cr} 时，C_x 才稍有增加，如图 2-53 曲线 AB 段所示；超过 Ma_{cr} 以后，C_x 起初缓慢增大，随后急剧增大（图中曲线 BC 段）；$Ma_\infty > 1$ 以后，C_x 逐渐下降（图中曲线 CD 段）。

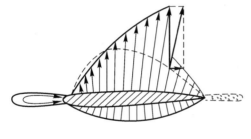

图 2-52　波阻的产生

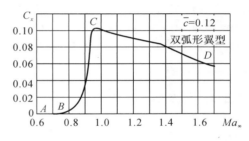

图 2-53　C_x-Ma_∞ 变化曲线

在跨声速阶段,当 $Ma_\infty > Ma_{cr}$ 后,翼型表面产生局部激波,出现波阻,C_x 增大。但是,最初激波并不是很强,而且激波分离还没有开始,C_x 增加不是很剧烈。当 Ma 增加到一定程度,激波强度增强,并出现激波分离,波阻便急剧增大,C_x 也迅速增加。这种 C_x 迅速增加时的马赫数通常称为阻力临界马赫数,用 Ma_D 表示。理论和实验表明,在 $Ma_\infty < 1$ 时,翼型的波阻系数大致随 $(Ma_\infty - Ma_D)^3$ 成正比例变化,即

$$C_{xw} = A(Ma_\infty - Ma_D)^3 \qquad (2-112)$$

式中 A 的值由翼型和迎角决定,对薄翼型,可近似取平均值 $A = 11$。

当 $Ma_\infty > 1$,由于上、下翼面压力分布基本不受 Ma_∞ 影响,但随 Ma_∞ 的增大,q_∞ 增大,导致 C_x 下降。

3)压力中心随 Ma_∞ 的变化。翼型的俯仰力矩特性随 Ma_∞ 变化与压力中心相对位置随 Ma_∞ 的变化密切相关。在亚声速流中,翼型的压力中心在不同 Ma_∞ 下略有变化,但变化不大,在弦长 $\frac{1}{4}$ 点上、下移动。

图 2-54 所示为某翼型力矩系数 m_z 随来流马赫数 Ma_∞ 的变化关系,其相对弯度 $\bar{f} = 0.02$,相对厚度 $\bar{c} = 0.12$。由图可见,在亚声速流中,m_z 几乎不随 Ma_∞ 变化。当 Ma_∞ 超过临界马赫数 Ma_{cr} 后,由于上翼面出现局部超声速区,并随 Ma_∞ 增大,低压区随之向后扩展,翼型后半部分产生附加升力,引起压力中心向后移动,使低头力矩增大,m_z 曲线往下掉。

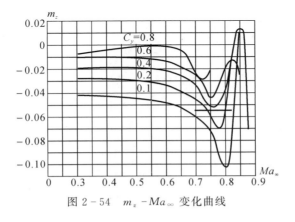

图 2-54　m_z-Ma_∞ 变化曲线

当 Ma_∞ 继续增大,下翼面也出现局部超声速和局部激波,并且下翼面的局部激波比上翼面后移得快,低压的局部超声速区向后也扩展得快,所以下翼面后段的吸力迅速增大,相当于

在翼型后半部分增加一个负升力,使压力中心又前移,低头力矩减小,m_z 曲线往上抬。但当上翼面的激波移到后缘而导致超声速区范围很大时,压力中心又向后移,m_z 曲线又掉下来。可见,在跨声速飞行过程中,由于翼面激波的移动使得压力中心位置随之前后剧烈移动,导致翼型纵向力矩发生很大变化。这为飞行器的操纵带来很大的困难。

2.5.2 机翼的跨声速气动特性

2.5.2.1 薄翼跨声速相似律

通过理论推导和实验表明,包括翼型的相对厚度 $\bar{c}$ 的影响在内,机翼跨声速相似参数除了 $\lambda \sqrt{|1 - Ma_\infty^2|}$ 和 $\lambda \tan\chi$ 以外,$\lambda \sqrt[3]{\bar{c}}$ 将对机翼的跨声速气动特性起着决定作用。其升力系数和零升波阻系数分别可写成

$$\frac{C_y^a}{\lambda} = f(\lambda \sqrt[3]{\bar{c}}, \lambda \tan\chi, \lambda \sqrt{|1 - Ma_\infty^2|}) \qquad (2-113)$$

$$\frac{C_{x0w}}{\lambda \bar{c}^2} = g(\lambda \sqrt[3]{\bar{c}}, \lambda \tan\chi, \lambda \sqrt{|1 - Ma_\infty^2|}) \qquad (2-114)$$

2.5.2.2 小展弦比机翼阻力特性比较

目前,我国常用小展弦比飞机机翼平面形状大都采用的是后掠翼、三角翼。因此比较同样展弦比的直机翼、三角翼和 $\eta = 1$ 的后掠翼(后二机翼的前缘后掠角相同),对我们正确认识这些飞机的气动特性是有帮助的。通过对三者的比较,可得出以下规律:

1)直机翼的 Ma_{cr} 最小,三角翼次之,后掠翼最大;

2)直机翼的 C_{x0} 峰值出现最早,如图 2-55 所示,对应的马赫数为 1 左右($Ma \approx 1$),三角翼在 $Ma > 1$ 的亚声速前缘时出现 C_{x0} 的峰值(图中约为马赫数等于 1.1 处),后掠翼的 C_{x0} 峰值出现最晚,对应于声速最大厚度线的 Ma;

3)直机翼的 C_{x0} 峰值最大,三角翼次之,后掠翼最小;

4)随着 Ma 的增大,直机翼的 C_{x0} 下降最快,三角翼次之,后掠翼最慢。

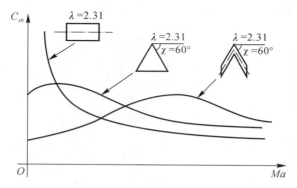

图 2-55　直机翼、三角翼和后掠翼 $C_{x0} - Ma$ 曲线

(各机翼剖面均为菱形,$\bar{c} = 0.05, x_r = 0.5$)

造成上述特点的主要原因是:直机翼有效分速最大,局部激波产生较早,发展较快;后掠翼的有效分速较小,局部激波产生较晚,发展较慢;三角翼的前缘与后掠翼类似,其后缘又与直机

翼一样,因此其阻力特性介于直机翼与后掠翼之间。

由此可见,后掠翼较适用于跨声速和低马赫数的超声速飞行,小展弦比直机翼适用于高马赫数的超声速飞行,三角翼既适用于跨声速飞行,又适用于高马赫数的超声速飞行。

2.6　机身的气动特性

飞机机翼最重要的作用是产生升力,而机身的基本作用是将飞机各部件连接为一件,并承受飞机的有效载荷。机身是飞机的一个重要部件,本节讨论它的空气动力特性。

2.6.1　机身的几何参数

机身的基本作用是承受飞机的有效载荷,在给定体积的条件下必须具有尽可能小的阻力。这样就决定了机身的外形一般都是细长的旋成体或接近旋成体。所谓旋成体就是由一条母线(光滑曲线或折线)围绕某轴回转而成的物体。该轴线称为旋成体的体轴。包含体轴在内的任一平面称为旋成体的子午面。旋成体边界与任一子午面的交线即为母线。在任一子午面内,旋成体边界形状都是相同的。

一般机身旋成体由圆锥(或弹头)头部加圆柱中间部分再加船尾形尾段组成,如图 2－56 所示。其主要参数:$R(x)$ 为旋成体半径沿体轴的分布;L 为旋成体全长;L_h,L_c,L_t 分别为旋成体头部、圆柱段、尾部长度;D 为旋成体最大直径;D_b 为旋成体底圆直径;λ 为旋成体长细比,$\lambda = L/D$;λ_h,λ_c,λ_t 分别为旋成体头部、圆柱段、尾部长细比;η_t 为旋成体尾部收缩比,$\eta_t = D_b/D$;S_f 为旋成体最大横截面积。

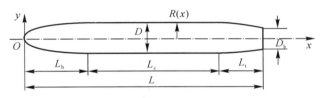

图 2－56　旋成体外形及主要参数

2.6.2　机身的绕流特点

先看旋成体的轴对称流动,即直匀流以零迎角(直匀流与旋成体轴之间的夹角定义为迎角)流过旋成体,如图 2－57 所示。这种轴对称流动具有以下特点:

1) 流体流动是在通过体轴 x 的平面内运动。

2) 所有通过子午面内的流动,其性质是相同的。

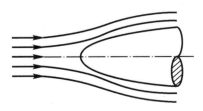

图 2－57　机身头部绕流

旋成体的低、亚声速轴对称流动,其绕流特点与流过零迎角的对称翼型的低、亚声速流动相似。与翼型厚度对气流的作用一样,旋成体本身在轴对称流动中,把迎面流来的流体微团向四周推开。

超声速轴对称流动,在流场中会出现激波和膨胀波,如图2-58所示。当头部是圆锥时,将产生圆锥激波,并在头部与中间圆柱段的衔接处可能产生膨胀波,而在尾部形成膨胀波和尾部激波。

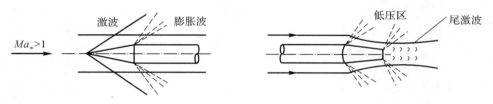

图 2-58　旋成体超声速轴向绕流

当来流有迎角绕过旋成体时,只要迎角不大,其绕流流谱仍类似于轴对称流动,但流动不再对称了。图2-59所示为低、亚声速来流以迎角 α 绕过旋成体的流动。当迎角较大时,和机翼一样,旋成体上表面将发生附面层分离,而有旋涡产生,如图2-60所示。此旋涡为脱体涡。

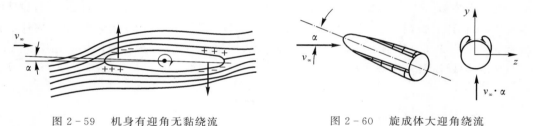

图 2-59　机身有迎角无黏绕流　　图 2-60　旋成体大迎角绕流

2.6.3　机身的气动特性

机身的绕流问题有多种解法,本节将不展开讨论,而只是根据线化位流理论和风洞试验给出一些结论性结果。

气流以正迎角流过机身,在机身头部会产生正升力,在尾部产生负升力,如图2-59所示,其结果为一个很小的正升力和绕形心的抬头力矩。由于机身产生的升力很小,一般可忽略不计。因此,这里只讨论机身的阻力特性。

由于机身的升力可以忽略,因此机身的诱导阻力也可以忽略不计,整个机身的阻力系数 C_{xF} 可表示为

$$C_{xF} \approx C_{x0F} = C_{xfF} + C_{xh} + C_{xt} + C_{xb} \tag{2-115}$$

式中:C_{xF} 为机身摩擦阻力系数;C_{xh} 为头部压差阻力系数;C_{xt} 为尾部压差阻力系数;C_{xb} 为底部阻力系数。

而

$$C_{xF} = \frac{X_F}{\frac{1}{2}\rho v_\infty^2 S_f}$$

对摩擦阻力系数,可以将旋成体展开为平板,采用计算平板摩擦阻力的方法计算,则有

$$C_{xfF} = \frac{X_F}{\frac{1}{2}\rho_\infty v_\infty^2 \cdot S_f} = \frac{(C_{xf})_p S_F}{S_f} \qquad (2-116)$$

式中:$(C_{xf})_p$ 为平板的摩擦阻力系数,可按用机身长度计算的雷诺数及 $\bar{x}_t = 0$ 来计算,同时还要考虑压缩性修正;S_F 为气流浸湿机身表面积(不包括底部面积),$S_F = 2\pi\int_0^L R(x)\mathrm{d}l$。底部阻力系数的计算公式为

$$C_{xb} = \frac{X_b}{\frac{1}{2}\rho_\infty v_\infty^2 S_f} \qquad (2-117)$$

其中,旋成体底部阻力 X_b 的定义为

$$X_b = \int_{S_b}(p_\infty - p_b)\mathrm{d}S_b$$

式中:S_b 为底部面积;p_b 为底部压力。

对于尖尾旋成体,$S_b = 0$,则 $X_b = 0$。对于切尾旋成体 $S_b \neq 0$,且 $p_b < p_\infty$,因此,X_b 总是正的。p_b 的大小决定于来流马赫数、尾部形状、有无喷气、旋成体长度及附面层类型等。

至于其他系数的计算,可根据机头及机尾母线的形状查取相应的实验曲线。

2.7 全机的气动特性

飞机总是以机翼、机身等各部件的组合体形式出现的,由于各部件间的相互干扰作用,组合体的流场以及组合体各部件所承受的空气动力与单独部件的空气动力性质是不同的。因此,本节主要讨论机翼、机身和尾翼的相互干扰作用及全机的气动特性。

2.7.1 机翼-机身-尾翼组合体的气动特性

2.7.1.1 机翼-机身-尾翼组合体的几何参数

图 2-61 所示是正常式飞机翼-机身-尾翼组合体示意图。机翼根弦与机身轴线的夹角 φ_w 称为机翼安装角。水平尾翼与机身轴线的夹角 $\varphi_{t\text{-}w}$ 称为水平尾翼安装角。

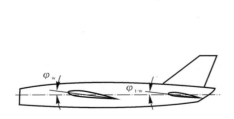

图 2-61　正常式飞机翼-身-尾组合体

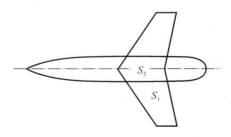

图 2-62　翼身组合体

图 2-62 所示是机翼-机身组合体的俯视图。暴露在气流中的机翼叫外露机翼,其面积 $S_0 = 2S_1$。若将外露的两个半翼对接起来,其空气动力记作 Y_{wa}(升力)和 X_{wa}(阻力)。延长外

露机翼前、后缘至主对称面上相交,这样构成的机翼称为全机翼或原始机翼,其面积 $S = S_2 + 2S_1$,空气动力记作 Y_w、X_w。机身在全机翼的部分称为翼段,在全机翼前面部分称为前体,在全机翼后面的部分称为后体。翼身组合体的空气动力记作 Y_{wf} 和 X_{wf}。在翼身组合体中,全机翼的空气动力(包括机翼在机身上诱起的空气动力)记作 Y_{ws} 和 X_{ws}。

在翼身组合体中,机翼根弦水平面与通过机身轴线水平面之间的垂直距离,称为机翼高度 h_w。按机翼高度的不同情况,可分为中单翼、上单翼和下单翼,如图 2-63 所示。

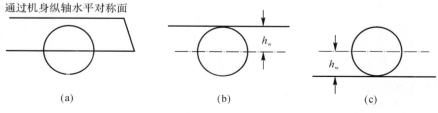

图 2-63　上、中、下单翼

(a) 中单翼;　(b) 上单翼;　(c) 下单翼

水平尾翼根弦水平面相对于机身轴线水平面的位置,也可具有与机翼相同的几种情况。当然,水平尾翼还可安装在垂直尾翼上。

2.7.1.2　机翼和机身之间的干扰对气动特性的影响

(1) 对升力的影响。

图 2-64 给出了某中单翼的实验结果,图中实线是翼身组合体(仅包含机身翼段范围内的升力)剖面的升力系数,虚线则是单独全机翼的。

由图可见,机身使机翼外露部分的升力增大,而使被机身遮蔽部分的升力减小。

机身使机翼外露部分升力增大的原因是:当正迎角时,在机身周围会出现自下而上的侧面绕流,在机器外露部分形成上洗速度 v(见图 2-65),使其有效迎角增大,升力增大。

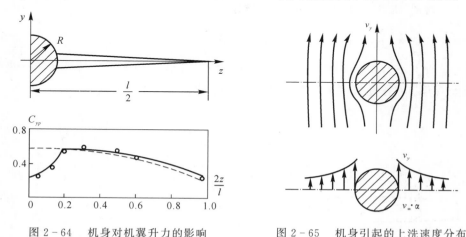

图 2-64　机身对机翼升力的影响　　　　图 2-65　机身引起的上洗速度分布

机身破坏了机翼被遮蔽部分的流动状态,使这部分升力减小。

图 2-66 给出了中单翼组合体中机身升力的轴向分布图。图中实线为组合体的升力系数,虚线为单独机身的升力系数。

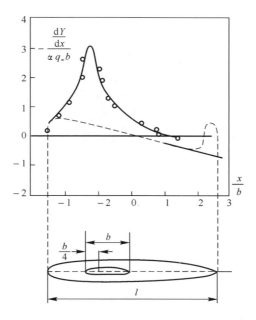

图 2 - 66　机身升力分布

由图 2 - 66 可见,机翼对机身的干扰使机身的升力增大,特别是在翼段范围内增加得更多一些。这一方面是因为机翼附着涡在机身上引起的上、下洗速度 v'_y 改变了机身的局部迎角,如图 2 - 67 所示,另一方面是因为机翼在机身上引起的 x 方向诱导速度 v'_x,使机身上部速度增大,压力减小,机身下部速度减小,压力升高。

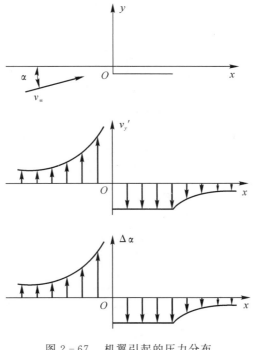

图 2 - 67　机翼引起的压力分布

综合机翼机身的相互干扰,对中等以上展弦比机翼,可以认为翼身组合体升力和单独全机翼升力相同,即

$$Y_{wf} \approx Y_{ws} \approx Y_w$$

(2) 对阻力的影响。

1) 对压差阻力的影响。在翼身结合处,一方面因附面层增厚(见图 2-68),一方面因流管后端呈扩散状,逆压梯度增大,导致翼身结合处的附面层提前分离,使压差阻力增大,如图 2-69(a) 所示。增大的这一部分阻力通常称为干扰阻力。为减小干扰阻力,在翼身结合处,通常装有整流罩,如图 2-69(b) 所示。整流罩对减小阻力的作用是很明显的。

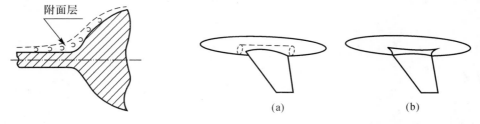

图 2-68　翼身结合处的附面层　　　图 2-69　机身结合处的流管及整流罩

2) 对波阻的影响。机翼机身的相互干扰,使翼身结合处局部流速增大,临界 Ma 降低,波阻增大。

图 2-70 给出了单独机身(曲线 1)、翼身组合体(曲线 2)及蜂腰状翼身组合体(曲线 3)的 $C_{x0}-Ma$ 及 $C_{x0w}-Ma$ 曲线。由图可见,采用蜂腰状翼身组合体可以明显降低组合体的跨声速波阻。这是因为,这种组合形状会使翼身之间形成有利的干扰。在零迎角下,当跨声速气流流过单独机翼时,局部超声速区主要在机翼最大厚度线之后的上、下翼面处,因此在机翼最大厚度线以前的翼面处相对压力较高,以"+"号表示,最大厚度线以后的翼面处压力较低,以"—"号表示,如图 2-71 所示。当跨声速气流流过蜂腰状机身时,流管切面最小处 AA' 的速度将首先达到声速,因 AB 段流管扩张,使流经该处的气流膨胀加速,压力降低,用"—"表示,超声速气流在 BC 段因流管面积减小,流速减小,压力升高,以"+"号表示。将此机翼和机身组合在一起,机翼和机身上高、低压区的压力互相抵消一部分,从而减小了波阻。

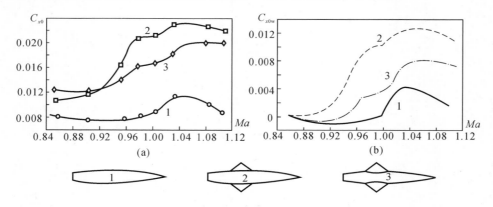

1— 单独机射;　2— 翼身组合体;　3— 蜂腰状翼身组合体

图 2-70　组合体 C_{x0} 及 C_{x0w} 随 Ma 的变化曲线

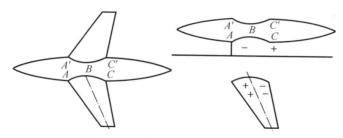

图 2-71 跨音速时翼身有利干扰

进一步的理论研究和实验表明,只要组合体的横截面积沿机身轴线分布是光滑变化的,且接近于单独机身横截面积的分布,则组合体在跨声速时会得到较小的波阻,这一规律称为跨声速面积律,被广泛地应用于跨声速飞机设计中。

2.7.1.3 机翼机身对尾翼的干扰

机翼和机身对尾翼的干扰主要表现在阻滞作用和下洗作用两方面。

(1)阻滞作用。

当气流流过机翼机身后,因黏性作用气流要损失一部分能量,使气流受到阻滞。这样流到飞机尾翼的气流速度 v_t 就要小于流过飞机机翼的速度 v_∞,其关系为

$$v_t^2 = K_q v_\infty^2 \tag{2-118}$$

式中,K_q 称为速度阻滞系数,其大小与尾翼位置有关,一般由实验确定,近似计算中可取 $K_q = 0.85$。

(2)下洗作用。

亚声速时,由于翼尖旋涡的诱导,超声速时,由于存在三元流区,从而使得尾翼处的气流下洗,尾翼有效迎角减小。迎角减小量为

$$\Delta \alpha_t = \varepsilon^\alpha \cdot \alpha \tag{2-119}$$

式中,ε^α 为下洗角对迎角的导数。

2.7.2 全机的气动特性

2.7.2.1 升力特性

对于中等以上展弦比机翼,由于机身和水平尾翼产生的升力相对较小,可以忽略不计,所以全机的升力就等于翼身组合体的升力,也等于单独全机翼的升力,即

$$Y = Y_{wf} = Y_{ws} = Y_w \tag{2-120}$$

从而全机的升力系数也等于单独全机翼的升力系数

$$C_y = C_{yw} \tag{2-121}$$

对于小展弦比机翼,则应记及机身和水平尾翼的升力(全机翼＋机身＋平尾):

$$Y = Y_{wf} + Y_{ht} = Y_{ws} + Y_f + Y_{ht} \tag{2-122}$$

式中:Y_f 为机身升力;Y_{ht} 为水平尾翼升力。

机身的升力系数为

$$C_{yf} = \frac{Y_f}{\frac{1}{2}\rho v_\infty^2 S_f} \tag{2-123}$$

组合体中全机翼升力系数为

$$C_{yws} = \frac{Y_{ws}}{\frac{1}{2}\rho v_\infty^2 S} \qquad (2-124)$$

水平尾翼的升力系数为

$$C_{yht} = \frac{Y_{ht}}{\frac{1}{2}\rho v_{ht}^2 S_{ht}} = \frac{Y_{ht}}{\frac{1}{2}K_q\rho v_\infty^2 S_{ht}} \qquad (2-125)$$

式中：S_{ht} 为水平尾翼面积。

由式（2-122）～式（2-125）可得全机升力系数为

$$C_y = C_{yws} + C_{yf}\frac{S_f}{S} + C_{yht} \cdot K_q\frac{S_{ht}}{S} \qquad (2-126)$$

2.7.2.2　阻力特性

对中等以上展弦比机翼的飞机，可以认为全机的零升阻力在考虑相互干扰影响时，应等于各部件零升阻力放大 1.1 倍，即

$$X_0 = 1.1(X_{0wa} + X_{0f} + X_{0ht} + X_{0vt} + X_{0d}) \qquad (2-127)$$

式中：X_{0ht} 为水平尾翼零升阻力；X_{0vt} 为垂直尾翼零升阻力；X_{0d} 为附加物阻力。

C_{x0} 写成系数形式，即

$$C_{x0} = 1.1\left(C_{x0wa}\frac{2S_1}{S} + C_{x0f}\frac{S_f}{S} + C_{x0ht}\frac{S_{ht}}{S} + C_{x0vt}\frac{S_{vt}}{S} + \sum\frac{S_d}{S} \cdot C_{x0d}\right) \qquad (2-128)$$

式中：S_{ht}，S_{vt}，S_d 分别为水平尾翼、垂直尾翼外露部分面积及附加物最大迎风面积。

全机的诱导阻力可近似认为和单独全机翼相等，写为系数形式为

$$C_{xi} = C_{xiw} \qquad (2-129)$$

对小展弦比机翼飞机，其零升阻力系数可仍按式（2-128）计算，但诱导阻力需考虑组合体中全机翼的诱导阻力和机身诱导阻力，写成系数形式为

$$C_{xi} = C_{xiws} + C_{xif}\frac{S_f}{S} \qquad (2-130)$$

2.7.2.3　飞机极曲线

在计算飞机飞行性能时经常要使用飞机极曲线，即飞机的 C_y-C_x 曲线。极曲线是在有了各种马赫数下飞机的 C_x 和 C_y 后，建立 C_x 和 C_y 的函数关系 $C_x = f(C_y)$，一般可写为

$$C_x = C_{x0} + AC_y^2 \qquad (2-131)$$

式中：A 为诱导阻力因子，它与马赫数和升力系数有关。

极曲线的形状与 Ma_∞ 及高度 H 相关，一般均是在某高度下以 Ma_∞ 为参数给出。极曲线与横轴的交点就是 $C_{x0}(Ma_\infty, H)$，一般情况下，C_{xi} 只是 Ma_∞ 的函数而与 H 无关。通过飞机极曲线，可求出飞机升阻比

$$K = \frac{Y}{X} = \frac{C_y}{C_x} \qquad (2-132)$$

一般情况下，极曲线是根据平衡状态下 C_x 和 C_y 的关系画出的。

复　习　题

1. 翼型剖面的形状主要有哪些？翼型的主要几何参数有哪些？

2. 什么是翼型的迎角？翼型的空气动力系数主要有哪些？分别如何表示？

3. 如何理解库塔-儒可夫斯基后缘条件？起动涡是如何产生的？

4. 如何理解薄翼型理论。

5. 简述低速薄翼型的气动特性。

6. 什么是翼型的后缘分离？为什么会出现这种现象？为何会出现长泡分离和短泡分离的现象？

7. 机翼的平面形状和平面几何参数主要有哪些？

8. 机翼的空气动力学特性主要有哪些？它们的数学表达式分别是什么？

9. 如何表示大展弦比直机翼的气动模型？什么是升力线假设？

10. 椭圆机翼、大展弦比直机翼、梯形机翼的失速特性各有什么特点？

11. 气流流经斜置翼时，流线为什么会呈现"S"形分布？

12. 后掠翼的翼根效应和翼尖效应各有什么特点？它们会给机翼的空气动力特性带来什么影响？

13. 后掠翼为什么会出现翼尖失速？延缓翼尖失速一般采取哪些措施？

14. 三角翼的切洗效应和法洗效应各有什么特点？它们会给机翼的空气动力特性带来什么影响？

15. 如何理解翼型的亚声速绕流特性？

16. 为什么超声速飞机的翼型一般大都采用圆头对称薄翼型？

17. 分析跨声速翼型的升力系数随马赫数的变化规律。

18. 分析翼型的压力中心随马赫数的变化规律。

19. 比较小展弦比直机翼、三角翼和后掠翼的阻力特性。

20. 为什么超声速翼型通常选用具有较尖前缘的薄对称翼型？

21. 简述飞机在飞行中所产生阻力的类型及原因。

22. 飞机的升力是如何产生的？

23. 直机翼、后掠翼、三角翼的气动特性各有什么特点？

24. 有一平直梯形翼，$S = 35 \ \mathrm{m}^2$，$\eta = 4$，$b_1 = 1.5 \ \mathrm{m}$，求该机翼的 λ 值。

25. 一前缘后掠角 $\chi_{01} = 45°$ 的三角翼，已知 $Ma = 0.68$ 时，$C_{y1}^{\alpha} = 2.801/\mathrm{rad}$，试根据亚声速相似律求 $Ma = 0.8$ 时对应机翼的后掠角 χ_{02} 和升力线斜率 C_{y2}^{α}。

26. $\alpha = 0$ 的气流通过一个 $\bar{f} \ll 1$ 抛物线弯板翼型，$\bar{y}_f = 4\overline{yx}(1 - \bar{x})$，现将弯板上分布的涡集中在 $\bar{x} = \dfrac{1}{8}$ 和 $\bar{x} = \dfrac{5}{8}$ 两点，涡强分别是 Γ_1 和 Γ_2，现取前控制点 $\bar{x} = \dfrac{3}{8}$，后控制点 $\bar{x} = \dfrac{7}{8}$ 来满足翼面边界条件。试证明简化模型 $C_{y0} = 4\pi\bar{f}$。

27. 一个弯板翼型，$b = 1$，$y_f = kx(x-1)(x-2)$，k 为常数，$\bar{f} = 2\%$。试求 $\alpha = 3°$ 时的 C_y 和 m_z。

28. 已知某飞机飞行马赫数 Ma_∞，机翼前缘后掠角 $\chi_0 = 35°$，问这时的机翼前缘是超声速前缘，亚声速前缘，还是声速前缘？

第3章 现代飞机气动布局特点

飞机是高度综合的现代科学技术的体现。在现代飞机上,综合运用了一系列基础科学、应用科学和工程的最新成就,包括力学、材料学、电子技术、计算机技术、自动控制理论和技术以及制造工艺等各个方面的成果,实际上现代飞机已成为一个先进而复杂的工程系统。正因为如此,也促使了飞机的设计工作、设计方法随之不断发生着变化和革新,并逐步向系统工程的设计方法发展。飞机飞行动力学主要涉及飞机总体论证与设计、空气动力学、飞行控制、发动机等专业,主要研究低层大气内飞机受力后,在空间的姿态与轨迹的运动规律并改变其运动特性的力学与控制的综合性科学,贯穿飞机设计、试飞与使用的全过程。

飞机的气动布局就是飞机空气动力的总体设计,通常指飞机各主要气动部件的气动外形及其相对位置的设计与安装。飞机气动布局不仅限于飞机气动外形,还包括各种气动参数,以及与气动特性有关的各种影响因素,是飞行器设计中一个重要组成部分。本章在简要介绍飞机气动布局设计基本知识的基础上,对现代作战飞机的气动布局特点进行简要介绍。这里进行飞机气动布局设计简介的目的是为学习飞行力学以及其他相关学科知识打下基础。

3.1 飞机气动布局简介

飞机由飞机机体、动力装置和机载设备3部分组成。机体是构成飞机外形,搭载各种部件、设备、附件以及人员、弹药、油料的平台。飞行时,机体除了直接承受空气动力和自身质量力外,还要承受固定于其上的各种机件传来的载荷,它是飞机的基本受力结构。机体主要包括机身、机翼、尾翼(垂尾、平尾)、起落装置和机械系统等,其中机械系统一般包括操纵、液压、燃油和发动机安装、环控和救生系统等。动力装置除了进气道和发动机本身外,还有一套复杂的附件和控制系统。发动机的主要机件包括压气机、燃烧室、涡轮、加力燃烧室、可调喷管和附件传动机匣等。进气道在构造上属于飞机机体的一部分,但是由于它和发动机的工作有着密切的关系,所以将其归入动力装置。发动机上的主要工作系统包括滑油系统、燃油控制系统、起动系统、涡轮冷却控制系统、几何通道控制系统、预防和消除喘振系统、防冰系统、发动机自动调节器等。对于现代作战飞机而言,机载设备是一个由计算机控制的、复杂的、功能先进的管理、通信、导航、电子和仪表等多门类系统,包括综合航电、武器和火控、座舱仪表显示以及电源系统等。

3.1.1 飞机主要气动布局形式

在飞机气动布局设计中,首先要确定的就是飞机气动布局的形式,即不同气动部件的安排形式。全机气动特性取决于各气动部件的相互位置及其大小和形状。机翼是最主要的气动部件，它是产生升力的主要部件，水平前翼、水平尾翼、垂直尾翼等是辅助气动部件，主要用于保证飞机的稳定性和操纵性。

根据各辅助翼面和机翼的相对位置以及辅助面的多少，飞机的气动布局形式主要有以下几种：

1）常规布局，水平尾翼在机翼之后的一种布局形式，也称正常式布局；

2）鸭式布局，水平前翼（鸭翼）在机翼之前的一种布局形式；

3）无尾或飞翼布局，无尾飞机指无平尾，而飞翼布局则既无平尾，和垂尾又无鸭翼；

4）三翼面布局，机翼前面有水平前翼（鸭翼），机翼后面有水平尾翼。

3.1.2　飞机气动部件功能及特点

3.1.2.1　机翼

机翼是飞机产生升力的主要部件。在设计机翼时，首先要满足空气动力特性和飞行性能的设计要求，其次要满足强度和气动弹性要求。这些与机翼设计有关的要求，可以通过机翼的翼型、平面形状、几何参数、弯扭、增升装置的正确选择来满足。

（1）翼型。

机翼的剖面形状称为翼型。翼型是构成机翼的重要组成部分，它的气动特性直接影响到飞机的飞行性能和飞行品质，而翼型的气动特性取决于翼型的几何形状。

翼型内接圆圆心的连线称为翼型的中弧线，中弧线的最前点和最后点分别称为翼型的前缘和后缘，连接前、后缘的直线称为弦线，弦线被前、后缘所截线段的长度称为翼型的弦长，用 b 表示。翼型中弧线与弦线之间的距离的最大值称为最大弯度，简称弯度，用 f 表示。弯度与弦长的比值，称为相对弯度，即 $\bar{f}=f/b$，相对弯度的大小表示翼型的不对称程度。上、下翼面在垂直于弦线方向的距离的最大值称为翼型的最大厚度，简称厚度，用 c 表示。厚度与弦长的比值，称为翼型的相对厚度，即 $\bar{c}=c/b$。翼型前缘处的曲率半径称为前缘半径，以 r 表示。翼型上、下表面在后缘处切线之间的夹角称为后缘角，以 τ 表示。

常用的典型翼型有以下几种：

1）标准翼型，有对称和非对称两种；

2）尖头翼型，有双弧线翼型，普通翼型前缘削尖和平板削尖翼型；

3）超临界翼型，前缘钝圆，上表面平坦，下表面在后缘处有反凹且后缘较薄并向下弯曲，其临界马赫数较高，机翼接近声速时阻力剧增现象得到推迟；

4）层流翼型，有自然层流和层流控制翼型两种。

（2）机翼平面形状。

不同用途的飞机采用不同平面形状的机翼，常见的有平直翼、梯形翼、菱形翼、后掠翼、可变后掠翼、三角翼及边条翼和前掠翼等形式，如图 3 - 1 所示。

1）平直机翼适用于低速飞机。

2）后掠机翼可分为单后掠机翼和双后掠机翼，适用于高速飞机。

3）前掠机翼适用于高速飞机。

4）三角机翼可分为单三角机翼和双三角机翼，适用于高速飞机。

5）菱形机翼适用于高速飞机。

6）曲线前缘机翼适用于高速飞机。

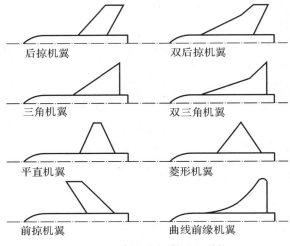

后掠机翼　　　　　双后掠机翼

三角机翼　　　　　双三角机翼

平直机翼　　　　　菱形机翼

前掠机翼　　　　　曲线前缘机翼

图 3-1　常用的机翼平面形状

（3）机翼几何参数。

机翼几何参数包括机翼平面形状参数和其他机翼参数。图 3-2 给出了描述机翼平面形状的主要几何参数的定义。其中：S 为机翼参考面积；l 为机翼展长；b_0 为翼根弦长；b_1 为翼尖弦长；$\lambda = l^2/S$，为展弦比；χ，为机翼前缘后掠角；$\eta = b_0/b_1$，为根梢比。

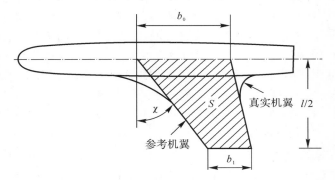

图 3-2　机翼平面几何参数

其他机翼参数主要有安装角、扭转角，上（下）反角和机翼相对于机身的垂直位置等。

安装角是翼根弦与水平线的夹角，扭转角是翼尖弦与翼根弦之间的夹角，上（下）反角是机翼与水平线的夹角。

（4）边条翼。

大展弦比、小后掠角的机翼低速气动特性较好而高速气动特性较差，小展弦比、大后掠角的机翼低速气动特性较差而高速气动特性较好。比较这两类机翼，它们的优缺点刚好相反。因此，兼有这两类机翼外形特点的边条机翼，可以做到优势互补，全面改善机翼的空气动力特性。

所谓边条机翼，是指在中等后掠角（后掠角为 25°～45°）、中等展弦比的机翼根部前缘处，加装一后掠角很大的细长翼所形成的复合机翼,称为边条翼。在边条翼中,原后掠翼称为基本翼,附加的细长前翼部分称为边条。

随着边条翼技术的不断提高,目前边条翼已发展为两种形状,分别为机身边条和机翼边条,如图 3-3 所示。机身边条位于飞机头部左右两侧,主要用来控制机身头部在大迎角时的涡流,改善飞机的横侧稳定性。机翼边条则是位于机翼与机身结合的根部前缘处,加装的后掠角很大(65°～85°)的、一般近似三角形的细长翼条,也叫边条翼。

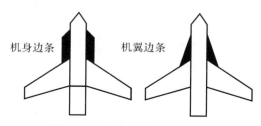

机身边条　　机翼边条

图 3-3　机身边条与机翼边条

边条翼的气动特点是,在亚、跨声速范围内,当迎角不大时,气流就从边条前缘分离,形成一个稳定的前缘脱体涡,称为边条涡。在前缘脱体涡的诱导作用下,不但可使基本翼内翼段的升力有较大幅度的增加(称为涡升力),还使外翼段的气流受到控制,在一定的迎角范围内不发生无规则的分离。在大迎角时,边条产生一个非常强的脱体涡,除它本身产生涡升力增量外,它流过基本翼时对基本翼流场产生有利的诱导作用,不仅产生附加的升力增量,还能控制和稳定大迎角下基本翼面上的气流流动,提高基本翼的抖振边界和失速迎角,改善大迎角时的稳定性。

在超声速状态下,加装边条后,使内翼段部分的相对厚度变小,机翼的等效后掠角增大,可明显降低激波阻力。因此,这种机翼具有良好的超声速气动特性。

从空气动力角度看,边条机翼主要具有以下优点:

1) 提高了最大升力系数和抖动边界,因而提高了飞机的机动能力。采用边条后,其最大升力系数和抖动升力系数可以比没有采用边条时的基本翼提高 50% 以上;

2) 加边条后,使基本翼相对厚度减小,有效后掠角增加,因此提高了临界马赫数,降低了波阻;

3) 边条机翼焦点从亚声速到超声速的移动比无边条的机翼要小,这样平尾负荷减小,从而降低了超声速时的配平阻力,提高超声速航程和超声速时的操纵性;

4) 机翼加边条后,因为有效后掠角增加,飞机的横向和方向稳定性提高。

边条翼的缺点是:在小迎角范围内,飞机的阻力增加;它的力矩特性也不理想,力矩曲线随迎角的变化呈非线性,飞机需要配备数字飞控系统。

边条的面积、前缘后掠角和形状对飞机气动特性都有影响。一般边条面积相对机翼面积在 5%～15%,面积太小,涡升力小;面积太大,上仰力矩难以控制。为产生较强的脱体涡,边条前缘后掠角最好不小于 70°～75°。边条形状因机翼布局而定,一般有三角形、拱形和 S 形等。

（5）机翼的增升装置。

机翼除后缘布置有横向操纵用的副翼和扰流片等外,在前、后缘越来越多地装有各种型式的襟翼、缝翼等增升装置,可改变机翼剖面弯度和机翼面积,增加飞机升力,以提高飞机的起降或机动性能。这种可以绕轴向前/后下方偏转,从而增大机翼的弯度,提高机翼的升力的活动舵面称为增升装置或襟翼。襟翼一般分为前缘襟翼和后缘襟翼。

现代飞机采用的前缘襟翼主要有以下几种(见图3-4)。

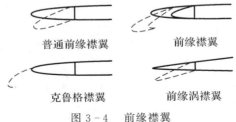

普通前缘襟翼　　　　　　前缘襟翼

克鲁格襟翼　　　　　　前缘涡襟翼

图3-4　前缘襟翼

1) 普通前缘襟翼。有些飞机为了改善飞机的机动性能,在机翼前面安装有可操纵的前缘襟翼(或称机动襟翼),前缘襟翼也可以看作是可偏转的前缘。在大迎角下,它向下偏转,使前缘与来流之间的角度减小,气流沿上翼面的流动比较光滑,避免发生局部气流分离,同时也可增大翼型的弯度。如某型飞机的前缘襟翼由蒙皮、前缘、梁和8个驱动前缘襟翼的固定支座等组成,并且为了改善其受力状态,前缘襟翼分为两段。

2) 前缘缝翼。前缘缝翼是位于机翼前部且有特殊形状的机翼活动部分。前缘缝翼安装在基本机翼前缘的一段或者几段狭长小翼(如美制轰炸机B-1B机翼上有7段前缘缝翼),是靠增大翼型弯度来获得升力增加的一种增升装置。在前缘缝翼闭合时(即相当于没有安装前缘缝翼),随着迎角的增大,机翼上表面的分离区逐渐向前移,当迎角增大到临界迎角时,机翼的升力系数急剧下降,机翼失速。飞行中当前缘缝翼打开时,它与基本机翼前缘表面形成一道缝隙,下翼面压强较高的气流通过这道缝隙得到加速而流向上翼面,增大了上翼面附面层中气流的速度,降低了压强,消除了这里的分离旋涡,从而延缓了气流分离,避免了大迎角下的失速,使得升力系数提高。因此,前缘缝翼的作用主要有两个:一是延缓机翼上的气流分离,提高了飞机的临界迎角,使得飞机在更大的迎角下才会发生失速;二是增大机翼的升力系数。其中增大临界迎角的作用是主要的。这种装置在大迎角下,特别是接近或超过基本机翼的临界迎角时才使用,因为只有在这种情况下,机翼上才会产生气流分离。

3) 克鲁格襟翼。与前缘襟翼作用相同的还有一种克鲁格(Krueger)襟翼。它一般位于机翼前缘根部,靠作动筒收放。打开时,伸向机翼下前方,既增大机翼面积,又增大翼型弯度,具有较好的增升效果,同时构造也比较简单。

4) 前缘涡襟翼。涡襟翼是指沿细长的大后掠机翼前缘所安置的可偏转的襟翼。气流在襟翼的尖前缘处分离后卷成旋涡并向后发展,这时作用在襟翼面上的法向力有一个向前的推力分量,它具有减小机翼阻力的作用,使气动效率增加。如襟翼与主翼面的交接处能成为分离气流的再附点,一方面使整个襟翼面处于分离旋涡诱导的低压作用下,另一方面气流顺利地附着于主翼表面流动,不再发生分离,这时减阻效果显著。涡襟翼概念是通过采用一些特殊设计的机翼前缘襟翼,改善对前缘涡流的控制,增加大后掠机翼的升阻比,改善飞机在跨声速飞行条件下的机动性能和近距格斗中的大迎角机动性能。

现代飞机的增升装置普遍采用后缘襟翼,战斗机上多采用后退式游动襟翼,襟翼放下角度的大小可随飞行表速变化,而运输机上多采用双开缝后退式襟翼。

在机翼上安装后缘襟翼也可以增加机翼面积,提高机翼的升力系数。后缘襟翼的种类很多,常用的有简单襟翼、分裂襟翼、开缝襟翼和后退襟翼等。一般的后缘襟翼均位于机翼后缘,靠近机身,在副翼的内侧。当后缘襟翼下放时,升力增大,同时阻力也增大,因此一般用于起飞和着陆阶段,以便获得较大的升力,减少起飞和着陆滑跑距离。后缘襟翼的主要形式如下(见图 3 – 5):

1) 开裂襟翼。开裂襟翼(也称为分裂襟翼)像一块薄板,紧贴于机翼后缘下表面并形成机翼的一部分。使用时放下(即向下旋转),在后缘与机翼之间形成一个低压区,对机翼上表面的气流有吸引作用,使气流流速增大,从而增大了机翼上、下表面的压强差,使升力增大。除此之外,襟翼下放后,增大了机翼翼型的弯度,同样可提高升力。这种襟翼一般可把机翼的升力系数提高 75% ~ 85%。

2) 简单襟翼。简单襟翼的形状与副翼相似,其构造比较简单。简单襟翼在不偏转时形成机翼后缘的一部分,当放下(即向下偏转)时,相当于增大了机翼翼型的弯度,从而使升力增大。当它在着陆偏转 50° ~ 60° 时,大约能使升力系数增大 65% ~ 75%。

3) 单缝襟翼。它是在简单襟翼的基础上改进而成的,除了起简单襟翼的作用外,还具有类似于前缘缝翼的作用,因为在开缝襟翼与机翼之间有一道缝隙,下面的高压气流通过这道缝隙以高速流向上面,延缓气流分离,从而达到增升目的。开缝襟翼的增升效果较好,一般可使升力系数增大 85% ~ 95%。单缝襟翼有后退单缝襟翼和不后退单缝襟翼两种。

4) 喷气襟翼。这是目前正在研究中的一种增升装置。它的基本原理是:利用从涡轮喷气发动机引出的压缩空气或燃气流,通过机翼后缘的缝隙沿整个翼展向后下方以高速喷出,形成一片喷气幕,从而起到襟翼的增升作用。这是超声速飞机的一种特殊襟翼,其名称来历就是将"喷气"和"襟翼"结合起来。喷气襟翼一方面改变了机翼周围的流场,增加了上、下压力差;另一方面,喷气的反作用力在垂直方向上的分力也使机翼升力大大增加。所以,这种装置的增升效果极好。据实验表明,采用喷气襟翼可以使升力系数增大到 12.4 左右,约为附面层控制系统增升效果的 2 ~ 3 倍。虽然喷气襟翼的增升效果很好,但也有许多尚待解决的难题:发动机的喷气量太大,喷流能量的损失大;形成的喷气幕对飞机的稳定性和操纵性有不良影响;机翼构造复杂,重量急剧增加;发动机的燃气流会烧毁机场跑道;等等。

除了上面提到的四种后缘襟翼以外,还有后退双缝襟翼和后退多缝襟翼,它们的增升效果更好,但同时构造也更加复杂。

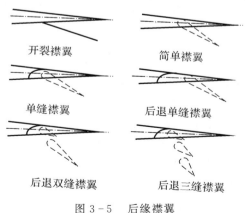

图 3 – 5 后缘襟翼

前缘襟翼与后缘襟翼配合使用可进一步提高增升效果。一般的后缘襟翼有一个缺点,就是当它向下偏转时,虽然能够增大上翼面气流的流速,从而增大升力系数,但同时也使得机翼前缘处气流的局部迎角增大,当飞机以大迎角飞行时,容易导致机翼前缘上部发生局部的气流分离,使飞机的性能变差。如果此时采用前缘襟翼,不但可以消除机翼前缘上部的局部气流分离,改善后缘襟翼的增升效果,而且其本身也具有增升作用。

(6) 机翼上的措施。

现代飞机为提高和改善机翼表面的流场特性,全面提高飞机性能,在机翼的设计上采取的措施除了边条和增升装置外,还有翼刀、前缘锯齿和前缘槽口、涡流发生器以及吹气控制等。

1.2.2.2　机身

机身是飞机最复杂的部件之一,由前机身和尾部机身两部分组成,中间由中央翼分开。机身用来装载乘员、机载设备、动力装置及燃油等,同时把各翼面连成一体。设计机身时需要考虑以下几种因素:

1) 机身最大截面、长细比、外形曲线;

2) 机身头部外形、截面形状、长细比、弯度;

3) 座舱盖风挡形状、风挡后掠角、座舱盖截面和长细比;

4) 进气道和机体综合设计;

5) 后机身和尾喷管综合设计,跨声速面积律修形;

6) 翼身整流,包括机翼、机身的整流以及鼓包的外形整流等;

7) 翼身融合。

机翼和机身之间以光滑的曲线连成一体便形成翼身融合体。飞机采用翼身融合体设计后,由于翼根区加厚而使飞机容积增加,从而增加结构空间;翼身光滑连接,有利于隐身设计;机身也产生较大升力从而可改善飞机的飞行性能。

1.2.2.3　稳定面

尾翼的主要作用是保证飞机纵向和方向平衡,使飞机在纵向和方向具有必要的安定性,并实现飞机纵向和方向的操纵。

一般的尾翼包括水平尾翼(简称平尾)和垂直尾翼(简称立尾或垂尾)。亚声速飞机的平尾一般由固定的水平安定面(有的可略微转动)和活动的升降舵组成。现代跨声速和超声速飞机的平尾一般都采用全动式(有的垂尾也采用全动式),以提高飞机在高速飞行时的纵向操纵效能。垂尾则由固定的垂直安定面和活动的方向舵组成,也有不少超声速战斗机,为增加垂尾面积以加强方向静安定性,采用双垂尾布置,如苏 - 27、米格 - 25、F - 15 和 F - 18 飞机等。还有一些飞机采用前置鸭翼、V 形尾翼等尾翼配置。

尾翼和机翼在组成上基本相似,一般也是由梁、肋、桁条和蒙皮等组成。轻型飞机的安定面较小,多采用梁式构造。大型飞机的安定面由于翼展大而相对厚度小,采用梁式结构会带来重量大、抗弯能力不足的缺点,所以一般都采用多纵墙的单块式构造。

由于飞机的技术要求各异,尾翼在飞机上的形状、尺寸、安装位置亦不相同。常见的军用飞机尾翼布局形式有:固定在机身水平轴线面处的平尾、固定在垂尾根部的平尾、十字形尾翼、T 形尾翼、无平尾尾翼、双垂尾尾翼。

飞机的稳定特性取决于稳定面的设计,各稳定面及需要考虑的设计因素有:

1)垂尾:①单垂尾的展弦比、根梢比、后掠角、翼型、面积、前后位置;②双垂尾的展弦比、根梢比、后掠角、翼型、面积、前后位置、间距、倾角(见图 3-6)。

2)腹鳍:单腹鳍(外形、面积)、双腹鳍(外形、面积、间距、倾角)。

3)平尾:翼型、展弦比、根梢比、后掠角、上反角、面积、前后位置、上下位置(见图 3-7)。

4)V 形尾翼:兼有垂尾和平尾的作用,待定的参数与双垂尾相同。

5)鸭翼:待定的参数与平尾相同。

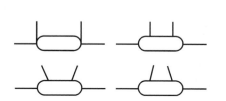

图 3-6　双垂尾的间距和倾斜

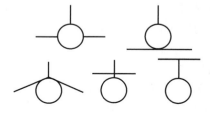

图 3-7　平尾的上下位置

1.2.2.4　操纵面

飞机的操纵主要包括纵向俯仰操纵、航向操纵、横向操纵和机翼增升装置的操纵等。飞机的操纵特性取决于各操纵面的设计。

(1)俯仰操纵。

俯仰操纵主要由升降舵或全动平尾偏转后产生的俯仰力矩增量来完成。升降舵安装在水平安定面的后缘,其结构和机翼基本相同。升降舵一般悬挂于安定面的后梁上,因此平尾的后梁通常是主梁,且在悬挂接头处布置有加强构件。

飞机超声速飞行时,因激波后的扰动不能前传,舵面偏转后不能像亚声速流中那样同时改变安定面的压力分布,共同提供操纵力或平衡力,因此尾翼效能下降;然而飞机的纵向稳定性却因机翼压力中心后移而大大增加,二者之间产生了矛盾。为此超声速飞机的尾翼采用全动平尾。

全动平尾有定轴式和动轴式两种。动轴式平尾的转轴与尾翼连接在一起,用固定在转轴上的摇臂操纵转轴,平尾与转轴一起偏转,避免了在机身上开口,目前这种形式应用比较广泛。定轴式平尾的轴不转动,固定在机体上,尾翼套在轴上绕轴转动,操纵接头布置在尾翼根部的加强肋上。动轴式全动平尾通常用 2 个轴承安装在机身加强框上。转轴和轴承间的间隙可以调整,调整时应先调轴向间隙,后调径向间隙。

俯仰操纵面设计时,应注意以下因素:

1)升降舵或升降副翼的弦长、面积、偏度;

2)全动平尾的弦长、面积、偏度;

3)推力矢量。

(2)航向操纵。

航向操纵主要由安装于垂尾上的方向舵或全动垂尾偏转后产生的偏航力矩增量来完成。方向舵与升降舵一样,通常是由梁、肋、蒙皮和后缘型材组成的无桁条单梁式结构(较大的舵,也有少量桁条)。有些飞机的方向舵也采用全蜂窝结构和复合材料结构。

航向操纵面设计时,应注意以下因素:

1)方向舵的弦长、面积、偏度。

2）全动垂尾的弦长、面积、偏度。

3）推力矢量。

（3）滚转操纵。

滚转操纵主要由副翼偏转后产生的滚转力矩增量来完成。副翼的结构型式有很多种,主要有内副翼、外副翼及混合式副翼。不同的飞机,副翼的数量也不同,一般飞机的副翼都是在机翼的外侧。副翼在外形和结构上与机翼类似,一般都由梁、翼肋和蒙皮构成,现代飞机也有采用复合材料和蜂窝结构的。

有些高速飞机把副翼从机翼外侧移向靠近机身的内侧,叫作内侧副翼。采用内侧副翼是为了防止飞机高速飞行时,因机翼在副翼偏转时引起的扭转变形而发生副翼反效现象。机翼根部的抗扭刚度大,因此采用内侧副翼不易产生副翼反效现象。如在某些大型飞机的组合横向操纵系统中,装有 2 块内副翼和 2 块外副翼。低速飞行时,内、外副翼共同进行横向操纵;高速飞行时,外副翼被锁定而脱离副翼操纵系统,仅由内副翼进行横向操纵。

对于无尾飞机,由于升降舵、襟翼和副翼都必须装在机翼的后缘部分,于是产生了一个操纵面在不同情况下起不同作用的升降副翼和襟副翼等。而有些超声速飞机,为了提高副翼的操纵效率,常常在机翼的上表面或下表面安装扰流片与副翼配合动作,增加横向操纵力矩。扰流片在副翼偏转的方向上伸出,可以降低流速、增加压力。

某些超声速飞机为提高横侧操纵性,其全动平尾既可以同向偏转进行俯仰操纵,又可以像副翼一样差动偏转进行横向操纵,称之为差动平尾。它是控制系统在驾驶杆左、右压杆操纵副翼偏转的同时,依据左、右压杆位移来控制左、右平尾差动偏转,以产生与副翼同向的力矩,共同完成飞机的滚转操纵。当差动平尾系统不参与工作时,副翼控制系统和平尾控制系统是独立的系统,互不干扰。

滚转操纵面设计时,应注意以下因素:

1）副翼或升降副翼的弦长、展长、面积、偏度;

2）差动平尾或差动鸭翼的差动角度;

3）推力矢量（双发动机）;

4）扰流板的弦长、展长、面积、形式、位置。

3.1.3　飞机进／排气系统及外挂布局

3.1.3.1　进气道和机体综合设计

飞行器设计对机体、进气道二者的要求存在着差异,气动对机体的要求是高升阻比、较小抬头俯仰力矩以及良好的前缘热环境特性,而发动机对进气道的要求则是在保证足够捕获流量的同时要有高的压缩效率。将性能优良的进气道与高升阻比的机体简单组合成的总体性能将大打折扣,在高超声速巡航飞行器设计中,把进气道系统与飞行器结合在一起考虑,根据各自的流动特点及工作要求,进行高效的一体化设计,以避免或减小不利的相互干扰,并尽量利用有利的相互干扰,这是高超声速进气道设计中需要考虑的重要问题。

进气道和机体综合设计包括的内容如下:

1）进气形式:机头进气、翼根进气、两侧进气、腹部进气、翼下进气、背部进气、短舱进气和腭下进气等。

2）进气口前后位置。

3）进气口与机身外形综合设计。

4）短舱位置。

进气道的来流处于前机身的流场中,故一体化设计的核心任务是合理确定进气道的形式和位置(二元进气道或三元进气道、两侧进气或腹部进气、有无机翼或机身屏蔽等)、合理地安排进气道与机身的位置、细致地设计前机身的流场(前机身的长细比、弯度、相对于机身纵轴的倾斜、机身下表面形状、座舱盖形状等)。这些必须根据任务需求综合各种因素而定,以实现最优设计。

例如,F-16 是一种战术多用途的格斗机,具有较好的空中优势。其主要作战速度是亚、跨声速,但也要求能达到 $Ma = 2$ 的超声速,要求带有较简单的电子设备,本身重量较轻。针对此任务,其进气系统除应保证具有一般要求的性能外,还要求保证以下几个方面:

1）在 $0.6 \leqslant Ma \leqslant 1.6$ 的机动范围内,有低的溢流阻力和高的总压恢复系数,以提高进气道的效率;

2）保证发动机在任何飞行状态下均可工作,甚至在极限迎角和极限侧滑角时发动机仍能使飞机加速;

3）不以牺牲其他性能来达到最大马赫数;

4）在达到性能目标并降低成本条件下保持尽可能小的重量;

5）结构简单易于维护。

为此,F-16 的进气道被设计为离机头 4 m 处的不太复杂的固定几何正激波扩压腹部进气系统,并对前机身和进气道进行了综合修形。

3.1.3.2　喷管和后机体综合设计

后机身、尾翼和喷管系统的后机体一体化设计的目的是降低阻力并获得飞机后部绕流的有利干扰。对单发和双发两种布局形式,一体化设计应考虑的因素有后机体绕流的分离、水平尾翼与垂直尾翼的相对位置、对舵面的整流、尾翼支撑桁架的使用位置和整流、使用腹鳍与否等。飞机后机体外形复杂,故其绕流也非常复杂,又因阻力是一个难以推测的小量,所以目前进行后机体综合设计主要采用实验方法。

由于机身尾部的任何部件皆会干扰机身尾部的气流而增大阻力,所以 F-15、F-16 飞机都使用了尾翼支撑桁架,这样使得尾翼与机身表面隔开,绕机身气流紧贴尾部喷管外形流过,尾翼对机身尾部流场影响较小,产生的阻力也较小。

对双发喷气系统,双喷管间距是个重要因素,在亚声速范围内间距大、阻力小,而在超声速范围内间距小、阻力小。为使飞机具有良好的作战性能,应综合考虑各种因素选择间距布局形式。如 F-14 飞机采用了大间距形式,而 F-15 飞机却采用了小间距形式。

喷管和后机体综合设计包括的内容如下。

1）喷管形式:收敛喷管、收敛扩散喷管、简单引射喷管、吸气门引射喷管、全调节引射喷管、锥形喷管等。喷管形式一般由飞机和发动机共同确定。

2）推力矢量。

3）喷管与机身外形综合设计。

4）尾翼与喷管的干扰。

3.1.3.3　外挂物布局形式

1）外挂物的位置:翼下、翼尖、腹下。

2）外观形式：半埋式外挂、保形外挂。

　　飞机气动布局设计除了上述方面外，对于现代作战飞机，通常还需要进行隐身气动外形设计，具体可参考飞机隐身技术的相关资料。

3.2　现代作战飞机气动布局特点

3.2.1　飞机概述

3.2.1.1　飞机的分类

　　作为航空飞行器之一的飞机，自其诞生至今，已经衍生出了众多的种类。图 3-8 所示是按照飞机用途进行的飞机分类简图。飞机按其功用可分为军用飞机和民用飞机两大类。军用飞机的功用主要是完成空中拦击、侦察、轰炸、攻击、预警、反潜、电子干扰以及军事运输、空降等任务。民用飞机是指非军事用途的飞机，包括商业用的旅客机、货机等运输机，它们已成为一种快速、方便、舒适、安全的交通运输工具；还有一些通用航空中使用的飞机，如用于农业作业、护林造林、救灾、医疗救护、空中勘测和体育运动等。

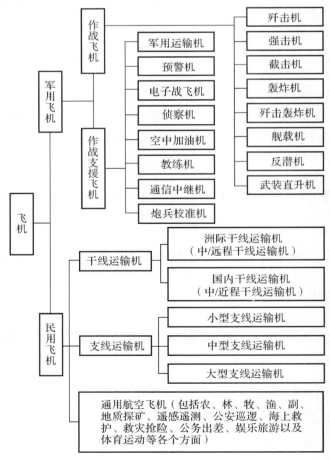

图 3-8　飞机的分类

　　为了完成不同的任务,对不同的飞机有不同的技术要求。对于军用飞机称为战术技术要求,对于民用飞机称为实用技术要求。技术要求主要包括飞机最大速度、升限、航程、起飞着陆滑跑距离、载重量、机动性(对战斗机)等指标,还有对全天候飞行的要求,对机场以及对飞机本身的维修性、保障性等方面的要求。

　　各种军用飞机的用途见表 3-1。

表 3-1　军用飞机的用途

类　　　型	用　　　途
歼击机(战斗机)	空战、夺取制空权、拦截、对地攻击等
强击机(攻击机)	支援地面战斗、摧毁地面目标
截击机	截击入侵敌机(已不再发展)
轰炸机	执行各种轰炸任务
歼击(战斗)轰炸机	支援地面战斗、轰炸等
舰载机	在航空母舰上起降的飞机
反潜机	反潜作战
武装直升机	战场前方、后方广大区域
军用运输机	军用运输
预警机	空中指挥等
电子战飞机	干扰敌方各种探测系统
侦察机	执行各种侦察任务
空中加油机	空中加油
教练机	培训飞行员等
通信中继机	通信联络
炮兵校准机	炮兵进行航空侦察和射击校准

　　战斗机是军用飞机的一种,主要应用于与敌方歼击机进行空战,夺取制空权。同时,可以拦截敌方巡航导弹,攻击敌方强击机、轰炸机,进行有效对地打击。

　　战斗机的特点是具有优良的飞行性能、高度的机动性、强大的火力。作为空军的主要武器,其发展最快,规模最大,应用最广。随着科学技术的进步,战斗机的性能和打击能力也突飞猛进,在夺取现代战争的制空权和信息方面起着不可替代的作用,这也是各国加紧开发战斗机的原因。不断研发新一代战斗机,以满足未来战争的需求,提出新的理念升级战机和保持空中优势是各个国家空军发展的必由之路。

　　运输机主要包括大、中、小型运输机。大型军用运输机是空中战略力量投送的主要装备,主要用于军事运输、空投空降和抢险救灾等,并可作为特种飞机的改装平台。大型军用运输机担负的主要任务有保障军事力量空中机动,协助其他航空兵转场,运送空降兵,实施空降作战,空运、空投武器装备和物资器材,实施空中救援、抢险救灾等,还可改装成预警机、侦察机、电子战飞机、空中加油机、反潜机等特种飞机。

预警探测与指挥控制类飞机主要包括预警机、指通机和侦察飞机。信息对抗类飞机主要包括电子侦察机、支援干扰机和心理战飞机。其他空中支援保障飞机主要包括搜救飞机(搜救平台包括固定翼搜索引导飞机和搜救直升机两类)、航测机、环境监测飞机、电磁频谱监测飞机和导校机等。

3.2.1.2 飞机的主要功能系统

飞机的功能系统一般包括推进系统(通常也叫动力装置)、燃油系统、操纵系统、液压冷气系统、人机环境工程系统、电气系统、通讯导航与敌我识别系统、军械和火力控制系统等。这里主要介绍几种关键的机械系统的基本组成和它们的基本功用情况。

(1) 推进系统。

飞机的推进系统是产生推力、推动飞机向前运动的整套动力装置,是整个飞机的能源动力源泉。飞机的动力装置主要是产生飞机前进的动力,以克服飞机与空气相对运动时产生的阻力,现代飞机一般采用涡轮喷气发动机或涡轮风扇发动机。

飞机的推进系统除了进气道和发动机本身外,还有一套复杂的附件和控制系统。发动机是推进系统的核心部件,它主要包括压气机、燃烧室、涡轮、加力燃烧室、可调喷管和附件传动机匣等。进气道在构造上属于飞机机体的一部分,但是由于它和发动机的工作有着密切的关系,所以将其归入推进系统。发动机上的主要工作系统包括滑油系统、燃油控制系统、起动系统、涡轮冷却控制系统、几何通道控制系统、预防和消除喘振系统、防冰系统和发动机自动调节器等。

(2) 燃油系统。

燃油系统主要是贮存飞机的燃油,并保证在飞机的各种飞行姿态和工作状态下,按规定的顺序连续有效地向发动机输送燃油,同时调整飞机的重心,使其一直保持在重心前限和重心后限范围以内。另外,燃油系统还要对飞机的环控系统、液压系统、雷达冷却系统和发电机冷却系统的工作介质进行有效的散热和冷却。

燃油系统按功用可分为很多个分系统,这些分系统主要包括地面加油子系统、向发动机供油子系统、输油控制子系统、动力燃油子系统、余油收集子系统、放油和空中应急放油子系统、散热子系统、通气和增压子系统、空中受油子系统、油量或耗油量测量及信号指示子系统等。

燃油系统包含的附件比较多,主要包括燃油箱、供输油部分、加放油部分、通气增压部分、油量测量与指示部分、副油箱及挂架部分等。

(3) 液压系统。

飞机的液压系统主要由泵源系统、舵面操纵系统、起落架收放系统、进气道斜板调节液压驱动系统、前轮转弯操纵系统、减速板收放系统、空中受油探管收放系统、应急电源驱动系统等组成。

液压系统的功能主要有操纵各舵面的偏转、收放起落架及舱门、收放减速板、收放受油探管、调节进气道斜板、收放防护网、操纵前轮、为机轮刹车供压以及驱动应急电源等。

(4) 冷气系统。

冷气系统又叫压缩空气系统,它是利用压缩空气膨胀做功的原理来传动部件的。冷气系统主要由压力源系统、主冷气系统和应急冷气系统三部分组成。

　　压力源系统主要储存各工作部分所需的冷气。由压力高于 12.7 MPa 的地面气源通过机上的充气嘴向机上的冷气瓶或空气瓶内充气,使用时通过各部分的操纵开关向各附件提供冷气。

　　主冷气系统主要用于飞机座舱盖的正常开启、关闭、应急抛放及气密带的充气,抛放阻力伞,向雷达舱增压等。

　　应急冷气系统主要用于应急放下襟翼、应急放下起落架、应急刹车等。

　　(5) 环控系统。

　　飞机在飞行中,随着飞行高度、速度不断变化,外界大气的温度、压力也会剧烈变化,这时通常会与人的正常生理需要不相适应。为了给飞行员创造一个良好舒适的工作环境,飞机上通常采用气密座舱,并设置了环境控制系统,在飞行中不断向座舱内输送新鲜的增压空气,并自动调节座舱内的温度和压力;同时环控系统也为无线电电子设备舱的有关设备进行增压和散热,以保证飞行员的安全和电子设备的正常工作等,使飞机满足总体战技指标的要求。

　　环控系统主要包括空气调节系统、设备增压系统和液体冷却系统等。其中空气调节系统又分为引气和分配子系统、制冷子系统、设备通风冷却子系统、温度调节子系统和座舱压力调节子系统等。

　　环控系统具有两方面的功能:一方面环控系统要保证飞行员在座舱里的工作条件,维持座舱内的压力和温度,给座舱通风,给飞行员散热,为风挡及座舱盖玻璃进行除雾和预防风挡玻璃结冰等;另一方面环控系统要保证无线电设备的工作条件,冷却舱内的设备正常工作并为设备舱进行增压;另外,环控系统还要为飞行员的抗荷服进行通风,为蓄电池箱通风,为燃油蓄压油箱增压,为弹药箱的气体推力器提供能源,为分子筛制氧提供气源,为飞行员的卫生装置提供气源等。

　　(6) 操纵系统。

　　飞机飞行操纵系统是用来传递飞行员的操纵指令,使飞机各操纵面按指令的规律偏转,产生气动操纵力和力矩,实行各种飞行姿态的稳定控制。

　　飞机的操纵主要包括纵向操纵、横向操纵、航向操纵和机翼增升装置的操纵等。对于全动平尾飞机,纵向操纵由左右水平尾翼同步偏转来实现,它们取决于驾驶杆沿俯仰方向的偏转。横向操纵由左右襟副翼和左右水平尾翼的差动偏转来实现,它们取决于驾驶杆沿倾斜方向的偏转。航向操纵由方向舵的偏转来实现,它取决于脚蹬的位移。机翼增升装置由前缘襟翼、襟翼和自动状态的襟副翼组成。使用机翼增升装置是为了改善飞机的起降和机动特性。

　　(7) 起落架装置。

　　飞机的起落架装置包括起落架和着陆减速伞系统。起落架主要供飞机在地面停放、滑行、起飞和着陆使用,并在起飞、着陆及滑跑过程中吸收与地面的冲击能量和飞机的水平动能,保证飞机滑行、起飞和着陆时的安全,使飞机具有良好的地面运动操纵性和稳定性,现代飞机的起落架一般是可收放的。着陆减速伞系统主要用于提高战斗机的着陆性能,缩短着陆滑跑距离。

　　飞机大部分在陆地上进行起飞和着陆,也有在水上或航空母舰上起飞和着陆的。在陆地上起飞着陆的飞机通常使用带机轮的起落架系统。当要求飞机在雪地起飞着陆时通常会使用雪橇。如果要求飞机同时能再有雪和无雪的地面上使用,则需要同时装有雪橇和机轮,根据具体情况将机轮或雪橇放下来接地使用。航空母舰使用的舰载机通常采用弹射起飞,降落时一般必须使用拦阻装置,如拦阻钩、拦阻网或拦阻缆等,以适应短距离起降的要求。水上飞机有船身式和浮筒式两种起落装置。船身式水上飞机没有专门的起落装置,飞机的起飞、着陆、漂浮和锚泊均由作为机身的船身承担;浮筒式水上飞机的起落装置则是用橡胶材料制作的充气浮筒,它连接在机翼和机身下方。

(8) 任务系统。

飞机的任务系统是以执行作战任务为核心使命的高度综合化的航空电子系统,是现代先进飞机系统的重要组成部分,也是实现现代信息化作战和先敌摧毁的重要保障。任务系统支持飞机各种使命任务的完成,通过和谐的人机界面为飞行员提供准确的飞机状态指示和高度融合的战场情报,辅助飞行员顺利执行各项战术任务,也为飞机提供良好的状态监控与维护接口。

任务系统能够同时执行传感器管理与操作、数据融合、多任务处理、显示控制、武器管理等任务,并能提供进攻和防御两方面的任务能力。其主要功能有:显示控制管理功能;导航和引导;目标探测和跟踪;火控解算与导弹制导;武器管理;电子对抗;通信;敌我识别和航空管制;任务数据加载和记录;自检测和告警;等等。

任务系统可从同平台战术传感器(如本机的雷达、电子战、通信导航、光电传感器等)和非同平台传感器,通过数据链或信息分发系统等网络来获得综合战场态势、目标探测、识别与跟踪、武器分配与火力控制等信息,同时为了适应隐身性能,满足低截获概率要求,能够通过多传感器融合和辐射管理来得到有效的目标跟踪和武器发射能力。

3.2.1.3 飞机战术技术要求

军用飞机的战术技术指标要求一般由使用部门提出。其产生过程有两种情况:①使用部门主动向研制主管部门提出研制任务及研制目标的战术技术指标要求;②研制主管部门组织其所属飞机设计部门向研制主管部门提出军用飞机的战术技术指标要求。

战术技术要求主要包括使命任务和技术要求两项。

(1)使命任务分析。

使命任务的分析主要有两方面。

1)战略需求。当研制主管部门主动向使用部门提出研制新机的建议时,必须开展以下分析工作:对周边和世界近期政治经济形势进行分析,预测发生矛盾和冲突的时间和地点;分析、预测与本国有关的矛盾和冲突的性质和规模;分析和建议满足战略需求的军机的种类、数量和质量,说明所要研制的新机在军用飞机力量配置中的地位与作用。

2)战术需求。①作战对象分析。主要分析未来一段时间内世界上所使用的战斗机的种类及其作战能力,尤其是预计发生矛盾或冲突的周边地区正在使用和将要装备的战斗机的种类和作战能力,及这些战斗机的总体参数、基本飞行性能、航空电子和武器火控系统的装备水平等。②作战环境分析。须分析的内容主要包括战场的气候和地理环境、电磁环境、作战对象探测系统威胁能力、作战对象制导和非制导武器的威胁能力等。③作战使用特点分析。根据目前航空技术取得的成就与发展情况,分析、总结以往战争中空中力量的使用经验,预计今后空中力量的作战使用特点和方式。④作战使命任务的分类。战术技术指标中不同的使命任务将决定所要研制的飞机是属于以空中优势为主,还是以对地攻击为主,或是兼顾两者的多任务战斗机。

(2)技术要求分析。

战斗机的技术要求分析以作战使命任务分析中战术需求分析的结果为出发点,以使用部门剔除的各项指标要求为初步目标,通过飞机总体设计部门专业间协同开展的概念设计与方案论证来实现。在确定战斗机典型任务剖面后,对其提出以下技术要求。

1)总体参数选择。

翼载荷及推重比。战斗机的翼载荷及推重比因其使命任务的不同而有所差异,基本规律如下:①空中优势飞机强调高机动性,翼载荷偏低,推重比较大。②对地攻击飞机强调低空巡航、抗突风能力,翼载荷偏大,推重比可较小。③近距支援飞机强调短距起落,翼载荷低,推重比小。④多用途飞机强调兼备对空对地攻击能力,翼载荷适中,推重比适中。

重量与尺寸。飞机重量与尺寸的选择根据其使命任务有以下技术要求:对于远程、自主作战能力要求高的飞机,其重量与尺寸应大一些,以便安装天线口径较大的雷达和装载较多的燃油;对于近距支援飞机或高、低档搭配中的低档飞机,其重量与尺寸可选得小些,以降低单机价格。

展弦比和后掠角。飞机机翼的展弦比、平均相对厚度及前缘后掠角对飞机的重量特性、气动特性有着明显而又十分复杂的影响,最后归结为对飞行性能的影响。其大致影响规律如下:①展弦比减小,升限下降,最大 Ma 数增加,亚声速爬升率减小,超声速爬升率增大,盘旋过载下降,起降速度增加,航程减少。②前缘后掠角增加,升限下降,最大 Ma 数增加,亚声速爬升率减小,超声速爬升率增大,盘旋过载下降,起降速度增加。③平均相对厚度增加,升限下降,最大 Ma 数减小,超声速爬升率下降,盘旋过载增加,起降速度下降。

2)动力装置选择的技术要求分析。根据战术技术要求,选择尽可能满足使用需要的动力装置,主要原则如下:①发动机的台数及推力量级应满足飞机推重比的要求。需考虑尺寸、技术难度、成本、维修性、生存力的权衡。②计及飞机进气道对发动机特性的影响后,其最大功率(推力)应满足飞机最大飞行速度的要求。③与飞机进气道相匹配,其工作稳定性应满足飞机最小飞行速度的要求。④在其他条件允许的情况下,应尽可能选择高推重比的发动机。⑤为了满足作战使命任务的需要,应尽可能选择最大功率(推力)值较高、动力装置本身的推重比较高、巡航耗油率较低、工作稳定性好、抗畸变能力强、维修性好的较成熟的发动机。

3)气动布局及气动特性的技术要求分析。气动布局的技术要求结合飞机总体参数的选择一起进行分析和确定,最终以气动特性满足飞机的飞行性能要求为主要标准并兼顾外形隐身的需要。气动特性的技术要求主要考虑以下几方面:①结合飞控系统的设计,满足飞机操纵性和稳定性的要求。②低速特性应满足飞机起降性能的要求和最小平飞速度的要求。③高速气动力特性应满足飞机其他飞行性能的要求,主要有最大平飞速度、爬升性能和加减速性能的要求、盘旋性能的要求、航程和作战半径的要求。

4)目标特征控制(隐身)的技术要求分析。战斗机的自身目标特征控制(降低可探测性隐身)技术,通过选择特殊外形、关键部位采用或涂以吸波材料、武器内置或保形外挂、倾斜配置双垂尾、进气道遮挡或 S 形弯曲等设计和制造技术,可显著降低战斗机的雷达反射截面积(Radar Cross Section,RCS)。在进行隐身设计时,应兼顾飞机的空气动力特性。

5)飞控系统及飞行品质的主要技术要求分析。中远程制空作战为主、机动作战能力强的中高档战斗机或放宽静稳定度的飞机,其飞控系统应以多余度数字式电传操纵为主加模拟式备份,以便满足多翼面协调偏转的快速响应要求和增加飞机空战中的敏捷性。对于以近距支援为主或是用于制空,但高、低档搭配中的低档飞机,可采用机械拉杆式操纵,以便简化设计和降低成本。将低空突防、对地攻击作为其重要使命任务的战斗机,飞控系统应在多余度探测装置的配合下具备地形跟随、地形回避功能。

6）飞行性能指标的技术要求分析。飞机的飞行性能，是飞机总体布置设计、气动力布局设计、发动机选择及进气道与发动机匹配设计、重量与重心控制设计、强度与刚度设计，以及飞控、燃油等其他系统设计多方面工作的综合效果。

7）刚度和强度的技术要求分析。战斗机的刚度和强度按要求开展设计。对于飞机基本飞行设计重量的确定，应根据作战使用要求合理取值。

对于最大飞行马赫数 $Ma > 2.0$ 的飞机，应考虑气动加热对材料特性的影响，按作战使用中的有关热环境要求及使用技术要求进行选材和强度、刚度设计。

在进行飞机疲劳强度设计时，为了满足飞机寿命指标的要求，应编制恰当的疲劳载荷谱。其主要依据是在参考使用部门意见的基础上，对典型作战剖面使用频率进行恰当的预计和组合。

8）航空电子系统及武器系统的技术要求分析：①根据战术技术要求，以制空为主要使命任务的战斗机，其航空电子及武器系统应具备以下能力：对不同高度、速度目标的远程探测能力——先敌发现、发射、超视距攻击的需要；全方位、多目标攻击能力——机群空战的需要；电子干扰能力——自卫的需要；电子"硬杀伤"能力——使用反辐射导弹攻击敌空中预警机的需要。由此，空空作战的航空电子及武器系统主要构成应包括多功能火控雷达、光电雷达（红外搜索跟踪系统）、综合导航系统、显示与控制系统、电子对抗系统、任务计算机系统、数据总线、数据链以及远距、中距、近距空空导弹。②以对地攻击为主要使命任务的战斗机，其航空电子与武器系统应具备以下能力：夜间作战和低空突防能力——突然性和有效性需求；携带精确制导武器和防区外发射武器的能力——提高命中精度和攻击威力的需求；电子干扰能力——自卫的需要；电子硬杀伤能力——使用反辐射导弹压制和摧毁敌地面探测系统的需求。由此，空地攻击武器系统主要构成应包括多功能火控雷达、前视红外/激光测距/跟踪/指示系统、电视/微光电视系统、综合导航系统、图像接收、传输、显示系统、活动数字地图、任务计算机系统、电子对抗系统、数据总线和数据链。③对多用途战斗机，应综合两方面的要求。为满足不同的技术要求应设计相应的系统和采用恰当的设备。

9）飞机其他系统的技术要求分析。

液压系统。液压系统的能源供给和工作线路的设计，应在所规定的任何战术动作情况下满足飞机作战使用的要求，特别是满足复合工作状态下驱动各类作动器的流量和压力要求。

环控系统。环控系统的设计应满足地面和空中飞行员必要的座舱环境要求和航空电子设备舱的冷却要求。根据飞机的作战使用，飞机环控系统热载荷的计算和试验应兼顾典型任务剖面和飞行包线边界处的重点考核点。

燃油系统。燃油系统在整个飞行包线范围内，应能可靠地向发动机和其他以燃油为运动介质的部件供油。飞机燃油箱的设置（含外挂油箱），应满足飞机典型任务剖面所需的油量以及给定短时间内零过载和负过载时机动飞行的供油要求。燃油消耗引起飞机重心的变化不应超过规定的范围。当燃油同时还作为某些附件或其他介质的冷却源时，应保证循环返回的受热燃油的温度得到适当的控制，重点应对长航时、小流量的任务剖面进行考核。

电气系统。电源功率应满足飞机作战使用中最大耗电量的用电需求并留有恰当的余量，应急电源应满足起动发动机和给定时间内飞控系统和其他必须用电设备的连续供电需求。随着技术的进步，电气系统的功能将有所扩展，可采用开关磁阻起动/发电机发电，利用总线技术实现负载的自动管理，使用固态功率控制器和硅基功率电子元件进行配电，通过电动机驱动飞控系统的各操纵面，从而有可能取代液压系统，减轻飞机的重量，改善系统的可靠性、维修性和保障性,提高飞机的性能。

防护救生系统。防护救生系统应保证飞行员在全包线范围内有良好的驾驶和作战条件。在应急情况下,应保证飞行员能安全弹射离机和降落救生。氧气系统应保证最大续航时间内,对飞行员的长时间供氧及应急情况下加压供氧。对于有空中受油能力的战斗机,为满足长航时的供氧需求,其氧源宜采用机载制氧或液氧。在考虑飞行员本身耐受过载能力的基础上抗荷装置的设计应满足最大飞行过载的要求。

10)飞机的可靠性、维修性和保障性要求分析。飞机的可靠性(reliability)、维修性(maintainability)和保障性(supportability)指标分析要符合既先进又可达的原则。在分析过程中应对飞机的任务剖面进行组合取舍,按使用频率提出整机及系统(包括某些主要部件)的考核寿命剖面以及验证方案设想。

11)作战效能分析。当概念设计得到初步结果后,即可开展方案的作战效能评估。根据评估结果考查飞机方案是否达到优于战术技术指标中要求的作战对象或具有与之抗衡的能力,如有差距,则应调整方案参数。

12)费用分析。对论证方案的研制费用进行计算和分析,考查战术技术指标中费用要求的合理性。

3.2.1.4　喷气式飞机的分代

根据不同时期作战飞机战术技术性能质的差别,人们对喷气式作战飞机进行了代的划分。

第一代作战飞机是从二战末到朝鲜战争期间(1944—1953 年)出现的跨声速喷气式战斗机,使用喷气式发动机替代了活塞式发动机,其性能相对于早期使用涡轮螺旋桨发动机的飞机有了显著提高,采用直机翼或后掠翼常规布局,可以实现超声速飞行,最大飞行马赫数达 $1.3 \sim 1.5$。其主要采用机械化战斗机,雷达也只在有特殊的夜间战斗的飞机上装备。如美国的 F-86,苏联的米格-15、米格-17、米格-19 等,以及中国的歼-5、歼-6,均为第一代战斗机。

第二代作战飞机在 20 世纪 50 年代至 60 年代研制,强调飞机的高空高速性能。新的飞机气动布局设计也不断出现,如后掠翼、三角翼、变后掠翼以及按面积律设计的机身等,飞行速度可达 2 倍声速。空对空导弹成为主要武器,雷达做为标准配置用于确定敌方目标,可进行视距外攻击,如美国的 F-4、苏联的米格-21 和中国的歼-7 飞机等。第二代战机在美、俄等先进国家早已退役,但有不少发展中国家还在使用。

第三代作战飞机是指越战(1961—1975 年)后研制的飞机,重点是强调格斗空战能力和全天候作战能力,十分重视飞机在亚、跨声速范围内的机动性,机载电子设备和武器系统的性能水平有了突破性进展。其性能的提高主要通过引入性能更好的导弹、雷达(如多普勒相控阵雷达)和其他航电系统来获得,并向对空、对海、对地全方位攻击的"多用途"发展。如美国的F-14,F-15,F-16,F-18,苏联的米格-29、苏-27,及中国研制的歼-10 飞机等。

第四代战机更强调隐身(反雷达)、超声速巡航以及超视距打击能力,是当前最尖端的战斗机。目前已确定服役的几种第四代战机包括美国的 F-22 和 F-35 战斗机、俄罗斯的 T-50飞机和中国的 J-20 飞机等。第四代作战飞机往往具有以下战术技术性能:

1)发动机在不开加力时具有超声速巡航的能力;

2)良好的隐身性能;

3)高敏捷性和机动性,特别是过失速机动能力;

4)短距/垂直起降性能;

5）目视格斗、超视距攻击和对地攻击的能力；

6）高可靠性和维护性；

7）具有飞越所有战区的足够航程。

以 F-22 战斗机为例，其主要的技术数据如下：

1）外形尺寸。机身长度 18.92 m，翼展 13.56 m，机翼面积 78 m²，前缘后掠角 42°，展弦比 2.36，机高 5 m。

2）质量。空重 14 375 kg，内载燃油质量 11 400 kg，正常起飞质量 27 100 kg。

3）飞行性能。海平面最大飞行速度 1 482 km/h，高度 9 150 m 时 $Ma=1.7$，超声速巡航 $Ma=1.58$，实用升限 18 000 m。

4）隐身性能。飞机被雷达探测的距离与其雷达散射截面积（RCS）值成 4 次方关系。F-15 的 RCS 值为 4.05 m²，而 F-22 的 RCS 值仅为 0.065 m²。

5）机动性和敏捷性。与第三代战机相比，F-22 战斗机具有以下特点：①加速快，爬升能力强，F-22 水平加速比苏-27 快 40%。②持续机动能力强。③瞬时机动能力强，其机翼面积比 F-15 大 38%，最大升力系数大，转弯半径比苏-27 小 40%。④机敏性好，如 $Ma>1.4$ 时转弯率比 F-15 高 35%，大迎角滚转率增加 1 倍，当迎角为 60°时仍可控，1 s 绕速度矢量可滚动 30°，几乎使机头指向改变 90°。⑤作战半径大，载油量为 F-15 的 2 倍。⑥良好的可靠性和保障性，与 F-15 相比，连续出动次数提高 1 倍，战斗准备时间降低 20%，维护时间减少 20%，换发时间减少 1 h。

通常对第四代战机所说的 4s 标准，就是指超机动性（super maneuverability）、超声速巡航（super sonic cruise）、隐身能力（stealth）及高级战役意识和效能（superior avionicsfor battle awarenessand effectiveness）。对高级战役意识和效能，国内也有译作"高可维护性""超视距打击"等。表 3-2 给出了喷气式作战飞机代的划分和各国或地区各代飞机的典型代表。

表 3-2　喷气式作战飞机划代

划代	美国	俄罗斯	中国	欧洲
第一代（20 世纪 50 年代）	F-86 F-100	米格-15 米格-19	J-5 J-6	
第二代（1950—1970 年）	F-104 F-4	米格-21 米格-23	J-7 J-8	"幻影"Ⅲ Saab-37
第三代（1970—1980 年）	F-15 F-16	米格-29 苏-27	J-10 J-11B	"幻影"2000
第三代半（1980—1990 年）		苏-30 苏-35		阵风，JAS-39 EF-2000
第四代（1990—）	F-22 F-35	1.44 S-37	J-20	

3.2.1.5　飞机研制的 5 个阶段

飞机是一个复杂的系统。新飞机的研制具有周期长、费用高的特点，因此设计方案一旦决定下来，总是希望能够研制成功，即能够进入批量生产。一般飞机的研制可分成 5 个阶段，即论证阶段、方案阶段、工程研制阶段、设计定型阶段、生产定型阶段。

（1）论证阶段。

论证阶段主要是研究设计新飞机的可行性,其工作内容包括:拟定新飞机的战术技术要求和新飞机的总体技术方案、研制经费、保障条件,预测研制周期,最后形成论证报告。这个阶段的主要工作是战术技术指标可行性论证,所以也可称为战术技术指标论证。

（2）方案阶段。

方案阶段主要是根据论证报告和研制总要求确定出可行的飞机总体设计技术方案,即确定飞机布局形式、总体设计参数、选定动力装置和各主要系统方案及其主要设备,以及机体结构用的主要材料和工艺分离界面;进而形成飞机的总体布置图、三面图、结构受力系统图,进行重心定位、性能、操纵安定性计算,结构强度和刚度计算,以及提出对各分系统的技术要求;最终要制造出全尺寸的样机,进行人机接口、主要设备和通路布置的协调检查以及使用维护性检查。新制飞机的样机在经过使用部门,特别是经空、地勤人员审查通过后,可以冻结新飞机的总体技术方案,开始转入工程研制阶段。

（3）工程研制阶段。

工程研制阶段是根据方案阶段确定的飞机总体技术方案,进行飞机的详细设计,向制造部门提供生产图纸。在工程研制阶段,制造部门的工艺人员要制定飞机制造工艺总方案,并对详细设计的零、部件图纸进行工艺性审查。同时,各分系统的设备要陆续提交设计部门进行分系统的验证,然后对液压、燃油、飞控、空调、电源、航空电子等分系统做全系统的地面模拟试验。在详细设计过程中还会对总体技术方案的细节做一些修改和调整,因此还应根据设计更改后的方案,做全机模型的风洞校核试验,以提供试飞用的准确气动力数据,然后做有飞行员参加的地面模拟器的飞行模拟试验。飞机部件及整机要做静力试验,以验证飞机的强度;起落架还要做动力试验。飞机总装完以后,在试飞前,要做全机地面共振试验,以确定飞机的颤振特性;还要做各系统及其综合的机上地面试验,以及全机电磁兼容性等机上地面试验,为放飞前做最后的验证。

（4）设计定型阶段。

新飞机首飞成功后即应按试飞大纲要求进行定型试飞。但在开始定型试飞前应由研制单位负责,进行飞机的调整试飞,以排除新飞机的一些初始性的重大故障,大致要飞到原设计飞行包线的 80％左右,再开始正式的国家鉴定试飞,以检查新飞机能否达到设计要求。参与鉴定试飞用的原型机可按不同分工完成各自的试飞任务,如有的主要用于考核飞机的性能,有的用于评定操纵安定性,有的用于检查颤振,有的用于检验武器和火控系统等。总之,各原型机各负其责,以完成定型试飞大纲规定的所有任务。

（5）生产定型阶段。

经过设计定型后,新飞机可能还会有一定的更改,特别是工艺性的改进。改进后的飞机进入小批量生产。首批生产的飞机也应经鉴定试飞,主要检查工艺质量,通过后即可进入成批生产。

以上介绍的是军用飞机的一般研制过程,民用飞机的研制大体上也要经过这些阶段。

3.2.2　现代作战飞机气动布局特点

作战飞机是军用飞机中的重要大类。作战飞机设计任务的不同以及飞行性能要求的不同,必然会导致气动布局形态各异。自喷气式战斗机出现以来,作战飞机的气动布局已经有了多种形式,主要有常规布局、鸭式布局、无尾布局、三翼面布局、飞翼布局、变后掠翼布局、前掠翼布局、隐身布局和随控布局等。这些气动布局都有各自的特殊性和优缺点。

3.2.2.1 常规布局

常规布局指的是将飞机的水平尾翼和垂直尾翼都放在机翼后面、飞机尾部的气动布局形式。这种布局的飞机的机翼,不管是平直翼、后掠翼还是三角翼都是产生升力的重要部件,并普遍采用前三点式的起落架。这种布局一直沿用到现在,也是现代飞机经常采用的气动布局,因此称之为常规布局,又称之为正常式布局。

现代战斗机更强调中、低空机动性能,要求飞机具有良好的大迎角特性。20 世纪 70 年代,美国和前苏联的研究人员发现,如果在机翼前缘靠近机身两侧处各增加一片大后掠角的"机翼",在中到大迎角范围产生的脱体涡除本身具有高的涡升力增量外,还控制和改善了基本翼的外翼分离流动,从而提高了基本翼对升力的贡献,改善了飞机大迎角飞行状态的气动特性,使升力增加,诱导阻力减小,延缓跨声速时波阻的增加,减小超声速时的波阻,但同时产生使飞机上仰的力矩,容易使飞机不稳定。增加的这部分"机翼"就是边条,边条连同基本翼构成的复合机翼就是边条翼。第三代以后的飞机大都采用这种常规布局加边条翼的形式,如美国的 F - 16(见图 3 - 9)、F/A - 18、F/A - 22 飞机,俄罗斯的米格 - 29(见图 3 - 10)、苏 - 27 飞机等。采用这种布局的战斗机,增强了飞机在近距格斗时大迎角状态的机动性并增强了大过载机动飞行的能力,而纵向的不稳定则可以通过主动控制技术中的放宽静稳定性设计加以解决。

图 3 - 9　F - 16 飞机

图 3 - 10　米格 - 29 飞机

3.2.2.2 鸭式布局

1903 年莱特兄弟发明的第一架飞机就将操纵面放在机翼之前,也就是现在所说的鸭式布局。但那时候人们对空气动力学还缺乏基本的研究,也不了解飞机稳定性的要求,因此飞行遇到了重重困难。

随着人们对飞机稳定性和操纵性了解的逐渐深入,后来的飞机大都采用常规布局。因为鸭翼容易失速,将它作为纵向平衡和操纵的主要操纵面是不利的,所以鸭式布局没有得到广泛应用;而常规布局飞机特别适合于初期的螺旋桨飞机,因为发动机、螺旋桨和飞行员都在飞机的前部,平尾可以具有很大的力臂,另外平尾处于机翼的下洗流场和螺旋桨的滑流中,对平尾的平衡能力和操纵效率都起到有利作用。

随着飞机进入超声速飞行,机翼采用大后掠角引起飞机气动中心后移,同时发动机功率增大引起发动机重量增加,而大多数军用飞机发动机都安装在机身后部,这些因素使飞机的重心越来越靠后,平尾力臂不断减小,这就需要增大平尾面积,因而导致重心后移和增加平尾面积的恶性循环。而鸭式布局飞机的鸭翼在后掠机翼的前面,可以得到较长的力臂,因而有较好的操纵性。加上主动控制技术发展和电传操纵技术的日趋成熟的应用,此时鸭式布局又引起人们的重视,特别是对于军用飞机。例如,美国在 20 世纪 60 年代研制的可以在 21 500 m 高度以马赫数 3 飞行的试验轰炸机 XB-70 就采用了鸭式布局。

根据鸭翼距机翼的相对位置,鸭式布局可以分为远距鸭式布局和近距鸭式布局两种形式,如图 3-11 所示。图 3-12 则是采用近距鸭式布局的瑞典战斗机 JAS-39"鹰狮"的三视图。

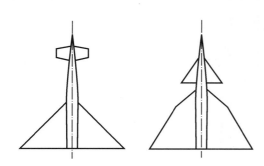

图 3-11 远距和近距鸭式布局示意图

图 3-12 JAS-39 飞机三视图

不管是远距还是近距鸭式布局的飞机,飞机受力更为合理。与常规布局的飞机相比,其受力形式大不相同。对于静稳定的飞机,重心在气动中心之前,平尾的平衡力方向向下,对全机来说起着降低升力的作用;而鸭式布局的飞机则相反,鸭翼的平衡力向上,提高了全机的升力,如图 3-13 所示。

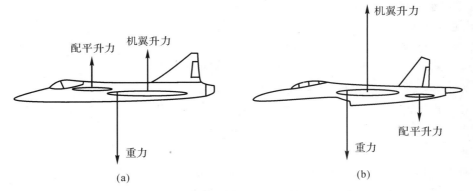

图 3-13 鸭翼和平尾的不同配平升力

在中、大迎角时,鸭翼和机翼前缘同时产生脱体涡,两者相互干扰,使涡系更稳定,而产生很高的涡升力。它与边条翼的不同之处在于:其主翼(基本翼后掠角也大)也产生脱体涡,两个脱体涡产生强有力干扰,属于脱体涡流型;而边条翼仅边条产生脱体涡,基本翼仍是分离流,属于混合流型。近距鸭式布局则进一步利用鸭翼和机翼前缘分离旋涡的有利相互干扰作用(见图 3-14),使旋涡系更加稳定,推迟旋涡的分裂,这样就提高了大迎角时的升力。为了充分利用旋涡的作用,近距鸭式布局一般采用大后掠角、小展弦比的鸭翼和机翼。因为这种升力面的特点是在较小的迎角时就产生前缘涡系(脱体涡流型),而且它的旋涡强度大,所以比较稳定。而中等或小后掠角、中等展弦比机翼在迎角增大时气流分离并不形成旋涡,或者产生弱的或不稳定的旋涡。这种机翼是否适合近距鸭式布局是一个令人十分关心的问题。

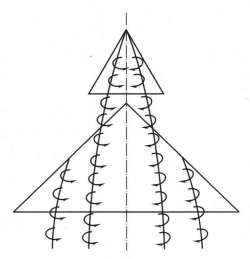

图 3-14 鸭翼和机翼的前缘分离旋涡

近距鸭式布局在气动上的最大特点就是它能与机翼产生有利干扰,推迟机翼的气流分离,大幅度提高飞机大迎角的升力并减小阻力,对提高飞机的机动性有很大好处。除此以外,近距鸭式布局还有以下优点:

1)配平能力强。现代战斗机一般都采用主动控制技术,亚声速战斗机采用放宽静稳定性技术,可以减小鸭翼载荷,减小配平阻力,提高配平能力。

2)对重心安排有利。现代战斗机的推重比高,发动机质量大,重心靠后;另外由于超声速性能的需要,一般都采用大后掠角、小展弦比的机翼。由于这两个因素的影响,常规布局飞机的平尾尾臂减小,为保证稳定性和操纵的要求,需要增大平尾面积,对质量和重心都不利。鸭式布局飞机则鸭翼在机翼之前,不存在此问题。

3)飞行阻力小。鸭式布局飞机一般都采用大后掠角三角形机翼,其纵向面积分布较好;另外由于没有平尾及其支撑机构,机身后部外形光滑且流线型好。这些原因造成鸭式布局飞机的超声速阻力较小。

4)容易实现直接力控制。鸭式布局飞机比常规布局飞机和无尾布局飞机更容易实现直接力控制,这对提高战斗机的对空和对地作战能力有很大好处。比如,鸭翼差动配以方向舵操纵可以实现直接侧力控制,鸭翼加后缘襟翼控制可实现直接升力控制和阻力调节。

5)鸭式布局飞机的低空乘坐品质较好,因为鸭式布局飞机一般采用大后掠角、小展弦比机翼,它的升力线斜率较低,鸭翼位置靠近飞行员,有利于阵风减缓系统的应用。

6)利于推力矢量应用。现代战斗机一般采用推力矢量控制,这对于弥补大迎角操纵能力的不足、提高机动性和实现短距起降都很有好处。由于鸭翼离发动机喷口很远,鸭式布局飞机的重心离喷口距离也较远,不但推力矢量的操纵效率较高,比较容易实现配平,而且鸭翼配平力的方向与推力矢量的方向一致,因此鸭式布局飞机更适合于推力矢量控制的应用。

7)利于提高飞机的机动性。鸭式布局飞机的俯仰操纵除了依靠鸭翼外,还可用后缘襟翼作辅助操纵,因此鸭翼的面积可以较小,再加上鸭式布局飞机一般采用大后掠角、小展弦比机翼,这些对减小质量都有好处。在相同质量的情况下,与常规布局飞机相比,鸭式布局飞机的翼载较小(常规布局飞机的机翼要承担全机质量的 102%,而鸭式布局飞机的机翼只承担飞机质量的 80%,其余由鸭翼承担),不但可以改善鸭式布局飞机因不能充分使用后缘襟翼而使着陆性能变差的缺点,而且对提高飞机的机动性也很有好处。

每一种气动布局形式都有自己的优点,也有自己的缺点和存在的问题,鸭式布局飞机也不例外,其主要缺点和问题如下:

1)鸭翼易失速,操纵效率低。鸭翼处在机翼的上洗气流中,在大迎角或鸭翼大偏度时有失速问题,影响操纵和配平的能力。为此鸭翼一般采用大后掠角、小展弦比的平面形状,虽然这样可以缓和失速,但同时带来鸭翼操纵效率降低的问题。

2)起飞、着陆性能受限。鸭式布局飞机的起飞、着陆性能受鸭翼配平能力的限制,不能使用后缘襟翼,或者只能使用很小的偏度。为解决这一问题,有时要在鸭翼上采用前、后缘襟翼,甚至采用吹气襟翼,使结构复杂化,质量增加。

3)横向操纵效率低。常规布局飞机使用差动平尾加副翼操纵可以得到很高的操纵效率。而鸭式布局飞机一般采用大后掠角、小展弦比的鸭翼,差动时的横向操纵效率不高,而且机翼后缘的后缘襟副翼往往还要当作俯仰操纵面使用,着陆时还可能要作增升襟翼。这些都限制了后缘襟副翼的横向操纵能力,因此鸭式布局飞机的横向操纵能力比常规布局飞机要差。

3.2.2.3　无尾布局

一般来说,无尾布局飞机可以分为无平尾、无平尾和垂尾两种情况。无尾布局是战斗机、运输机和无人驾驶飞机气动设计中广泛采用的布局形式。例如,美国的 F-102,F-106 飞机,法国的"幻影Ⅲ"和"幻影 2000"飞机均为无平尾布局飞机;美国的 SR-71"黑鸟"、X-45 等为无平尾和垂尾布局的飞机。此外,英国的"火神"轰炸机、英法联合研制的 M2"协和"运输机和苏联的图-144 超声速运输机,也都是无平尾布局的飞机。图 3-15 所示是"幻影 2000D"无平尾布局战斗机,图 3-16 所示是既无平尾又无垂尾布局的 X-45 无人驾驶战斗机。

图 3-15　无平尾布局飞机"幻影 2000D"三视图　　图 3-16　无平尾和垂尾布局无人驾驶飞机 X-45

常规布局的飞机都有水平尾翼和垂直尾翼,它们是保证飞机稳定飞行和方向操纵的部件,但也是飞机沉重的累赘。由于尾段离飞机重心远,因此它们对全机结构质量的影响举足轻重,尾部质量减小 1 kg,相当于其他部件质量减小 2 kg,所以如果能够去掉平尾和垂尾,那么飞机的质量可以减小很多。同时,尾段又是难以隐蔽的雷达反射源,所以没有了"尾巴",飞机的固有隐身特性可以上一个新台阶。

那么,用什么来代替飞机的"尾巴"呢?一是在飞机上设计新的操纵面;二是通过机载计算机和电(光)传操纵系统对所有操纵面进行瞬态联动,来模拟平尾和垂尾的作用;三是利用发动机可转动喷口的转向推力对飞机进行辅助操纵。

通过人们对多种常规布局、鸭式布局和无尾布局飞机方案的研究发现,相对于常规布局飞机和鸭式布局飞机而言,在同样的设计要求下,无尾布局飞机的质量最小,结构和制造也相对简单,从而成本和价格较低,机动飞行性能中的稳态盘旋性能和加减速性能也最好。但这种气动布局也有不少缺点。由于无尾布局飞机没有鸭翼和尾翼,如果飞机的纵向操纵和配平仅仅靠机翼后缘的升降舵来实现,则由于力臂较短,操纵效率不高;在起飞着陆时,增加升力需升降舵下偏较大角度,由此带来下俯力矩,为配平又需升降舵上偏,因而限制了飞机的起飞、着陆性能,特别是着陆性能,而且改进余地不大。

3.2.2.4 三翼面布局

近距鸭式布局应用在现代作战飞机上有许多优点,将鸭翼加到常规布局飞机上,能否还保持鸭式布局飞机的优点呢?鸭式布局飞机在稳定性、操纵性和配平能力上还存在一些问题,而将鸭翼和平尾结合形成三翼面布局,是否能综合这两种布局的优点,而克服各自的缺点呢?这些是人们感兴趣的问题。

三翼面布局由前翼(鸭翼)、机翼和水平尾翼构成,可以综合常规布局和鸭式布局的优点,经过仔细设计,有可能得到更好的气动特性,特别是操纵和配平特性。美国"先进战斗机技术综合"(AFTI)项目的 AFTI-15 在 F-15 飞机上加装鸭翼而构成三翼面布局后,机动性能明显改善;俄罗斯在苏-27 上加小鸭翼改为舰载型苏-33,在苏-27 飞机上加大鸭翼改成苏-35 飞机(见图 3-17),机动性得到更大提高。

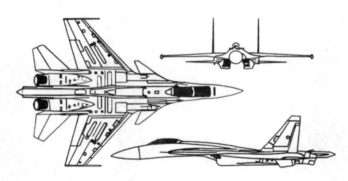

图 3-17 苏-35 三视图

三翼面布局具有较大优势。

1)易实现直接力控制。三翼面布局除了保持鸭式布局利用漩涡空气动力带来的优点外,有一个重要的潜在优势,那就是它比较容易实现主动控制技术中的直接力控制,从而达到对飞机飞行轨迹的精确控制。例如,当鸭翼、机翼后缘和平尾同时进行操纵时,就能实现纵向直接力控制,进行纵向直接升力、俯仰指向和垂直平移控制。这就将现代作战飞机的机动能力提高到了一个新的水平和领域,无论在空中格斗还是对地攻击中,都能创造出前所未有的机会,显著提高飞机的作战效能和生存率。

2)气动载荷分配合理。三翼面布局飞机在气动载荷分配上也更加合理,如图 3 − 18 所示。当法向过载为 n_y 时,从对三翼面和两翼面(常规和鸭式)布局飞机的升力载荷的比较可以看出,在进行同样过载的机动时,三翼面布局飞机的机翼载荷较小,全机载荷分配更为均匀合理,因而可以降低飞机对结构强度的要求,减小飞机结构重量,提高飞机的飞行性能。

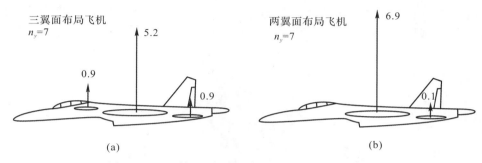

图 3 − 18　三翼面和两翼面布局飞机载荷分配的比较

3)提高大迎角时机动性和操纵性。三翼面布局飞机由于增加了一个前翼操纵自由度,它与机翼的前、后缘襟翼以及水平尾翼结合在一起进行直接控制,可以减小配平阻力,还可以提高大迎角时操纵面的操纵效率,保证飞机大迎角时有足够的下俯恢复力矩,改善飞机大迎角气动特性,提高最大升力,提高大迎角时的机动性和操纵性。

三翼面布局虽然可以综合利用常规布局和鸭式布局的优点,但也有一些问题值得注意和需要进一步分析解决:

1)大迎角气动力的非线性。三翼面布局的优点主要来自于旋涡的有利干扰,但在迎角增大到一定程度时,旋涡会发生破裂,导致飞机稳定性和操纵性的突然变化,以及气动力非线性的产生。

2)超声速飞行时阻力大。由于增加了一个升力面,三翼面布局飞机在小迎角时的阻力比两翼面的要大,超声速状态增加得更多。因此,对于强调超声速性能的飞机,三翼面布局是否是一种很好的选择需要综合衡量。

3)全机质量增大。虽然三翼面布局飞机的气动载荷在几个翼面上的分配更为合理,对减小结构质量有好处,但由于增加了一个升力面(同时也是操纵面)和相应的操纵系统,三翼面布局最终能否减小全机质量,需要通过具体的飞机设计才能确定。

无论如何,三翼面布局为高机动作战飞机和现有飞机的设计改进提供了一种可选择的途径。

3.2.2.5　飞翼布局

飞翼布局的飞机只有机翼。与常规布局相比,飞翼布局的气动优势主要表现在飞翼和无尾(尾即垂尾、平尾及安装在后机身的组合件,亦称尾部)两方面。

(1)一体化飞行器的优势。

飞翼布局具有一体化设计的最大优势。由于无尾,只剩下机翼和机身,最适宜采用一体化设计技术。一体化设计技术包括两个方面:一是机体内部空间的一体化设计和利用;二是机翼和机身的相互融合设计。

一体化飞行器空间利用充分,隐身性好。一体化设计的结果是飞机不但无尾,而且无机身。这样,从机体内部看,内部空间得到了最大的利用,如翼、身融合部位空间被充分利用,各种机载设备埋装在机体内,有利于飞机隐身。

一体化飞行器结构质量小,强度大。各种机载设备均可顺着机翼刚性轴沿翼展方向布置,与机翼的气动载荷分布基本一致。如美国的 B-2 隐身轰炸机(见图 3-19),两侧机翼的外段是整体油箱,起落架舱、发动机舱和武器舱从外到内依次排开,沿着展向布置得紧凑合理,这不仅有利于飞机结构强度的增加和结构重量的减小,而且有利于承受大机动产生的过载。

图 3-19 美国 B-2 隐身轰炸机

一体化飞行器翼身融合体提高升力。从气动外形看,翼、身融为一体,整架飞机是一个升力面,可以大大增加升力;翼、身光滑连接,没有明显的分界面,可大幅度降低干扰阻力和诱导阻力。另外,机体结构主要由先进复合材料制造,外形光滑,又无外挂等突出物,加上气动外形隐身设计,大大减小了雷达截面积(RCS)。

总之,无尾布局一体化设计,可大大增升减阻,减小重量和翼载,对延长续航时间和提高机动性等飞行性能极为有利,也提高了经济性,同时大大减小了雷达截面积。其中气动外形隐身设计可使全机的雷达截面积减小 80% 以上,增强其隐身性。

(2)无尾优势。

飞翼布局无尾部,可以减小飞机的质量。

由于无尾,飞机结构可以大大简化,质量自然比有尾飞机小。一般来说尾翼部位离飞机重心最远。据统计,尾部质量减小 1 kg 相当于机体部位质量减小 2 kg,而尾部重量一般占全机最大起飞重量的 6%~7%。

由于取消了尾部,全机重量更合理地转移到机翼翼展分布,从而减小了机翼的弯曲和扭转载荷,使得结构重量进一步减小。

除此以外,飞翼布局可以显著地减小阻力,有效地提高隐身性,明显地降低飞机的寿命成本,经济性好。

然而,飞翼布局也有缺点,其存在的主要问题有以下几项:

1)操纵效率低。无尾布局飞机没有鸭翼和尾翼,如果飞机的纵向操纵和配平仅靠机翼后缘的升降舵来实现,则由于力臂较短,操纵效率不高。

2)起飞着陆性能差。在起飞着陆时,增加升力需升降舵下偏较大角度,由此带来下俯力矩,为配平又需升降舵上偏,因而限制了飞机的起飞着陆性能。

3)纵向和航向稳定性差。由于无尾,飞机的纵向和航向都不易稳定,这就需要飞翼布局的飞机采用各种操纵面和推力矢量等装置来共同产生所需的各种力和力矩,相应地就大大增加了飞机操纵和控制的难度。例如,B-2飞机的机翼后缘呈 W 形,有 4 对操纵面,综合了副翼、方向舵、升降舵和襟翼的功能。

为了更好地利用飞翼布局的优点,需要对世界前沿技术——"创新控制方式""自适应重构系统""主动柔性机翼"等进行深入研究。

3.2.2.6　变后掠翼布局

后掠角在飞行中可以改变的机翼称为变后掠翼。采用变后掠翼的气动布局称为变后掠翼布局,如图 3-20 所示。

对变后掠机翼的研究始于 20 世纪 40 年代,但直到 20 世纪 60 年代才设计出实用的变后掠飞机。应用变后掠翼布局的作战飞机有美国的 F-111,F-14,B-1B,英国的"狂风",俄罗斯的米格-23 和"逆火"等。

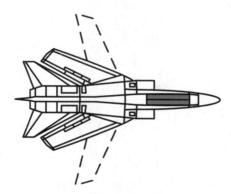

图 3-20　变后掠翼布局

一般的变后掠翼的内翼是固定的,外翼用铰链轴同内翼连接,通过液压助力器操纵外翼前后转动,以改变外翼段的后掠角和整个机翼的展弦比。亚声速时转向小后掠角、大展弦比机翼,其升力和升阻比明显增加,起降和巡航性能明显改善;超声速时转向大后掠角、小展弦比机翼,其波阻小,超声速性能良好。

变后掠翼布局飞机也有它的缺点。一是飞机的平衡不易保证。当机翼后掠时,气动中心后移,重心也后移,但前者移动量大,需要调整燃油移动重心或者增加平尾向下的配平力来保持飞机的平衡。而增加平尾的配平力就会增加飞机的配平阻力,从而降低飞机的飞行性能。二是由于转动机构结构和操纵系统复杂,带来较大的质量增加,不适合轻型飞机使用。此外,这种布局的飞机难以满足大迎角、高机动以及隐身能力等要求,所以在新一代作战飞机的设计中已经不再采用变后掠翼布局。

3.2.2.7　前掠翼布局

当飞机的飞行速度达到高亚声速时,气流经过机翼上表面加速,局部达到超声速,产生激波和激波诱导的附面层分离,导致阻力急剧增长,这就是所谓的阻力发散现象,它阻碍飞机速度的进一步增大。解决这个问题的办法就是采用斜掠机翼,推迟激波的发生。因为这时的有效马赫数(即垂直于机翼前缘的马赫数)减小。前缘和后缘均向前伸展的机翼称为前掠机翼,无论是前掠翼还是后掠翼同样都能起到提高临界 Ma 、降低波阻的作用。

世界上最早采用的斜掠机翼是前掠翼，不是现在广泛采用的后掠翼，而机翼采用前掠翼的气动布局形式称为前掠翼布局。世界上最早采用前掠翼布局的飞机是德国的轰炸机 JU－287。近年来，美国的 X－29（见图 3－21）、俄罗斯的 S－37"金雕"等飞机相继问世，并以其独特的气动布局形式，在世界飞机中占领了一席之地。

前掠翼的翼尖位于机翼根部之前，在气动载荷的作用下，翼尖相对于翼根产生的扭转变形使得翼尖的局部迎角增大，迎角增大又引起气动载荷的进一步增大，这种恶性循环的发展将使机翼结构发生气动弹性发散而导致破坏。为解决前掠翼的气动弹性发散问题，需要结构质量大大增加，从而达到不能容忍的地步。这就是后来的高速飞机从采用前掠翼转向采用后掠翼的原因。

图 3－21　X－29 飞机

自从复合材料出现以后，前掠翼的发展才有了转机。复合材料结构的面板铺层厚度和纤维的方向可以任意变化，因此能够控制复合材料机翼的刚度和扭转变形。由于复合材料密度小，只要付出很小的质量代价，甚至不付出质量代价就可以解决前掠翼的气动弹性发散问题，而且复合材料前掠翼的展向载荷分布也更加合理。

前掠翼的气动特性应用到飞机上将具有以下优点。

（1）失速从翼根开始。

前掠翼布局和后掠翼布局一样，同样具有延缓激波产生的作用，但后掠翼布局由于展向分速是从翼根流向翼尖，其附面层分离是首先在翼尖出现。虽然采用在机翼表面安装翼刀，翼尖采用气动及几何扭转，或采用复杂的附面层分离控制技术，但在较大的迎角下，其附面层分离仍然是首先在翼尖发生。一旦附面层分离，必然导致翼尖操纵面失效。因此，后掠翼布局的失速迎角小，机动性差。而前掠翼布局由于机翼前掠，气流有一个平行于前缘、指向翼根的分量，因此使流经前掠翼的气流向机翼内侧偏转，附面层向翼根方向增厚，使气流首先在翼根发生分离。这点和后掠翼完全相反，后掠翼的分离首先是从翼尖开始的。前掠翼的气流分离从翼根开始的特点，可以使副翼的效率保持到更大的迎角，不像后掠翼普遍存在的大迎角操纵副翼效率不足和飞机上仰问题。前掠翼的中、外翼展向流动具有较好的分离特性,机翼失速迎角增大,可用升力高,外翼段的舵面操纵效率高,大迎角机动能力良好。

(2)前掠翼的阻力小。

从理论上分析,前掠翼的跨声速阻力较低,这可以从以下几方面来说。

如果保持前掠翼和后掠翼的展弦比、根梢比、机翼面积、激波的弦向位置和前缘斜掠角相同,则前掠翼激波线的斜掠角要比后掠翼的大,如图 3-22 所示。激波线的斜掠角和激波的位置决定着激波引起的压差阻力,激波线的斜掠角越大,激波的位置越靠后,压差阻力越小,因此,前掠翼的压缩性影响和波阻较后掠翼低。

如果保持前掠翼和后掠翼的展弦比、根梢比、机翼面积、激波的弦向位置和激波线的斜掠角相同,则前掠翼的前缘斜掠角要比后掠翼的小,如图 3-23 所示(在研究和使用中发现,随着前掠翼前掠角的增加,前掠翼的气动弹性发散速度迅速下降,当机翼前掠角由 0°增加到 28°时,机翼的发散速度下降 90%)。这样,在前缘未分离时,前掠翼的前缘吸力在自由流方向的分量较大,因而阻力要比后掠翼的小。

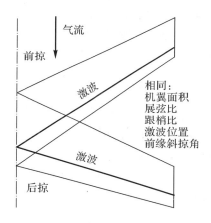

图 3-22　前掠翼和后掠翼的激波线斜掠角比较

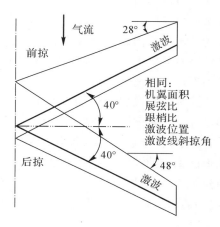

图 3-23　前掠翼和后掠翼的前缘斜掠角比较

(3)有利于近距鸭式布局。

现代飞机的推重比大,发动机质量大,因此飞机的重心比较靠后,而前掠翼的几何特点是机翼根部靠后。由于这两个因素,前掠翼布局飞机的机翼根部就很靠近机身的后部,使得平尾很难布置。如果将纵向稳定面和操纵面布置在机翼之前,形成鸭式布局,就是一个非常合理的解决方案。前掠翼翼根后置,结构布置更具灵活性,易于合理分配机翼和前起落架的受力,增大了机体容积,为设置内部武器舱创造了条件,并有利于采用鸭翼耦合设计。近距鸭式耦合进一步提高了前掠翼布局在大迎角下的升力系数。鸭翼所产生的涡系对主机翼涡系产生有利干扰,对翼根附面层分离进行控制,使前掠翼布局失速缓慢的特点得到加强,提高了主翼气动效率,具有改善失速特性的作用。

(4)起飞、着陆性能好。

与相同翼面积的后掠翼飞机相比,前掠翼飞机的升力更大,载重量增加 30%,因而可缩小飞机机翼,降低飞机的迎面阻力和飞机结构质量,减小飞机配平阻力,加大飞机的亚声速航程,改善飞机低速操纵性能,缩短起飞着陆滑跑距离。据美国专家计算,F-16 战斗机若使用前掠翼结构,可提高转弯角速度 14%,提高作战半径 34%,并将起飞距离缩短 35%。

此外,由于前掠翼的失速特性较好,因而具有良好的抗尾旋性能。从飞机的总体布置来看,由于前掠翼翼根靠后,飞机的主要受力结构后移,这将增大机身内可利用的容积,使得内部布置具有更大的灵活性。

然而,前掠机翼存在气动弹性发散问题。对于后掠机翼,当机翼迎角增大而使升力增加时,机翼产生的扭转变形使机翼后缘提高,前缘降低,机翼相对于来流的迎角减小,从而减小升力。也就是说,机翼的结构是稳定的。而前掠机翼则相反,当迎角增大、升力增加时,机翼产生的扭转变形使得前缘提高,后缘降低,机翼相对于来流的迎角增大,从而使机翼升力和扭转变形继续增大,这种不稳定性称为气动弹性发散现象。前掠角越大,气动弹性发散现象越严重。为消除气动弹性发散,必须增加机翼结构刚度,使飞机质量增加,从而抵消了前掠机翼的优越性。这就是前掠机翼技术多年没有得到发展的主要原因。

相较后掠翼,前掠翼存在的最大不足是气动效率较低。主要原因在于,其根部气流分离,机翼根部占机翼面积的比例最大,对升力的贡献也最大,根部气流分离早,分离区发展快,使前掠翼大迎角时的升力损失较大,同时也带来焦点前移,因此,控制根部气流分离是前掠翼布局设计的关键。控制翼根分离的主要方法有多种,比如机翼根部活动边条、固定边条、边条襟翼和链接边条的修形。另外,还可以利用鸭翼脱体涡的干扰改善前掠翼根部的流态,从而改善前掠翼根部过早分离的缺陷。

前掠翼的参数(如前掠角、展弦比、根梢比、翼型等)选择,原则上跟后掠翼是一致的。从实际的设计角度来看,前掠翼的前掠角不能太大,否则其后缘前掠角就太大,这样不但翼根失速严重,而且降低了后缘襟翼和副翼的操纵效率,并增加结构上的设计难度。另外,前掠角太大,将使得前掠翼的翼根太靠近机身的后端,很难保证机身受力框足够的强度。反过来,前掠翼的前掠角也不能太小,因为前掠角太小将带来超声速阻力大的问题。因此,前掠翼前掠角的选择,应和后掠翼布局的现代飞机采用中等后掠角机翼类似,采用中等前掠角。

3.2.2.8 隐身布局

对于新一代作战飞机,一般都要求具有隐身性能,这就涉及到隐身技术。

隐身技术,或称隐形技术、低可探测技术、低可观察技术,是指在一定遥感探测环境中采用反雷达探测措施以及反电子探测、反红外探测、反可见光探测和反声学探测等多种技术手段,降低飞机、导弹、舰艇、坦克等目标的可探测信号特征,使其在一定范围内不易或难以被敌方各种探测设备发现、识别、跟踪、定位和攻击的综合性技术。

按照侦查探测手段,隐身技术可以分为雷达隐身技术、红外隐身技术、电子隐身技术、可见光隐身技术、声波隐身技术、电磁隐身技术等。在各种探测器中,最为重要、使用最广泛、发展最快的探测器是雷达,因此,反雷达探测就成为隐身技术发展的主要目的,雷达隐身技术成为最主要的隐身技术。

雷达隐身的性能通常是用雷达截面积来表征的。雷达截面积(Radar Cross Section,RCS)是目标受到雷达电磁波的照射后,向雷达接收方向散射电磁波能力的度量,反映了目标的电磁波散射能力。雷达截面积也被称为雷达截面、雷达目标截面积、雷达散射截面积或雷达横截面,其物理含义可以理解为:它是一个等效面积,当这个面积所截获的雷达照射能量各向同性地向周围散射时,在单位立体角内散射的功率,恰好等于目标向接收天线方向单位立体角内散射的功率。雷达截面积的常用单位是平方米（m^2）或分贝（dB）。

　　隐身技术"隐身"的意义在于：在能够发现常规目标的距离上发现不了采用隐身技术的同类型目标。以雷达为例，根据雷达方程，雷达探测距离与雷达截面积的 4 次方根成正比。如一部雷达对雷达截面积为 $100\ m^2$ 的 B-52 轰炸机的探测距离是 400 km，那么对雷达截面积约为 $0.1\ m^2$ 的 B-2 隐身轰炸机，其就能在 71 km 处发现它。也就是说，B-2 在距雷达 71 km 之外的范围是隐身的。因此，如何在保证基本气动特性的前提下，尽量减小飞机的雷达截面积就成为飞机设计师的重要任务。

　　雷达截面积与多种因素有关，其中包括目标本身的大小与形状、目标构成材料、目标视角、目标方位和距离、雷达频率以及电波的极化等。因此，实现目标的雷达隐身，就是通过各种技术措施以减小雷达截面积。在所有影响雷达截面积的因素中，目标的外形及材料是最主要的因素，因此，从外形和材料上采取对策，成为减小目标雷达截面积的主要途径。

　　在保证飞机基本气动特性的前提下，为了实现飞机的隐身而改变飞机外形，从而产生的新的气动布局称为隐身布局。隐身布局的典型代表是美国的 F-117"夜鹰"隐身战斗轰炸机（见图 3-24）、B-2"幽灵"隐身轰炸机和 F/A-22"猛禽"战斗机等。下面就简单介绍一些与隐身布局设计相关的基本准则。

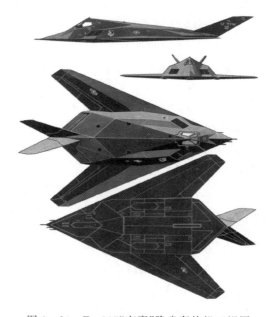

图 3-24　F-117"夜鹰"隐身轰炸机三视图

　　1）减小飞机的尺寸和部件的尺寸。面积越大，雷达反射信号越强，因此，减小飞机尺寸是减小飞机雷达截面积最直接的方法，但也是最难以实现的方法。减小飞机部件尺寸当然也可以减小雷达截面积，例如去掉平尾，将平尾和垂尾合并成"燕形"尾翼，甚至将尾翼完全取消并将机翼和机身融合成飞翼布局，则雷达截面积可以大大减小，如 B-2 隐身轰炸机。

　　2）排除镜面反射。尽量消除或减少可使飞机上产生镜面反射的外形，为此，就必须避免采用大的平面和大的凸状弯曲面。F-117 隐身战斗机上的表面由多个后倾或内倾的小平面拼成的原因就在于此。

3)消除角反射器效应。在飞机上各平面相交的直角,如机身/机翼、机身/尾翼、机身/进气道、平尾/垂尾等的结合处,雷达信号会发生角反射器效应,雷达信号会变得很强。对这些部位应以圆弧整流,最好将机身设计为融合体式,单垂尾与平尾的角反射器采用倾斜的双垂尾来消除。将武器系统和发动机安装在飞机内部,对于武器系统也可以采用保形外挂的方式。

4)利用部件相互遮挡。采用背部进气道,可以用机身和机翼遮挡进气道向下的强散射,从而减小全机的雷达截面积,如 F-117 隐身战斗机。

5)形成少量反射波束。将飞机的所有边缘设计为少数几个平行方向,使所有边缘的雷达反射波集中形成少数几个固定方向的反射波束,其他方向的反射波很弱。这样在雷达上只有闪烁的信号,不易辨别,如 F/A-22 战斗机的机翼、平尾、垂尾的前缘和后缘都相互平行。

6)消除强散射源。对于进气道,采用进气口斜切以及将进气道设计成 S 形的方法,既可避免雷达波直射到压气机叶片上,又可使进入进气道的雷达波经过若干次反射,回波减弱,从而有效地减小进气道的雷达截面积。对于外挂物,可将其埋挂在机身内,或者采用保形外挂。

7)减弱或消除弱散射源。当强散射源减弱后,隐身飞机上的弱散射源将起主要作用,如机身上的口盖、舵面的缝隙、台阶、铆钉等都是弱散射源,都应采取措施。一般是将口盖或缝隙设计成锯齿状。

有关隐身布局设计的资料请参考航空工业出版社出版的《飞机隐身设计指南》和国防工业出版社出版的《隐身技术——军事高技术的"王牌"》。

3.2.2.9　随控布局

人们对飞机性能的认识经历了一个由片面到全面、由低级到高级的发展过程。这个认识过程大致可分为以下 3 个阶段:

1)第一阶段。20 世纪 70 年代以前,人们主要是用飞机的状态参数,如飞机的最大速度和升限等参数,来衡量飞机性能的优劣。

2)第二阶段。在 20 世纪 70 年代到 80 年代,人们开始强调飞机机动性的重要性。衡量飞机的机动性主要包括以下两方面:①常规机动性,主要包括飞机在轴向速度、曲线角速度、转动角速度和高度等方面的改变能力;②能量机动性,从飞机能量变化的角度来分析飞机的机动能力,包括动能和位能。

3)第三阶段。20 世纪 80 年代以后,人们开始强调飞机的敏捷性。严格地讲,敏捷性不仅是飞机本体的特性,还应包括航空电子设备、武器系统和飞行员操纵特性等因素。而飞机本体的敏捷性,目前比较一致的看法,将它定义为飞机在空中迅速、准确地改变机动飞行状态的能力。这一敏捷性的定义,实际上包含两层意思:①飞机无论在超视距作战还是近距格斗,要求飞行轨迹迅速变化,从一个机动动作转为另一个机动动作;②在捕获目标后,要求飞机姿态尽快变化,以形成导弹发射条件。

要使飞机具有高的敏捷性,必须从飞机设计上想办法。如果仍然按照常规的方法来进行设计,很难使飞机具有高的敏捷性,而采用随控布局技术就不同了。随控布局是 20 世纪 60 年代末、70 年代初发展起来的,采用了一种具有革命意义的随控布局技术(Control Configured Vehicle Technique,CCVT)的气动布局形式。目前,以机载计算机为核心、以电传操纵系统为基础的随控布局技术,为飞机性能的改善和空战技术的变革带来巨大影响。

随控布局技术是指依靠先进的控制系统来进行飞机总体布局的一种技术,采用这种技术的飞机安装有各种飞行状态传感器、计算机和自动控制系统。在飞行过程中,机载计算机根据飞行员的意图、飞机的状态、周围的气流条件等，及时发出指令信号，主动控制各种操纵面，使操纵面上的气动力按需要变化，以提高飞机的机动性和敏捷性。

随控布局飞机(Control Configured Vehicle，CCV)简单地讲就是将主动控制技术应用到飞机上，通过电传操纵系统，提高飞机飞行品质的飞机。随控布局技术应用了两类技术——主动控制技术(Active Control Technique，ACT)和基本(常规)设计技术。主动控制技术就是在飞机总体设计阶段主动地将飞行控制系统和气动布局、结构强度、动力装置等结合在一起进行综合设计，从而全面提高飞机飞行性能并改善飞行品质的技术。从设计角度讲，设计初始阶段就考虑飞行控制系统对总体设计的影响，可充分发挥飞行控制系统的潜力；从控制角度讲，在各种飞行状态下，依据各种指令，按预定程序操纵，可使气动力按需要变化，从而使飞行性能达到最佳。

主动控制技术和常规设计技术的区别是，基本设计思路是根据设计任务的要求，以气动布局、结构强度和动力装置三大因素来确定飞机的总体构型，如飞机不能完全满足设计要求，才采用飞行控制技术加以改善，也就是说，飞行控制系统是后来加到飞机上的，对飞机结构没有直接影响。而主动控制技术则把飞行控制技术提高到和气动布局、结构强度和动力装置三大因素并驾齐驱的地位，也就是飞机总体设计之初就把控制技术和基本的三大要素同时考虑，因而使设计者可以利用飞行控制技术明显地提高和优化飞机的性能。

随控布局飞机也存在缺点，那就是对控制系统的可靠性要求极高，一旦电子设备出了故障，飞机就很容易出事故。

3.2.2.10　其他布局形式

飞机的气动布局形式还可根据机翼或机身情况有以下几种类型：

1)斜置翼布局。这也是一种变后掠翼，一个整体直机翼安装在机身上，当与机身垂直时就是无后掠形式；当机翼转动一个角度斜置于机身上时，机翼左右不对称，即一侧为前掠，另一侧为后掠，同样可起到高速减小激波强度的作用。这种布局设计变后掠机构简洁，并且飞机的重心在变后掠时保持不变。

2)X形翼布局。可以设置为两副机翼，斜置交叉布置，后面部分还可起尾翼作用。还有一种整体X形机翼/旋翼设计，当X翼固定时就是前述的布局形式，当X翼旋转时就相当于直升机的旋翼产生升力，这时用于垂直起降。

3)双翼和多翼布局。通常指在垂直方向或前后方向上设置两个或多个机翼的形式。早期低速飞机的多翼设计是为了增加升力。现代飞机速度高，多翼形式也发生变化，如有一种特殊的前后联翼式飞机的设计，不但可增加升力，而且显著提高了机翼的整体结构刚度。此外还有栅格翼形式等。

4)环形翼布局。机翼设计为圆筒状，这种设计具有翼展小、刚度增加和质量减小等特点。

5)可变形或可折叠翼布局。一种是机翼平面形状可变形式，另一种是机翼可折叠形式，也是为了适应不同飞行速度和飞行高度时良好的气动特性和飞行性能的需要，使飞行器具有多用途的功能。

6)倾转旋翼机。相当于螺旋桨安装在机翼上的飞机，机翼连同螺旋桨(旋翼)可以绕机冀轴线倾转，起飞时旋翼呈水平位置可以像直升机一样垂直起飞和悬停，而旋翼转至垂直位置则可像固定翼飞机一样飞行。

随着技术的发展，飞机气动布局形式也不断更新，对于现代高性能作战飞机的设计，除了要在亚、超声速及大、小迎角全包线范围内都有满意的气动特性外,还要考虑隐身性能对飞机外形的要求,而隐身与气动特性对飞机外形的要求是有些矛盾的。那么到底哪一种气动布局是最好的呢?单纯比较各种气动布局的气动性能是无法回答这个问题的,必须在当前飞机设计的条件下,结合战术技术指标的要求,比较它们的飞行性能,并对各种气动布局形式的稳定性、操纵性、飞机重量、制造的复杂性、维护性、成本和全寿命费用等进行综合分析比较,才可能作出适合该飞机的最佳气动布局选择。因此,气动布局形式的选择是一个综合的、折中的过程。

复 习 题

1. 飞机主要由_____、_____和_____三大部分组成。

2. 飞机气动布局的形式主要有_____、_____、_____和_____等四种形式。

3. 机翼是飞机产生_____的主要部件。

4. 主动控制技术包括_____、_____、_____、和_____等。

5. 隐身技术可以分为_____、_____、_____、和_____等。

6. 什么是飞机的气动布局?现代飞机的基本气动布局形式主要有哪些?

7. 飞机气动布局设计包括哪些主要内容?

8. 简述机翼的增升装置及其分类。

9. 现代飞机为提高和改善机翼表面流场分布通常采用哪些措施?

10. 作战飞机外挂物布局形式主要有哪些?

11. 通常四代作战飞机应具有哪些战术技术性能?

12. 鸭式布局飞机的优缺点是什么?

13. 无尾布局飞机的优缺点是什么?

14. 三翼面布局飞机的优缺点是什么?

15. 飞翼布局飞机的优缺点是什么?

16. 变后掠翼布局飞机的优缺点是什么?

17. 前掠翼布局飞机的优缺点是什么?

18. 什么是隐身技术?目前有哪些主要的隐身技术?

19. 飞机隐身布局设计的基本准则有哪些?

20. 简述随控布局飞机的优缺点。

第4章 飞机的飞行性能

飞机的飞行性能研究是指在已知外力(发动机推力、空气动力及飞机重力)作用下,如何确定飞机在空中及地面的各种运动特征和最优轨迹等,如最大飞行速度、飞行高度、飞行距离、各种机动性能以及起飞着陆特性等。分析这类问题所采用的基本方法是,把飞机看作一个全部质量集中在质心的可控质点,用飞机质心的运动代替整架飞机的运动,并且假定在各种飞行状态下,绕飞机质心的力矩平衡,都可以通过驾驶员操纵飞机的舵面来满足。

飞机的飞行性能主要是指飞机质心沿飞行轨迹(通常称为航迹)作定常或非定常运动的能力,包括基本飞行性能、机动飞行性能、巡航性能以及起飞、着陆性能等。

本章从质点动力学问题出发,在介绍常用坐标系和质心运动方程的基础上,分析飞机飞行性能的基本概念及有关的计算方法。

4.1 常用坐标系和质心运动方程组

在研究飞机的飞行性能时,通常把飞机看成是全机质量集中于质心的一个质点。只要建立并解算飞机质心运动方程组,就可确定飞机的飞行性能和飞行航迹。

飞机在飞行中受到的外力主要有发动机的推力 P、空气动力 R 和重力 G。这些外力通常按不同的坐标系给出。此外,为了确定飞机(质心)在空间的位置、运动速度和加速度,也需要适当选取坐标系以有利于问题的描述。下面介绍几种常见的坐标系及其相互关系,然后在讨论坐标转换的基础上介绍飞机(质心)运动方程组。

4.1.1 坐标系

在飞机飞行性能的研究中,经常用到的坐标系主要有地面坐标系、机体坐标系、速度坐标系和航迹坐标系。

4.1.1.1 地面坐标系

地面坐标系 $Ox_g y_g z_g$ 简称地轴系。其原点 O 固定于地面上某点,Oy_g 轴铅垂向上,Ox_g 和 Oz_g 轴在水平面内和 Oy_g 轴构成右手直角坐标系。重力通常在地轴系内给出,并沿 Oy_g 轴的负向。

4.1.1.2 机体坐标系

机体坐标系 $Ox_b y_b z_b$ 简称体轴系。原点 O 在飞机的质心上,纵轴 Ox_b 指向前方,竖轴 Oy_b 在飞机对称面内指向机体上方,横轴 Oz_b 垂直于飞机对称面指向右方。发动机推力一般在机体坐标系内给出。

纵轴 Ox_b 在飞机对称面内。它与地面(水平面)之间的夹角叫机体俯仰角,简称俯仰角,记为 ϑ,机头上仰为正;它在水平面 Ox_gz_g 上的投影与 Ox_g 之间的夹角叫偏航角 ψ,机头左偏为正;坐标平面 Ox_by_b(即飞机对称面)与通过 Ox_b 轴的铅垂面之间的夹角叫滚转角,记为 γ,飞机右倾斜时 γ 为正,滚转角又叫坡度。

平移地轴系,使其原点与体轴系的原点重合时,可以看出,地轴系与体轴系之间的角度关系完全由三个欧拉角 ψ,ϑ 和 γ 确定(见图 4-1)。顺序地使地轴系绕 Oy_g,Oz',Ox_b 轴转过 ψ,ϑ,γ 角可使这两个坐标轴系重合。

4.1.1.3 速度坐标系

速度坐标系 $Ox_ay_az_a$ 原点 O 在飞机质心上;Ox_a 轴沿飞行速度(空速)方向,向前为正,叫速度轴或阻力轴;Oy_a 轴在飞机对称面内垂直于 Ox_a 轴,向上为正,叫升力轴;Oz_a 轴垂直于 Ox_ay_a 平面,向右为正,称为侧力轴。作用于飞机的空气动力一般按速度坐标系给出。

速度坐标系的 Ox_a 轴与飞机对称面 Ox_by_b 之间的夹角叫侧滑角,记为 β。飞行速度(空速)指向飞机对称面右侧时,侧滑角 β 为正,称为右侧滑。Ox_a 轴在 Ox_by_b 上的投影 Ox' 与机体纵轴 Ox_b 的夹角叫迎角,记为 α。速度坐标系与机体坐标系之间的方位关系完全由迎角 α 和侧滑角 β 确定。由图 4-2 可以看出,依次绕 Oy_a 轴、Oz_b 轴分别使速度坐标系转过 β 角和 α 角,可以使这两个坐标系重合。

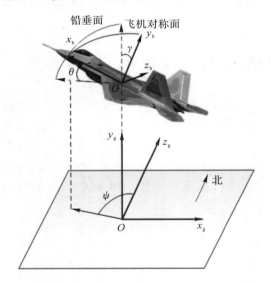

图 4-1 地轴系与体轴系的关系

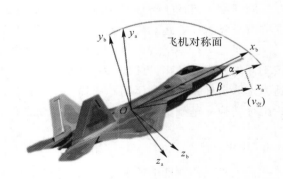

图 4-2 速度坐标系与机体坐标系的关系

4.1.1.4 航迹坐标系

航迹坐标系 $Ox_hy_hz_h$ 原点 O 在飞机质心上;Ox_h 轴沿飞机飞行速度方向,向前为正;Oy_h 在通过 Ox_h 轴的铅垂平面内与 Ox_h 轴垂直,向上为正;Oz_h 在水平面内垂直于 Ox_hy_h,构成右手坐标系。

航迹坐标系 $Ox_hy_hz_h$ 与速度坐标系 $Ox_ay_az_a$ 之间只相差一个 γ_s 角(见图 4-3),叫速度滚转角。规定航迹坐标系绕 Ox_h 轴向右倾斜时,γ_s 为正。将航迹坐标系绕飞行速度方向(即

Ox_h 轴)转过 γ_s 角度即可使这两个坐标系相互重合。

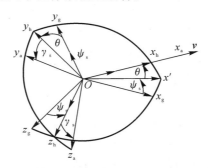

图 4 - 3 地轴系、速度坐标系、航迹轴系的方位关系

航迹坐标系 Ox_h 轴在水平面 $Ox_g y_g$ 上的投影线 Ox' 与地轴系 Ox_g 之间的夹角 ψ_s 叫航向角，飞行方向左偏，航向角 ψ_s 为正；航迹轴 Ox_h 与水平面之间的夹角 θ 叫航迹俯仰角，飞行方向向上，θ 为正，此时的航迹俯仰角又叫上升角。

平移地面坐标系，使其原点与飞机质心重合时，航迹坐标系、速度坐标系和地轴坐标系之间的方位关系如图 4 - 3 所示。依次使地轴系绕 Oy_g，Oz_h 轴转过 ψ_s，θ 角可使地轴系与航迹轴系重合。

4.1.2 飞机的质心运动方程组

飞机质心运动方程组包括飞机质心动力学方程和质心运动学方程。前者描述质心运动与外力之间的关系，是解决动力学问题的基本依据；后者描述飞机质心在空间的位置与质心运动速度的关系，用来确定飞机质心在空间的位置随时间的变化。飞机质心运动方程组的形式与所取的坐标系有很大的关系。下面先介绍飞机质心在任意活动坐标系中的动力学方程、飞机质心在航迹坐标系中的动力学方程、飞机质心运动学方程，然后导出飞机在水平面内和垂直面内运动的运动方程组。

4.1.2.1 质心动力学方程

在飞机飞行动力学中，通常把地球看成是"平面大地"，并把固连于地面的坐标系视为惯性坐标系。因此，在上述诸坐标系中，地轴系是惯性系；而体轴系、速度轴系和航迹轴系则属于活动轴系，通常属于非惯性轴系。

(1)在任意活动坐标系中的质心动力学方程。

由理论力学知识知道，如果以 m 表示飞机的质量，以 $\boldsymbol{a}$ 表示飞机质心的绝对加速度矢量，以 $\sum \boldsymbol{F}$ 表示作用于飞机质心的外力合矢量，则根据牛顿第二定律，有

$$m\boldsymbol{a} = \sum F \tag{4-1}$$

$$\boldsymbol{a} = \frac{\mathrm{d}\boldsymbol{v}}{\mathrm{d}t} = \frac{\mathrm{d}}{\mathrm{d}t}(v_x \boldsymbol{i} + v_y \boldsymbol{j} + v_z \boldsymbol{k})$$

$$= \frac{\mathrm{d}v_x}{\mathrm{d}t}\boldsymbol{i} + \frac{\mathrm{d}v_y}{\mathrm{d}t}\boldsymbol{j} + \frac{\mathrm{d}v_z}{\mathrm{d}t}\boldsymbol{k} + v_x\frac{\mathrm{d}\boldsymbol{i}}{\mathrm{d}t} + v_y\frac{\mathrm{d}\boldsymbol{j}}{\mathrm{d}t} + v_z\frac{\mathrm{d}\boldsymbol{k}}{\mathrm{d}t} = \frac{\partial \boldsymbol{v}}{\partial t} + \boldsymbol{\omega} \times \boldsymbol{v}$$

式中

$$\frac{\partial \boldsymbol{v}}{\partial t} = \frac{\mathrm{d}\boldsymbol{v}_x}{\mathrm{d}t}\boldsymbol{i} + \frac{\mathrm{d}\boldsymbol{v}_y}{\mathrm{d}t}\boldsymbol{j} + \frac{\mathrm{d}\boldsymbol{v}_z}{\mathrm{d}t}\boldsymbol{k}$$

代入式（4-1）并投影到 3 个坐标轴上，可得质心动力学方程为

$$m\left(\frac{\mathrm{d}v_x}{\mathrm{d}t}+\omega_y v_z-\omega_z v_y\right)=\sum F_x$$

$$m\left(\frac{\mathrm{d}v_y}{\mathrm{d}t}+\omega_z v_x-\omega_x v_z\right)=\sum F_y \tag{4-2}$$

$$m\left(\frac{\mathrm{d}v_z}{\mathrm{d}t}+\omega_x v_y-\omega_y v_x\right)=\sum F_z$$

（2）航迹坐标系中的质心动力学方程。

在飞机飞行性能研究中，为使飞机质心动力学方程具有最简单的形式，一般选用航迹坐标系。为此必须给出在航迹坐标系中外力、速度和角速度的分量表达式。

作用在飞机上的外力有重力 $\boldsymbol{G}$、发动机推力 $\boldsymbol{P}$ 和空气动力 $\boldsymbol{R}$。

重力一般在地轴系中给出。在航迹坐标系中，重力分解为

$$\begin{bmatrix} G_{xh} \\ G_{yh} \\ G_{zh} \end{bmatrix}=\boldsymbol{L}_{\mathrm{g}}^{\mathrm{h}} \begin{bmatrix} 0 \\ -mg \\ 0 \end{bmatrix}=\begin{bmatrix} -mg\sin\theta \\ -mg\cos\theta \\ 0 \end{bmatrix}$$

发动机推力一般在体轴系中给出（见图 4-4），即

$$\begin{bmatrix} P_{xb} \\ P_{yb} \\ P_{zb} \end{bmatrix}=\begin{bmatrix} P\cos\varphi_{\mathrm{p}} \\ P\sin\varphi_{\mathrm{p}} \\ 0 \end{bmatrix}$$

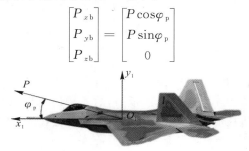

图 4-4　发动机推力

在航迹轴系中，推力分量为

$$\begin{bmatrix} P_{xh} \\ P_{yh} \\ P_{zh} \end{bmatrix}=\boldsymbol{L}_{\mathrm{b}}^{\mathrm{h}} \begin{bmatrix} P\cos\varphi_{\mathrm{p}} \\ P\sin\varphi_{\mathrm{p}} \\ 0 \end{bmatrix}=\begin{bmatrix} P\cos\beta\cos(\alpha+\varphi_{\mathrm{p}}) \\ P[\cos\boldsymbol{\gamma}_{\mathrm{s}}\sin(\alpha+\varphi_{\mathrm{p}})+\sin\beta\sin\boldsymbol{\gamma}_{\mathrm{s}}\cos(\alpha+\varphi_{\mathrm{p}})] \\ P[\sin\boldsymbol{\gamma}_{\mathrm{s}}\sin(\alpha+\varphi_{\mathrm{p}})-\sin\beta\cos\boldsymbol{\gamma}_{\mathrm{s}}\cos(\alpha+\varphi_{\mathrm{p}})] \end{bmatrix}$$

空气动力一般在速度轴系中给出，可表示为

$$\begin{bmatrix} R_{xh} \\ R_{yh} \\ R_{zh} \end{bmatrix}=\begin{bmatrix} -X \\ Y \\ Z \end{bmatrix}$$

在航迹坐标系中，有

$$\begin{bmatrix} R_{xh} \\ R_{yh} \\ R_{zh} \end{bmatrix}=\boldsymbol{L}_{\mathrm{a}}^{\mathrm{h}} \begin{bmatrix} -X \\ Y \\ Z \end{bmatrix}=\begin{bmatrix} -X \\ Y\cos\gamma_{\mathrm{s}}-Z\sin\gamma_{\mathrm{s}} \\ Y\sin\gamma_{\mathrm{s}}+Z\cos\gamma_{\mathrm{s}} \end{bmatrix}$$

根据航迹坐标系的定义，速度 $\boldsymbol{v}$ 在航迹坐标系中只有沿 Ox_{h} 方向的分量，且 $v_{xh}=v$，而 $v_{yh}=v_{zh}=0$。

航迹坐标系的转动角速度 ω_h 可以利用图 4-3 确定,即沿 Oy_g 轴方向的角速度 $\dot{\psi}_s$ 和沿 Oz_h 轴方向的角速度 $\dot{\theta}$ 的合矢量定。因此利用坐标转换原理,可得

$$
\begin{bmatrix} \omega_{xh} \\ \omega_{xh} \\ \omega_{zh} \end{bmatrix} = \boldsymbol{L}_g^h \begin{bmatrix} 0 \\ \dot{\psi}_s \\ 0 \end{bmatrix} + \begin{bmatrix} 0 \\ 0 \\ \dot{\theta} \end{bmatrix} = \begin{bmatrix} \dot{\psi}_s \sin\theta \\ \dot{\psi}_s \cos\theta \\ \dot{\theta} \end{bmatrix}
$$

将上述诸力、速度和角速度在航迹轴系中的分量表达式代入式(4-2),并经整理得到:

$$
\left.\begin{aligned}
m\frac{\mathrm{d}v}{\mathrm{d}t} &= P\cos(\alpha+\varphi_p)\cos\beta - X - mg\sin\theta \\
mv\frac{\mathrm{d}\theta}{\mathrm{d}t} &= P[\cos(\alpha+\varphi_p)\sin\beta\sin\gamma_s + \sin(\alpha+\varphi_p)\cos\gamma_s] + Y\cos\gamma_s - Z\sin\gamma_s - mg\cos\theta \\
mv\cos\theta\frac{\mathrm{d}\psi_s}{\mathrm{d}t} &= P[\cos(\alpha+\varphi_p)\sin\beta\cos\gamma_s - \sin(\alpha+\varphi_p)\sin\gamma_s] - Y\sin\gamma_s - Z\cos\gamma_s
\end{aligned}\right\} \quad (4-3)
$$

方程组(4-3)就是在航迹坐标系中的飞机质心动力学方程。在知道了飞机的空气动力特性和迎角 α、发动机推力特性和发动机安装角 φ_p、侧滑角 β、速度滚转角 γ_s 及初始飞行状态后,采用积分质心动力学方程,即可解得飞机飞行速度 v、航迹俯仰角 ϑ 和航向角 ψ_s 随时间的变化规律。

4.1.2.2　质心运动学方程

为了研究飞机质心在空间的位置变化,仅有质心动力学方程是不够的,还要建立质心运动学方程。

飞机质心在空间的位置一般由地轴系的坐标给出。根据速度的定义,在地轴系中有

$$
\begin{bmatrix} \mathrm{d}x_g/\mathrm{d}t \\ \mathrm{d}y_g/\mathrm{d}t \\ \mathrm{d}z_g/\mathrm{d}t \end{bmatrix} = \begin{bmatrix} v_{xg} \\ v_{yg} \\ v_{zg} \end{bmatrix}
$$

根据坐标转换原理,地轴系中的速度分量表达式可以由航迹轴系中获得的结果经转换得到,即

$$
\begin{bmatrix} v_{xg} \\ v_{yg} \\ v_{zg} \end{bmatrix} = \boldsymbol{L}_h^g \begin{bmatrix} v \\ 0 \\ 0 \end{bmatrix} = (\boldsymbol{L}_g^h)^{-1} \begin{bmatrix} v \\ 0 \\ 0 \end{bmatrix} = \begin{bmatrix} v\cos\theta\cos\psi_s \\ v\sin\theta \\ -v\cos\theta\sin\psi_s \end{bmatrix}
$$

由以上两式即可得飞机的质心运动学方程为

$$
\begin{bmatrix} \mathrm{d}x_g/\mathrm{d}t \\ \mathrm{d}y_g/\mathrm{d}t \\ \mathrm{d}z_g/\mathrm{d}t \end{bmatrix} = \begin{bmatrix} v\cos\theta\cos\psi_s \\ v\sin\theta \\ -v\cos\theta\sin\psi_s \end{bmatrix} \quad (4-4)
$$

方程右边的参数由解质心动力学方程得到,此时,只要知道飞机质心的初始空间位置,即可由积分方程(4-4)得到飞机质心在空间位置随时间变化的规律,或叫航迹。

4.1.3　在水平面和铅垂面内运动方程的简化

式(4-3)和式(4-4)合称为飞机的质心运动学方程组,是研究飞机飞行性能和飞行航迹的基本方程。显然这是一个三维空间问题。在飞行性能和航迹问题中我们会遇到一些典型的二维平面运动的情况——水平面和铅垂面内的运动,这时飞机运动方程组可以大为简化,下面根据式(4-3)和式(4-4)给出飞机质心在水平面内和铅垂面内的运动方程组。

4.1.3.1 飞机在水平面内的运动方程组

飞机在水平面内的运动,是指飞机的飞行航迹始终位于与水平面平行的某一平面内的运动,此时有

$$
\begin{cases}
\dfrac{\mathrm{d}y_g}{\mathrm{d}t} = 0 \\
\theta = 0 \\
\dfrac{\mathrm{d}\theta}{\mathrm{d}t} = 0
\end{cases}
$$

代入式(4-3)、式(4-4),可得

$$
\left.
\begin{aligned}
& m\,\frac{\mathrm{d}v}{\mathrm{d}t} = P\cos(\alpha + \varphi_p)\cos\beta - X \\
& P\left[\cos(\alpha + \varphi_p)\sin\beta\sin\gamma_s - \sin(\alpha + \varphi_p)\cos\gamma_s\right] + Y\cos\gamma_s - Z\sin\gamma_s = mg \\
& mv\,\frac{\mathrm{d}\psi_s}{\mathrm{d}t} = P\left[\cos(\alpha + \varphi_p)\sin\beta\cos\gamma_s - \sin(\alpha + \varphi_p)\sin\gamma_s\right] - Y\sin\gamma_s - Z\cos\gamma_s \\
& \frac{\mathrm{d}x_g}{\mathrm{d}t} = v\cos\psi_s \\
& \frac{\mathrm{d}z_g}{\mathrm{d}t} = -v\sin\psi_s
\end{aligned}
\right\} \quad (4-5)
$$

这就是飞机在水平面内飞行时的质心运动方程组。假如在水平面内的飞行中保持无侧滑角 $\beta = 0$,侧向力 $Z = 0$,则上述运动方程组可以进一步简化为

$$
\left.
\begin{aligned}
& m\,\frac{\mathrm{d}v}{\mathrm{d}t} = P\cos(\alpha + \varphi_p) - X \\
& \left[P\sin(\alpha + \varphi_p) + Y\right]\cos\gamma_s = mg \\
& mv\,\frac{\mathrm{d}\psi_s}{\mathrm{d}t} = -\left[P\sin(\alpha + \varphi_p) + Y\right]\sin\gamma_s \\
& \frac{\mathrm{d}x_g}{\mathrm{d}t} = v\cos\psi_s \\
& \frac{\mathrm{d}z_g}{\mathrm{d}t} = -v\sin\psi_s
\end{aligned}
\right\} \quad (4-6)
$$

4.1.3.2 飞机在铅垂面内的质心运动方程组

飞机在铅垂面内飞行,是指飞机对称面始终与某个给定的空间铅垂面重合,且飞行航迹始终在该铅垂面内运动。这种飞行状态又称对称飞行,此时有

$$
\beta = 0;\ \gamma_s = \gamma = 0
$$

因此,飞机质心运动方程组可以写为

$$
\left.
\begin{aligned}
& m\,\frac{\mathrm{d}v}{\mathrm{d}t} = P\cos(\alpha + \varphi_p) - X - mg\sin\theta \\
& mv\,\frac{\mathrm{d}\theta}{\mathrm{d}t} = P\sin(\alpha + \varphi_p) + Y - mg\cos\theta \\
& \frac{\mathrm{d}x_g}{\mathrm{d}t} = v\cos\theta \\
& \frac{\mathrm{d}y_g}{\mathrm{d}t} = \frac{\mathrm{d}H}{\mathrm{d}t} = v\sin\theta
\end{aligned}
\right\} \quad (4-7)
$$

值得注意的是,现代飞机的质量中燃油质量占有较大的比例。当飞机作长距离、长时间的飞行时,燃油消耗引起的飞机质量变化是不可忽视的。在这种情况下,应该考虑燃油消耗问题,上述动力学方程中应补充关系式:

$$\frac{\mathrm{d}m}{\mathrm{d}t} = -\frac{C}{g}P$$

式中:C 为发动机燃油消耗率;P 为发动机的推力值。

4.2　飞机基本飞行性能

飞机的基本飞行性能主要是指飞机在铅垂平面内作定常运动(简称直线运动或定直飞行)的性能,包括平飞最大速度、平飞最小速度、最大上升率和升限等,它们是决定飞机战术、技术性能的基础。本节主要介绍基本定义,以及飞行包线的概念及其影响因素。

4.2.1　定常直线运动方程

飞机在铅垂平面内作定常运动时,$\dfrac{\mathrm{d}v}{\mathrm{d}t} = 0,\dfrac{\mathrm{d}\theta}{\mathrm{d}t} = 0$。根据飞机在铅垂面内的质心动力学方程可得

$$\left.\begin{array}{l} P\cos(\alpha + \varphi_{\mathrm{p}}) - X - mg\sin\theta = 0 \\ P\sin(\alpha + \varphi_{\mathrm{p}}) + Y - mg\cos\theta = 0 \end{array}\right\} \tag{4-8}$$

如图 4-5 所示,假设发动机推力与机体纵轴相重合,即 $\varphi_{\mathrm{p}} = 0$,则定常运动方程为

$$\left.\begin{array}{l} P\cos a = X + G\sin\theta \\ Y + P\sin a = G\cos\theta \end{array}\right\} \tag{4-9}$$

在迎角 α 和航迹角 θ 不大的情况下,式(4-9)可近似地写为

$$\left.\begin{array}{l} P = X + G\sin\theta \\ Y + P\sin\alpha = G \end{array}\right\} \tag{4-10}$$

如果考虑到飞机推重比较小的情况,则可进一步近似地写为

$$\left.\begin{array}{l} P = X + G\sin\theta \\ Y = G \end{array}\right\} \tag{4-11}$$

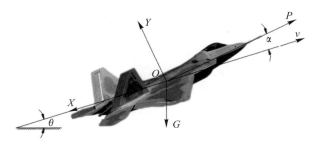

图 4-5　定直飞行中力的平衡

上述方程不同近似程度地描述了飞机作等速直线飞行的情况,叫作飞机等速直线运动方程,其中以式(4-11)最为简单,其第一个式子为保持等速飞行的条件,第二个式子为飞行航迹

保持不变的条件。在给定飞行高度、速度的情况下,对于给定的航迹俯仰角 ϑ,上述方程中只有两个未知量 —— 推力 P 和迎角 α(升力 Y 和阻力 X 都是迎角 α 的函数),因而方程是封闭的。但是考虑到升力 Y 和阻力 X 都是迎角 α 的非线性函数,要精确地求得解析解是困难而麻烦的。因此,一般都采用所谓"简单推力法"来确定飞机的基本性能。

4.2.2　简单推力法确定飞机的基本性能

简单推力法是以飞机水平等速直线飞行所需发动机推力曲线和可用发动机推力曲线为基础,根据定常直线飞行运动方程近似式(4-11)确定飞机基本性能的一种工程算法。

4.2.2.1　平飞所需推力

飞机作等速直线水平飞行叫平飞。平飞时,$\theta = 0$,方程(4-11)可写为

$$\left. \begin{array}{l} P = X \\ Y = G \end{array} \right\} \qquad (4-12)$$

如图4-6所示,平飞中为使飞行速度保持不变必须使发动机推力等于飞行阻力。

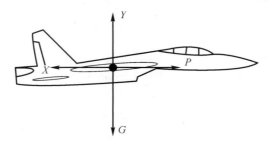

图4-6　飞机平飞时力的平衡

平飞中为克服飞行阻力所需的发动机推力就叫平飞所需推力,记为 P_r,即

$$P_r = X = C_x \frac{1}{2} \rho v^2 S$$

式中

$$C_x = C_{x0} + C_{xi} + \Delta C_{xh}$$

式中:C_{x0} 为零升阻力系数,一般是飞行 Ma 的函数(见图4-7);C_{xi} 为诱导阻力系数,一般在迎角较小时($C_y \leqslant 0.3$),$C_{xi} = AC_y^2$,A 为 Ma 的函数,当迎角较大($C_y > 0.3$)时,C_{xi} 除随 Ma 而变外,还是迎角(即 C_y)的复杂函数,在某些飞机说明书中以诱导阻力曲线的形式给出(见图4-8);ΔC_{xh} 是考虑到不同高度的雷诺数影响系数。

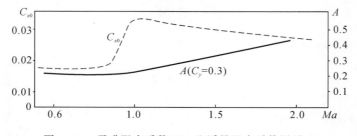

图4-7　零升阻力系数 C_{x0} 和诱导阻力系数因子 A

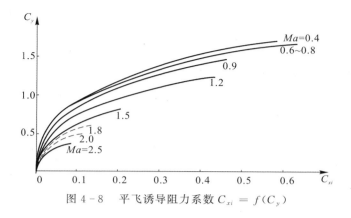

图 4-8　平飞诱导阻力系数 $C_{xi} = f(C_y)$

典型的平飞所需推力曲线如图 4-9 所示。由图可以看出,在一定的高度上,P_r 开始时(小速度)随平飞 Ma 增大而减小,并在某 $Ma = Ma_{av}$ 时达到最小值;最后随着平飞 Ma 的增大而增大。原因是:在小 Ma(速度)时,平飞迎角很大,诱导阻力系数很大,因而诱导阻力很大,是构成平飞所需推力的主要成分。随着平飞 Ma 增大,飞机飞行迎角减小,升力系数减小,诱导阻力系数减小,因而诱导阻力减小,从而使 P_r 随 Ma 增大而减小。但是当平飞 Ma 增达到一定值之后,零升阻力逐渐成为 P_r 的主要成分时,随着平飞 Ma 增大,零升阻力随之增大,从而引起 P_r 增大,P_r 最小值对应的 Ma_{av},一般叫作平飞有利 Ma。对应的速度叫平飞有利速度,记为 V_{av}。

图 4-10 所示为某超声速飞机平飞所需推力曲线随高度变化的情况。由图中可以看出随着高度升高,Ma_{av} 将逐渐增大,P_r 曲线将变得越来越平缓。其原因是:高度升高,大气压力下降,零升阻力明显下降,诱导阻力增大,Ma_{av} 随高度升高而增大。

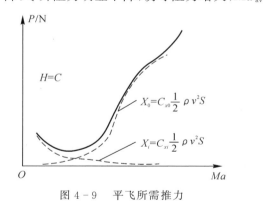

图 4-9　平飞所需推力

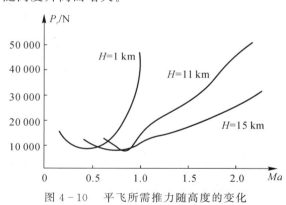

图 4-10　平飞所需推力随高度的变化

4.2.2.2　可用推力

可用推力是指安装在飞机上的发动机实际提供给飞机用于飞行的推力,即考虑飞机进气道损失、尾喷管增益和功率提取、引气等修正后的发动机推力。

图 4-11(a) 所示为涡轮喷气发动机的可用推力随 Ma 的变化规律,即所谓发动机的速度特性;图 4-11(b) 所示为涡轮喷气式发动机的可用推力随高度的变化规律,即所谓发动机的高度特性。图 4-12 所示为涡扇发动机可用推力随速度和高度的变化特性,可以看出,其高度特性与涡喷发动机是一致的,不同之处表现在速度特性上,即低空随速度增加,可用推力减小,

而高空可用推力则随速度增大而增大。

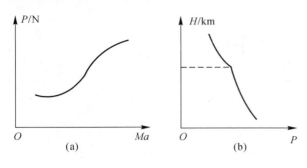

图 4-11　涡喷发动机的可用推力

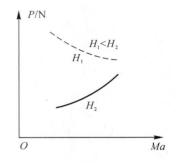

图 4-12　涡扇发动机的可用推力

4.2.2.3　平飞性能的确定

平飞性能主要是指平飞最大速度、最小速度和有利速度。

为了确定飞机的平飞性能,首先应将不同高度上的平飞所需推力曲线和相应飞行高度的满油门状态下的可用推力曲线绘制在同一张曲线图上,称为推力曲线图。图 4-13 所示为某超声速歼击机的推力曲线图。

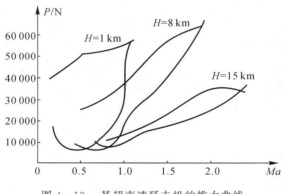

图 4-13　某超声速歼击机的推力曲线

（全加力,$G = 6.48 \times 10^4$ N）

平飞最大速度是指在给定飞行高度上,发动机满油门状态,飞机所能获得的最大平飞速度。飞机以此速度飞行时,平飞所需推力与可用推力相等,即

$$P_r = P \tag{4-13}$$

平飞所需推力曲线和可用推力曲线的右交点所对应的飞行状态满足式(4-13)。当飞行 Ma（速度）超过此交点对应的 Ma（速度）时,P_r 将大于 P,飞机将不能保持平飞;相反,当飞行 Ma（速度）低于交点处 Ma（速度）时,飞行虽然可以通过收油门满足条件 $P_r = P$,但飞行（速度）Ma 不是最大。因此,给定高度上的平飞最大速度（Ma）应是满油门状态下,可用推力曲线与平飞所需推力曲线的右交点所对应的飞行速度（或 Ma）。

由图 4-13 可以看出,不同高度上的平飞最大速度是不同的。从推力曲线图上可以找出各飞行高度上的平飞最大速度,做出 v_{max}（或 Ma_{max}）随飞行高度变化的曲线（见图 4-14 和图 4-15）。

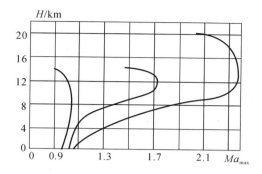

图 4 - 14　某超声速歼击机的平飞最大速度

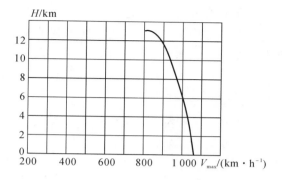

图 4 - 15　某轰炸飞机的平飞最大速度

平飞最小速度是指,在一定高度上飞机能作等速直线水平飞行的最小速度。现代超声速战斗机中低空飞行时的平飞最小速度,一般由最大允许升力系数 $C_{y\,max}$ 决定。根据式(4 - 12),有

$$C_{y\,max}\frac{1}{2}\rho v_{min}^2 S = G$$

可得

$$v_{min} = \sqrt{\frac{2G}{C_{y\,max}\rho S}}$$

值得注意的是,现代超声速战斗机的最大允许升力系数 $C_{y\,max}$ 一般随 Ma 而变,不是一个常数(见图 4 - 16)。

为确定 Ma_{min} 必须求解方程:

$$\begin{cases} C_{y\,max}\dfrac{1}{2}\rho a^2 Ma^2 S = G \\ C_{y\,max} = f(Ma) \end{cases}$$

为此,应该在最小平飞速度附近适当选取一系列 $Ma_i(i = 1,2,3,\cdots)$,根据升力等于重力的条件算得一系列升力系数,即

$$C_{yi} = \frac{2G}{\rho a^2 S Ma^2}$$

并在 $C_{y\,max} - Ma_i$ 图上作 $C_{yi} - Ma_i$ 曲线,求得它们的交点(图 4 - 17 中的 A),则此交点对应的 Ma 即为所求的 Ma_{min}。

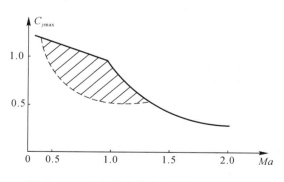

图 4 - 16　飞机最大升力系数与 Ma 的关系

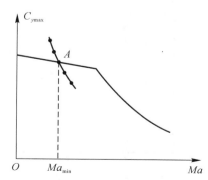

图 4 - 17　Ma_{min} 的确定

随着高度升高,发动机推力迅速下降,以上述方法求得的 Ma_{min} 平飞时,发动机可用推力可能不足以克服平飞阻力。此时应根据满油门状态可用推力与平飞所需推力曲线的左交点求得另一最小平飞速度 Ma_{min},并与上述求得的 Ma_{min} 比较,取其中较大的一个作为平飞最小速度(Ma_{min})。

平飞有利速度可以根据其定义取为平飞所需推力曲线最低点对应的速度(Ma)。

4.2.2.4 最大上升率和升限的确定

(1) 最大上升率。

上升率 v_y 是指飞机在等速直线飞行中每秒内上升的高度,即

$$v_y = \frac{\mathrm{d}H}{\mathrm{d}t} = v\sin\theta$$

式中:θ 为航迹俯仰角,在上升的飞行中也叫上升角。

在式(4-11)中,以 P_r 代替阻力 X,可得

$$P - P_r = G\sin\theta$$

可以看出,只有当 $P > P_r$ 时,飞机才能作等速直线上升飞行。可用推力和平飞所需推力之差叫剩余推力。显然 $\sin\theta = \frac{\Delta P}{G}$,$\theta = \arcsin\left(\frac{\Delta P}{G}\right)$。在一定的高度上,剩余推力 ΔP 随飞行速度(Ma)而变。当 ΔP 在某飞行速度(Ma)下取得最大值时,上升角将取得最大值,即

$$\theta_{max} = \arcsin\left(\frac{\Delta P_{max}}{G}\right)$$

取得最大上升角的速度叫陡升速度,记为 v_{deep}。

陡升速度 v_{deep} 并不是取得最大上升率的速度。根据上升率的定义,有

$$v_y = \frac{\mathrm{d}H}{\mathrm{d}t} = v\sin\theta = \frac{\Delta Pv}{G} \tag{4-14}$$

在飞机重力 G 一定的条件下$(v_y)_{max} = \frac{(\Delta Pv)_{max}}{G}$给定飞行高度的最大上升率$(v_y)_{max}$ 可以通过图4-18求得。步骤如下:

1) 给定一系列 $Ma_i(i=1,2,3,\cdots)$,计算 $v_i = Ma_i \cdot a$。

2) 由推力曲线上求得各 v_i(即 Ma_i)对应的剩余推力 ΔP_i,并算出 $\Delta P_i \cdot v_i$。

3) 以(ΔPv)为纵坐标,速度 v 为横坐标,作$(\Delta Pv)-v$ 曲线,从曲线的最高点(见图4-19中)求得$(\Delta Pv)_{max}$ 并计算$(v_y)_{max} = (\Delta Pv)_{max}/G$。

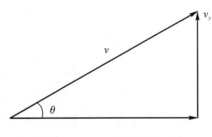

图 4-18 上升速度和上升率

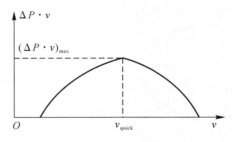

图 4-19 快升速度

　　通常把最大上升率的速度叫快升速度,并记为 v_{quick}。一般 $v_{quick} > v_{deep}$。值得指出的是,超声速战斗机一般有两个快升速度:一个是亚声速快升速度;一个是超声速快升速度。原因是:超声速飞机的剩余推力有两个极值(见图 4-20)。其中一个极值点在亚声速区有利速度右侧附近,一个极值点在超声速区的最大可用推力 Ma 附近。这使超声速战斗机在高空具有两个上升率极值点,而且超声速的最大上升率比亚声速的最大上升率要大。

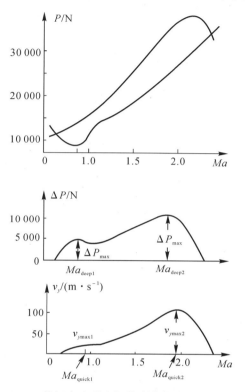

图 4-20　某超声速歼击机的剩余推力和上升率曲线

　　因此,对于超声速飞机,为了充分发挥其上升性能,争取以最短的时间上升到规定高度,一般在中、低空使用亚声速快升速度飞行,并在达到一定高度后加速到超声速快升速度,然后在以超声速快升速度上升,爬高到所希望达到的高度。例如某超声速歼击机规定:在 8 000 m 以下用亚声速快升速度上升;在 13 000 m 以上,改用超声速快升速度上升;为了从亚声速上升转为超声速上升,飞机必须在 8 000 ~ 13 000 m 范围内进行小角度加速上升。

　　(2)升限。

　　升限通常是指静升限,也叫理论升限,是飞机能保持等速直线水平飞行的最大高度,也就是最大上升率为零的高度。

　　飞机在上升过程中,随着飞行高度增加,推力曲线图上的可用推力曲线逐渐下移,而平飞所用推力曲线逐渐右移并愈来愈平缓,使剩余推力逐渐减小,最大上升率逐渐降低(见图 4-21)。当飞机上升到某一高度时,可用推力曲线与平飞所需推力曲线恰好切于某一点。此时,飞机只能以该切点对应的唯一速度平飞,飞行速度大于或小于该速度,都会因为 $P_{av} < P_r$ 而不能保持等速直线水平飞行。

飞机静升限可以通过作最大上升率随高度变化的曲线的方法确定。如图4-21所示,最大上升率曲线与纵坐标的交点即为飞机的静升限。

值得指出的是,静升限只有理论上的意义,实际使用一般都在稍低于静升限的高度上飞行,即实用升限一般小于理论升限。实用升限应是:在给定飞行重量和发动机工作状态(最大加力、最大或额定状态)下,在垂直平面内作等速爬升时,对于亚声速飞行,最大上升率为0.5 m/s时的飞行高度;对于超声速飞行,最大上升率为5 m/s时的飞行高度。

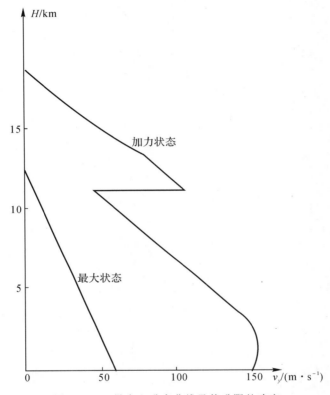

图4-21　最大上升率曲线及静升限的确定

高速飞机速度快,飞行员往往可以采用跃升的办法,使飞机在静升限以上的高度飞行。飞机在静升限以下的高度上,增速到最大速度,然后利用飞机的动能,沿跃升线上去,当表速减小到最小允许表速时,在保证飞机不失稳定性和操纵性的前提下,所能达到的最大高度叫动力升限(简称动升限),采用跃升的办法,在静升限和动升限之间的高度上飞行,叫作动力高度飞行。

例如,某超声速歼击机飞行在13 500 m高度上,Ma由2.0增速到2.05,拉杆形成2.5的过载进入跃升,当表速减小到平飞最小表速时,飞机可达23 000 m左右的高度,这是该型飞机实际使用的最大动力高度。

应当指出,动升限和静升限是两个不同的概念。前者是利用飞机的速度暂时获得的高度,在该高度上推力小于阻力,飞机不能作稳定平飞;后者是依然靠发动机的可用推力所取得的高度,在该高度上推力等于阻力,飞机可以作稳定平飞。由于飞机在动升限与静升限之间的动力高度范围内,还可以保持一定时间的减速平飞,因此,作战时可以利用动力高度飞行的方法,攻击在飞机静升限以下的目标。

4.2.3　平飞包线

对于飞机基本性能计算结果,常常在高度-速度平面上用最大平飞速度和最小平飞速度随高度的变化曲线给出飞机作等速直线水平飞行高度-速度范围(图4-22中的虚线)。飞机的平飞高度-速度范围叫作平飞包线。

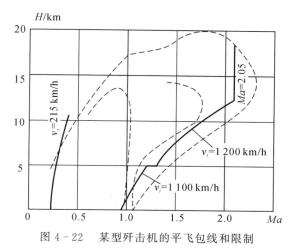

图 4-22　某型歼击机的平飞包线和限制

飞机的速度范围是最小平飞速度到最大平飞速度之间的飞行范围,其左边界线是最小平飞速度线,右边界线是最大平飞速度线。在此边界之内飞机可以作平飞、等速直线上升和下滑飞行或作加、减速飞行,在边界线上则只能作等速直线水平飞行、下滑或减速飞行。由于最大和最小平飞速度随高度变化,所以飞机的平飞速度范围也随高度而变。接近升限时速度范围急剧缩小,其左、右边界线最终在理论升限上相接于一点。此时飞机只能以与该点对应的唯一速度作平飞、下滑或减速飞行。

从海平面到飞机能保持平飞的最大高度,即理论升限之间的飞行范围,叫飞机的平飞高度范围。

飞机的平飞包线直观地反映出飞机飞行性能的概貌。它所包围的高度-速度范围越大,飞机所具有的战斗能力也越强。然而,由于受到飞机结构强度和刚度条件、稳定性和操纵性等的影响,仅仅根据简单推力法确定的平飞包线还不是飞机的实际适用范围。这首先表现在对最大平飞速度线的限制上。

4.2.4　平飞最大速度的限制

现代高性能战斗机,由于气动外形的改进和大推重比发动机的采用,按简单推力法确定的最大平飞速度,可能会超过飞机结构刚度、强度、飞机稳定性和操纵性能容忍的范围。因此,为了确保飞行安全,必须根据实际情况限制其最大平飞速度。下面主要介绍动压、温度以及稳定性和操纵性对最大平飞速度的限制。

4.2.4.1　动压限制

动压限制(q_{max})属于飞机结构强度和刚度限制。过大的动压,可能会使机体受到过大的空气动力作用,从而引起蒙皮铆钉松动,过大的变形甚至引起结构破坏。由于中、低空飞行时,空气密度较大,表速较大,动压比较容易超出规定的数值。因此,动压限制对飞行员来说就是最大允许表速限制。例如某超声速歼击机的最大允许表速在低空 5 000 m 以下为 1 100 km/h,在 $H \geqslant 5 000$ m 高度上为 1 200 km/h(平飞包线图 4 - 22 的右下方)。

4.2.4.2　温度限制

现代高速飞机以高速飞行时,其最大速度不但受到动压的限制,还要受到温度的限制。当飞机高速飞行时,附面层的底层气流温度急剧升高,产生所谓气动增温现象,对机体表面进行加温。当机体表面温度过高时会引起机体结构材料的机械性变坏、座舱有机玻璃发软而模糊不清。用铝合金制成的飞机一般只能在短时间内(不大于 5 min)承受 468 K 的温度,其最大可承受的温度为 493 K;钛合金制成的飞机能承受 673 K 左右的温度。

由空气动力学知道,空气动力增温的数值直接与 Ma 有关,即

$$T_0 = T_{at}(1 + 0.2Ma^2)$$

在环境温度一定的情况下,机体表面的气流滞止温度 T_0 仅由 Ma 决定。因此,温度限制在飞机包线上往往以 Ma 限制给出(见图 4 - 23)。

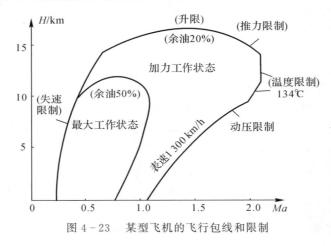

图 4 - 23　某型飞机的飞行包线和限制

例如某型飞机的限制温度为 407 K,在高度 $H \geqslant 11$ km 飞行时 $T_{at} = 216.5$ K,由上式可得

$$Ma_{lim} = \sqrt{5\left(\frac{T_{lim}}{T_{at}} - 1\right)} = 2.236\sqrt{\frac{407}{216.5} - 1} = 2.1$$

即在 $H \geqslant 11$ km 飞行时,由于温度限制,某型飞机的最大 Ma 不应超过 2.1(由于机体表面传热的影响,表面结构的温度将低于上式计算得到的滞止温度,因此这个结果偏于保守)。

4.2.4.3　稳定性和操纵性限制

当飞机作超声速飞行时,其舵面效率将降低,方向静稳定性变差,严重的还可能出现副翼操纵失效或失去方向静稳定性。为了防止出现这种现象,保证飞机具有足够的方向静稳定性和操纵性,有必要限制最大飞行 Ma,例如某型歼击机,为了保证飞行中具有足够的方向静稳定性,规定了最大允许使用 Ma 不得超过给定值 2.05。

应当指出,除上述几种限制外,其他许多因素也可能对飞机实际使用的最大速度提出限制要求,例如幻影 Ⅲ 飞机就曾因为助力器功率不足而不得不限制它的最大速度。

4.2.5　使用维护对飞机性能的影响

一般飞机的技术说明书中提供的飞机基本性能都是在一定的标准条件下得到的,但随着使用时间的增长,发动机的可用推力、飞机外形等也会发生变化;另外,在实际使用过程中,装载量、外挂物以及大气条件等也会发生不同程度的变化,这些都会影响飞机的基本飞行性能。而外场实际使用条件及机务维护质量情况将会使飞机基本性能发生偏离或变化,所以研究飞机的维护质量和使用条件对基本飞行性能的影响,对于充分发挥飞机性能和保证飞行安全,有着十分重要的意义。

下述重点分析维护质量、气温和飞行重量对基本飞行性能的影响。

4.2.5.1　维护质量对飞机性能的影响

维护质量的好坏对飞机的基本性能具有明显的影响。不良的维护可以引起发动机推力降低,导致蒙皮漆层脱落,飞机表面积垢、划伤、压坑或变形、舱口盖不严或密封装置损坏等。

这将使飞机零升阻力增加,平飞所需推力增大。结果将会使飞机的最大平飞速度减小,平飞速度范围缩小,还会使平飞剩余推力减小,飞机最大上升率减小,升限降低(见图 4-24)。

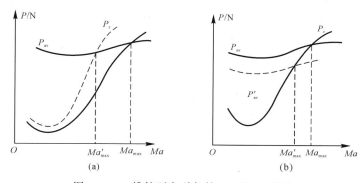

图 4-24　维护不良引起的 P_r 和 P_{av} 变化

因此,为保持飞机具有良好的飞行性能,严格遵守各种条令和维护规程是十分必要的。

4.2.5.2　飞行重量对飞机性能的影响

根据式(4-12),平飞中飞机升力必须等于重力,否则飞机将不能作水平直线飞行。飞机质量增加,飞机升力必须随之增大。这要求飞机必须以较大迎角,即较大升力系数飞行,结果必然导致诱导阻力系数 C_{xi} 的增大,使平飞所需推力增大、飞行性能降低(见图 4-25)。

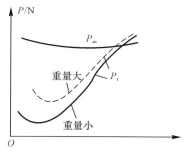

图 4-25　飞行重量对 P_r 的影响

考虑到高速飞行时,构成平飞所需推力的主要成分为零升阻力,因此飞行重量增加对平飞最大速度影响是不大的。但是,因为诱导阻力是构成低速飞行的平飞所需推力的主要成分,飞行重量增加将明显增大低速飞行时的平飞所需推力。当飞机最小平飞速度由推力曲线决定时,这将使飞机的最小平飞速度增大。当然,当飞机的最小平飞速度由 $C_{y\,max}$ 确定时,飞行重量的增加也必然要引起最小平飞速度增大。

此外根据式(4-14),上升率与剩余推力成正比,与飞行重量成反比。飞行重量增加将会使飞机的上升率明显减小,从而使飞机的升限降低。

4.2.5.3 气温的影响

气温的变化对发动机推力影响较大,但对平飞所需推力基本上没有影响(气压高度和 Ma 不变的条件下)。

从发动机原理知道,气温降低使发动机可用推力增加。因此,最大平飞 Ma 和最大上升率以及静升限都将随气温的降低而增大;反之,气温升高,则发动机可用推力将减小,平飞最大 Ma、最大上升率及升限将随之下降。

应当指出,气温降低、最大 Ma 增大并不一定意味着最大平飞速度会有明显增大。当最大平飞速度处于跨声速范围内时,最大平飞速度附近的阻力系数将由于激波的变化发展而发生急剧变化。气温降低使发动机可用推力增大产生的最大平飞 Ma 增加不多,而气温降低却会导致声速减小,从而使最大平飞速度不能明显增加,甚至会减小。当然,如果最大平飞速度处于阻力系数变化比较平缓而且随 Ma 增大而减小的超声速范围时,气温降低引起最大平飞 Ma 增大较多时,最大平飞速度的增加会是比较明显的。

4.3 飞机机动飞行性能

在夺取空战优势时,飞机的作战能力除与其基本性能有关外,机动飞行性能起着相当重要的作用,它是飞机又一个极其重要的战术、性能指标。在空战中,飞机常常要作各种复杂的机动飞行,例如跃升、俯冲、筋斗、盘旋和战斗转弯等,为此有必要深入分析飞机的机动飞行性能。本节首先介绍飞机机动性和过载的概念,然后从飞机的质心运动方程出发分别阐述飞机的水平机动性能、垂直机动性能及其计算方法。

4.3.1 飞机的机动性和过载

飞机的机动性能,是指飞机在飞行过程中改变飞行速度、高度以及飞行方向的能力。飞机能在越短的时间间隔内,根据飞行员的意愿和操纵,迅速改变飞行速度、高度和方向,飞机的机动性越好。

根据要改变的运动参数,飞机的机动性可分为速度机动性、高度机动性和方向机动性。它们分别表征飞机迅速改变飞行速度、高度和方向的能力。飞机的机动飞行按其航迹的特点可分为水平面内的机动飞行、铅垂面内的机动飞行和空间的机动飞行。

在完成飞行任务、夺取空中作战优势的飞行中,飞机的机动性起着十分重要的作用,是军用飞机战术技术性能指标的重要组成部分。

飞机的机动性可以利用飞机在飞行中能产生的加速度来评定。

如前所述,如飞机的质量为 m,加速度为 $\boldsymbol{a}$,外力为 $\sum \boldsymbol{F}$,则有

$$\boldsymbol{a} = \frac{1}{m} \cdot \sum \boldsymbol{F}$$

式中,$\sum \boldsymbol{F} = \boldsymbol{P} + \boldsymbol{R} + \boldsymbol{G}$。

如果考虑到机动飞行时间不长,发动机消耗的燃油质量与飞机质量相比可以忽略不计,重力矢量 $\boldsymbol{G}$ 可以看成是一个常矢量,因此飞机加速度大小和方向的变化完全取决于发动机推力 $\boldsymbol{P}$ 和空气动力 $\boldsymbol{R}$ 的合力的大小和方向。因此有

$$\boldsymbol{N} = \boldsymbol{P} + \boldsymbol{R}$$

则

$$\boldsymbol{a} = \frac{1}{m}(\boldsymbol{N} + \boldsymbol{G})$$

如果以重力加速度作为飞机质心加速度的度量,则有

$$\frac{\boldsymbol{a}}{g} = \frac{\boldsymbol{N}}{mg} + \frac{\boldsymbol{g}}{g} = \boldsymbol{n} + \frac{\boldsymbol{g}}{g} \tag{4-15}$$

矢量 $\boldsymbol{n}$ 的大小是除重力以外,作用于飞机上的一切外力的合力与飞机重力之比,称为飞机的过载。$\boldsymbol{n}$ 的方向沿着发动机推力和空气动力的合力的方向。飞行中飞行员就是通过改变发动机推力 $\boldsymbol{P}$ 或空气动力 $\boldsymbol{R}$ 的大小和方向,来改变过载矢量的大小和方向。因此,可以利用过载矢量 $\boldsymbol{n}$ 来研究飞机的机动性。

在航迹坐标系中,过载矢量 $\boldsymbol{n}$ 可以写为

$$
\begin{bmatrix} n_{x_h} \\ n_{y_h} \\ n_{z_h} \end{bmatrix} = \frac{1}{mg} \begin{bmatrix} P_{x_h} + R_{x_h} \\ P_{y_h} + R_{y_h} \\ P_{z_h} + R_{z_h} \end{bmatrix} =
$$

$$
\frac{1}{mg} \begin{bmatrix} P\cos(\alpha + \varphi_p)\cos\beta - X \\ P[\cos(\alpha + \varphi_p)\sin\beta\sin\gamma_s + \sin(\alpha + \varphi_p)\cos\gamma_s] + Y\cos\gamma_s - Z\sin\gamma_s \\ -P[\cos(\alpha + \varphi_p)\sin\beta\cos\gamma_s - \sin(\alpha + \varphi_p)\sin\gamma_s] + Y\sin\gamma_s + Z\cos\gamma_s \end{bmatrix} \tag{4-16}
$$

当飞机作无侧滑飞行时,侧滑角 $\beta = 0$,侧向力 $Z = 0$,式(4-16)可写为

$$
\begin{bmatrix} n_{x_h} \\ n_{y_h} \\ n_{z_h} \end{bmatrix} = \frac{1}{mg} \begin{bmatrix} P\cos(\alpha + \varphi_p) - X \\ P\sin(\alpha + \varphi_p)\cos\gamma_s + Y\cos\gamma_s \\ P\sin(\alpha + \varphi_p)\sin\gamma_s + Y\sin\gamma_s \end{bmatrix} \tag{4-17}
$$

如果 φ_p 和 α 不大,$\cos(\alpha + \varphi_p) \approx 1$,$\sin(\alpha + \varphi_p) \approx 0$,可得

$$
\left. \begin{aligned} n_{x_h} &= \frac{1}{G}(P - X) \\ n_{y_h} &= \frac{1}{G}Y\cos\gamma_s \\ n_{z_h} &= \frac{1}{G}Y\sin\gamma_s \end{aligned} \right\} \tag{4-18}
$$

式(4-18)是过载矢量沿航迹轴系的 3 个分量计算公式。

将式(4-16)代入飞机质心动力学方程式(4-3),有

$$\left.\begin{array}{r} \mathrm{d}v/\mathrm{d}t = g(n_{x_\mathrm{h}} - \sin\theta) \\ v\mathrm{d}\theta/\mathrm{d}t = g(n_{y_\mathrm{h}} - \cos\theta) \\ -v\cos\theta\,\dfrac{\mathrm{d}\psi_\mathrm{s}}{\mathrm{d}t} = gn_{z_\mathrm{h}} \end{array}\right\} \qquad (4-19)$$

注意到参数 v 是指速度的大小,而 θ、ψ_s 则表示飞行方向,根据导数的意义,可以看出过载矢量 $\boldsymbol{n}$ 的 3 个分量实际上起着决定改变飞行速度大小和方向能力的作用。

令

$$n_y = \sqrt{n_{y_\mathrm{h}}^2 + n_{z_\mathrm{h}}^2}$$

由式(4-18)可得

$$\boldsymbol{n}_y = Y/G \qquad (4-20)$$

通常把 n_y 叫作法向过载,而把 n_{x_h} 叫作切向过载,切向过载又叫纵向过载。

飞机以大于 1 的正过载作机动飞行时,飞机座椅施加于飞行员的作用力大于飞行员的重力,使他感觉到较大的压力作用,形成所谓的"超重"现象。飞行员身体各部分也都受到大于本身重力的压力,体内的血液由于惯性向下肢聚积,时间久了就会头晕目眩,甚至失去知觉。一般情况下,飞行员在 $5\sim10$ s 内能承受的极限过载为 8 左右,在 $20\sim30$ s 内能承受的过载为 5 左右。

飞机以小于 1 的过载作机动飞行时,座椅施加于飞行员的作用力小于飞行员的重力,使他感觉到受到体重比等速直线飞行时轻了,有失去一部分重力的感觉。此时飞行员体内血液向头部积聚,更觉难以忍受。故当飞机以小于 1 的过载作机动飞行时,飞行员会产生所谓的"失重"现象。

4.3.2 飞机在水平面内的机动飞行性能

飞机在水平面内的机动飞行是一种在高度保持不变情况下连续改变飞行方向的曲线运动。最常见的水平面内机动飞行是转弯。连续转弯航向变化等于 360° 的水平机动飞行叫盘旋。

4.3.2.1 盘旋操纵原理

盘旋飞行可分为进入盘旋、稳定盘旋和改出盘旋 3 个阶段。进入盘旋阶段,飞机坡度逐渐增大;稳定盘旋阶段,坡度保持不变;改出盘旋阶段,坡度逐渐减小。

(1)进入盘旋阶段。

飞机从平飞进入盘旋,所需升力增大。要增大升力,可从增大迎角和加大速度两个方面来实现。拉驾驶杆增大迎角时,如果迎角大于有利迎角较多,会使阻力增加,升阻比减小。另外,迎角过大还会引起飞机的抖动,不安全。因此,实际操纵中,进入盘旋是通过同时增大迎角和速度的方法来实现的。

进入盘旋前,先加油门增大速度,同时向前推杆减小迎角以保持高度。加油门的量,一般取决于获得保持预定坡度和速度作盘旋所需的推力。当速度增大到规定值时,应手脚一致地向预定盘旋方向压杆和蹬舵。压杆是为了使飞机倾斜,产生盘旋所需的向心力,蹬舵是为了让飞机偏转机头,使飞机纵轴方向与飞行轨迹保持一致,从而不产生侧滑。

随着坡度增大,平衡飞机重力的升力分量减小,这时要逐渐带杆增大迎角、加大升力以保持高度。随着坡度和升力增加,盘旋向心力增大,为防止侧滑,要继续向盘旋方向蹬舵。

在飞机达到预定坡度以前,应及时提前回杆,以防止飞机继续滚转,从而使飞机稳定在预定的坡度上。在回杆同时相应地回舵,这时的舵偏量要比进入盘旋时小。

(2)稳定盘旋阶段。

在稳定盘旋阶段,飞行员要及时发现和修正各种偏差。稳定盘旋中,经常会出现的偏差是高度、速度偏差,所以要注意保持好高度和速度。

盘旋中保持高度是通过保持一定的坡度和迎角来实现的。保持好坡度是保持高度的重要条件。坡度大了,平衡飞机重力的升力分量会减小,会导致飞机掉高度;反之,坡度小了,飞行高度会增加。坡度是通过压杆来调节的。

盘旋中要保持好速度,就要正确使用油门杆和驾驶杆。进入盘旋时使用的油门是否适当,还要在盘旋中加以检验。盘旋中,如果高度和坡度不变,而速度增大了,就要适当收小油门。在收油门的同时,要带杆保持高度。反之,若速度偏小,就要加油门和适当顶杆。

盘旋中的高度变化会影响到盘旋速度。盘旋中,如果因盘旋坡度过小,而使飞行高度增加,则飞机上升过程中重力在上升轨迹上的分力会导致飞机速度减小。如果飞机高度增加是由带杆过多造成的,则由于迎角增加,阻力也要增加,从而使速度减小。反之,盘旋高度降低过程中,会引起速度增大。因此,当盘旋高度和速度同时出现偏差时,应先保持好高度,再修正速度。

此外,还要注意保持杆舵协调,随时消除侧滑。在稳定盘旋中,由于飞机两侧机翼的运动路径不同,其运动速度不同,外侧机翼的速度大于内侧机翼的速度,从而导致外侧机翼的升力大于内侧机翼升力,需向盘旋反方向压杆修正。小坡度盘旋中驾驶杆一般在中立位置,大坡度盘旋中反压杆的量要增大,以保持坡度为准。

总之,为确保稳定盘旋,基本操纵方法是:主要用驾驶杆保持高度和坡度,蹬舵保持不带侧滑,用油门控制速度。驾驶杆、脚蹬和油门的正确配合是做好稳定盘旋的关键。

(3)改出盘旋阶段。

从盘旋改出平飞,飞机的坡度不可能一下减小到零,因此在改出过程中,飞机仍然带有坡度飞行,还会继续偏转。为了使飞机在预定方向改出盘旋,需要提前做改出动作。坡度越大,盘旋速度越快,提前量也多一些。提前改出的角度一般定为盘旋坡度的一半。

改出盘旋首先要消除向心力,为此要向盘旋的反方向压杆,以减小飞机坡度。因坡度减小,飞机轨迹会发生变化,为避免侧滑,在压杆同时还要向盘旋反方向蹬舵。随着坡度减小,平衡重力的升力分量逐渐增大,为保持飞行高度,飞行员还需要逐渐向前推杆减小迎角。由于迎角减小,飞行阻力减小,所以改出盘旋过程中同时还要柔和地收油门,使推力和阻力平衡,保持速度不变。在接近平飞状态时,驾驶杆和脚蹬回到中立位置,以保持平飞。

改出盘旋的操纵要领为:提前一定坡度,向盘旋反方向手脚一致地压杆、蹬舵,逐渐减小飞机坡度,并防止侧滑;随着坡度的减小,向前推杆,并收小油门,飞机接近平飞状态时,将驾驶杆和脚蹬回到中立位置,保持平飞运动;改出过程要始终注意保持高度。

4.3.2.2　正常盘旋飞行性能

速度、迎角、倾斜角和侧滑角保持不变的盘旋叫定常盘旋,否则叫非定常盘旋。不带侧滑的盘旋叫作正常盘旋。下面着重介绍正常盘旋。

根据方程(4-6),令$\dfrac{\mathrm{d}v}{\mathrm{d}t}=0$,得到

$$\begin{cases} P\cos(\alpha+\varphi_{\mathrm{p}})=X \\ [P\sin(\alpha+\varphi_{\mathrm{p}})+Y]\cos\gamma_{\mathrm{s}}=mg \\ mv\,\dfrac{\mathrm{d}\psi_{\mathrm{s}}}{\mathrm{d}t}=-[P\sin(\alpha+\varphi_{\mathrm{p}})+Y]\sin\gamma_{\mathrm{s}} \end{cases}$$

如果 α 和 φ_{p} 不大,近似地认为 $\cos(\alpha+\varphi_{\mathrm{p}})\approx1$,$\sin(\alpha+\varphi_{\mathrm{p}})\approx0$,并且注意到在正常盘旋中 $\left|\dfrac{\mathrm{d}\psi_{\mathrm{s}}}{\mathrm{d}t}\right|=\omega=v/R$,则上式可写为

$$\left.\begin{array}{l} P=X \\ Y\cos\gamma_{\mathrm{s}}=G \\ m\,\dfrac{V^{2}}{R}=Y\sin|\gamma_{\mathrm{s}}| \end{array}\right\} \tag{4-21}$$

可以看出,飞机作正常盘旋时,发动机推力 P 必须等于阻力,这样才能保持盘旋飞行速度大小不变;升力的垂直分量 $Y\cos\gamma_{\mathrm{s}}$,必须等于飞机的重力,以保持飞行高度不变;而升力的水平分量 $Y\sin\gamma_{\mathrm{s}}$ 则起着水平曲线飞行向心力的作用(见图 4-26)。

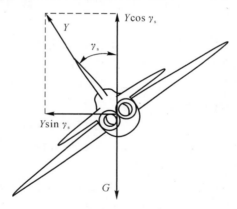

图 4-26　盘旋中力的关系

注意到

$$\sin|\gamma_{\mathrm{s}}|=\sqrt{1-\cos^{2}\gamma_{\mathrm{s}}}=\sqrt{1-\left(\dfrac{G}{Y}\right)^{2}}$$

代入式(4-21)的第三式,可以得到正常盘旋的半径:

$$R=\dfrac{G}{g}\,\dfrac{v^{2}}{Y\sin|\gamma_{\mathrm{s}}|}=\dfrac{G}{g}\,\dfrac{Y}{G}\,\dfrac{1}{\sqrt{(Y/G)^{2}-1}}\,\dfrac{v^{2}}{Y}=\dfrac{v^{2}}{g\,\sqrt{n_{y}^{2}-1}} \tag{4-22}$$

不难看出飞机正常盘旋一周的时间应为

$$T=\dfrac{2\pi R}{v}=\dfrac{2\pi v}{g\,\sqrt{n_{y}^{2}-1}} \tag{4-23}$$

给定飞行速度 v 和法向过载 n_{y},根据式(4-22)和式(4-23)可以方便地算得盘旋一周所需的时间和盘旋半径。正常盘旋半径和盘旋一周所需的时间是衡量飞机方向机动能力的重要

指标。正常盘旋的盘旋半径越小，盘旋一周所需的时间越短，飞机方向机动性能越好。

正常盘旋半径和盘旋周期取决于飞行速度和法向过载，从飞机的盘旋性能来看，在速度一定的情况下，要使 R，T 小，就要求飞机能提供较大的法向过载。但在实际飞行中，飞机的法向过载不能太大，它受下列 3 种主要因素限制。

（1）飞机的结构强度和人的生理条件的限制。

盘旋时坡度越大，盘旋半径和盘旋周期越小，但飞机的过载越大。考虑到飞机的结构强度和人的生理条件，飞机设计中规定了限制载荷因数，盘旋时过载不能超过限制载荷因数，这也就限制了盘旋坡度。对歼击机、强击机等机动性强的飞机，在正常装载下，飞机的最大法向过载通常受人的生理条件的限制。一般情况下，人在 $5 \sim 10$ s 内能承受的极限过载为 8 左右，在 $20 \sim 30$ s 内能承受的过载为 5 左右。对轰炸机和运输机等大型飞机，飞机的最大法向过载通常受到飞机结构强度的限制，约在 $2.5 \sim 3.5$ 之间。对于客机，因为要考虑乘客在飞行过程中的舒适性，一般最大法向过载不大于 2。

（2）飞机的迎角和平尾的限制。

要增大飞机的法向过载，就必须增大升力，也就是增大飞机的迎角或升力系数，当迎角增大到失速迎角时，升力系数达到最大。为保证飞行安全，飞机迎角不允许增加到失速迎角，即飞行速度不得低于在盘旋坡度下的抖动速度，这就限制了飞机盘旋的最小速度。

此外，飞机所能获得的最大法向过载，还受到水平尾翼（或升降舵）的极限偏角的限制。为保证飞机纵向力矩的平衡，飞机以一定的升力系数飞行时，必须有一定的配平水平尾翼偏角，升力系数越大，配平偏角越大。当平尾偏角为极限值时，升力系数也不再增加，因此飞机的法向过载受到平尾最大偏角的限制。

（3）发动机可用推力的限制。

飞机在给定高度、速度下盘旋时的升力和阻力均大于该条件下平飞的升力和阻力。如果盘旋时所用的法向过载过大，则盘旋时的阻力就有可能大于满油门时发动机的可用推力，飞机将会减速而不能保持正常盘旋。因此，满油门时发动机的可用推力是飞机作正常盘旋的又一个限制因素。

通常，把飞机处于上述 3 种限制条件之一的盘旋状态称为极限盘旋状态，所对应的盘旋性能叫作极限盘旋性能。

在实际飞行中，尤其是空战中，正常盘旋并不是最广泛使用的机动动作。很多情况下，飞行员必须使飞机在最短时间内完成转弯。此时，飞机如果是以大速度飞行，飞行员不应该以大速度作正常盘旋，或者将飞行速度降低到与最小盘旋时间所对应的速度再作正常盘旋。实践证明，上述两种办法，转弯时间均较长。合理的办法是以大速度进入盘旋，而以小速度结束盘旋。盘旋过程中，在飞行员生理条件允许和保证飞行安全的条件下，尽量保持飞机有较大的法向过载。这样，盘旋时间就可大大缩短。这种飞行速度、滚转角和盘旋半径等参数中有一个或数个发生变化的盘旋称为非定常盘旋。非定常盘旋对在空战中取得战术优势是非常有用的。

随着飞机飞行速度的提高，飞机的盘旋性能显著变差。因为盘旋周期与速度称正比，盘旋半径与速度的平方成正比，所以虽然超声速飞机的可用推力较大，能使满油门可用推力限制下盘旋法向过载增加，但不能抵消因速度剧增而引起的盘旋半径和周期显著增大的影响。

一般超声速飞机在一定高度上飞行时的剩余推力有两个最大值，因此作极限正常盘旋时的法向过载也有两个最大值，一个出现在 Ma 接近 1 的范围，另一个出现在 Ma 大于 1 的范围。虽然在超声速范围作极限正常盘旋的法向过载较大,但对盘旋半径和周期来讲,飞行速度的影响通常起着决定的作用。因此,超声速飞机的最小盘旋半径及盘旋周期是在亚声速范围内得到的。在高空作超声速正常盘旋时,盘旋半径很大,有时可达数十千米。

对超声速飞机来讲,一般失速特性较好,因而飞机迎角对盘旋的限制可以放宽到接近失速迎角附近,这样一方面可以使法向过载增大(当然要受到飞机结构强度或人的生理条件限制),另外一方面又使飞行阻力增大,从而飞行速度减小,这一点对改善机动性是有利的。但超声速飞行时,由于飞机的纵向静稳定性增强,平尾(或升降舵)效率又随 Ma 的增加而降低,所以即使将驾驶杆拉到底,仍可能达不到大的迎角和法向过载,这对盘旋飞行性能又是不利的。因此,总的趋势还是使超声速盘旋性能恶化。

为了迅速改变飞机的飞行方向,应设法提高其向心加速度。这主要靠产生足够大的法向过载来实现。由法向过载的概念可知,减小翼载荷、降低高度、加快速度、增大升力系数都能使法向过载增大,但是法向过载的提高受到各种因素的限制。另外,由于气动加热、结构颤振等对最大 Ma 及最大动压提出了限制,相应地对法向过载的提高增加了限制条件。因此,提高飞机改变飞行方向的能力,需要计及这些限制因素的影响。

通过采取相应措施,例如,增大发动机的推重比,从气动外形设计方面考虑增大升力系数,飞行员穿抗荷服并采用特殊的座椅以提高其抗过载能力,都可以在一定程度上改善飞机的方向机动能力。

为充分发挥飞机的机动飞行性能潜力,飞机还必须具有适当的操纵机构,使其能迅速改变飞行状态。这就要求在设计过程中对操纵面的形状、大小和位置等进行全面考虑。此外,还应增强飞机结构的刚度,以便提高其最大动压。否则,在低空大速度飞行时,由于动压大、气动力大,使操纵面发生扭转弹性变形,以至于降低操纵效能,甚至造成操纵失效,从而无法发挥飞机机动性能潜力。

4.3.3 飞机在铅垂平面内的机动飞行性能

飞机在铅垂平面内的机动飞行具有多种形式,典型的机动飞行动作包括平飞加速和减速、跃升、俯冲和筋斗飞行。

当飞机在铅垂平面内飞行时,其航迹偏转角 ψ_s 和速度滚转角 γ_s 应始终保持等于零。因此,根据式(4-17)式和(4-19),有

$$\left.\begin{aligned}\frac{\mathrm{d}v}{\mathrm{d}t}&=g(n_{x_h}-\sin\theta)\\ v\frac{\mathrm{d}\theta}{\mathrm{d}t}&=g(n_{y_h}-\cos\theta)\end{aligned}\right\} \tag{4-24}$$

和

$$\left.\begin{aligned}n_{x_h}&=\frac{1}{G}\left[P\cos(\alpha+\varphi_p)-X\right]\\ n_{y_h}&=\frac{1}{G}\left[P\sin(\alpha+\varphi_p)+Y\right]\end{aligned}\right\} \tag{4-25}$$

加上运动学方程:

$$\left.\begin{aligned}\mathrm{d}x_g/\mathrm{d}t&=v\cos\theta\\ \mathrm{d}y_g/\mathrm{d}t&=v\sin\theta\end{aligned}\right\} \tag{4-26}$$

则式(4-24)、式(4-25)、式(4-26)实际上就是第一节中铅垂面内质心运动方程组式(4-7)。方程(4-25)为代数方程,由飞行员操纵确定。当驾驶杆和油门的操纵规律确定时,飞机的飞行迎角和发动机工作状态的变化规律也就确定了,因而发动机推力、飞机升力和阻力为已知量,切向过载 n_{x_h} 和法向过载 n_{y_h} 也就给定了。这样,只要给定初始条件,对微分方程式(4-24)和式(4-26)进行数值积分,就可以计算出飞机在空间机动时的运动参数 v 和 θ,算出飞机的水平飞行距离 x_g 和飞行高度 y_g。

4.3.3.1　平飞加速和减速性能

飞机平飞加速和减速性能反映飞机改变速度大小的能力。飞机在平飞中增加或减小一定速度所需的时间越短,飞机的速度机动性越好。对于亚声速飞机,通常计算由 $0.7v_{max}$ 至 $0.97v_{max}$ 的加速时间和由 v_{max} 至 $0.7v_{max}$ 的减速时间,作为衡量飞机速度机动性的主要指标;对于超声速飞机,则一般计算其亚声速常用 Ma 至最大使用 Ma 的加(减)速时间,作为衡量其速度机动性的主要指标。

飞机作水平直线飞行时,航迹角 θ 始终保持为零,即

$$\theta = \frac{\mathrm{d}\theta}{\mathrm{d}t} = 0$$

根据式(4-24)和式(4-25),有

$$\mathrm{d}v/\mathrm{d}t = gn_{x_h} = g\frac{P\cos(\alpha+\varphi_p) - X}{G}$$

$$n_{y_h} = \frac{1}{G}[P\sin(\alpha+\varphi_p) + Y] = 1$$

通常 $\alpha+\varphi_p$ 比较小,在工程计算中,可以近似地认为 $\cos(\alpha+\varphi_p)\approx 1$,$\sin(\alpha+\varphi_p)\approx 0$,上述两式可以写为

$$\left. \begin{aligned} \frac{\mathrm{d}v}{\mathrm{d}t} &= g\frac{P-X}{G} \\ Y &= G \end{aligned} \right\} \tag{4-27}$$

可以看出,飞机平飞加速度完全取决于切向过载或剩余推力的大小和符号。当 $n_{x_h} > 0$,即剩余推力 $\Delta P > 0$ 时,飞机作加速飞行;当 $n_{x_h} < 0$,即剩余推力 $\Delta P < 0$ 时,飞机作减速飞行。显然,提高飞机的升阻比和推重比对提高飞机的加速性将起决定性的作用。为使飞机平飞加速,飞行员应将发动机油门加至最大。

由方程(4-27),可得

$$\mathrm{d}t = \frac{G}{g(P-X)}\mathrm{d}v$$

将飞机由给定的初始速度 v_0 平飞加速到终止速度 v_f 所需的时间应为

$$t_f = \int_{v_0}^{v_f} \frac{G}{g(P-X)}\mathrm{d}v \tag{4-28}$$

注意到 $\mathrm{d}t$ 时间间隔飞机通过的水平距离为

$$\mathrm{d}L = V\mathrm{d}t$$

在 t_f 时间内飞机飞过的距离应为

$$L = \int_{v_0}^{v_f} \frac{GV}{g(P-X)}\mathrm{d}v \tag{4-29}$$

4.3.3.2 垂直平面内其他机动飞行简介

(1) 跃升。

跃升是飞机以动能换取势能、迅速增加飞行高度的机动飞行。在作战使用中,利用这种机动,可以迅速取得高度,占取有利的作战态势,追击高空目标或规避敌机火力。跃升性能的好坏由跃升所增加的高度 ΔH 和完成跃升所需要的时间来衡量。在给定初始高度和速度的情况下,飞机通过跃升所能获得高度增加量 ΔH 越大,完成跃升所需的时间越短,则跃升性能越好(见图 4-27)。

跃升飞行航迹(见图 4-27)一般可以分进入段、直线上升段和改出段。作为铅垂面内的机动,跃升飞行应按式(4-24)、式(4-25)和式(4-26)求解计算。为了使飞机能够在保持足够飞行速度的条件下,尽快地上升到较高的高度,在整个跃升飞行过程中,发动机通常应保持在加力状态或最大状态;跃升进入段的过载 n_{y_h} 应根据跃升进入的高度、速度和跃升角 θ 适当选取,但不得超过对应高度、速度下所允许的最大过载。所谓跃升角就是跃升直线段的航迹倾斜角。在直线段,$d\theta / dt = 0$,由式(4-24)中第二式可知,直线段的法向过载应为直线段结束时推驾驶杆减小飞行迎角,减小航迹倾斜角直至 $\theta = 0$ 时结束跃升飞行:

$$n_{y_h} = \cos\theta < 1$$

(2) 俯冲。

俯冲是飞机用位能换取动能,迅速降低高度而增加速度的机动飞行动作。利用俯冲可以追击敌机或攻击地面目标。

俯冲按航迹变化也可以分为俯冲进入段、俯冲直线段和俯冲改出段(见图 4-28)3 部分。

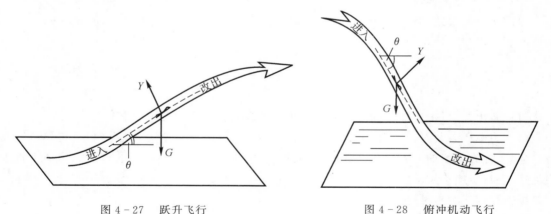

图 4-27　跃升飞行　　　　　　图 4-28　俯冲机动飞行

为使飞机从给定的飞行高度和速度进入俯冲,飞行员必须推杆减小迎角,使升力 Y 小于重力的升力方向分量 $G\cos\theta$,从而使飞机航迹向下弯曲。当飞行航迹角减小到预定的俯冲角度时,飞机进入直线段,此时 $n_{y_h} = \cos\theta$。飞机直线俯冲降低高度到预定值时,飞行员可以通过拉杆增大迎角,使升力 Y 大于 $G\cos\theta$,从而使飞机航迹向上弯曲,以改出俯冲,并在航迹倾角接近 $0°$ 时推杆,减小迎角,使飞机转入水平飞行。

良好的俯冲性能,要求飞机一方面在直线俯冲中具有较好的加速性能,另一方面在改出俯冲中不应有过多的高度损失。

俯冲过程是一加速过程,俯冲加速度减小为零时对应的速度称为俯冲极限速度。一般来说,俯冲速度接近极限速度时,会产生激波阻力而导致飞行阻力很大,即使损失较大的高度,速度增加也不多,俯冲加速性能也已很差。

必须指出的是,俯冲高度较低时,极限速度受最大允许表速(动压)的限制,因此在到达极限速度之前就应改出俯冲。另外,现代高速飞机作低空俯冲机动时,必须要有一定的高度储备,必要时要使用最大允许使用过载改出俯冲,减小改出过程中的高度损失,确保飞行安全。

4.3.4　飞机机动飞行性能分析评估

飞机的飞行性能是指飞机的质心沿飞行轨迹作定常或非定常运动的能力。传统的飞行性能指标主要有飞机的基本飞行性能(包括飞机的点性能、续航性能、起飞和着陆性能)和机动飞行性能(也简称为机动性,通常指的是飞机改变飞行高度、飞行速度、飞行方向的能力)。在第二次世界大战之前,对战斗机的飞行性能的评价以基本性能为主,对飞机性能的追求为"飞得快、飞得高、飞得远",因而出现了战斗机的高度、速度范围不断扩大,到 20 世纪 60 年代,超声速战斗机的飞行范围已经达到所谓的"双 3",即飞行马赫数 3,飞行高度 30 km。然而,随后发生的中东战争,改变了人们的看法,出现了"要速度还是要机动性"的讨论,结果普遍认为,在大气层内飞行的超声速战斗机,其飞行范围达到"双 2"(即飞行马赫数 2,飞行高度 20 km)即可,而飞机的机动飞行性能越来越受到重视。除了传统的飞机机动性指标外,飞机设计中更加注重可用过载和瞬时转弯速率,提出了能量机动性、单位重量剩余功率等指标。尤其到 20世纪 70 年代后,随着机载武器系统、飞行控制技术等的飞速发展,战斗机发展到第三代和第四代。此时的战斗机已经是集探测、飞行控制、机载武器等学科最新发展为一体的高精度武器系统,它们以导弹为主要的作战武器,作战环境和作战方式与第一代、第二代战斗机有了本质的变化,评估机动性的指标也相应发生了许多变化,出现了过载极曲线、飞机敏捷性等新的提法以及相应的指标。下面主要就近 20 年来有关飞机机动性的指标进行分析讨论。

在实际的空战中,飞机的高度、速度和方向的变化是相互联系的。例如,飞机可以将高度优势转换为速度优势,可以通过减小速度来增加飞机的转弯速率等。对于现代战斗机来说,这种飞行高度、飞行速度、飞行方向的转换能力显得更为重要。因此,机动性可以表述为飞机改变其能量、飞行方向、空间位置的能力。

4.3.4.1　飞机改变能量的能力

飞机改变能量的能力用飞机机械能(简称为能量)对时间的导数 $\dfrac{\mathrm{d}E}{\mathrm{d}t}$ 表示。飞机的机械能包含反映飞机高度的势能和反映飞机速度的动能,即

$$E = mgH + \frac{1}{2}mv^2$$

式中:m 为飞机质量;g 为重力加速度;H 为飞行高度;v 为飞行速度。

飞机机动性常采用单位重量的飞机能量表征,从上式中不难推出其表达式为

$$\overline{E} = H + \frac{v^2}{2g}$$

单位重量的飞机能量具有与飞机飞行高度相同的量纲,它也称为是飞机的能量高度。采用单位重量的飞机能量的概念后,飞机改变能量的能力可表达为

$$\frac{\mathrm{d}\overline{E}}{\mathrm{d}t} = \frac{\mathrm{d}H}{\mathrm{d}t} + \frac{v}{g}\cdot\frac{\mathrm{d}v}{\mathrm{d}t}$$

根据飞机质点运动学方程：

$$\frac{dH}{dt} = v\sin\theta$$

假设飞机无侧滑飞行，则有

$$\frac{dv}{dt} = \frac{P\cos(\alpha + \varphi_p) - X - mg\sin\theta}{m}$$

可得

$$\frac{d\overline{E}}{dt} = \frac{[P\cos(\alpha + \varphi_p) - X] \cdot v}{mg}$$

上式右端表示飞机在某一飞行状态下单位重量的剩余功率（Specific Excess Power，SEP）。因为飞机切向过载 $n_x = \dfrac{P\cos(\alpha + \varphi_p) - X}{mg}$，上式也可表示为

$$\frac{d\overline{E}}{dt} = n_x v$$

飞机在飞行过程中改变能量的能力还可以用单位轨迹长度飞机所改变的能量，即 $\dfrac{d\overline{E}}{ds}$ 来表示，因为 $\dfrac{ds}{dt} = v$，所以

$$\frac{d\overline{E}}{ds} = \frac{d\overline{E}}{dt} \cdot \frac{dt}{ds} = \frac{P\cos(\alpha + \varphi_p) - X}{mg} = n_x$$

当飞机保持水平直线飞行时，飞机高度不变，故 $\dfrac{d\overline{E}}{ds} = \dfrac{dH}{ds} + \dfrac{1}{g} \cdot \dfrac{dv}{dt} = \dfrac{1}{g} \cdot \dfrac{dv}{dt}$，飞机改变能量的能力即为飞机改变飞行速度的能力。

单位重量的剩余功率也经常用能量上升率 V_y^* 表示，即

$$\frac{d\overline{E}}{dt} = SEP = V_y^*$$

因为

$$\frac{d\overline{E}}{dt} = \frac{dH}{dt} + \frac{v}{g} \cdot \frac{dv}{dt} = v_y + \frac{v}{g} \cdot \frac{dv}{dt}$$

式中，$v_y = \dfrac{dH}{dt} = v\sin\theta$ 为飞机的上升率。则有

$$v_y = \frac{V_y^*}{1 + \dfrac{v}{g} \cdot \dfrac{dv}{dH}}$$

从上式可以看出，当飞机在爬升过程中，如果速度 v 保持不变，那么 $v_y = v_y^*$，飞机改变能量的能力即为飞机改变飞行高度的能力；如果速度 v 增大，则 $v_y < v_y^*$；如果速度 v 减小，则 $v_y > v_y^*$。

当飞机爬升角为 90°，即垂直爬升时，有

$$v_y = \frac{dH}{dt} = v\sin\theta = v$$

而

$$\frac{\mathrm{d}v}{\mathrm{d}H} = \frac{\mathrm{d}v}{\mathrm{d}t} \cdot \frac{\mathrm{d}t}{\mathrm{d}H} = g(n_x - 1) \cdot \frac{1}{v} = \frac{g}{v}(n_x - 1)$$

如果飞机以常值的法向过载作等机械能飞行,即 $\dfrac{\mathrm{d}\overline{E}}{\mathrm{d}t} = v_y^* = n_x v = 0$,则 $n_x = 0$,飞机飞行速度随飞行高度的变化率为

$$\frac{\mathrm{d}v}{\mathrm{d}H} = -\frac{g}{v}$$

而飞机的法向过载为

$$n_y = \frac{Y}{mg} = K \cdot \frac{X}{mg} = K \cdot \left[\frac{P\cos(\alpha + \varphi_p)}{mg}\right] \approx K \cdot \left(\frac{P}{mg}\right)$$

式中,K 为飞机的升阻比。

由上述可以看出,飞机作等机械能飞行时,$\dfrac{\mathrm{d}H}{\mathrm{d}v} = -\dfrac{v}{g}$,即由于单位速度的损失可增加的飞行高度随飞行速度的增加而增加。换句话说,飞机在超声速区以等能量飞行时,和亚声速飞行相比,损失同样的速度可以增加更多的飞行高度。

4.3.4.2　飞机改变飞行方向的能力

飞机改变飞行方向的能力(即方向机动性)通常用飞机在水平面和铅垂面内的转弯角速度表征。

当飞机无侧滑在水平面内作盘旋飞行时,根据飞机的质心动力学方程,有

$$mv\frac{\mathrm{d}\psi_s}{\mathrm{d}t} = -[P\sin(\alpha + \varphi_p) + Y]\sin\gamma_s$$

而飞机的法向过载为

$$n_y = \frac{P\sin(\alpha + \varphi_p) + Y}{mg} = \frac{1}{\cos\gamma_s}$$

从以上两式中可以解出飞机的盘旋角速度为

$$|\dot{\psi}_s| = \frac{\mathrm{d}\psi_s}{\mathrm{d}t} = \frac{g}{v}\sqrt{n_y^2 - 1}$$

同样,当飞机无侧滑、无滚转在铅垂面内作曲线运动时,根据飞机的质心动力学方程,有

$$mv\frac{\mathrm{d}\theta}{\mathrm{d}t} = Y - mg\cos\theta$$

从而,飞机在铅垂面内作曲线运动的轨迹俯仰角变化率为

$$\dot{\theta} = \frac{\mathrm{d}\theta}{\mathrm{d}t} = \frac{g}{v}(n_y - \cos\theta)$$

4.3.4.3　飞机改变空间位置的能力

飞机改变空间位置是通过改变飞行方向来实现的。因此,飞机改变空间位置的能力可以用飞机在水平面和铅垂面内的转弯半径来表征。

飞机在水平面内的盘旋半径为

$$R_H = \frac{v}{|\dot{\psi}_s|} = \frac{v^2}{g\sqrt{n_y^2 - 1}}$$

飞机在铅垂面内的转弯半径为

$$R_{\mathrm{V}} = \frac{v}{\dot{\theta}} = \frac{v^2}{g(n_y - \cos\theta)}$$

因为飞机的盘旋角速度和速度成反比，盘旋半径和速度的二次方成正比，并且在亚声速区飞机能达到的法向过载大于超声速区。因此，飞机的亚声速盘旋角速度大于超声速盘旋角速度，亚声速盘旋半径小于超声速盘旋半径。现代战斗机亚声速飞行的最大盘旋角速度可达 $30°/s$ 左右，最小盘旋半径可小到 1 km 以下，而在超声速飞行时的盘旋角速度只有 $5°/s$ 左右，盘旋半径可达 $10 \sim 20$ km。

飞机在铅垂面内作曲线运动时的转弯角速度和速度成反比，转弯半径和速度的二次方成正比，但是在亚声速区飞机能达到的法向过载大于超声速区，因此，飞机的在高亚声速和跨声速飞行时，对铅垂面机动最为有利。

4.3.5　典型机动飞行动作

现代战斗机空战包括搜索（发现、识别）阶段、接敌（截获、跟踪）阶段、战斗（攻击、机动、再攻击）阶段和退出阶段。在任何一个阶段中，特别是飞机在空战格斗的过程中，并非只作单项机动，例如盘旋往往是综合的复杂特技飞行，再如转弯同时水平增速或同时上升也是综合机动飞行。下面简单介绍几种典型常规机动飞行动作和非常规机动飞行动作。

4.3.5.1　典型的常规机动动作

（1）筋斗飞行。

筋斗飞行是指飞机在铅垂面内航迹倾角改变 $360°$ 的机动飞行（见图 4-29）。航迹倾角由 $0°$ 改变到 $180°$ 的筋斗前半部分机动飞行叫半筋斗飞行。如果飞机在半筋斗飞行时再滚转 $180°$，使飞机由倒飞状态变为正飞状态，叫半筋斗翻转；如果飞机由水平飞行先滚转 $180°$ 成倒飞状态，然后再完成筋斗的后半部分，则称为半滚倒转。因此，筋斗机动飞行可以看成是半筋斗翻转和半滚倒转飞行的基础，是歼、强类飞机飞行员的基本作战训练科目。

图 4-29　筋斗飞行

筋斗飞行时铅垂面内的机动飞行前半部分，是用速度换取高度的减速运动，为避免筋斗顶点（$\theta = 180°$ 附近）速度损失过多，一般应使发动机处于最大或全加力状态；筋斗的后半部分，是以高度换取速度的加速运动，为防止速度增加太快，高度损失过多，一般应使发动机处于小油门或慢车状态。

　　由于筋斗飞行的前 180° 航迹倾角变化过程是一减速过程,当飞机在 $\theta = 0°$ 的进入速度太小、高度太高(发动机推力随高度增加而减小,会使飞机减速过程加快)的情况下,飞机到达筋斗顶点时的速度损失过多是不允许的。通常筋斗顶点速度不应该小于某个规定的最小安全使用速度。否则,飞机可能会进入失速或螺旋的危险飞行状态。同样,筋斗后 180° 是一不断俯冲降低高度的过程,筋斗改出高度应不低于规定的安全高度,而且应在与进入高度相近的高度范围内改出。

　　(2)战斗转弯(急上升转弯)。

　　迅速上升,增加高度,同时改变飞行方向的机动飞行,称为战斗转弯或上升转弯,如图 4 - 30 所示。操纵时,转弯前半段主要是增加上升高度,后半段则是增大坡度、缩短转弯时间。

图 4 - 30　战斗转弯(急上升转弯)

　　(3)横滚飞行。

　　飞机基本保持运动方向,高度改变很少,绕纵轴滚转的飞行动作称为横滚飞行,如图 4 - 31 所示。按滚转角大小,横滚可分为半滚(滚转 180°)、全滚(滚转 360°)和连续横滚。

　　横滚由于升力方向不断改变,重力得不到升力的平衡,飞机会自动掉高度。为了使横滚改出不掉高度,在操纵上,进入横滚前首先使飞机处于上升状态,横滚前半段增加一定高度,以弥补后半段下掉高度。

图 4 - 31　横滚飞行

　　(4)战斗半滚(半筋斗翻转)。

　　战斗半滚是在近似于垂直平面内迅速增加速度的同时改变飞行方向 180° 的机动动作,如图 4 - 32 所示。其前半段的轨迹与筋斗相同,当飞机快到达筋斗的顶点,机轮朝上时,向预定方向柔和压杆,使飞机沿纵轴滚转 180°,然后平飞,所以后半段动作与半滚相似。

图 4 - 32　战斗半滚(半筋斗翻转)

（5）半滚倒转。

半滚倒转是在近似于垂直平面内迅速降低高度的同时改变飞行方向 180°的机动动作,如图4-33 所示。其操纵方法是首先使飞机沿纵轴滚转 180°(半滚),然后完成筋斗的后一半动作。

图 4 - 33　半滚倒转

4.3.5.2　典型的非常规机动动作

非常规机动是一些高难度的、多半具有过失速状态的机动,也称超机动。

现代空战由超视距开始,由于隐身能力的提高和有效的电子干扰,以及使用中、远距导弹在攻击中可能失效,所以,仅靠超视距空战不能完全消灭对方,最终还要转到近距空战。未来作战方式虽然以超视距为主,但不能忽视近距空战。为提高近距空战的效能,需要新一代战斗机具有高的机动性及敏捷性。高机动性是指高的瞬时盘旋率和过失速机动能力。由于全向格斗导弹的出现,使近距空战由尾随攻击转为任何方向都可进行,具有高瞬时盘旋率的飞机就可以快速把机头对准敌机而发射导弹,实现先敌发射,先敌命中。瞬时盘旋率越大,机头指向能力越强。

过失速机动能力是指飞机超过失速迎角飞行仍能进行机动。为在近距格斗中获胜,飞机不仅要快速改变自身的速度矢量,还要使自己始终处于对方转弯半径的内侧,采用过失速机动可以使飞机的能量转为占位优势,从而得到更早、更多的攻击机会。

非常规过失速机动控制对于战斗机近距格斗作战具有明显的优势,它可使飞机在小范围内快速调头指向敌机,处于有利的攻击地位。要实现非常规过失速机动动作,飞机必须在大迎角范围具有足够的纵向和横航向稳定性及一定的舵面效率,有时要靠推力矢量,以及多个舵面(尤其是鸭翼或三翼面布局)作协调控制来实现。非常规机动战斗机还对摆脱对空导弹和空空导弹的追踪更加有效。

（1）"眼睛蛇"机动。

"眼镜蛇"机动如图 4-34 所示，其飞行高度一般在 500 ~ 1 000 m 的范围内，"眼镜蛇"机动的大致过程是：飞机以 380 ~ 420 km/h 的速度平飞进入，拉杆到底，飞机的迎角随即由 30°逐渐增加到 90°，最大可达 120°，同时飞机的时速减小到 150 km 左右，然后，加油门并推驾驶杆到底。使飞机恢复平飞，并加速恢复到初始的飞行状态，整个动作结束，该动作的持续时间约5 s 左右。

图 4-34　"普加乔夫眼镜蛇"机动

当前，三、四代战斗机基本都能完成"眼镜蛇"机动。与苏-37，F-16 飞机相比，苏-27 飞机的机动动作主要靠气动力舵面，没有推力矢量的帮助，而苏-37，F-16 飞机的操纵依靠推力矢量的作用，在做"眼镜蛇"机动时，后者的操纵能力更好一些。

（2）柯比特（Kubit）机动。

柯比特机动乍看上去有些像筋斗，但和筋斗存在明显区别。它实际上是飞机以很小的半径在作筋斗，看起来就像是以较低的速度绕着自己尾巴翻了筋斗，说它是个后空翻可能更形象。1995 年俄罗斯特技飞行员弗罗洛夫在巴黎航展上驾驶苏-37 首先完成了这一动作，当时也有不少人把它称作弗罗洛夫轮盘。

如图 4-35 所示。柯比特机动的进入条件与"眼镜蛇"机动相似，所不同的是当机头抬起超过 100°后，并不是像"眼镜蛇"机动那样停止然后机头向前落下恢复原位，而是继续翻转直至 360°。由于该动作对飞机的操纵性要求较高，目前仅有装有推力矢量的苏-37 飞机等少数战斗机能够完成。

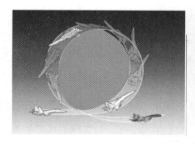

图 4-35　柯比特（Kubit）机动

（3）钟形（Bell）机动。

钟形机动如图 4-36 所示。在做这种动作时，飞机先是垂直爬升到一定高度，在空气阻力的作用下，飞机速度逐渐减小。飞机爬升到达最高点时，垂直速度为零，在飞机可控情况下驾驶员利用推力矢量控制使飞机在这一位置附近滞留 2~4 s，这时飞机看起来几乎不动。然后，飞机机头围绕机尾旋转快速上仰转向，机头转向时犹如钟表的指针一般，并转入背部朝下的姿势,最后转入另一个水平面内恢复正常飞行状态。

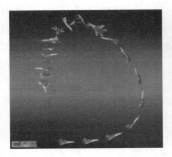

图 4-36　钟形(Bell)机动

(4)赫布斯特(Herbst)机动。

赫布斯特机动如图 4-37 所示。它也称急转机动,一般在时速 425 km 左右开加力,当拉杆使飞机上升到接近垂直向上状态(迎角 70°),速度约 280 km/h 时,蹬左舵,利用推力矢量使飞机左偏转 180°。最大偏转率约 20°/s,最后机头垂直向下,然后稍松杆减小迎角再逐渐改出俯冲。飞机整个转 180°的时间约 20 s,包括从下俯姿态、速度 220 km/h 开始将飞机拉平所需要的时间。X-31 试验机完成了这一动作。

(5)榔头机动。

这个动作中飞机先从平飞转入垂直向上,然后逐渐减速,机头缓缓向一侧摆动,从竖直向上位置渐渐进入水平,进而进入垂直向下,最后俯冲退出,整个锤头机动的看点在于,飞机在完成上升、倒转和俯冲的全过程中,整个机身平面基本保持在铅垂平面内,这也是这个动作的难度所在。这个动作的创立者是 20 世纪 20 年代德国飞行员杰哈德·菲茨勒(Gerhard Fieseler)。从轨迹上看,这个飞行曲线有点像铁锤的锤头,故而得名锤头机动。在二战的空中格斗中,锤头机动没有什么实际意义,因为飞机在高点机头指向缓慢变化时,飞机就像是挂在空中不动,那会成为敌机极好的靶子。但在特技飞行表演中,这个动作的确令人惊叹。

如图 4-38 所示,榔头机动是一种特殊的"筋斗"动作。试飞这种动作时,高度约 7 000 m,从速度 480 km/h 开加力进入过载 3 的筋斗动作,飞机过了垂直向上姿态后要稍松杆保持均匀的上仰旋转角速度,当飞机到达筋斗顶点,呈倒飞状态,高度 8 300 m 左右,迎角 60°,空速接近于零时,再猛拉杆到底。飞机速度向量迅速向下,即飞机再绕其重心旋转约 40°。最后是机头稍微向下 10°按正常程序改出俯冲。在筋斗顶部急剧俯仰旋转过程中,飞机瞬时迎角达到 138°左右。

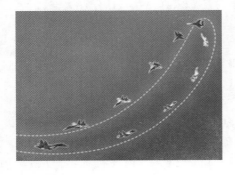

图 4-37　赫布斯特(Herbst)机动　　　　图 4-38　榔头机动

（6）大迎角机头转向。

大迎角机头转向如图 4 - 39 所示。这是一种可操纵的类似平螺旋的机动动作，进行该动作时，机头上仰 20°以上，迎角保持 35°以上。开加力，飞机坡度角约为 60°，由于飞机仍有足够的操纵性，可使驾驶员能在对方飞机转弯半径内侧跟踪目标。如将机头上仰到迎向 70°，机翼放平，靠脚蹬操纵推力矢量，也可做机头转向动作，转 360°，平均偏转率高达 35°/s，而常规高机动战斗机低空盘旋最大角速度只有 28°/s 左右。

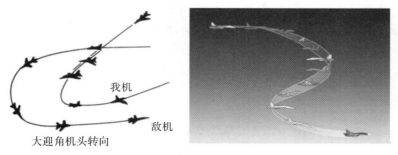

图 4 - 39　大迎角转向机动（后者为平螺旋）

（7）大迎角下滑倒转机动。

大迎角下滑倒转机动如图 4 - 40 所示。该动作是将飞机滚转为倒飞状态，发动机开加力，做下滑倒转动作，然后用推力矢量把飞机迎角拉大到 70°以上，再用矢量推力产生的操纵力矩转动机头来跟踪目标。大迎角下滑倒转机动的目的是攻击处于下方的敌机。

图 4 - 40　大迎角下滑倒转机动

空战中其他常用的综合过失速机动飞行可参阅空战动力学相关内容，或查阅其他相关机动飞行参考资料。

4.4　飞机起飞和着陆性能

飞机的每次飞行，总是以起飞开始，以着陆结束。起飞和着陆是实现一次完整飞行的两个不可缺少的重要阶段。起飞和着陆性能的好坏对作战训练飞行任务的完成以及飞行安全具有极其重要的影响。在维护工作中，在机场的标高、跑道道面和大气环境等发生变化的情况下，飞机能否在新的机场条件下进行起降，机务工作者必须做出准确的判断以保证安全飞行。本节主要介绍飞机起飞和和着陆性能的计算方法，分析影响飞机起飞和着陆性能的各种因素及改善起飞和着陆性能的措施。

4.4.1 飞机的起飞性能

起飞前,飞机滑行到起飞线上,飞行员把油门杆推到起飞位置,同时使用刹车使飞机停在起飞线上。起飞时,飞行员松开刹车使飞机沿跑道加速滑跑。当飞机滑跑速度达到某一速度时,飞行员拉杆抬起前轮。当滑跑速度达到一个确定的速度(离地速度)时,飞机开始离开地面,作加速上升飞行。对于歼、强类飞机,飞机上升到 15 m 时,起飞过程结束。这个高度,叫起飞安全高度。我国军用标准规定,轰炸、运输类飞机的起飞安全高度为 10.5 m。飞机从起飞线滑跑开始到加速上升到起飞安全高度的整个运动过程(见图 4-41),叫起飞。可以看出,起飞过程大体上可分为两个阶段,即起飞滑跑阶段(地面段)和上升加速阶段(空中段)。

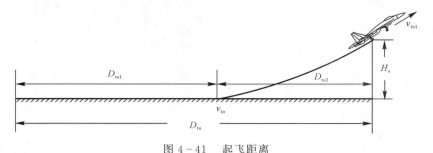

图 4-41 起飞距离

飞机从起飞线滑跑开始到飞机离地瞬间所经过的距离叫飞机的起飞滑跑距离,记为 D_{to1};飞机从离地速度开始至加速上升到起飞安全高度所经过的水平距离叫上升前进距离,记为 D_{to2}。起飞滑跑距离和上升前进距离之和叫作飞机的起飞距离,记为 D_{to},即

$$D_{to} = D_{to1} + D_{to2}$$

起飞距离是飞机起飞性能的一个重要指标。起飞距离的长短,直接关系到需用机场跑道的长短和机场范围的大小。过长的跑道、过大的机场范围,无论从经济或军事作战方面来看都是不利的。起飞距离过长,而机场跑道长度不足或机场范围太小,飞机则不能起飞,勉强起飞则容易引起飞行事故。

4.4.1.1 起飞滑跑距离计算

飞机在地面滑跑时受到发动机推力、空气动力、地面支反力和摩擦力的作用。如前所述,飞机在开始滑跑时是三轮着地的,只有当达到某一速度,驾驶员拉杆抬起前轮后,飞机有一段两轮滑跑。当速度达到起飞离地速度时,飞机离开地面,结束滑跑过程。由图 4-42 可看出,三轮滑跑和两轮滑跑飞机受力情况是不同的。由于两轮滑跑的距离和时间都很短,作为工程计算,可以不加区分,仍按三轮滑跑处理。

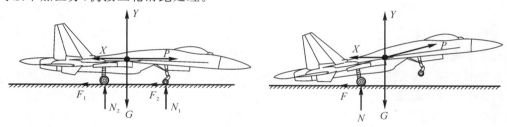

图 4-42 飞机地面滑跑时的受力情况

假设发动机推力 P 平行于地面,则根据牛顿第二定律,有

$$\left.\begin{array}{c} \dfrac{G}{g}\dfrac{\mathrm{d}v}{\mathrm{d}t}=P-X-F \\ N=G-Y \end{array}\right\} \qquad (4-30)$$

式中:$F=F_1+F_2$,为地面对机轮的摩擦力;$N=N_1+N_2$,为地面对机轮的支反力。并且有

$$F=f\cdot(G-Y)$$

式中:f 为地面摩擦系数。

将上式代入式(4-30)第一式,并注意到:

$$Y=C_y\frac{1}{2}\rho v^2 S,\ X=C_x\frac{1}{2}\rho v^2 S$$

有

$$\frac{G}{g}\frac{\mathrm{d}v}{\mathrm{d}t}=P-\frac{1}{2}\rho v^2 SC_x-f\left(G-\frac{1}{2}\rho v^2 SC_y\right)$$

或写成

$$\frac{1}{g}\frac{\mathrm{d}v}{\mathrm{d}t}=\frac{P}{G}-f-\frac{1}{2}\frac{\rho v^2 S}{G}(C_x-fC_y) \qquad (4-31)$$

注意到 $v=\dfrac{\mathrm{d}D}{\mathrm{d}t}$,则

$$\mathrm{d}v/\mathrm{d}t=\frac{\mathrm{d}v}{\mathrm{d}D}\frac{\mathrm{d}D}{\mathrm{d}t}=v\frac{\mathrm{d}v}{\mathrm{d}D}=\frac{1}{2}\frac{\mathrm{d}v^2}{\mathrm{d}D}$$

由此可以得到地面加速滑跑距离 D_{to1} 为

$$D_{to1}=\int_0^{D_{to1}}\mathrm{d}D=\frac{1}{2}\frac{1}{g}\int_0^{v_{to}}\frac{\mathrm{d}v^2}{\dfrac{P}{G}-f-\dfrac{\rho S}{2G}(C_x-fC_y)v^2} \qquad (4-32)$$

式中:发动机推力 P 为速度的函数;C_y 和 C_x 为起飞构型(襟翼在起飞位置、起落架放下等)条件下对应于停机迎角的升力系数和阻力系数;摩擦系数 f 的大小主要取决于跑道表面状况,如果没有可用的实验数据,可根据表 4-1 和表 4-2 适当选取。

表 4-1　干燥硬跑道表面摩擦系数

地面滑跑摩擦系数	刹车摩擦系数
0.025	0.20 ~ 0.30

表 4-2　其他跑道表面地面滑跑摩擦系数

跑道表面状况	f 的最小值	f 的最大值
湿水泥跑道表面	0.03	0.05
湿草地面	0.06	0.10 ~ 0.12
覆雪或覆草地面	0.02	0.10 ~ 0.12
干硬土草地面	0.035	0.07 ~ 0.10

由于发动机的推力一般由函数曲线的形式给出,式(4-32)一般要用数值积分的方法求解。

考虑到在起飞滑跑过程中发动机推力变化比较平缓,工程上为了简化计算经常把发动机推力取为某一常量 $\overline{P}$,若取

$$P \approx \overline{P} = \frac{1}{2}(P_{v=0} + P_{v=v_{to}})$$

此时飞机的起飞地面滑跑距离为

$$D_{to1} = \frac{1}{2g} \int_0^{v_{to}} \frac{dv^2}{\dfrac{\overline{P}}{G} - f - \dfrac{\rho S}{2G}(C_x - fC_y)v^2} =$$

$$\frac{1}{2gK_1} \ln \frac{K_2}{K_2 - K_1 v_{to}^2} \tag{4-33}$$

式中,$K_1 = \dfrac{\rho s}{2G}(C_x - fC_y)$,$K_2 = \overline{P}/G - f$。

例 4-1 某机起飞时,飞机重力 $G = 78\,000$ N,$\overline{P} = 30\,000$ N,$S = 23$ m²,$v_{to} = 300$ km/h,$f = 0.035$,海平面标准大气条件,停机迎角 $\alpha = 0.18°$,对应的 $C_x = 0.05$,$C_y = 0.16$,试计算该机地面加速滑跑的距离。

解:
$$v = 300 \text{ km/h} = 83.3 \text{ m/s}$$
$$K_1 = \frac{\rho S}{2G}(C_x - fC_y) = 8.2 \times 10^{-6}$$
$$K_2 = \overline{P}/G - f = 0.35$$

代入式(4-33),有

$$D_{to1} = \frac{1}{2 \times 9.8} \frac{1}{8.2 \times 10^{-6}} \ln \frac{0.35}{0.35 - 8.2 \times 10^{-6} \times 83.3} = 1\,104 \text{ m}$$

4.4.1.2　上升前进距离计算

飞机在起飞滑跑过程中,当加速到离地速度时,其升力等于飞机的重力,因此有

$$C_{yto} \frac{1}{2}\rho v_{to}^2 S = G$$

即

$$v_{to} = \sqrt{\frac{2G}{\rho S C_{yto}}}$$

我国军用标准 GJB 34A—2012《有人驾驶飞机(固定翼)飞行性能》规定,离地速度应为以下几种速度中的最大值:

1)起飞构型下,无动力平飞失速速度的1.1倍;

2)护尾包限制的最大迎角或总体设计所允许的最大迎角对应的升力系数所决定的速度(考虑地面效应影响);

3)起飞构型下,发动机最大状态,不考虑地面效应,飞机具有0.5%上升梯度能力(上升梯度=上升高度/上升水平距离)的最小速度;

4)空中最小可操纵速度;

5)离地能在起飞安全高度达到起飞速度的速度。

起飞速度是指飞机离地后上升至起飞安全高度时的瞬时速度，记为 v_{t0s}。它不应小于以下几项速度中的最大值：

1）无动力平飞失速速度的 1.15 倍；

2）空中最小可操纵速度；

3）起落架收起、襟翼在起飞位置、发动机最大工作状态、不考虑地面效应时，飞机具有 2.5% 上升梯度时的速度。

上升前进距离，即为飞机从离地开始到上升至安全高度的过程中飞过的水平距离。飞机作上升运动时，其运动方程为

$$\left. \begin{array}{l} \dfrac{G}{g}\dfrac{\mathrm{d}v}{\mathrm{d}t}=P-X-G\sin\theta \\[2mm] \dfrac{G}{g}v\dfrac{\mathrm{d}\theta}{\mathrm{d}t}=Y-G\cos\theta \end{array} \right\} \qquad (4-34)$$

由于上升时 θ 不大，且航迹近似于直线，可以近似地认为：$\cos\theta\approx1$，$\mathrm{d}\theta/\mathrm{d}t\approx0$。因此，方程（4-34）可以简化为

$$\left. \begin{array}{l} \dfrac{G}{g}\dfrac{\mathrm{d}v}{\mathrm{d}t}=P-X-G\sin\theta \\[2mm] Y=G \end{array} \right\} \qquad (4-35)$$

考虑到角 θ 较小，可以近似认为飞机沿上升航迹所经过的距离即为加速上升段的水平距离。以 D_{to2} 表示这段上升前进距离，有

$$D_{to2}=\int_{D_{to1}}^{D_{to2}}\mathrm{d}D$$

因为 $\mathrm{d}t$ 时间内飞机飞过的距离为

$$\mathrm{d}D=v\,\mathrm{d}t=v\,\frac{\mathrm{d}t}{\mathrm{d}v}\mathrm{d}v=\frac{1}{2}\frac{\mathrm{d}v^2}{\mathrm{d}v/\mathrm{d}t}$$

所以有

$$D_{to2}=\int_{v_{to}}^{v_{tos}}\frac{\mathrm{d}v^2}{\mathrm{d}v/\mathrm{d}t}=\frac{G}{2g}\int_{v_{to}}^{v_{tos}}\frac{\mathrm{d}v^2}{P-X-G\sin\theta} \qquad (4-36)$$

这个积分方程一般要用数值方法求解。

4.4.1.3　影响起飞性能的因素

如前所述，起飞过程实际上是飞机在发动机推力、空气动力、重力及道面（滑跑段）摩擦力作用下的加速过程。因此，凡是影响作用于飞机的外力的因素都将影响飞机的起飞性能。下面主要从使用维护的观点出发简要讨论飞机起飞重量、大气条件和跑道坡度对飞机起飞性能的影响。

通常，起飞重量 G 越大，飞机起飞质量越大，飞机的起飞加速度必然减小，飞机的离地速度和飞机的起飞速度也应增大，这必然导致起飞滑跑距离和上升前进距离增大，从而使起飞距离增大，起飞性能下降。此外，起飞重量增大还使飞机地面滑跑时的地面摩擦力增大，使地面滑跑距离进一步增长。因此，起飞重量对飞机的起飞性能有明显的影响。

大气条件对飞机起飞性能的影响主要表现为机场海拔高度、气温和风的影响。

飞机在高原机场起飞时，由于机场海拔高度升高，发动机推力下降，这无论是对飞机的地面加速滑跑或是离地后的加速上升都是不利的。与此同时，机场海拔高度升高，空气密度降

低,在同样的起飞重量下,飞机的离地速度必然增大,从而使飞机的起飞性能恶化。近似经验表明,机场高度每增加 1 000 m,飞机的起飞距离约增加 20% ~ 30%。

气温变化将直接影响发动机推力。气温升高会导致发动机推力减小,使起飞滑跑距离增长,起飞性能变差;反之,则使起飞性能变好。

图 4-43 所示为某战斗机发动机最大加力状态时,气温偏离大气温度的发动机推力系数 $C_p = P / \left(\frac{1}{2} \rho v^2 S \right)$ 修正随飞行高度和 Ma 的变化曲线。有关资料指出,对于推重比为 0.9 ~ 0.6 的飞机,气温每升高 30℃,飞机起飞滑跑距离要比标准气温条件下的起飞滑跑距离大约增长 30% 左右。

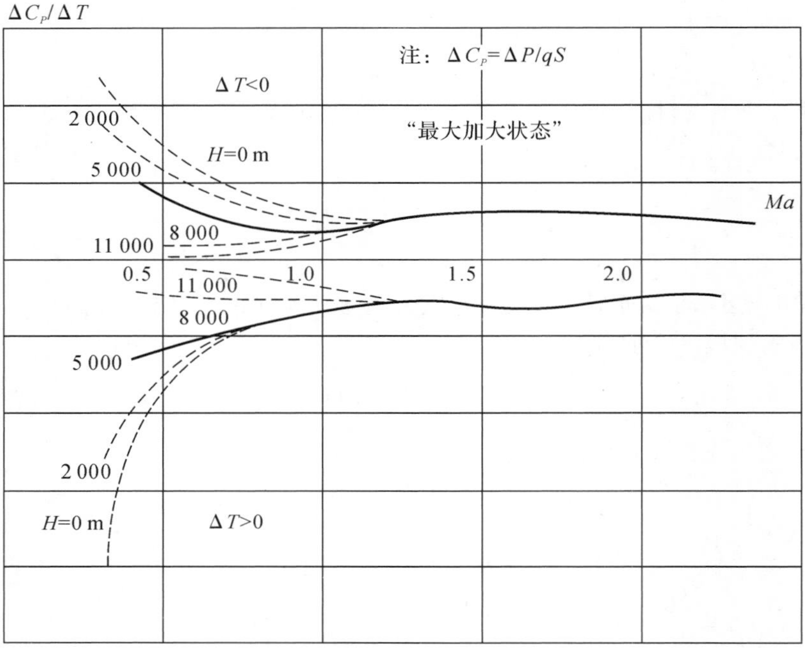

图 4-43 气温对发动机推力的影响

必须指出,上述各式中所用的速度都是指空速,即飞机相对于空气的运动速度。在无风的情况下,空速和地速相等;在有风的情况下,空速将与地速不同。逆风会使空速大于地速,顺风则使空速小于地速。考虑风速的影响后,计算起飞距离的式(4-32)应该为

$$D_{to1} = \frac{1}{g} \int_W^{v_{to}} \frac{(v - W) dv}{\frac{P}{G} - f - \frac{\rho S}{2G}(C_x - fC_y)v^2} \qquad (4-37)$$

由此导出的结果也应作相应的修改,这里就不再重述了。上式中 W 为风速,并以逆风为正,顺风为负。显然,逆风起飞是有利的。

机场跑道表面情况对飞机的滑跑起飞性能也有明显的影响。道面坚硬光滑,摩擦因数小,起飞滑跑距离缩短;道面积水、潮湿,摩擦因数增大,起飞滑跑距离增长。

跑道有坡度时,重力 G 会出现沿发动机推力方向的分量。如图 4-44 所示,考虑到跑道坡度 γ 一般很小,飞机重力在推力方向的分量为 $G\sin\gamma \approx G\gamma$,它起着增加(下坡时)或减小(上坡

时）推力的作用。飞机重力在垂直道面方向的分量为 $G\cos\gamma \approx G$，机轮所受到的法向力基本不变。这样，在计算起飞滑跑距离时，只要以 $P + G\gamma$ 代替跑道无坡度时的发动机推力 P 即可。值得注意的是，上坡时，γ 取负值；下坡时，γ 取正值。显然下坡将使飞机起飞滑跑距离缩短，上坡使飞机起飞滑跑距离增长。近似计算经验表明，跑道的每度坡度角可使飞机起飞滑跑距离改变约 2% 左右。

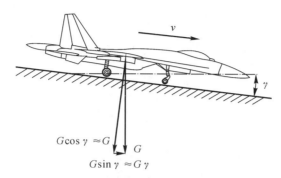

图 4 - 44　跑道有坡度时的重力分量

4.4.1.4　起飞过程中发动机出现故障时的若干问题

在飞机起飞滑跑过程中，双发动机或多发动机飞机的一台发动机出现故障停车，驾驶员应作出决策是继续起飞，还是关闭无故障发动机使用紧急刹车中断起飞。即使是中断起飞，驾驶员也还有两种可供选择的方案，是留在飞机上还是使用弹射救生机构安全脱离飞机。因此，为了保证飞行安全，必须了解起飞过程中发动机出现故障时的若干问题。

（1）几个概念。

1）单发动机飞机的决策速度。单发动机飞机在起飞滑跑过程中，当加速到某一速度发动机出现故障停车时，驾驶员使用紧急刹车能使飞机停止在跑道范围内（包括跑道端头的安全地带），该速度的最大值称为飞机的决策速度。

当发动机故障出现在飞机速度小于决策速度时，驾驶员应使用紧急刹车，可以且必须中断起飞；当发动机出现在飞机速度大于决策速度时，驾驶员即使采用紧急刹车中断起飞，也无法保证飞机的安全，一般应使用弹射救生装置脱离飞机。

2）多发动机飞机的安全速度。对于装有两台或两台以上发动机的飞机，在起飞滑跑过程中因发动机故障会出现不对称推力而产生偏离跑道的偏航力矩，这时驾驶员的操纵动作要比单发动机飞机复杂得多。为保证起飞安全，驾驶员应使用各种可能的操纵，特别是偏转方向舵以克服这种偏航力矩，保持飞机沿跑道中心线做直线运动。当飞机速度很低时，方向舵的效率不高，驾驶员不可能通过操纵方向舵等来克服非对称推力产生的偏航力矩，故无法保证飞行安全。

多发动机飞机的安全速度是指驾驶员通过各种操纵（主要包括方向舵和不对称刹车等）可以克服非对称推力产生的偏航力矩的最小速度。

当然，驾驶员在通过操纵克服偏航力矩的同时，应根据故障情况作出中断起飞或带故障起飞的决策。与单发动机飞机情况类似，多发动机飞机的决策速度是指飞机在起飞加速到某一速度，发动机出现故障停车，驾驶员使用紧急刹车使飞机停止在跑道范围内，该速度的最大值称为决策速度。

3) 临界发动机故障速度。多发动机飞机在一台发动机出现故障停车时,如果跑道长度足够,可以继续利用剩余的发动机完成起飞。飞机带故障起飞达到起飞高度所需的水平距离,恰好等于该机从该速度 v_{cr}(临界发动机故障速度)采用紧急刹车中断起飞所需的滑跑距离。

4) 临界机场长度。飞机以全发动机推力起飞滑跑加速到临界发动机故障速度 v_{cr} 所经过的滑跑距离,加上临界发动机不工作时飞机由 v_{cr} 加速并上升到起飞安全高度所经过的水平距离,即为飞机的临界机场长度 L_{cr}。

(2) 中断起飞和继续起飞。

1) 中断起飞。

中断起飞所需距离(L_{zd})。中断起飞所需距离是指在起飞滑跑过程中,一台发动机停车,飞行员下决心中断起飞,即收好发动机油门,并采取各种减速措施(包括全放襟翼和减速伞),飞机从滑跑起点到完全停止所经过的距离。中断起飞所需距离由以下 3 段组成:① 第一段,飞机从速度为零到以全部发动机使飞机加速到 v_{tc} 时所经过的距离;② 第二段,以一台发动机停车到飞行员下决心收油门中断起飞,这中间经过的距离。从发动机停车到飞行员下决心收油门中断起飞所需时间为 3 s 左右,飞机速度平均值约等于 v_{tc};③ 第三段,从收油门、放襟翼和放减速伞使飞机减速到飞机完全停止下来所经过的距离。

中断起飞所需距离可按下式计算,即

$$L_{zd} = \frac{v_{tc}^2}{2g\left(\dfrac{\overline{P}}{G} + f'\right)} + 3v_{tc} + \frac{v_{tc}^2}{2g\left(f'' - \dfrac{\overline{P_m}}{G}\right)}$$

式中:L_{zd} 为中断起飞所需距离(m);v_{tc} 为一台发动机停车时的飞行速度(m/s);$\overline{P}$ 为全部发动机的平均可用推力(N);G 为飞机起飞重量(N);f'、f'' 为平均综合阻力系数,f' 对应起飞襟翼,f'' 对应着陆襟翼、放伞和刹车;$\overline{P_m}$ 为一台发动机的平均慢车推力(N)。

可以看出,中断起飞过程的第一段相当于起飞滑跑,而第三段则相当于着陆滑跑。因此,中断起飞所需距离的长短与 v_{tc}、飞机重量、机场标高、气温、风向和风速有关。v_{tc} 越大,飞机重量越大或机场标高越高,L_{zd} 越长。逆风风速越大,则 L_{zd} 越短。

中断起飞可用距离。中断起飞可用距离等于跑道长度与起飞方向一端保险道长度之和。保险道也叫安全道或防冲道,它是跑道头外延伸的比跑道更宽的硬道面。一般保险道应当具有不比跑道差的刹车效果。

2) 继续起飞。

继续起飞所需滑跑距离。继续起飞所需距离是指,在一台发动机停车而进行继续起飞时,飞机从滑跑起点到离地所经过的距离。继续起飞的前段,是两台发动机的推力使飞机做加速滑跑,后段是一台发动机的推力使飞机加速滑跑直到离地。因此,继续起飞所需滑跑距离的长短,与 v_{tc}、飞机重量、机场标高、气温、风向和风速有关。v_{tc} 越大,说明两台发动机的推力使飞机的加速过程长,而一台发动机推力使飞机加速的过程短,所以继续起飞所需滑跑距离就短。

继续起飞所需滑跑距离,可用下式计算,即

$$L_{jh} = \frac{v_{tc}^2}{2g\left(\dfrac{\overline{P}}{G} - f'\right)} + \frac{v_{to}^2 - v_{tc}^2}{2g\left[\left(\dfrac{\overline{P}}{2G} - f'\right)\right]}$$

式中：$\overline{P}$ 为两台发动机的平均可用推力。

继续起飞所需距离（L_{jx}）。继续起飞所需距离是指，在一台发动机停车时进行继续起飞，从滑跑起点到上升至起飞安全高度并增速到起飞安全速度 v_2 所经过的水平距离。也就是说，继续起飞所需距离等于继续起飞所需滑跑距离加上上升前进距离。v_{tc} 越小，飞机重量越大，则 L_{jx} 越长。

继续起飞可用距离。继续起飞可用距离等于跑道长度加上起飞方向一端无障道长度。无障道在跑道头外延伸线上，要求没有突出地面的障碍物。显然，无障碍道长度一般比保险道长。实际上，为了安全，可取两者相等，即令继续起飞可用距离等于中断起飞可用距离。

（3）极限起飞重量和起飞决断速度（v_2）。

在了解不同起飞重量、v_{tc}、机场标高条件下的中断起飞所需距离和继续起飞所需距离之后，在起飞前，就要根据所在机场的中断起飞可用距离和继续起飞可用距离（可认为两者相等），来确定起飞极限重量和决断速度。

起飞极限重量是指某一机型在某一状态及当时气象条件下，允许起飞的最大限制重量。若起飞重量超过最大极限重量，则发动机在某一时段范围内停车，就会形成既不能继续起飞（如由于继续起飞可用距离不够），也不能中断起飞（由于中断起飞可用距离不够）的困难局面，危及飞行安全。

在确定了起飞极限重量之后，还要确定起飞决断速度。所谓起飞决断速度，是指速度小于这个速度时发动机停车，要求中断起飞，速度大于这个速度时发动机停车，要求继续起飞，这个分界速度叫作决断速度。

4.4.2 飞机的着陆性能

我国国家军用标准 GJB 34—2012《有人驾驶飞机（固定翼）飞行性能》规定，飞机着陆过程包括从安全高度 15 m 开始的下滑、接地、滑跑减速至完全停止的整个过程（见图 4-45）。

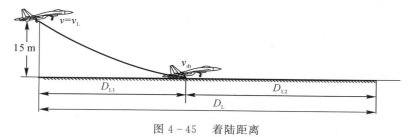

图 4-45　着陆距离

飞机从 15 m 安全高度下滑时，发动机基本上处于慢车工作状态，飞机以着陆速度作直线下滑，至高度 8 ～ 10 m，飞行员开始将油门收到慢车位置并拉平飞机，至高度 1 m 左右拉平过程结束，进入平飘，然后飞机平飞减速飘落接地。

飞机着陆性能主要是指着陆距离，也就是整个着陆过程中飞机运动所经过的水平距离。

如图 4-45 所示，与起飞距离一样，着陆距离也由两段组成，即从着陆安全高度开始到接地瞬间结束的空中段 D_{L1} 和由接地开始至飞机完全停止瞬间的着陆滑跑段 D_{L2}，$D_L =$ $D_{L1} + D_{L2}$。

4.4.2.1 着陆空中段距离的计算

作为工程近似计算,着陆空中段距离 D_{L1} 可以采用能量法进行计算。设飞机下滑到着陆安全高度 15 m 时的总能量为 E_1,飞机接地时的总能量为 E_2,则有

$$\begin{cases} E_1 = \dfrac{1}{2}mv_L^2 + 15mg \\[2mm] E_2 = \dfrac{1}{2}mv_{dt}^2 \end{cases}$$

飞机在着陆空中段飞行中,发动机基本处于慢车状态,作为近似计算,可取发动机推力等于零。如果将着陆空中段的飞行看成是减速运动,空气动力阻力取平均值 $\overline{X}$,则从安全高度至接地期间飞机总能量的变化,完全由平均阻力 $\overline{X}$ 引起。注意到着陆空中段轨迹倾角很小(一般为 $-3° \sim -5°$),可用飞机沿航迹运动的距离代替水平距离 D_{L1},则根据功能转换原理,有

$$D_{L1}\overline{X} = E_1 - E_2 = \frac{1}{2}mv_L^2 + 15mg - \frac{1}{2}mv_{dt}^2 = \frac{1}{2}m(v_L^2 - v_{dt}^2) + 15mg$$

即

$$D_{L1} = \frac{mg}{\overline{X}}\left(\frac{v_L^2 - v_{dt}^2}{2g} + 15\right) \tag{4-38}$$

4.4.2.2 着陆滑跑距离计算

飞机接地后,通常先要经过两点无刹车自由滑跑减速,这段时间一般需 $2 \sim 3$ s。然后放下机头,前轮着地做三点滑跑并使用刹车。在通常的工程计算中,假定使用刹车前的滑跑距离为

$$\Delta D = 3v_{dt} \tag{4-39}$$

以 F 表示飞机在三点滑跑并使用刹车时的总摩擦力,以 X 表示飞机受到的气动阻力,则有

$$m\frac{\mathrm{d}v}{\mathrm{d}t} = P - (X + F) \tag{4-40}$$

如果考虑到慢车状态发动机推力很小,可以略去不计,则有

$$m\frac{\mathrm{d}v}{\mathrm{d}t} = -(X + F) \tag{4-41}$$

由此可以得出飞机三点滑跑距离为

$$D'_{L2} = \frac{1}{2}m\int_0^{v_{dt}} \frac{\mathrm{d}v^2}{X + F} \tag{4-42}$$

与起飞滑跑距离计算一样,着陆滑跑距离计算一般也要使用数值积分的方法进行。显然,整个着陆滑跑距离应为

$$D_{L2} = \Delta D + D'_{L2} = 3v_{dt} + \frac{1}{2}m\int_0^{v_{dt}} \frac{\mathrm{d}v^2}{X + F}$$

在近似计算时,如认为整个滑跑过程为三点滑跑的等减速运动,则地面减速滑跑距离为

$$D_{L2} = v_{dt}^2/2\overline{a}$$

式中,$\overline{a}$ 为平均加速度,可由以下方法确定:在飞机接地瞬间,地面摩擦力 $F \approx 0$,只有气动阻力

X 起减速作用，应用升力等于重力的条件，即

$$X = Y/K = G/K$$

式中，K 为接地迎角条件下的飞机升阻比，$K = C_y/C_x$。当滑跑结束时，气动阻力 $X = 0$，且 $Y = 0$，则有

$$F = fG$$

可得平均减速度应为

$$\overline{a} = \frac{\overline{(X+F)}}{m} = \frac{1}{2}g\left(\frac{1}{K} + f\right)$$

从而可以给出近似计算飞机着陆滑跑距离的公式：

$$D_{L2} = \frac{v_{dt}^2}{g\left(\dfrac{1}{K} + f\right)} \tag{4-43}$$

例 4-2　某飞机着陆时，接地速度为 72.2 m/s，接地升阻比 $K = 7$，地面摩擦力系数为 0.3，试计算着陆地面滑跑距离。

解：由式（4-43）求得

$$D_{L2} = \frac{72.2^2}{9.8 \times \left(\dfrac{1}{7} + 0.3\right)} = 1\,201 \text{ m}$$

4.4.2.3　使用条件对着陆性能的影响

使用条件的影响主要是指着陆重量、大气条件和跑道道面情况对着陆性能的影响。注意到接地时飞机升力等于重力的条件，有

$$v_{dt}^2 = \frac{2mg}{\rho S C_{ydt}}$$

式中，C_{ydt} 为飞机接地迎角对应的升力系数，则根据式（4-43）有

$$D_{L2} = \frac{v_{dt}^2}{g\left(\dfrac{1}{K} + f\right)} = \frac{2mg}{g\rho S C_{ydt}\left(\dfrac{1}{K} + f\right)}$$

可以看出，着陆重量增大，飞机接地速度增大，必然导致着陆地面滑跑距离增大；反之着陆重量减轻，飞机地面滑跑距离必然缩短。

由上式还可以看出，着陆地面滑跑距离还与大气密度成反比。机场海拔高度升高，大气密度减小，必然会使飞机接地速度增大，使着陆地面滑跑距离增长，着陆性能变差。根据大气密度随高度的变化规律，当机场高度在 5 000 m 以下时，可近似认为高度每增 1 000 m，大气密度下降约 12%，滑跑距离将相应地增长 12%。

考虑到着陆时发动机处于慢车状态，气温的变化对着陆性能的影响一般较小。

与起飞相同，着陆过程中的速度是指相对空速。逆风着陆时的飞机空速等于风速和地速之和，可以改善着陆性能。因此，飞机起飞和着陆一般应逆风进行。

当机场跑道具有上坡角 γ 时，飞机重力的分量 $G\sin\gamma$ 将起阻止运动的作用，有利于改善飞机的着陆性能。

4.4.2.4　积水跑道对着陆的影响

飞机一般都是在干跑道着陆的。要是跑道上有积水或冰雪，会怎么样呢？显然，由于机轮

与地面间摩擦力减小,刹车失效,滑跑距离会增长。例如,在积水跑道上着陆,着陆距离要增大25%～50%左右。有的飞行员不注意这一特点,在跑道长度紧张的机场,冒大雨着陆,以致飞机大速度冲出跑道,造成事故,为此有必要讨论积水着陆的问题。

(1) 滑水现象。

在积水跑道上滑跑,水对机轮有相对运动,产生流体动力 P。这个作用的机轮上的流体动力可以分成水平分力和垂直分力。水平分力使阻力增大,机轮溅起来的水撞击到飞机某个部位,也造成额外阻力,这些都有助于减速滑跑。但是,流体动力的垂直分力作用在飞机轮胎上,就像塞进一个木楔的作用一样,将轮胎向上抬起,以致轮胎不再和跑道表面直接接触,轮胎和道面之间隔了一层水膜,摩擦系数急剧减小(0.05左右),着陆滑跑距离大大延长。这种使机轮离开跑道表面在水膜上滑行的现象,通常称为滑水现象。

如果条件合适,上述滑水现象就会在中断起飞和着陆滑跑中发生。

(2) 影响滑水的因素。

1) 滑水速度。滑水速度是指飞机在跑道上滑跑,开始发生滑水现象的地速。滑水速度可用如下经验公式作近似计算,即

$$v_{hs} = 0.2 \sqrt{P_{lt}}$$

式中: v_{hs} 为滑水速度(m/s); P_{lt} 为轮胎气压(N/m²);

从公式可知,滑水速度只与轮胎气压有关。轮胎气压越大,滑水速度也越大。

滑水现象一旦发生,一般会持续到更低的速度滑水才会结束。这是因为滑水开始时要上抬飞机,必须具有较大的流体动力垂直分力,而结束滑水时,这个垂直分力却要小一些,这样开始滑水和结束滑水时对应的速度就不一样。

2) 积水深度。滑水现象是否容易发生,还和积水深度有关。能够出现滑水的起码的水深度,叫作临界水深度,一般在2.5～12.5 mm。临界水深度和轮胎表面花纹形状和深度有关。多棱条轮胎,槽沟深度和间距适当,有利于排水,从而有利于解除流体动力,使临界水深度提高,相反,表面显著磨平的轮胎,临界水深度就会降低。

跑道表面结构也对临界水深度有重要影响。表面粗糙或有沟槽,利于排除轮胎和道面之间的水。反之,就容易出现滑水,从而降低临界水深度。

主起落架轮胎安装方式与滑水特性也有关系。例如,前后四轮式的起落架,前组轮子起着排开积水作用,具有降低后组轮子涉水深度的趋势。这种趋势,能降低后组轮子发生滑水的速度或增加后轮发生滑水的临界水深度。

多数跑道中间高、两边低,可以保证下雨时迅速排水。但侧风超过5 m/s时,跑道迎风坡一侧的排水就会受到影响,容易达到临界水深度,以致在跑道的一侧出现滑水现象。

(3) 维护与使用特点。

对滑水现象,维护与使用中应注意以下事项:

1) 在雨季进行训练时,应注意选用轮胎较新的飞机,以免在积水深度不大时就产生滑水现象。

2) 在积水跑道上着陆,要求尽可能降低接地速度,因此着陆重量不宜过重。

3) 侧风较大时,应该尽量避免在积水跑道上着陆,因为一旦产生滑水现象,用刹车修正侧风效果不好。

4.4.3　特殊情况下的起飞与着陆

4.4.3.1　在高温高原机场起飞与着陆

在高温高原机场,空气密度小,飞机性能降低。一方面,空气密度减小,发动机性能下降,推力减小,飞机增速慢,上升梯度减小;另一方面,空气密度减小,同样表速下,对应的真速和地速增大,使加速和减速所需时间增长,起飞滑跑距离和着陆滑跑距离都增长,起飞和着陆性能均变差。

(1)起飞。

飞机在高温高原机场起飞,由于发动机推力小,因此飞机加速慢,加速到同一表速对应的真速大,使起飞滑跑距离增大。另外,由于起飞后发动机的剩余推力减小,所以飞机上升梯度减小。因此,起飞前要做好确认工作,根据飞机的性能曲线图表等确认跑道满足要求,确保飞机有能力越障。起飞时要尽量利用逆风、下坡等有利因素起飞,并严格按照性能图表上的抬前轮速度抬前轮。

(2)着陆。

飞机在高原机场着陆,同一表速接地,飞机真速大,因此滑跑距离长。着陆时要尽可能利用逆风、上坡等有利因素。飞机接地后,要立即放下前轮,使用最大刹车和最大允许的反推,正确使用减速装置以缩短着陆滑跑距离。

4.4.3.2　在积水和积雪跑道上起飞与着陆

硬质污染道面降低摩擦力,只影响飞机的刹车和减速效果,但是液态污染道面既降低摩擦力,又增加附加阻力和滑水的可能性,不仅影响刹车,也影响加速。与干道面相比,在污染道面上偏转前轮时所能得到的侧向摩擦力会明显降低,方向控制能力变弱。

(1)积水跑道。

积水跑道一般对飞机的起飞性能影响不大,但对于着陆,由于机轮与道面之间的摩擦系数降低,特别在出现动态滑水时,着陆滑跑距离将大大增长。

当水深超过 2.5 mm,速度增加到临界滑水速度,飞机在积水道面上滑跑时,水层挤入机轮与道面之间,产生流体动力升力和阻力,这个升力起到将机轮抬起的作用,减小了机轮和道面间的接触面积,使摩擦阻力减小,这种现象叫"动态滑水"。此时,刹车将不起作用,着陆滑跑距离明显增长。

预防动态滑水现象最根本的方法有:不在积水过深的跑道上起降;减小接地速度;充分利用空气动力减速,晚放前轮;速度减到临界滑水速度以下再使用刹车。

(2)冰雪跑道。

在积雪跑道上,飞机减速容易、增速难。当积雪较厚时,飞机阻力增大,起飞滑跑距离增加,起飞时应尽量减轻飞机质量,采用大油门起飞,避免大侧风起飞、着陆。

在半融雪跑道上,飞机高速滑跑距离成倍增加,操纵中要避免顺风和大逆风着陆,做到"扎实接地",撞碎冰层,以增大摩擦力,并要及时使用刹车装置。在结冰跑道上起飞也比较困难,尤其在伴随侧风或道面不平情况下,很难保持方向。

4.4.3.3　在短距跑道上起飞与着陆

短跑道的特点是可用跑道短,因此应尽量缩短起降距离。

（1）短跑道起飞。

起飞前,应根据飞行手册性能曲线图表等,确认飞机的最短起飞滑跑距离和起飞距离。此外,还需考虑飞机起飞后能否安全越障。

要确保跑道长度在飞机的极限起飞性能之内,尽量在跑道头起飞。起飞时,应先刹住车,加满油门后再松开刹车,使飞机一开始滑跑就有较大的剩余推力,有利于缩短滑跑距离;尽可能使用最大功率、逆风、下坡起飞,并减小飞机起飞时的质量;升空后保持陡升速度爬升越障,直到起飞安全高度。然后,适当减小姿态,加速并保持以快升速度状态上升。

（2）短跑道着陆。

短跑道着陆时,应尽量减小着陆时的飞机质量,采用全襟翼、较大下滑角,速度不超过着陆进场参考速度,经过无飘飞拉平,使飞机以最小可操纵速度和无功率失速姿态接地。

有些跑道由于障碍物的限制,有效着陆可用距离短,也等同于短跑道着陆。

4.4.3.4　在软道面上起飞与着陆

草地、沙滩、泥泞地、雪地等软道面的特点是摩擦力大,飞机减速容易、增速难,滑跑方向不易保持,场地不平使飞机易跳跃,前轮抬起高度不易控制。

（1）软道面上起飞。

飞机在软道面上起飞时应尽可能采用两点滑跑,尽早升空。起飞滑跑时,将油门加至最大功率,稍早向后带杆以减小前轮正压力,应尽可能早地用升降舵将飞机维持在较高姿态上进行两点滑跑,飞机最后将以较小速度升空。

飞机离地后,应柔和地降低机头,使飞机保持小角度飞行,平飞加速至快升速度后转入上升,如果净空条件不好,则平飞加速至陡升速度后转入上升。

（2）软道面上着陆。

飞机在软道面上着陆应减小接地速度,尽可能保持两点滑跑。飞机接地前,尽可能保持在离地 1～2 m 的高度上飘飞减速,使飞机以最小速度接地。

主轮接地后,应带杆直到用气动力不能保持两点滑跑为止。滑跑中应避免使用刹车。

4.4.3.5　不放襟翼着陆

飞机正常着陆时,为改善着陆性能,一般都放大角度襟翼着陆。在襟翼系统故障、侧逆风大、紊流强度过大等条件下,需放小角度襟翼或不放襟翼着陆。

不放襟翼着陆的主要特点是飞机的下降角小,下滑速度增加。这是因为不放襟翼,飞机的升阻比较大,因此下降角小。另外,由于不放襟翼,飞机升力系数小,为产生足够升力,飞机的下滑速度必须增大。下滑速度大提高了飞机的稳定性和操纵性,但增加了飞机的着陆滑跑速度。

不放襟翼着陆时,由于飞机的下滑角小,下滑速度大,飞机下降慢,减速慢,因此操纵中应降低拉平高度,要防止拉平高,而且在拉平到接地姿态后,应减慢拉杆,让飞机接地,不使它飘飞。下滑速度大,使得舵面效应增加,拉平动作应更柔和。

下滑角小,下降速度增加,还会使下滑点前移,而且不放襟翼,飞机的阻力小,容易导致目测高。

飞机接地后,要立即放下前轮,使用最大刹车和最大允许反推,以缩短着陆滑跑距离。

4.4.3.6　起落架故障着陆

起落架故障着陆是指,飞机着陆前,前起落架或主起落架未放下来或没有放好,处置后仍无效情况下的着陆。起落架故障一般可用信号灯、指示杆、飞行状态等加以判断。

（1）单侧主起落架故障。

在空中出现单侧主起落架故障时，由于阻力不对称，飞机向起落架方向一侧偏转，这时应向起落架未放下的一侧蹬舵。同时，由于飞机重心横移，飞机向起落架放下一侧滚转，这时应向起落架未放下的一侧压杆。

接地时出现单侧主起落架故障时，由于地面对主机轮的反作用力，飞机向起落架未放下一侧倾斜，因此应向放下起落架一侧压杆；同时，由于主轮地面摩擦阻力使飞机向起落架放下一侧偏转，此时应向未放下起落架的一侧蹬舵。

在处置单侧主起落架故障时，应注意防止拉高或拉飘飞机，强调轻接地。为防止飞机倾斜，可向主起落架放下一侧稍带坡度接地。主轮接地后，应尽早放下前轮滑跑。随着速度减小，应不断增大压杆量，当杆压至尽头仍不能平衡时，再让翼尖着地。单轮着陆时，一般不宜使用刹车，以防止飞机方向突然偏转。

（2）前起落架故障。

前起落架故障可按正常的着陆程序着陆。操纵中强调轻两点接地。接地后随速度减小，应及时不断增加带杆量，使飞机尽可能保持上仰姿态。

两点滑跑阶段不应使用刹车，直到带杆到底也不能保持飞机两点滑跑，再让机头柔和接地。

4.4.3.7　发动机停车迫降

发动机停车后，飞机必须要选择场地进行迫降。迫降过程中，如果放襟翼和起落架，会对飞机的性能产生进一步的影响。襟翼放下后，飞机的最大升阻比减小，对应的最小阻力速度减小；放下起落架后，阻力增加，最大升阻比减小，对应的最小阻力速度也进一步减小。

升阻比减小，下降角和下降速率都会增大，在停车迫降时要注意这个特点。

发动机停车后，如果高度较高，可以在 360° 范围内选择迫降场地，如果高度较低（如起飞中），应选择前方 180° 范围内迫降。如果可能，应尽量选择逆风方向迫降，逆风方向迫降不安全或无把握时，可采用侧风着陆或顺风着陆。

飞机发动机停车后一般使用最小阻力速度以减小下滑角，使下滑速度距离增长。如果停车时速度较大，一般采用先升后降的方法。

停车迫降要注意放襟翼的时机和角度。放襟翼的时机，一般应根据目测的高低来决定。场内迫降，放起落架时机应根据目测进行。场外迫降，不放起落架。

停车平迫降目测宁高勿低。当目测高时，可采用侧滑法 S 形转弯来修正。在较宽的场地上迫降时，可利用四转弯改出的时机来控制高低。对于场内迫降，还可通过调整放起落架的时机来修正目测高度。

4.5　飞机续航性能

上述介绍的飞机性能，如最大上升率、最大稳定盘旋角速度等，只是描述飞机在 $v-H$ 平面上某一点（飞行状态）所具有的特性或能力，通常称为点性能。起飞、着陆是飞机完成任一飞行任务都要经历的一个阶段，因而起飞、着陆性能属于任务阶段性能。飞机的跃升和俯冲性能等也属于任务阶段性能。

航程和航时是飞机续航性能的两个重要指标,它直接影响飞机的远程作战及持久作战的能力。航程、航时是随发动机性能(燃油消耗率)和飞行条件(飞行高度、速度、重量等)改变而变化的。续航性能的好坏,不仅关系到作战、训练任务的完成,也关系到燃料的节约。为了充分发挥飞机的续航性能和节约燃料,广大机务人员应该了解航程和航时计算的有关知识。本节主要介绍飞机的任务性能的概念及航程、航时的计算问题。

4.5.1　飞机的任务性能和任务剖面

为了完成一次飞行任务,飞机一般要经历起飞、上升、巡航、战斗、下降和着陆等飞行阶段。飞机的任务性能,是指飞机根据任务要求完成上述各飞行阶段(即任务段)的综合能力。而飞机由机场起飞出发,飞到目标上完成一定任务后,再飞回机场所能达到的最远距离,称为飞机的活动半径。飞机活动半径的大小,标志着飞机能进行作战的范围,是飞机战术、技术性能的一个重要指标。

飞行任务一般通过飞行任务剖面形象地表示出来。所谓飞行任务剖面,是指飞机执行任务飞行的飞行航迹在水平面内的投影和在某一垂直平面内的投影。前者称为水平任务剖面,后者称为垂直任务剖面。对于空间机动动作少的任务,一般用一个垂直飞行任务剖面即可表明飞机执行该任务飞行的航迹特点。图 4-46 给出了一架飞机的执行空中优势任务的任务剖面图。

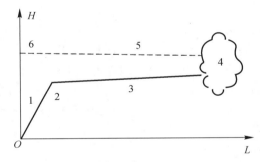

1—起飞；2—上升；3—巡航；4—作战；5—返航；6—下降着陆

图 4-46　空中优势任务剖面

4.5.2　飞机航程和航时计算的基本知识

飞机的航程是指飞机在上升、下滑和巡航飞行阶段所飞过的水平距离,而飞机的航时则是指飞机在上升、下滑和巡航阶段飞行所需的时间。飞机航程、航时计算也叫飞机续航性能计算。飞机航程、航时的长短,取决于可供飞机使用的燃油量和燃油消耗的速率。

显然,飞机在地面装载的燃油不能全部用于续航飞行,其中一部分要用于地面试车、滑行、着陆航线飞行和着陆。此外,还有一部分燃油由于油箱和供油系统结构的限制而不能使用。通常把扣除上述各种燃油量后,可供飞机在上升、下滑和巡航飞行阶段使用的燃油量,叫作可用燃油量。

飞机携带有效装载(包括货物、除空勤人员外的全体成员、炸弹、导弹、火箭、水雷、鱼雷、干扰物、侦察照相机、电子对抗设备吊舱和照相闪光照明弹等),沿预定航线(包括上升、下滑和巡航)飞行耗尽可用燃油的航程叫作飞机的技术航程,相应的续航时间叫技术航时。

值得一提的是,在实际飞行中,考虑到一些不可预料的意外情况,例如着陆航向保持不准确、气象条件变化或着陆场地没有空等,要求进行复飞,在上述可用燃油量中还应扣除一定比例的燃油量,这部分燃油量称为着陆余油。

飞机携带有效装载,耗尽扣除着陆余油后的可用燃油量,沿预定航线飞过的水平距离,叫飞机的实用航程。相应的续航时间叫实用续航时间(或实用航时)。

飞机中燃油消耗的速率一般用小时燃油消耗量 C_h 和公里燃油消耗量 C_k 表示。所谓小时燃油消耗量,是指飞机每飞行 1 h 所消耗的燃油量;而公里燃油消耗量则是指飞机每飞行 1 km 所消耗的燃油量。

由发动机原理知道,发动机产生 1 N 推力,1 h 消耗的燃油量叫发动机的燃油消耗率,记为 C,其单位为 kg/(h·N)。因此小时燃油消耗量和公里燃油消耗量可以分别表示为

$$\begin{cases} C_h = CP \\ C_k = \dfrac{CP}{v} \end{cases}$$

式中:P 为发动机推力(N);v 为飞行速度(km/h)。

4.5.3　航程、航时计算

大量的航程、航时计算经验和飞行实践表明,在绝大多数任务飞行中,巡航阶段的航程一般占总航程的主要部分,航时情况也是如此。某歼击机一次典型算例的航程、航时分配情况见表 4 - 3。

表 4 - 3　某歼击机续航性能表(带导弹、起飞质量 7 370 kg,总燃油量 2 080 kg)

飞行阶段	上升段	巡航段	下滑段	总量
航程 L/km	110	1190	100	1400
航时 /h - min	0 - 8.6	2 - 17.0	0 - 8.0	2 - 33.6

下述主要介绍巡航段的航程、航时计算。显然,巡航段的可用燃油量,应扣除上升飞行和下滑飞行消耗的燃油量。

4.5.3.1　巡航段的航时、航程计算

(1)飞机巡航性能计算。

除少数任务剖面(如最短时间截击)外,巡航飞行一般以最大航程的速度和高度(或指定的高度)完成。但是,严格地说,巡航飞行一般不是定常飞行。随着燃油的消耗,飞机的飞行质量不断减小,即使是等高度、等速飞行,其迎角也将随时变化。然而,由于飞机飞行质量变化较缓慢,在很短的一段时间或距离内,飞机的运动仍可以看成是等速直线飞行,应满足下述方程:

$$\begin{cases} P\cos\alpha - X = 0 \\ P\sin\alpha + Y - mg = 0 \end{cases}$$

当迎角较小时,$P\sin\alpha$ 也较小,上式可以简化为

$$P = X, Y = mg$$

因而有

$$P = \frac{X}{Y}mg = \frac{1}{K}mg$$

式中：K 为飞机的升阻比。

设巡航开始时飞机的质量为 m_0，巡航结束时，飞机的质量为 m_f，因为

$$\mathrm{d}m/\mathrm{d}t = -C_h/3600$$

式中的质量和时间单位均为国际单位，负号是表示燃油的消耗使飞机质量减小。由此可以得出巡航时间为

$$T_1 = \int_0^T \mathrm{d}t = -\int_{m_0}^{m_f} 3\ 600\ \frac{\mathrm{d}m}{C_h} \tag{4-44}$$

飞机在时间 $\mathrm{d}t$ 内飞行的距离应为

$$\mathrm{d}L = v\mathrm{d}t$$

其巡航段航程为

$$L_1 = -\int_{m_0}^{m_f} 3\ 600\ \frac{v}{C_h}\mathrm{d}m \tag{4-45}$$

注意到

$$C_h = CP = C\ \frac{1}{K}mg$$

可得

$$\left.\begin{aligned} T_1 &= -\int_{m_0}^{m_f} 3\ 600\ \frac{K}{gC}\ \frac{\mathrm{d}m}{m} \\ L_1 &= -\int_{m_0}^{m_f} 3\ 600\ \frac{Kv}{gC}\ \frac{\mathrm{d}m}{m} \end{aligned}\right\} \tag{4-46}$$

当飞机在给定的高度，以给定的速度飞行时，随着燃油的消耗，飞机所受重力减小，飞行迎角应随之减小，使升力系数减小。与此同时，阻力系数也会发生变化。因此，上述积分下的升阻比 K 将随之变化。此外，阻力变化要求发动机推力跟着变化，因此发动机工作状态和燃料消耗率 C 也随飞机质量而变。由式（4-46）可以看出，要确定巡航航程和航时，关键是找到升阻比 K 和发动机燃料消耗率 C 随飞行质量的变化关系。但是，这些参数的变化规律比较复杂，不可能用简单的解析函数给出计算公式，必须采用数值积分的方法进行求解。

（2）飞机巡航性能分析。

由式（4-46）可以看出，在飞机质量和巡航可用燃料量一定的情况下，如果不考虑燃料消耗率的变化，则巡航时间主要取决于升阻比 K 或平飞阻力（即平飞所需推力），巡航航程则主要取决于平飞速度 v 与升阻比的乘积或速度 v 与飞行阻力之比。

注意到

$$K/mg = \frac{Y}{X}/mg = \frac{1}{X}$$

和

$$Kv/mg = \frac{Y}{X}\ \frac{v}{mg} = v/X$$

可知,升阻比 K 最大,即平飞阻力最小,航时积分公式中的被积函数最大。由高等数学知识知道,此时航时最长。这就是说,飞机以最小阻力速度平飞巡航对延长航时最有利。因此,最小阻力速度又叫有利速度或久航速度,记为 v_{me}。与此同时,升阻比和速度乘积最大,即速度与阻力之比最大,航程积分的被积函数最大,航程最长。由平飞阻力随 Ma(速度)变化规律可以看出,这个飞行状态即为由坐标原点出发的飞机阻力-速度曲线切线的切点所对应的状态。相应的速度,叫作远航速度,记为 v_{mr}。对应于久航速度和远航速度的 Ma 分别叫久航 Ma 和远航 Ma,记为 Ma_{me} 和 Ma_{mr}。

如图 4-47 所示,飞机远航速度(或远航 Ma)大于久航速度(或久航 Ma),并且随着飞行高度增加,远航速度和久航速度逐渐增大。原因是,高度升高时,大气密度和大气压力下降,零升阻力随之减小,使最小阻力速度增大。但是,随着高度升高,声速减小,当飞行速度超过临界速度,飞行 Ma 超过临界 Ma 时,由于波阻的产生,飞机的最大升阻比将急剧下降。这使一般跨声速飞机最大航程速度所对应的远航速度一般在临界速度附近,其对应的 Ma 在临界 Ma 附近。

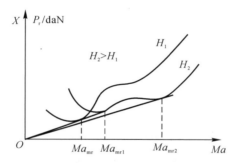

图 4-47　平飞阻力曲线和远航速度图(1 daN = 10 N)

值得指出的是,超声速飞机通常有两个远航速度,跨声速远航速度和超声速远航速度。其原因是:飞机零升阻力系数随 Ma 的变化,使飞机平飞阻力曲线出现两个谷。随着飞行高度增高,平飞阻力随 Ma 变化的谷值逐渐增大,平飞阻力随 Ma 增大而增大的速率越来越缓慢,并出现第二个谷值。由图 4-47 可以看出,此时存在两个切点速度,而第一个切点速度在超声速区。尽管超声速区飞行时单位时间消耗的燃料较多,但因飞行速度的增大使飞机飞行单位距离消耗的燃料明显减少,使其远航 Ma 大于 1,即远航速度为超声速。

飞机续航性能除与飞行速度有关外,还与飞行高度有关。

高度升高,发动机推力下降。为了让发动机能产生足够的推力使飞机保持以久航速度或远航速度平飞,必须增加发动机转速。由发动机转速特性可知,当转速小于额定转速时,转速增加,发动机燃油消耗率减小,使小时燃油消耗量和公里消耗量减小,从而有利于航时和航程的增长。与此同时,由发动机的高度特性可知,当高度 $H \leqslant 11 \text{ km}$ 时,高度增加,发动机燃油消耗率 C 减小,对降低燃油小时消耗量和公里消耗量、增长航程和航时也是有利的。但是,随着飞行高度增加,飞机的久航速度和远航速度随之增大,根据发动机的速度特性,这将使发动机的燃油消耗率增大,对飞机的续航性能有不利的影响。

综上所述,飞机巡航航时和航程与飞机速度及高度密切相关。通常,久航速度为飞机的最小阻力速度,久航高度大约在亚声速实用升限附近;飞机的远航速度可能有两个,一个小于临界 Ma,另一个为超声速远航速度,大于临界 Ma。在飞机高度低时,飞机以亚声速远航速度飞行对增长航程较为有利;当飞机高度较高,超过某个高度时,应以超声速远航速度飞行,有利于增长航程。图 4 - 48 所示为某机以亚声速和超声速远航速度飞行时的公里燃料消耗量随高度变化的情况。

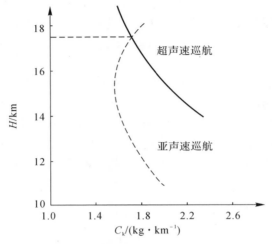

图 4 - 48   远航速度对应的公里燃料消耗量 C_k

4.5.3.2   上升、下滑段航程和航时的计算

现代军用飞机的久航高度和远航高度都较高。飞机上升到该高度或从该高度下滑时,如果选用的飞行速度或发动机转速不合适,不仅会影响上升、下滑段本身的航时和航程,还会影响上升、下滑段的燃油消耗量,使巡航段的可用燃油量减小,导致巡航段航时和航程缩短。

研究上升段的续航特性,应兼顾巡航段的巡航特性。一般不一定要求上升的航时或航程最长,而是着眼于适当选取上升段的飞行状态和发动机工作状态,尽可能使总航时和总航程增大,因而通常把注意力集中在尽量减少燃油消耗,并兼顾上升段航时和航程使之尽可能大一些。下滑段的情况也是如此。实践表明,按照这种方式完成上升和下滑,可使飞机具有较大的航时和航程。

(1)上升段的航程和航时的计算。

当飞机在给定发动机转速 n 下以不同速度上升时,上升角 θ 和上升率 v_y 都会随之而变。如果飞机以快升速度上升,则上升率最大,上升时间最短,上升消耗的燃油量较小,因而巡航段可用燃油量增加,巡航段航程和航时增长,总航时和航程增大。实践表明,如果飞机以稍大于快升速度的某一速度上升,这样一方面对应的上升率虽然要稍小于最大上升率 $v_{y\,max}$,使消耗的燃油稍有增加;但另一方面会使上升轨迹角减小,使上升航程增加,使总航程增加。可见,以快升速度或稍大于快升速度的某一速度上升,对增长飞机的总航程和总航时是有利的。在上升航程和航时计算中一般以快升速度飞行进行计算。

与此同时,如果飞机在不同发动机转速下飞行,仍保持以快升速度上升,则发动机转速愈高,推力愈大,剩余推力也愈大,使上升率 v_y 和上升角 θ 都增大。虽然上升角 θ 增大会使上升航程略有减小,但由于上升率 v_y 增大,缩短了上升时间,减小了上升段的燃油消耗量,增加了巡航段的可用燃油量,相应地增长了巡航段的航程和航时。为了省油,上升段一般使用发动机额定转速或非加力最大状态。

据上所述,有

$$\begin{cases} \mathrm{d}H/\mathrm{d}t = v_{y\max} \\ \mathrm{d}L/\mathrm{d}t = v_{\mathrm{quick}}\cos\theta \end{cases}$$

由此积分可得上升段的航时和航程为

$$\left.\begin{array}{c} T_2 = \displaystyle\int_0^{T_2} \mathrm{d}t = \int_{H_0}^{H_f} \frac{1}{v_{y\max}}\mathrm{d}H \\[3mm] L_2 = \displaystyle\int_0^{L_2} \mathrm{d}L = \int_0^{T_2} v_{\mathrm{quick}}\cos\theta\,\mathrm{d}t \end{array}\right\} \tag{4-47}$$

由于被积函数 $1/v_{y\max}$ 和 $v_{\mathrm{quick}}\cos\theta$ 都是随高度或时间变化,上述积分可以通过数值积分的方法求解。

(2) 下滑段航程和航时的计算。

下滑时选用的发动机转速不同,下滑段航程、航时和耗油量也不一样,飞机的总航程和总航时也将随之改变。下滑飞行时发动机可用推力小于平飞所需推力,即剩余推力 $\Delta P < 0$。如保持相同的下滑速度,减小发动机转速时,可用推力减小,剩余推力绝对值增大,使下滑角变大,下滑段航程和航时缩短,耗油量减少,因而可以增加巡航段飞行的可用燃油量,增大总的航程和航时。因此,下滑段应尽量使发动机处于转速较小而省油的工作状态 —— 慢车状态(见图 4-49)。

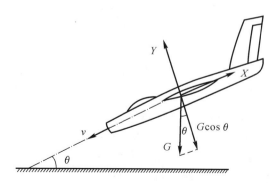

图 4-49　下滑段飞行

当飞机以一定的发动机转速下滑时,飞机的续航性能还与飞行速度有关。

假定下滑中发动机推力 $P \approx 0$,由 4.2 节知道:

$$\theta = \arcsin\frac{\Delta P}{G} = -\arcsin\frac{P_r}{G}$$

$$v_y = \frac{\Delta P V}{G} = -\frac{P_r v}{G}$$

上述二式表明:最小下滑角 $\theta_{\min}$ 是与最小平飞需用推力(即最小平飞阻力)相对应的。当飞机以最小阻力速度(即有利速度)下滑时,其下滑段航程最长;最小下降率 $v_{y\min}$ 是与最小 $P_r v$ 相对应的。当飞机以与最小 $P_r v$ 对应的速度下滑时,其下滑段航时最长,通常此速度比有利速度稍小一些,但一般为避免速度不稳定现象,均以稍大于有利速度的速度下滑。在航程、航时计算中可把下滑速度取为有利速度。

根据前述讨论,可以认为下滑中发动机处于慢车状态,$P \approx 0$,重力和空气动力处于平衡状态,飞机以直线航迹下滑,下滑角不变,且有

$$\theta = \arctan \frac{X}{Y} = \arctan \frac{1}{K}$$

式中:K 取飞机的最大升阻比。

下滑段的航程为

$$L_3 \approx H \cot\theta \approx HK$$

式中:H 为飞机下滑高度。

下滑段的航时为

$$T_3 \approx L_3 / \overline{v_x}$$

式中:$\overline{v_x} = \frac{1}{2}(v_0 \cos\theta_0 + V_f \cos\theta_f)$,为下滑速度水平分量的平均值。

下滑段的耗油量为

$$\Delta m_2 \approx \overline{C_h} \cdot T_3 / 3\,600$$

4.5.4　对航程和航时的影响因素

4.5.4.1　风的影响

风向、风速的变化会影响飞机的航程,但不影响飞机的航时。这是因为:在保持同一空速下,顺风飞行,地速增大,公里燃料消耗量减小,航程增加;逆风飞行,地速减小,公里燃油消耗量增大,航程减小。

由于风只改变地速,并不改变飞机的空速,而小时燃油消耗量只取决于空速,因此,只要飞行速度和飞行高度相同,不管顺风还是逆风,飞机的小时燃油消耗量和航时均不变。

4.5.4.2　气温的影响

气温的变化只影响飞机的航时,不影响飞机的航程。这是因为,保持同一高度和 Ma 飞行时,平飞所需推力不变,气温降低,发动机的燃油消耗率减小,小时燃油消耗量随之减少,故平飞航时增加。同理,气温升高,小时燃油消耗量增加,航时变短。

气温降低,虽然可使燃油消耗率减小,但由于声速减小,保持飞行 Ma 不变时,飞行速度也相应减小。二者的变化对公里燃油消耗量的影响恰好抵消,所以公里燃油消耗量不变,平飞航程不受影响。

4.5.4.3　单发飞行

保持久航速度或远航速度作单发动机(简称单发)飞行,航程和航时比双发动机(简称双发)飞行的长。这是因为喷气式飞机在一台发动机停车后,零升阻力增加不多,因而平飞所需推力增加不多。而保持久航速度或远航速度飞行,所需发动机推力都比较小。因此,双发飞行时,所需发动机转速比巡航转速小得多,小时燃油消耗量比较大。若保持同样的速度作单发飞行,必须增大工作发动机的转速。这样,转速就接近巡航转速,燃油消耗率比较小,航程和航时也就增大。

应该注意,单发飞行时,由于升限降低较多,最大航程低于双发飞行时的最大航程。

4.5.4.4　燃油装载量

燃油装载量增加,一方面引起飞机重力的增加,平飞所需推力增加,使公里燃油消耗量和

小时燃油消耗量增加,从而导致飞机的航程和航时减小;另一方面,燃油装载量增加,平飞可用燃油量增加,从而使航程、航时增加。由于后者影响大于前者,所以航程、航时增加。

应当指出的是,在给定航程或航时的情况下,不宜添加过多的备份燃油,否则由于公里燃油消耗量和小时燃油消耗量的增加,在执行任务过程中总的燃油消耗量增大,不符合节约原则。

4.5.4.5 飞机阻力

飞机表面不清洁或结冰、蒙皮表面压伤、外部携带设备、飞机侧滑运动等都将使飞机的阻力增大,平飞所需功率增加,从而使小时燃油消耗量增大,航程和航时减小。

复　习　题

1. 研究飞机运动时,常用的坐标系有哪些?

2. 简述地面坐标系的定义。

3. 简述机体坐标系的定义,偏航角、俯仰角和滚转角是如何规定的。

4. 简述速度坐标系的定义,迎角和侧滑角是如何规定的。

5. 简述航迹坐标系的定义,航迹俯仰角、航向角和速度滚转角是如何规定的。

6. 定义多种飞机坐标系的意义是什么?

7. 俯仰角 ϑ 与航迹角 θ 之间有什么区别,什么情况下 $\vartheta = \theta$? 什么情况下 $\vartheta = \alpha$?

8. 飞行中,作用于飞机的外力主要有那些力?

9. 对于飞机的质心运动的基本方程为 $ma = \sum F$,请说明 $m, a, \sum F$ 的物理含义。

10. 飞机作等速直线、无侧滑、无斜倾飞行时运动方程组为

$$P\cos\alpha - X - mg\sin\theta = 0 \qquad\qquad (1)$$
$$P\sin\alpha + Y - mg\cos\theta = 0 \qquad\qquad (2)$$

请说明方程(1)和方程(2)的物理含义。

11. 什么是飞机的飞行性能?

12. 飞机的飞行性能主要包括哪些性能指标?

13. 飞机的基本飞行性能主要包括哪些性能指标?

14. 飞机平飞运动满足的受力条件是什么?

15. 飞机的平飞最大速度受到那些因素限制? 最小速度又受到哪些因素的限制?

16. 平飞最小速度一般是怎样确定的?

17. 作定飞行等速直线平飞时,飞机飞行迎角 α 很小,$\sin\alpha \approx 0$,$\cos\alpha \approx 1$,请写出飞机作等速直线平飞时飞机运动方程组,并说明方程的物理含义。

18. 从飞机的平飞包线上可以知道哪些基本性能参数?

19. 什么叫简单推力法?

20. 平飞最大速度又受哪些条件的限制? 在平飞包线上表现为什么?

21. 说明用简单推力法确定飞机基本性能的步骤,并分析此方法的可靠性。

22. 某机平飞包线如图 4 - 50 所示,请说明图中 1、2、3 点能否作等速直线下滑飞行,为什么?

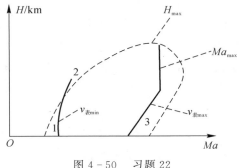

图 4 - 50 习题 22

23. 什么是气动增温现象? 它对飞行有什么影响?

24. 使用条件与维护质量对飞机的基本飞行性能有哪些影响?

25. 什么是飞机的机动飞行性能?

26. 假设飞机作正常盘旋,推导出盘旋半径与法向过载、盘旋速度之间的关系式。

27. 什么是决策速度? 什么是地面最小可操纵速度? 它们之间有什么关系?

28. 起飞重量、大气条件和跑道坡度对飞机的起飞性能有何影响?

29. 为改善高速飞机的起飞和着陆性能,通常采用哪些设计措施?

30. 简述速度和高度对飞机续航速度的影响。

31. 已知某飞机以 500 km/h 的速度平飞,升阻比为 1.2,飞行质量为 6 960 kg,可用推力为 68 600 N,试问:

1) 平飞所需推力是多少?

2) 当发动机推力为可用推力时,若飞机以 500 km/h 的速度等速上升,上升角是多少? 上升率又是多少?

3) 发动机推力为可用推力时,飞机平飞加速度是多少?

32. 已知某飞机以 500 km/h 的速度平飞,升阻比为 6,飞行质量为 7 200 kg,可用推力为 48 000 N,试问:

1) 飞机能否保持定直平飞? 如不能保持,飞机将作何运动?

2) 如等速上升,此时上升角是多少? 上升率又是多少?

33. 某歼击机质量为 5 100 kg,以升阻比 $K = 6$ 飞行,若当时发动机可用推力为 10 000 N,试问在此情况下,飞机能否保持定直平飞? 如果不能保持,飞机将如何运动?

34. 某歼击机在 $H = 5 000$ m 处以速度 190 m/s 作正常盘旋,若 $R = 3 000$ m,则飞机应滚转多少度? 此时盘旋时间 T 为多少? 如欲使盘旋时间缩短一半,则滚转角应增加多少?

35. 某飞机重量 $G = 49 000$ N,机翼面积为 25 m²,在 1 000 m 高度上以过载 3,$C_y = 0.266$ 作正常盘旋,试求盘旋速度和盘旋半径。

36. 某飞机起飞时的质量 $m_{qf} = 8 900$ kg,机翼面积 $S = 27.95$ m²,离地时升力系数 $C_y = 0.254$,在海平面机场标准大气条件下起飞,求该机的离地速度?(重力加速度 $g = 10.0$ N/kg,$\rho = 1.225$ kg/m³)

37. 某喷气式飞机以速度 800 km/h 作定直平飞,此时空气阻力 $X = 16 000$ N,发动机耗油率为 $q_{kh} = 0.114$ kg/N·h,$\eta = 0.98$,试确定飞机的公里耗油量和小时耗油量。

第 5 章　飞机稳定与操纵特性

飞行品质(稳定性和操纵性)是影响飞机总体效能的重要因素,它直接影响着飞机的飞行质量。要全面评价飞机的总体效能,不仅要看飞机的飞行性能(速度、高度、续航时间、续航距离和起降性能等)、结构的强度和刚度以及各种机载设备的性能,还要看它的飞行品质。飞机若没有良好的飞行品质,即使有良好的飞行性能,其总体效能也会受到种种限制而得不到充分发挥。例如某型战斗机,就其推力而言,在 13 500 m 高度上,速度能够达到 2 400 km/h($Ma = 2.25$),但是因为受到方向稳定性等飞行品质的限制,Ma 却不得超过 2.05。超过这个马赫数,飞机就有可能丧失方向稳定性,出现自动滚转,甚至压反杆也制止不了。可见,飞行品质的好坏,会直接影响到飞机的作战训练和飞行安全等问题。

第 4 章中,我们将飞机看作质点,研究了飞机的各种飞行性能。但飞机除了要达到预定的性能外,还要从质点系的角度来研究以下问题:①飞机必须在一定条件下能够取得平衡;②飞机必须保证这一平衡性质是稳定的,即飞机受扰动,平衡受到破坏后,能自动恢复平衡;③飞机必须能够自如操纵,即飞机能够按照飞行员的意图改变飞行状态。

飞机的飞行品质主要是指飞机稳定性和操纵性的好坏,同时也包括了另外一些内容,如座舱视界和布局等。飞行品质更确切地说,是指那些对飞行安全、对飞机是否好飞的意见和评价,以及对飞机能否满足使用要求的能力有实质性影响的飞机稳定性、操纵性及其他特性。目前,关于飞行品质的定义比较一致的说法是,飞机为保证在飞行员的操纵下,能有效地完成飞行任务,确保飞行安全,又易于飞行的各种特性。概括起来就是"有效、安全、好飞"。

所谓有效,是指飞机能做急剧的机动动作、精确跟踪、精确控制飞行轨迹。这是从完成使用任务的效果来说的。例如在飞行中如果飞机出现飞行员无法制止的一种微小但持续不已的所谓"剩余振荡",那么势必会影响侦察照相或瞄准射击等任务的有效完成。所谓安全,是指不允许有威胁安全、导致事故的飞行现象出现。例如,跨声速范围内的杆力变化不得过于急剧,失速前应有警告信号等都属涉及安全的飞行品质。所谓好飞,是指飞行员操纵飞机时省体力、省精力。这是从完成任务的难易来说的。飞行员在各种飞行中操纵驾驶杆(驾驶盘)和脚蹬需要付出多大力量,就属于是否省体力的问题。操纵动作是否简单、座舱视界是否开阔、仪表布局是否合理等就属于是否省精力的问题。

通常将飞机在一定条件下取得平衡的能力称为平衡性能,在受扰动后自动恢复原来状态的能力称为稳定性能(简称稳定性),而按照飞行员的意图改变飞行状态的能力称为操纵性能(简称操纵性)。飞机的平衡性能、稳定性能和操纵性能统称为飞机的飞行品质。本章着重从使用维护角度,分析飞机的静态飞行品质及其变化规律和相关静操纵故障的调整原理。

5.1 飞机的空气动力导数简介

空气动力导数简称气动导数,即飞机运动方程中出现的导数,取决于飞机的构形和飞行条件,一般要通过试验获得比较可靠的数据。在飞机的设计中,也有一些根据理论和经验得到的计算方法。下述分纵向和横航向分别简要介绍相关气动导数。

5.1.1 飞机纵向气动导数简介

飞机纵向气动导数主要包括对速度 v、迎角 α、俯仰角速度 ω_z、$\dot{\alpha}$ 以及平尾偏角 δ_z 的导数。

(1)对速度的导数。

速度导数描述为,当飞机迎角、升降舵和发动机油门位置一定时,力和力矩的系数随飞行速度的变化关系。

(2)对迎角的导数。

对迎角的导数描述为,当 Ma、升降舵偏角一定时,飞机迎角改变所引起的空气动力和力矩系数的变化。飞机升力线斜率 C_y^α,C_x^α,m_z^α 是飞机纵向力矩系数 m_z 对迎角的导数,通常称为纵向静稳定导数或俯仰刚度。

(3)对俯仰角速度的导数。

对俯仰角速度 ω_z 的导数描述为,当迎角为零时,由于飞机绕通过质心的 Oz 轴旋转而产生的空气动力效应。当对飞机通过其质心的 Oz 轴以俯仰角速度旋转时,质心前、后各处获得随距离呈线性变化的附加速度分布,从而飞机各部分的“合”速度不相同,迎角也就不同。$\omega_z >$ 0 时,飞机质心前局部迎角减小,质心后局部迎角增大,引起纵向气动力和力矩的变化。通常 X^{ω_z} 可以忽略,Y^{ω_z} 有时可以忽略,但 $M_z^{\omega_z}$ 却起重要作用。

对俯仰角速度 ω_z 的导数主要有升力对俯仰角速度的导数 $C_y^{\omega_z}$ 和俯仰力矩对俯仰角速度的导数 $m_z^{\omega_z}$。全机对 ω_z 的导数以平尾(升降舵)最为显著,通常可以考虑平尾对 ω_z 的导数,再乘以大于 1 的系数以表示包括机翼、机身组合体的作用。对于无尾飞机需要直接考虑机翼、机身组合体的作用。通常 $m_z^{\omega_z} < 0$,有阻碍飞机俯仰转动的作用,故称为纵向阻尼导数。

(4)对迎角变化率的导数。

对迎角变化率 $\dot{\alpha} = d\alpha/dt$ 的导数表示飞机迎角随时间变化时所产生的气动力和气动力矩特性。当飞行中出现迎角变化率时,将引起纵向气动力和力矩的变化,需要利用非定常理论来确定纵向气动特性。这种特性与运动过程即运动的历史情况有关,这种场合不存在通常意义下的气动导数。但是处理一般飞行力学问题,如果不考虑弹性自由度,可利用准定常假设确定飞机的气动特性,即认为飞机各部件的气动力可由当时当地的运动参数来确定。按这种处理对 $\dot{\alpha}$ 的导数主要由洗流时差作用产生。

洗流时差是指,当存在 $\dot{\alpha}$ 时,机翼机身组合体自由涡的变化,要经过时间 τ 后才能影响平尾区,这个时间 τ 就是洗流时差。$m_z^{\bar{\dot{\alpha}}}$ 一般为负值,称为洗流时差导数,其随 Ma 的变化规律及作用与 $m_z^{\bar{\omega}_z}$ 相当,起纵向阻尼作用。

（5）对平尾偏角的操纵导数。操纵导数表示飞机操纵面偏转时对空气动力和力矩的影响。在纵向，对平尾（升降舵）偏转角（偏角）δ_z 的导数称为纵向操纵导数，通常以俯仰力矩 M_z 对平尾偏角的导数 $M_z^{\delta_z}$ 为主，升力 Y 对平尾偏角的导数 Y^{δ_z} 次之，阻力 X 对平尾偏角的导数 X^{δ_z} 常忽略不计。将 $M_z^{\delta_z}$ 转化为系数形式 $m_z^{\delta_z}$，$m_z^{\delta_z}$ 通常称为平尾的操纵效能，一般为负值。

5.1.2　飞机横航向气动导数简介

与纵向问题一样，飞机横航向气动导数取决于飞机的构型和飞行条件，也同样要通过试验来获得比较可靠的数据。下面定性地介绍如何确定飞机的机翼、机身、垂尾等各主要部件的横航向气动导数。

（1）对侧滑角的导数。

对侧滑角 β 的导数由定常侧滑运动的气动特性确定。侧滑运动是指飞行速度矢量不在飞机对称面内，存在侧向速度分量 v_z 的运动。速度矢量与飞机对称面的夹角称为侧滑角 β，通常侧向速度分量要远远小于飞行速度，所以侧滑角近似于侧向速度与飞行速度的比值。当飞行速度矢量偏向飞机对称面右侧时，侧滑角 β 为正。定常侧滑时，侧滑角 β 为常值。

飞机定常侧滑飞行时，气流的非对称性将引起气动侧力 Z、滚转力矩 M_x 和偏航力矩 M_y。规定力和力矩矢量沿体轴系正向为正。正侧滑（$\beta > 0$）一般引起负的侧力和横航向力矩系数，即 $\beta > 0$ 时，$C_z < 0$，$m_x < 0$，$m_y < 0$。

定常侧滑引起全机横航向气动导数包括侧力系数对侧滑角的导数 C_z^{β}、横向静稳定度 m_x^{β} 和航向静稳定度 m_y^{β}，统称侧滑导数。以飞机各主要气动部件对 β 的导数来看，侧力系数对侧滑角的导数 C_z^{β} 主要由垂尾及机身产生，横向静稳定度 m_x^{β} 主要由机翼及垂尾产生，航向静稳定度 m_y^{β} 主要由垂尾及机身产生。

m_x^{β} 与由机翼的后掠角 χ 和上反角 φ 密切相关。机翼的后掠角 χ 使 $m_x^{\beta} < 0$，且随着后掠角的增大，其绝对值会随之增大，机翼的上反角使 $m_x^{\beta} < 0$，且随着上反角 φ 的增大，其绝对值也会随之增大。

（2）对滚转角速度的导数。

在飞机以速度 v 飞行时，如果同时绕 Ox 轴以滚转角速度 ω_x 定常滚转，则沿机翼、平尾、垂尾的展向会出现线性变化的流速分布，其值与 ω_x 及距 Ox 轴的垂直距离成正比。这一流速分布主要改变了局部气流流动方向，对其速度大小影响很小可忽略不计。由于局部气流方向发生变化，使飞机各气动部件上的压强分布也发生变化，从而产生了气动侧力和横滚力矩。

在 ω_x 不大的情况下，对 ω_x 的导数可用导数 $C_z^{\bar{\omega}_x}$，$m_x^{\bar{\omega}_x}$，$m_y^{\bar{\omega}_x}$ 表征，它们统称为滚转导数，其中 $\bar{\omega}_x = \dfrac{\omega_x l}{2v}$，为无因次滚转角速度。$C_z^{\bar{\omega}_x}$ 表征 ω_x 引起的气动侧力特性，其值甚小，一般可忽略。$m_x^{\bar{\omega}_x}$ 表征 ω_x 引起的气动滚转力矩特性，一般为负值，称为滚转阻尼导数。$m_y^{\bar{\omega}_x}$ 表征 ω_x 引起的气动偏航力矩，称为滚转的偏航交叉导数，简称为滚偏交叉导数，它是使滚转运动与偏航运动发生耦合的因素之一。

（3）对偏航角速度的导数。

在飞机以迎角 α、速度 v 飞行时，如果同时绕 Oy 轴以偏航角速度 ω_y 定常旋转，则沿机翼、平尾、垂尾的展向会出现线性变化的流速分布，其值与 ω_y 及距 Oy 轴的垂直距离成正比。这一流速分布主要改变了各气动部件的流动条件,使飞机各气动部件上的压强分布发生变化,从而产生了气动侧力和横航向力矩。

在偏航角速度 ω_y 不大的情况下,对 ω_y 的导数可用偏航导数 $C_z^{\bar{\omega}_y}$,$m_x^{\bar{\omega}_y}$,$m_y^{\bar{\omega}_y}$ 表征相应的气动侧力和横航向力矩特性,其中 $\bar{\omega}_y = \dfrac{\omega_y l}{2v}$,为无因次偏航角速度。$C_z^{\bar{\omega}_y}$ 通常为小负值,一般可以忽略。$m_x^{\bar{\omega}_y}$ 通常也为负值,称为偏航的滚转交叉导数或简称偏滚交叉导数,它是使偏航与滚转运动发生耦合的因素之一。$m_y^{\bar{\omega}_y}$ 一般为负数,称为偏航阻尼系数,也是重要的横航向导数。

(4) 对副翼和方向舵偏角的导数。

横航向操纵面通常包括副翼(襟副翼)和方向舵(有时还采用扰流片、差动平尾)。其主要功能是产生滚转和偏航力矩,以满足横航向运动的平衡或操纵的需要。在气动力线性变化的范围内,也可将横航向操纵而偏转所产生的横航向气动力和力矩特性以操纵导数的形式表征。令 δ_x 及 δ_y 分别表示在垂直铰链轴平面内量取的副翼和方向舵偏角,则副翼和方向舵的操纵导数有 $m_x^{\delta_x}$,$m_y^{\delta_x}$,$C_z^{\delta_y}$,$m_x^{\delta_y}$,$m_y^{\delta_y}$,一般为负数。其中,副翼操纵导数以 $m_x^{\delta_x}$ 为主,方向舵操纵导数以 $m_y^{\delta_y}$ 为主。

5.2 飞机的平衡

飞机平衡包括纵向、方向和横向三个方面的平衡。衡量纵向平衡性能是否良好的指标是平衡速度是否符合规定;衡量方向平衡性能是否良好的指标是飞机有无侧滑故障;衡量横向平衡性能是否良好的指标是飞机有无坡度故障。

平衡性能是飞机的一项基本性能要求,保证飞机平衡性能良好是机务人员一项重要的工作任务。新出厂的飞机,出厂(包括制造厂和修理厂)时都必须进行三轴(纵向、方向和横向)平衡验证,接收飞机时必须对三轴平衡验证情况进行了解。在外场,为了确保飞机的平衡性能,有时也要根据具体情况对三轴的不平衡问题甚至故障进行调整。

飞机的平衡,就是作用在飞机上的外力和外力矩的平衡,即其合外力和合外力矩为零,飞机处于没有转动的等速直线运动状态。此时,其关系式如下:

$$\left.\begin{array}{l} \sum X = 0 \\ \sum Y = 0 \\ \sum Z = 0 \\ \sum M_x = 0 \\ \sum M_y = 0 \\ \sum M_z = 0 \end{array}\right\} \qquad (5-1)$$

由于飞机左右对称,因此,沿纵轴、竖轴的力和绕横轴的力矩的变化,通常不影响沿横轴的力和绕纵轴、竖轴的力矩变化。而沿横轴的力、绕纵轴和竖轴的力矩变化,通常也可认为基本不影响沿纵轴、竖轴的力和绕横轴的力矩变化。因此,在讨论飞机的平衡问题时,为了简化起见,可以把方程组(5-1)分成两组分别讨论。前者称为纵向平衡,后者称为横航向平衡,见方程组(5-2)和方程组(5-3):

$$\left.\begin{aligned} \sum X &= 0 \\ \sum Y &= 0 \\ \sum M_z &= 0 \end{aligned}\right\} \tag{5-2}$$

$$\left.\begin{aligned} \sum Z &= 0 \\ \sum M_x &= 0 \\ \sum M_y &= 0 \end{aligned}\right\} \tag{5-3}$$

这两组分别讨论,前者称为纵向平衡,后者称为横航向平衡。

对于横航向平衡来说,考虑到 $\sum Z = 0$ 主要是保证没有横向机动,而横向机动已在飞行性能中作了讨论,本节着重讨论横航向力矩的平衡,因此,横航向平衡又可以分为横向平衡($\sum M_x = 0$)和方向平衡($\sum M_y = 0$)两部分。

5.2.1　飞机的纵向平衡

5.2.1.1　飞机的纵向平衡与纵向力矩

前面已经指出,所谓纵向平衡,就是指飞机纵向的力和力矩平衡。由图 5-1 可见,此时有

$$\left.\begin{aligned} \sum X &= 0 \rightarrow P - X = G\sin\theta \\ \sum Y &= 0 \rightarrow Y = G\cos\theta \\ \sum M_z &= 0 \rightarrow M_{zw} + M_{zb} + M_{zht} = 0 \end{aligned}\right\} \tag{5-4}$$

式中,M_{zw},M_{zb},M_{zht} 分别为机翼、机身和平尾的力矩,即飞机的纵向力矩主要由机翼、机身(发动机短舱)和平尾产生。阻力和发动机推力对重心的力矩不大,这里不作讨论。

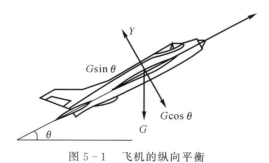

图 5-1　飞机的纵向平衡

(1)机翼力矩。

1)矩形机翼力矩和焦点。如图 5-2 所示,矩形机翼升力对重心的力矩可表示为(按压力中心计算)

$$M_{zw} = Y \cdot d \tag{5-5}$$

式中:Y 为机翼升力;d 为机翼压力中心到飞机重心之间距离。

　　用式(5-5)计算机翼的力矩不方便,因为迎角变化时,升力的大小及作用点均要改变,因此不易找到 M_{zw} 与迎角的一一对应关系。为了解决这一问题,需要引入焦点的概念。

　　所谓焦点,是指迎角改变时,飞机的升力增量的作用点(见图5-3)。在迎角小于抖动迎角范围之内,焦点位置不随迎角而变化。这样,引入焦点概念后,迎角改变引起的俯仰力矩增量将完全由升力增量决定。由图5-4可知

$$\Delta M_{zw} = -\Delta Y(x_{Fw} - x_G) \tag{5-6}$$

式中:ΔY 为迎角改变而引起的升力增量;x_{Fw} 为机翼焦点到机翼前缘的距离;x_G 为飞机重心到机翼前缘的距离。

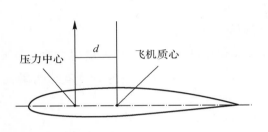

图5-2　机翼的纵向力矩(压力中心计算)

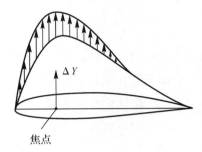

图5-3　焦点

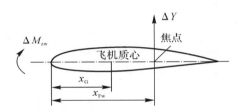

图5-4　机翼的纵向力矩-按焦点计算

　　对于非对称翼型的机翼,当升力为零时,由于机翼上、下气流的不对称性,机翼上仍作用有一力偶矩 M_{z0w}(即零升力矩),使机翼低头。这样,整个机翼在任何迎角时的力矩为

$$M_{zw} = M_{z0w} - Y(x_{Fw} - x_G) \tag{5-7}$$

如果写成系数形式,则有

$$m_{zw} = \frac{M_{zw}}{\frac{1}{2}\rho v^2 Sb} = \frac{M_{z0w}}{\frac{1}{2}\rho v^2 Sb} - \frac{Y(x_{Fw} - x_G)}{\frac{1}{2}\rho v^2 Sb} = m_{z0w} - C_y(\bar{x}_{Fw} - \bar{x}_G) \tag{5-8}$$

式中:$m_{z0w} = \dfrac{M_{z0w}}{\frac{1}{2}\rho v^2 Sb}$,为零升力矩系数;$\bar{x}_{Fw} = \dfrac{x_{Fw}}{b}$,$\bar{x}_G = \dfrac{x_G}{b}$,分别代表焦点和重心到机翼前缘的相对位置。

　　由式(5-8)可见,引入焦点后,机翼的俯仰力矩系数的变化,仅取决于 C_y,并与 C_y 成线性关系。由于在抖动迎角范围内,升力系数斜率不变,因此力矩系数也将与迎角成线性关系。

　　2)任意平面形状的力矩和平均空气动力弦。目前,高速飞机绝大多数采用了非矩形的后

掉机翼。对于非矩形机翼的力矩计算,需引入平均空气动力弦的概念。

　　所谓平均空气动力弦,是一个假想的矩形机翼(有时称当量机翼)的弦长。该矩形机翼和给定的非矩形机翼面积相等,空气动力与纵向力矩特性相同(见图 5-5)。平均空气动力弦长常用 b_A 表示。

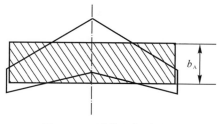

图 5-5　平均空气动力弦

　　引入平均空气动力弦的概念后,就可以应用矩形机翼的结果来表达任意平面形状机翼的力矩。此时,只要把重心与机翼焦点位置分别投影到平均空气动力弦上即可。这样,机翼的力矩可表达为

$$m_{zw} = \frac{M_{zw}}{\frac{1}{2}\rho v^2 S b_A} = m_{z0w} - C_y(\bar{x}_{Fw} - \bar{x}_G)$$

式中,$m_{z0w} = \dfrac{M_{z0w}}{\frac{1}{2}\rho v^2 S b_A}$,$\bar{x}_{Fw} = \dfrac{x_{Fw}}{b_A}$,$\bar{x}_G = \dfrac{x_G}{b_A}$,分别代表机翼焦点及重心在平均空气弦上的相对位置。

　　可见,引进平均空气动力弦后,任意形状机翼的力矩系数表达式与矩形机翼相同,只是对应的弦长用 b_A 代替。

　　(2) 机身力矩

　　在一定迎角下,机身也要产生一定的升力,并对飞机重心形成一定的纵向力矩。由于机身升力很小,通常都把机身产生的力矩与机翼合起来考虑,即研究机身对机翼的影响。这种影响包括两个方面:零升力矩增加(Δm_{z0b});焦点向前移动($-\Delta \bar{x}_{Fb}$)。

　　这样,机翼和机身组合体(称无尾飞机)的纵向力矩系数可写成

$$m_{zwb} = m_{z0wb} - C_y(\bar{x}_{Fwb} - \bar{x}_G) \tag{5-9}$$

式中

$$m_{z0wb} = m_{z0w} + m_{z0b} \tag{5-10}$$

$$\bar{x}_{Fwb} = \bar{x}_{Fw} - \Delta \bar{x}_{Fb} \tag{5-11}$$

式中的 C_y 应为无尾飞机的升力系数,通常在近似计算中,可用机翼的升力系数代替。

　　机身的零升力矩增量 Δm_{z0b} 主要是由机翼的安装角,以及机身上下不对称和机翼零升迎角等引起的。以正安装角为例,由于安装角存在,当机翼迎角为零升迎角时,机身却成为负迎角。此时,气流流过机身时,在机身前端是下表面流速快、压力小;后端则是上表面流速快、压力小。这样在机身上就形成了下俯力矩。

　　机身引起焦点的移动 $\Delta \bar{x}_{Fb}$ 也是很明显的。当翼身组合体的迎角增加时,在机翼焦点上有一升力增量,同时在机身焦点(靠近头部)上也有一升力增量。因此翼身组合体升力增量是由

这两部分组成,其作用点即无尾飞机的焦点较机翼前移了 $\Delta \bar{x}_{Fb}$。一般情况下,机身头部越长,则 $\Delta \bar{x}_{Fb}$ 越大。对于超声速飞机,$\Delta \bar{x}_{Fb}$ 可达 $0.08 \sim 0.1$。

（3）水平尾翼的力矩。

如图 5-6 所示,平尾升力 Y_{ht} 对飞机重心的纵向力矩应为

$$M_{zht} = -Y_{ht}L_{ht}$$

式中:L_{ht} 为平尾压力中心到飞机重心的距离。考虑到迎角改变时,平尾压力中心移动量与其到重心的距离相比,可以忽略不计,故可把它看作是一个常量,并近似等于平尾转轴到飞机重心的距离。

Y_{ht} 为平尾的升力,其大小为

$$Y_{ht} = C_{yht} \frac{1}{2} \rho v_{ht}^2 S_{ht}$$

式中:C_{yht} 为平尾的升力系数;v_{ht} 为流向平尾的气流速度;S_{ht} 为平尾面积。

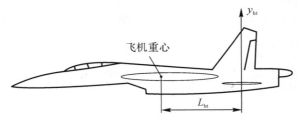

图 5-6　水平尾翼力矩

气流流向平尾与流向机翼的速度是不同的。当气流流过机翼时,由于黏性的影响,气流损失了一部分动能,因此流向平尾的气流速度比流向机翼的气流速度小一些。它们之间的关系为

$$v_{ht}^2 = K_q v^2$$

或者以动压形式表示为

$$q_{ht} = K_q q \tag{5-12}$$

式中:K_q 称为速度阻滞系数,可由实验确定。初步估算时,可按表 5-1 取值。

表 5-1　尾翼的速度阻滞系数 K_q

飞机形式	尾翼平面相对机翼平面的位置	K_q
正常式	尾翼安装在机身上,且与机翼平面重合	0.85
	尾翼安装在机身上,但尾翼与机翼平面组成 $45°$ 或 $90°$ 角	0.9
	尾翼位于机身上面或下面,离机身的距离为机身直径一倍或一倍以上	1.0
鸭式	任意	1.0

将上述结果代入俯仰力矩方程,则有

$$M_{zht} = -C_{yht}K_q q S_{ht} L_{ht}$$

化成系数形式为

$$m_{zht} = \frac{M_{zht}}{\frac{1}{2}\rho v^2 Sb_A} = -C_{yht}K_q \frac{S_{ht}L_{ht}}{Sb_A} = -C_{yht}K_qA \tag{5-13}$$

式中：$A = \dfrac{S_{ht}L_{ht}}{S \cdot Sb_A}$，称为平尾的静矩系数。

对于带升降舵的水平尾翼，有

$$C_{yht} = C_{yht}^{\alpha}\alpha_{ht} + C_{yht}^{\delta_z}\delta_z = C_{yht}^{\alpha}(\alpha_{ht} + n\delta_z) \tag{5-14}$$

式中：$C_{yht}^{\alpha} = \dfrac{\partial C_{yht}}{\partial \alpha}$，为平尾升力系数斜率；$\alpha_{ht}$ 为平尾迎角；δ_z 为升降舵偏角；$n = C_{yht}^{\delta_z}/C_{yht}^{\alpha} = \dfrac{\partial \alpha_{ht}}{\partial \delta_z}$，为升降舵效率，它代表升降舵偏转 $1°$ 时所相当的平尾迎角的改变量。

对于全动平尾，有

$$C_{yht} = C_{yht}^{\alpha}\alpha_{ht} \tag{5-15}$$

必须注意，一般情况下，平尾迎角与机翼迎角不同。这是因为平尾翼弦通常不平行于机翼翼弦，并且气流通过机翼与机身后要产生下洗，如图 5-7 所示。

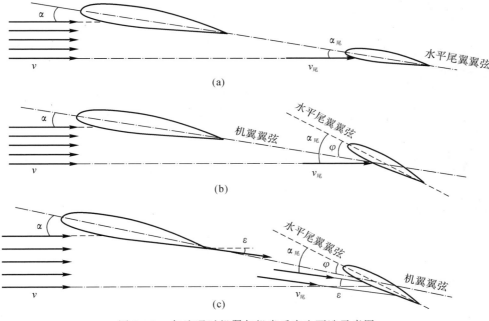

图 5-7　气流通过机翼与机身后产生下洗示意图

这样 α_{ht} 与 α 之间的关系可表达如下：

$$\alpha_{ht} = \alpha + \varphi - \varepsilon \tag{5-16}$$

式中：φ 为水平尾翼与机翼弦线的夹角，称为安装角；ε 为下洗角，其大小可表示为

$$\varepsilon = \frac{\partial \varepsilon}{\partial C_y}C_y = DC_y \tag{5-17}$$

式中：$D = \dfrac{\partial \varepsilon}{\partial C_y}$，为下洗角随升力系数的变化率，近似等于常数。

如果考虑到 $\alpha = \dfrac{C_y}{C_y^{\alpha}} + \alpha_0$，则平尾迎角可表示为

$$\alpha_{\mathrm{ht}} = \frac{C_y}{C_y^{\alpha}} + \alpha_0 + \varphi - DC_y \qquad (5-18)$$

将式(5-18)代入式(5-14)，可得

$$C_{y\mathrm{ht}} = C_{y\mathrm{ht}}^{\alpha}\left(\frac{C_y}{C_y^{\alpha}} + \alpha_0 + \varphi - DC_y + n\delta_z\right) =$$

$$C_{y\mathrm{ht}}^{\alpha}\left[\left(\frac{1}{C_y^{\alpha}} - D\right)C_y + (\alpha_0 + \varphi + n\delta_z)\right] \qquad (5-19)$$

将式(5-19)代入式(5-13)，即可得带升降舵的水平尾翼纵向力矩系数的表达式为

$$m_{z\mathrm{ht}} = -K_q A C_{y\mathrm{ht}}^{\alpha}\left[\left(\frac{1}{C_y^{\alpha}} - D\right)C_y + (\alpha_0 + \varphi + n\delta_z)\right] \qquad (5-20)$$

前一项代表平尾对升力力矩的贡献，即 $\Delta\bar{x}_F C_y$，则有

$$\Delta\bar{x}_{F\mathrm{ht}} = K_q A C_{y\mathrm{ht}}^{\alpha}\left(\frac{1}{C_y^{\alpha}} - D\right) \qquad (5-21)$$

后一项代表平尾对全机零升力矩的影响，即

$$m_{z0\mathrm{ht}} = -K_q A C_{y\mathrm{ht}}^{\alpha}(\alpha_0 + \varphi + n\delta_z) \qquad (5-22)$$

总之，平尾对飞机力矩的贡献亦可分为两个部分：对零升力矩的贡献($m_{z0\mathrm{ht}}$)；对飞机焦点位置的影响($\Delta\bar{x}_{F\mathrm{ht}}$)。即

$$m_{z\mathrm{ht}} = m_{z0\mathrm{ht}} - C_y\Delta\bar{x}_{F\mathrm{ht}} \qquad (5-23)$$

由式(5-23)可见，平尾的纵向力矩系数也与 C_y 成线性关系，如图5-8所示。

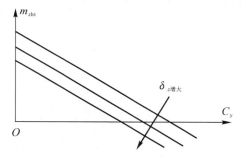

图5-8　平尾俯仰力矩系数随 C_y 的变化

(4) 全机的纵向力矩。

整架飞机的纵向力矩，应为无尾飞机的力矩和平尾力矩之和。用系数表示为

$$m_z = m_{z\mathrm{w+b}} + m_{z\mathrm{ht}} = m_{z0} - C_y(\bar{x}_F - \bar{x}_G) \qquad (5-24)$$

式中：m_{z0} 为全机零升力矩系数，其值为

$$m_{z0} = m_{z0\mathrm{wb}} + m_{z0\mathrm{ht}} =$$

$$m_{z0\mathrm{wb}} - K_q A C_{y\mathrm{ht}}^{\alpha_{\mathrm{ht}}}(\alpha_0 + \varphi + n\delta_z) \qquad (5-25)$$

$\bar{x}_F$ 为全机焦点的相对位置，其值为

$$\bar{x}_F = \bar{x}_{Fwb} + \Delta \bar{x}_{Fht} = \bar{x}_{Fwb} + K_q A C_{yht}^{\alpha} \left(\frac{1}{C_y^{\alpha}} - D \right) \tag{5-26}$$

全机零升力矩系数与 C_y 无关,全机焦点相对位置 $\bar{x}_F$ 是由 $\bar{x}_{Fwb}$ 与 $\Delta \bar{x}_{Fht}$ 共同决定的。对于正常式飞机,由于平尾存在,使飞机的焦点后移(见图 5-9)。

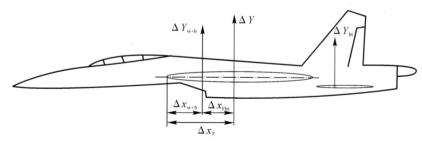

图 5-9　飞机的焦点

由式(5-26)可见:

1) 全机纵向力矩由两部分组成,一是与升力无关的零升力矩(m_{z0}),一是随升力增大而增大的升力力矩$[-C_y(\bar{x}_F - \bar{x}_G)]$。

2) 全机的纵向力矩系数仍将与 C_y(或 α)成线性关系(见图 5-10,图中 $Ma = 0.7$,$x_G = 38\% b_A$)。

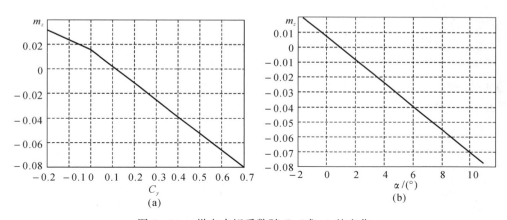

图 5-10　纵向力矩系数随 C_y(或 α)的变化

5.2.1.2　飞机纵向力矩随马赫数的变化规律

Ma 对飞机纵向力矩的影响主要包括两方面:① 引起焦点位置的移动,从而改变纵向力矩系数曲线斜率 $m_z^{C_y} = -(\bar{x}_F - \bar{x}_G)$;② 改变零升力矩系数的大小,从而改变该曲线在纵轴上的截距。

(1) 飞机焦点随马赫数变化规律。

飞机焦点随 Ma 的变化规律如图 5-11 所示。从图中可以看出,在亚声速阶段焦点位置靠前,且不随 Ma 变化而变化。跨声速阶段飞机焦点位置随 Ma 增加而后移。到了超声速阶段,焦点移至最后,且不随 Ma 变化而变化。

飞机焦点位置的上述变化,主要是由机翼焦点位置的移动引起的。亚声速迎角增大引起机翼升力增大的地方，主要位于机翼前部，因此焦点比较靠前，Ma增大流线谱基本不变，因而升力增量作用点即焦点位置基本不变。跨声速中机翼表面出现了局部激波和局部超声速区，迎角增大时，机翼上表面流速进一步加快，从机翼前缘直到局部超声速区内，吸力都有明显增加，而不像亚声速那样，吸力增大的地方主要位于机翼前端，所以升力增量的作用点即焦点位置比较靠后。另外，随着Ma的增大，机翼表面的局部激波不断后移，局部超声速区不断向后扩大，焦点位置也就不断向后移动。超声速时，机翼上、下表面均为超声速流动，迎角增大时机翼上、下表面的压力几乎是均匀增加，此时焦点位置约在翼弦的$45\% \sim 50\%$处，且基本不再随Ma而变。

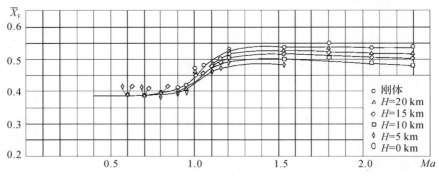

图 5 - 11　全机焦点随 Ma 变化曲线

值得一提的是某些大后掠角机翼的飞机，在超声速飞行时，随着Ma的增大，焦点又会稍稍向前移动。这是由于机身和后掠翼弹性变形引起的。

（2）马赫数对飞机零升力矩系数的影响。

如图 5 - 12 可见，亚声速和超声速阶段，零升力矩系数基本不随Ma而变，但在跨声速阶段，零升力矩系数随Ma变化而急剧变化。其具体数据，一般由实验确定。

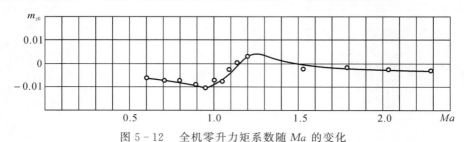

图 5 - 12　全机零升力矩系数随 Ma 的变化

5.2.1.3　飞机的纵向平衡速度

对于设计定型的飞机，理论上都有良好的平衡性能。也就是说，飞机能在整个飞行包线内取得力和力矩平衡，而且杆力和杆位移适中。但是，由于制造上的误差，以及维护使用因素的影响，对于特定的飞机，甚至刚出厂的新飞机，往往达不到预定的设计要求，使平衡速度偏离而造成飞机"头重""头轻"等现象。

（1）平衡速度定义及其与纵向平衡性能的关系。

平衡速度是指飞行员不操纵飞机，纵向驾驶杆力为零时，飞机作直线飞行时的速度。因为通常习惯以表速计,故又称平衡表速。

根据上述定义,飞机在平衡表速飞行时,一方面必须松杆(杆力为零),一方面必须取得纵向力矩平衡(保证飞机不转动)和垂直于气流方向的力的平衡(保证飞机飞行轨迹为直线),即

$$\left.\begin{array}{r} M_{zF_z=0}=0 \\ Y=G\cos\theta \end{array}\right\} \tag{5-27}$$

写成系数形式为

$$\left.\begin{array}{r} m_{zF_z=0}=m_{z0F_z=0}-C_y(\bar{x}_F-\bar{x}_G)=0 \\ C_y\dfrac{1}{2}\rho_0 v_{bal}^2 S=G\cos\theta \end{array}\right\} \tag{5-28}$$

式中:$M_{zF_z=0}$ 和 $m_{zF_z=0}$ 分别为杆力为零时的纵向力矩和纵向力矩系数;v_{bal} 为平衡速度(平衡表速)。从式(5-28)可解得

$$v_{bal}=\sqrt{\frac{2G\cos\theta(\bar{x}_F-\bar{x}_G)}{m_{z0F_z=0}\rho_0 S}} \tag{5-29}$$

某些飞机使用平飞来定义平衡速度(平衡表速),此时平衡表速的表达式可简化为

$$v_{bal}=\sqrt{\frac{2G(\bar{x}_F-\bar{x}_G)}{m_{z0F_z=0}\rho_0 S}} \tag{5-30}$$

式中,$m_{z0F_z=0}$ 可按下式计算。对于带全动平尾飞机,有

$$m_{z_0F_z=0}=m_{z0wb}-K_q AC_{y_{ht}}^{\alpha}(\alpha_0+\delta_{zF_z=0}) \tag{5-31}$$

由式(5-29)和式(5-30)可见,平衡速度是否符合规定,可以直接判断飞机纵向性能是否符合设计要求。这是因为,纵向平衡性能的变化,例如零升力矩($m_{z0F_z=0}$)、升力力矩(焦点$\bar{x}_F$、重心$\bar{x}_G$的影响)、重力(G)等变化,会直接影响平衡速度(v_{bal})的变化。因此,各类飞机多数都规定了标准的平衡速度值,而外场也通过平衡速度来检查纵向平衡性能是否正常。

由于平衡性能与飞机操纵性能有密切关系,所以平衡速度的变化,也会直接影响操纵性能的变化,它们之间关系将在后面内容中加以说明。

(2)平衡速度的影响因素及其调整原理。

1)平衡速度的影响因素。从式(5-29)可见,平衡速度的影响因素主要有重力G、焦点位置$\bar{x}_F$、重心位置$\bar{x}_G$、零升力矩系数及上升角θ。凡是使用维护中使上述参数发生变化,都会引起平衡速度变化。

例如,机头进气的某型飞机,发动机状态变化,会引起飞机焦点位置及上升角变化。推油门时,转速增加,进气道空气流量增加,飞机焦点前移,同时,由于推力增大,上升角增大,所以飞机的平衡速度减小。

2)平衡速度调整。当平衡速度发生变化后,为了保证飞机良好的平衡性能,外场必须对平衡速度进行调整。外场主要通过改变松杆时平尾的初始偏转 $\delta_{zF_z=0}$ 的方向和大小,即改变零升力矩。

5.2.2　飞机的方向平衡

5.2.2.1　飞机的方向平衡与偏航力矩

前面已经指出,方向平衡是指绕 y 轴的方向偏转力矩(称偏航力矩)的平衡,即 $\sum M_y=0$。

此时,飞机保持无侧滑的等速直线飞行。

如果 $\sum M_y \neq 0$,即存在不平衡的偏航力矩时,飞机会产生侧滑。由图 5-13 可见,飞行员不操纵时,不平衡的偏航力矩主要因左、右机翼及左、右发动机推力不对称形成。如果垂直尾翼因某种原因发生不对称,也要形成较大的偏航力矩。

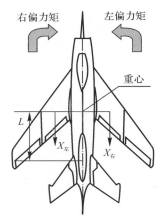

图 5-13　飞机的方向平衡

由于飞机外形及结构左右对称,设计定型的飞机理论上都有良好的方向平衡性能,即在没有操纵情况下,飞机本身就具有保持无侧滑直线飞行的能力。然而,由于制造上的误差,以及使用维护等因素的影响,每一架特定的飞机,甚至是刚出厂的新飞机,会出现方向不平衡的现象。

飞机在飞行时一般不允许有急剧侧滑,检查飞机有无侧滑及侧滑量的大小,要根据侧滑仪中的"小球"偏移量来确定(侧滑仪小球偏离方向代表侧滑方向,偏离距离代表侧滑大小)。如果侧滑仪中小球的偏移量大于 1 个小球直径,则认为飞机出现方向不平衡,即存在侧滑故障。飞机出现侧滑时,应记下当时的高度与速度、侧滑仪中小球偏移的方向与量值,以及排除侧滑所需的脚蹬力,以作为排除故障的依据。

5.2.2.2　侧滑故障原因

侧滑故障实际上是由于偏航力矩不平衡引起的,其主要有以下几种原因:

1) 两机翼外形不对称而引起两翼阻力差;

2) 垂尾外形不对称而形成侧力 Z_{vt};

3) 双发或单发飞机左右发动机推力不等或推力轴线偏斜而形成偏航力矩。

5.2.2.3　侧滑故障调整原理

当侧滑故障出现时,应尽力找出具体原因加以排除,但某些原因,例如垂尾或机翼变形,往往不易找出具体的缺陷部位,即使找到亦不易排除。这时必须通过调整加以排除。

各类飞机侧滑故障的调整部位,通常都在垂尾上。这是因为垂尾离重心远,效果好。

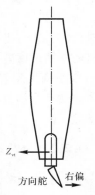

图 5-14　调整方向舵

现代飞机一般都有方向舵助力器,可调整方向舵的中立位置。调整方向与侧滑相同,左侧滑时,中立位置左调,右侧滑时,中立位置右调。例如,飞机出现右侧滑故障时,向右调整方向舵(见图 5-14),会在垂尾上产生向左的侧力,从而形成使飞机向右偏航的力矩来消除侧滑。

5.2.2.4　高速飞行时的自动调头现象

自动调头是指不经飞行员操纵,飞机自动偏转形成侧滑现象。

自动调头的主要原因是飞机的外形不对称。外形不对称会造成左、右机翼阻力系数不相等,垂尾的侧力系数不等于零,从而造成飞机的自动调头。

目前,由于工艺条件限制,飞机外形左、右完全对称几乎是不可能的,因此,从理论上讲,自动调头现象在各类飞机、各种速度下都是存在的。但是实际上,这种现象只是在高速飞机作大 Ma 或大表速飞行时,才有明显的表现。这是因为飞机外形的不对称量很小,在大表速时由于动压大才会形成较大的偏航力矩,造成飞机自动调头,而大 Ma 时,更会由于左、右激波发展不同,造成较大的偏航力矩。

由此可见,飞机在高速飞行时产生某些程度的自动调头现象是不可避免的。但是,为了保持飞机方向平衡,需要飞行员用蹬舵来修正。如果自动调头现象过于严重,修正量过大,就会分散飞行员精力,并使飞行员产生不必要的疲劳,而且减少了方向舵向一侧的有效偏角,影响飞机的操纵性。为了保证飞机具有良好的方向平衡和操纵性能,各类飞机对自动调头形成的侧滑量作出一定的限制。侧滑量在规定范围内,视为正常的自动调头现象;侧滑量超出规定范围,则为故障而需要排除。

5.2.3　飞机的横向平衡

5.2.3.1　飞机的横向平衡与滚转力矩

所谓横向平衡是指绕 X 轴的横向滚转力矩的平衡,即 $\sum M_x = 0$。此时,飞机保持没有滚转或者倾斜(也称为坡度)的等速直线飞行。

由图 5-15 可见,飞机的滚转力矩主要由左、右机翼的升力差产生,因此横向平衡可以表达为

$$Y_R L_R = Y_L L_L \tag{5-32}$$

式中:Y_L,Y_R 为左、右机翼的升力;L_L,L_R 为左右机翼的压力中心至飞机重心的距离。

图 5-15　飞机的横向平衡

考虑到左、右两翼动压相等,面积相等,式(5-32)又可以简化为

$$C_{y_R} L_R = C_{y_L} L_L \tag{5-33}$$

式中:C_{y_L},C_{y_R} 分别为左右机翼的升力系数。

由于飞机外形及结构左右对称,因此,设计定型的飞机理论上都有良好的横向平衡性能,

也就是说,在没有操纵的情况下,飞机本身就具有保持无滚转、无坡度的直线飞行能力。但是,由于制造上的误差及使用维护等因素的影响,每一架特定的飞机,甚至刚生产出来的新飞机,都有可能出现横向不平衡现象,甚至出现坡度故障(例如,某飞机飞行时消除坡度的压杆量不应大于 1/4 压杆行程,在起落过程中,起落架放下时,消除坡度的压杆量不应大于 1/5 压杆行程,否则,视为出现坡度故障)。

飞机出现坡度故障时,应记下当时的高度、速度、坡度的大小和方向,以及消除坡度所需的压杆量。

5.2.3.2 坡度故障原因

由式(5-33)可见,坡度故障的根本原因有:因制造误差或使用维护不当造成左、右机翼升力系数不等;因为飞机装载不对称(重心偏离对称面)而造成左、右机翼压力中心至重心距离不等。

具体原因有机翼变形、副翼变形、副翼中立位置偏离、左右起落架舱盖或襟翼密闭程度不一、两侧副油箱输油速度不同等。

(1)机翼变形。

机翼变形有两种:① 永久变形,是由于使用维护不当,或长期使用中逐渐积累而形成的;② 弹性变形,在飞行中主要伴随着空气动力的作用而出现,空气动力一但消失,弹性变形也随之消失。

永久变形等于改变了翼剖面形状和有效迎角。左右机翼的剖面形状和迎角不同,升力系数就不同,飞机必然会产生坡度。由于这种变形引起的升力系数变化量基本不随飞行速度而变,所以其产生的升力的改变量,即横向不平衡力矩,将与速度的二次方成正比。因此,机翼永久变形引起的坡度故障会随速度的增大而加重。

机翼的弹性变形包括弯曲变形和扭转变形。当机翼的压力中心处于机翼刚性轴之后时,机翼升力将对刚性轴产生一个使机翼前缘向下、后缘向上的扭转力矩,迫使机翼的迎角减小。如果两侧机翼的刚度不同,迎角减小不一样,升力系数也就不相等,飞行中就会产生坡度。

机翼的弯曲变形对升力系数的影响与机翼平面形状有关。直机翼的弯曲变形不改变机翼各剖面的迎角,因此对坡度无影响,但后掠机翼的弯曲变形要使机翼各剖面迎角减小。因此,如果后掠飞机两翼弯曲变形程度不同,也会造成坡度故障。

机翼的弹性变形引起的坡度故障也随速度的增大而加重。这是因为,同永久变形一样,弹性变形所造成的两侧机翼升力系数之差,不随速度改变,但两翼升力之差却随速度增大而增加,因此坡度故障也随之加剧。

此外,由于弹性变形的程度直接取决于飞机空气动力的大小,过载增大,空气动力增加,弹性变形加剧,飞机迎角减小量增大,两翼升力差增加。因此,坡度故障随过载增大而加重。

(2)副翼变形。

副翼变形后,副翼附加升力产生的绕副翼铰链力矩,会迫使副翼偏离中立位置。这样就会造成左右翼产生较大的升力差,从而形成坡度故障。

但对于具有助力操纵系统的飞机,由副翼变形引起的坡度故障,只有在关闭助力器时才有明显的表现。因为助力器工作时,副翼变形引起的铰链力矩无法改变副翼的位置,而副翼本身微小变形产生的附加升力又不大,所以坡度故障也就不太明显。

(3)副翼偏离中立位置

由于副翼靠近翼尖,离飞机纵轴较远,力臂值较大,所以不大的偏离就可能产生较大的横向不平衡力矩,从而造成明显的坡度故障。

副翼偏离中立位置产生的附加升力,会影响机翼的扭转变形。例如副翼后缘向上偏转时,附加升力产生的扭转力矩使机翼的迎角增大,从而使副翼偏转作用减弱,副翼效率降低。速度越大,副翼效率越低。这种情况对后掠翼更为严重。

(4) 左、右起落架舱盖或襟翼收上后密合程度不同,左、右机翼襟翼放下角度不同。

左、右起落架舱盖或襟翼密合程度不同产生的坡度故障,一般在大速度飞行时出现。因为小速度、大迎角飞行时,机翼下表面产生的正压力会迫使起落架舱盖和襟翼收上密合,不会出现两翼外形的差别。而在大速度、小迎角飞行时,机翼下表面局部出现吸力,这就会把起落架舱盖吸出一定距离,这样两翼的压力分布就会不同,左、右机翼就会产生一定的升力差,从而形成坡度。

左、右襟翼放下的角度不同,左右机翼升力就不同,必然引起坡度,但这种坡度故障在襟翼收上时会自动消失。

5.2.3.3　坡度故障调整原理

在维护工作中,有些坡度故障的原因,如副翼、襟翼安装位置不正确等,比较容易发现和排除。但机翼变形等缺陷则不易发现,也不易修复,此种情况只能采用调整的方法来恢复横向平衡性能。

调整部位的选择需把握调整量小、效率高的原则。具体应考虑以下 3 种影响因素:

1) 涡流区。调整部位在涡流区时调整效果会大大下降。涡流主要产生于机翼与机身交界处,对机翼外侧影响小,对机翼内侧影响大。而这种影响还与迎角大小直接相关,大迎角时气流分离严重,对调整效果影响大,但在小迎角时,因为气流分离很小,这种影响就不太明显。

2) 机翼弹性变形。副翼或襟翼调整时,机翼要产生扭转变形而改变机翼的迎角。这种扭转变形降低了调整效果,如图 5-16 所示。扭转变形的大小与速度及调整部位有关。大速度时影响大,机翼外侧变形严重。

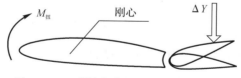

图 5-16　副翼或襟翼偏转时机翼的扭转

3) 调整部位与飞机重心距离。外侧距离大,力臂长,调整效果好。

因此,调整部位选择需综合考虑上述三个因素。通常中小速度飞行时产生的坡度故障应调机翼外侧,而大速度飞行时产生的坡度故障应调内侧。这是因为:中小速度时,动压小,扭转变形影响小,上对于与重心距离的考虑,调整外侧效果好;此时迎角大,分离严重,内侧调整效果差。综合考虑这些因素,以调外侧为宜。大速度时却相反,外侧扭转变形严重,调整效果差,而内侧因为分离不严重,调整效果提高,因而以调整内侧为宜。

现代飞机一般都有副翼助力器,可调整副翼的中立位置。调整方向与滚转相同,右滚转时,右副翼后缘中立位置下调(左副翼中立位置上调);左滚转时,左副翼后缘中立位置下调(右副翼中立位置上调)。例如,飞机出现右滚转故障时,调整右副翼后缘中立位置使其下偏,会在右机翼上产生向上的升力增量,从而形成使飞机向左滚转的力矩来消除右滚故障,反之亦然。

一般通过差动调节左右副翼(襟副翼)的中立位置的方法对坡度故障加以调整。有时也可以用调整副翼前缘与机翼蒙皮之间的间隙,改变副翼内封补偿的方法加以排除。具体如何调整,可根据以上原理参考各类飞机使用维护说明书和维护经验。

5.2.3.4 高速飞行时的自动倾斜现象

自动倾斜是指飞行员不操纵时,飞机自发地向左或者向右倾斜的一种现象。自动倾斜的原因主要有:由于左、右机翼刚性不同,大速度时左、右机翼的变形不同,引起左、右机翼升力不等;由于左、右机翼外形不对称,左、右机翼临界 Ma 不同,局部激波发展不同,引起大 Ma 时左、右机翼升力不等。

由于制造工艺的限制,左、右机翼刚性及外形绝对相同几乎是不可能的。从理论上讲,无论什么情况下,自动倾斜总是存在的。但实际上,自动倾斜只是在大表速或大 Ma 飞行时,才有明显的表现,这是因为:

1)大表速时动压大,左、右机翼的变形会变得明显。对于非对称翼型,这种情况更加明显。因为表速增大,迎角减小,非对称翼型压力中心后移,扭转力矩增大。对于对称翼型,压力中心虽然不变,但是由于局部形状的不同引起的附加升力差随表速增大而增大。

2)左右机翼的某些外形差别,只有在大 Ma 出现激波后,才能出现明显的升力差。

3)大表速或大 Ma 飞行时,副翼效率低,为了制止飞机倾斜,需要飞行员更多地压杆,因而在飞行员看来,自动倾斜程度加剧。

由此可见,高速飞机在高速飞行时产生某种程度自动倾斜是不可避免的。但是,为了保持飞机横向平衡,飞行员就得反向压杆,这样不仅分散了飞行员的精力,造成飞行员不必要的疲劳,而且会减少一侧方向的有效压杆行程,影响飞机的横向操纵性能。为了保证飞机良好的横向平衡和操纵性,各种高速飞机都规定了一定的允许倾斜范围。在此范围内,属于正常的自动倾斜现象;超过此范围,应视为坡度故障及时加以调整。例如,某型飞机消除坡度的压杆量小于 1/4 杆行程时,属于正常的自动倾斜现象,超过 1/4 杆行程就属于坡度故障。

5.3 飞机的静稳定性

研究配平的飞机受到外界干扰后有无恢复原配平状态的趋势,即静稳定性问题。

5.3.1 稳定性的基本概念

飞机飞行的过程中,经常会受到各种不可预测的扰动,如大气扰动、发动机推力脉动、飞行员无意识的动杆等,这些扰动都会使飞机的飞行状态发生改变。因此,必须研究飞机在受到扰动后是否具有自动恢复原状态的能力,即飞机的稳定性问题。通常称受扰动前飞机的平衡飞行状态为配平状态,因此稳定性问题就是研究飞机在配平状态受到外界扰动而偏离配平状态时,飞机自身能否有力矩产生使其恢复到原配平状态的能力,即要研究飞机平衡状态的性质。

物体的平衡性质,通常有以下 3 种(见图 5 - 17):

1)第一种平衡的性质是稳定的[图(a)悬摆]。在扰动消失后,物体在力的作用下能恢复原平衡状态(呈现收敛状态);

2)第二种平衡的性质是不稳定的[图(b)竖摆]。在扰动消失后,在力的作用下物体继续离开平衡位置(呈现发散状态)而不能恢复原平衡状态;

3)第三种平衡的性质是随遇稳定的[图(c)球]。在扰动消失后,物体运动既不能随意扩大,也不能恢复原平衡,而是在新的平衡位置重新取得平衡。

因此，飞机的稳定性可分为稳定、不稳定和随遇稳定（或称中立稳定）三类。

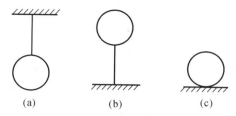

图 5-17　物体平衡的性质

通常为了方便研究，在飞机飞行动力学中常将飞机的稳定性分为静稳定性与动稳定性两大类。

动稳定性是指飞机在配平状态下受到扰动，扰动消失后，飞机自动恢复原平衡状态的能力，所以动稳定性实质上是真正的飞机稳定性。而静稳定性则是指飞机在配平状态下受到扰动，在扰动消失瞬间，飞机具有自动恢复原平衡状态的趋势。因此，静稳定性不是真正的飞机稳定性，具有静稳定性的飞机，不一定具有动稳定性，但是通常静稳定性是飞机动稳定性的前提，特别是静稳定性与相应的飞机静操纵性具有密不可分的关系，它为静操纵提供参考。因此，讨论飞机的静稳定性，亦具有非常重要的意义。

下面将飞机的静稳定性分为纵向静稳定性和横航向静稳定性分别进行讨论。

5.3.2　飞机纵向静稳定性

飞机的纵向静稳定性主要研究飞机在配平状态下的纵向俯仰力矩特性问题。飞机纵向静稳定性包括迎角静稳定性和速度静稳定性两个概念。

5.3.2.1　迎角静稳定性

（1）迎角静稳定性含义及其判定条件。

迎角静稳定性是指飞机在配平状态下受到扰动，在扰动过程中，飞机速度始终保持不变而迎角偏离原配平状态，在扰动消失瞬间，飞机自动恢复原平衡状态的趋势。如果有自动恢复原配平迎角的趋势，则称飞机迎角静稳定，或称飞机具有迎角静稳定性；反之，则称飞机迎角静不稳定，或称飞机不具有迎角静稳定性。如果既没有恢复原配平迎角的趋势，也没有继续偏离原配平迎角的趋势，则称飞机迎角中立稳定。

因为迎角静稳定性研究的是迎角（也即过载）恢复原平衡状态的趋势，条件是速度不变，因此迎角静稳定性亦称过载静稳定性，或称定速静稳定性。

虽然定速是一种理想情况，迎角变化后，势必使阻力变化，但扰动初期，速度变化不大，可以忽略，因此讨论迎角静稳定性仍具有实际意义。

飞机是否具有迎角静稳定性，决定于飞机纵向力矩系数 m_z 随 α 的变化特性，当 $m_z^\alpha < 0$ 时飞机具有迎角静稳定性；$m_z^\alpha > 0$ 时，飞机为迎角静不稳定，而 $m_z^\alpha = 0$ 时飞机为中立静稳定。其理由分析如下。

如图 5-18 所示，设 m_z-α 曲线斜率为负，并假定飞机原来处于平衡状态，$m_z = 0$。此时，如果飞机受到扰动，迎角增大（$\Delta\alpha > 0$），必然引起 m_z 的下降（$\Delta m_z < 0$），产生附加的下俯力矩使飞机低头，导致飞机具有恢复原迎角的趋势。同理，当飞机受到扰动产生 $-\Delta\alpha$ 时，必然产生

$+\Delta m_z$,使飞机抬头具有恢复原迎角的趋势。由此可见,$m_z^\alpha<0$,飞机必然具有迎角静稳定性。而使飞机恢复原迎角的力矩,称为恢复力矩或稳定力矩。

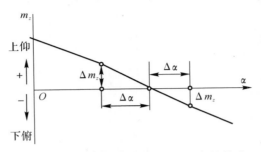

图 5-18　飞机俯仰力矩系数与迎角的关系

同理可证明:$m_z^\alpha>0$ 时,飞机没有自动恢复迎角的趋势,也即飞机迎角静不稳定;而 $m_z^\alpha=0$ 时,飞机迎角中立稳定。

因为

$$m_z^\alpha=m_z^{C_y}C_y^\alpha$$

在飞机迎角小于抖动迎角以前,C_y^α 基本为一正值常数。因此,飞机的迎角静稳定性也可用 $m_z^{C_y}$ 来判定,即当 $m_z^{C_y}<0$ 时,迎角静稳定;当 $m_z^{C_y}>0$ 时,迎角静不稳定;当 $m_z^{C_y}=0$ 时,迎角中立稳定。

由于

$$m_z=m_{z0}-C_y(\bar{x}_F-\bar{x}_G)$$

因此

$$m_z^{C_y}=-(\bar{x}_F-\bar{x}_G)$$

由此可见,飞机是否具有迎角静稳定性,关键在于飞机重心与焦点的相对位置。如果焦点在重心之后,$\bar{x}_F-\bar{x}_G>0$,飞机受到扰动迎角增大时,ΔY 对重心形成下俯力矩,飞机便具有恢复原始迎角的趋势,因此飞机具有迎角静稳定性。反之,如果焦点在重心之前,$\bar{x}_F-\bar{x}_G<0$,飞机受到扰动迎角增大时,ΔY 对重心形成上仰力矩,促使飞机进一步增大迎角,飞机不具有迎角静稳定性。

因为 $|m_z^{C_y}|$ 的大小代表了迎角静稳定性的强弱,所以通常把 $m_z^{C_y}$ 称为迎角静稳定度,而把 $-m_z^{C_y}$ 称为迎角静稳定裕度。

具有迎角静稳定性的飞机具有稳定力矩。这种飞机与"气动扭转弹簧"相似。稳定力矩相当于弹簧恢复力矩。因此,有些文献中把迎角静稳定度 $m_z^{C_y}$(或 m_z^α)称作俯仰刚度(即比作弹簧刚度),当 $m_z^{C_y}<0$(或 $m_z^\alpha<0$)时,飞机具有正俯仰刚度,而 $m_z^{C_y}>0$(或 $m_z^\alpha>0$)时,飞机迎角刚度为负。

(2)影响迎角静稳定性的因素。

1)重心位置。使用维护过程中,重心位置会发生变化。在焦点位置不变的情况下,由 $m_z^{C_y}=-(\bar{x}_F-\bar{x}_G)$ 可知,重心前移 $|m_z^{C_y}|$ 增大,迎角静稳定性增强;重心后移 $|m_z^{C_y}|$ 减小,迎角静稳定性减弱。如果重心位置移至与焦点重合,$m_z^{C_y}=0$,此时飞机为中立稳定。因此,焦点

所在的位置,又称中立重心位置(简称中性点)。

在维护工作中,必须对重心位置的变化足够重视。特别是轰炸机,由于机身较长,携带的燃料、弹药较多,所以飞行中重心位置变化往往较大。例如,某型轰炸机的重心位置的正常变化范围为$(20.7\% \sim 33.7\%)b_A$。$33.7\% b_A$ 对应于它的着陆状态,这时重心位置已经相当靠后。如果飞机后部(例如机务舱)装载过多,就会使迎角静稳定性降低过多,从而导致飞行员不易掌握操纵量。严重时,甚至会使飞机丧失迎角静稳定性,对飞机安全造成威胁。而飞机的燃油系统工作不正常,用油顺序遭到破坏时,也会出现类似问题。因此,维护使用中必须按规定加装载,同时,必须保证燃油系统的工作正常。

2)飞行马赫数。超声速飞机相比于亚声速飞机,飞行时飞机迎角静稳定性有明显增强。这是因为,超过临界 Ma 之后,随着 Ma 增大,焦点位置急剧后移(见图5-11),在重心位置不变的情况下,$|m_z^{C_y}|$ 便要增大。

3)大迎角。后掠翼飞机大迎角飞行时会产生翼尖分离,翼尖分离后,当迎角继续增大时,翼尖部分的升力减小,相当于在翼尖部分作用了一个向下的升力增量,使飞机焦点前移,导致纵向力矩曲线向上弯曲,$|m_z^{C_y}|$ 减小,迎角静稳定性减弱。当迎角大于临界迎角时,由于机翼大部分地区出现了严重分离现象,焦点迅速前移,致使 $m_z^\alpha > 0$,飞机变为迎角静不稳定,如图5-19所示。

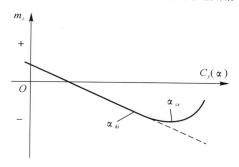

图 5-19 后掠翼飞机 m_z 随迎角的变化

某些后掠翼飞机,因为采用了翼刀,这种情况有所改善。但是,有些飞机因为采取措施不够有力(例如某型轰炸机),后掠角较大,翼刀却较低,这种现象仍然严重存在。

4)弹性变形。机身及后掠翼的弹性变形都会使 $|m_z^{C_y}|$ 减小。这是因为机身及后掠翼的弹性变形会引起飞机焦点前移。而且,飞行速度越大,飞机弹性变形越严重,飞机焦点前移量越大,$|m_z^{C_y}|$ 减小越多。

5)地面效应。飞机在起飞、着陆接近地面飞行时,由于地面的限制,使接近于地面的气流几乎没有垂直向下的分量,而只能沿地面流动。这样,由于地面存在,将会引起飞机上的空气动力发生一系列变化,如大大减小了尾翼区气流的下洗,加大了平尾升力系数斜率。而这两项的变化,都会引起飞机焦点的后移,使飞机迎角静稳定性加强。放下襟翼时,这种现象尤为明显。这类由于地面存在而引起的气动力特性的变化,通常称为地面效应。

6)发动机工作状态。现代飞机进气道多位于前机身,发动机工作时,飞机焦点要前移,因此 $|m_z^{C_y}|$ 也要下降,其下降量即为焦点的前移量。在加大油门时,飞机焦点前移,飞机的迎角静稳定性也要减弱。

7）松杆状态。对于采用机械操纵系统的飞机,一般情况下,松杆后(即舵面处于自由状态),迎角静稳定性要下降,也即松杆静稳定性要比握杆静稳定性弱。这是因为,当飞机受到扰动迎角增大时,水平尾翼的迎角也要增大,于是升降舵上产生向上的附加的空气动力。握杆时,这个附加的空气动力只能改变杆力,而不能使升降舵向上偏转。但松杆时,这个附加空气动力将使升降舵自动向上偏转,从而导致下俯力矩减小,静稳定性减弱。同样,在飞机的机械操纵系统中,连杆之间连接的间隙过大、钢索过于松弛、飞机助力器后的连杆间隙过大,都会造成迎角静稳定性减弱,这就要求机务人员对飞机操纵系统进行定期检查。

（3）迎角静稳定性的调整原理。

迎角静稳定性过强,飞机扰动时稳定力矩较小,迎角波动幅度较大,而且容易产生操纵过于灵敏的现象。因此,由于使用维护不当造成迎角静稳定性过弱的飞机,必须要进行调整。

迎角静稳定性的调整,从理论上说,可从焦点和重心两方面入手。但鉴于焦点位置的改变,需要通过改变飞机气动外形来实现,这在外场比较困难,而且影响面也比较广(不仅影响了飞机的力矩特性,而且还影响了飞机的升力和阻力特性)。因此,外场对迎角静稳定性的调整,可通过改变重心位置(例如加装配重)来实现。

5.3.2.2　速度静稳定性

在扰动过程中,如果飞机在迎角变化同时,速度也发生变化,但过载 n_y 仍保持常值(通常取为1),这种扰动称为定载扰动。

速度静稳定性是指,飞机在配平状态下受到定载扰动,扰动消失瞬间飞机自动恢复原平衡状态的趋势。由于速度静稳定性是定载扰动下的静稳定性,因此也称定载静稳定性。

速度静稳定性可用 $\left(\dfrac{\mathrm{d}m_z}{\mathrm{d}C_y}\right)_{n_y=1}$ 来表示。即：$\left(\dfrac{\mathrm{d}m_z}{\mathrm{d}C_y}\right)_{n_y=1} < 0$ 时,飞机速度静稳定；$\left(\dfrac{\mathrm{d}m_z}{\mathrm{d}C_y}\right)_{n_y=1} > 0$ 时,飞机速度静不稳定；$\left(\dfrac{\mathrm{d}m_z}{\mathrm{d}C_y}\right)_{n_y=1} = 0$ 时,飞机速度中立稳定。

为什么 $\left(\dfrac{\mathrm{d}m_z}{\mathrm{d}C_y}\right)_{n_y=1}$ 能代表飞机的速度静稳定性呢？这可用图 5-20 所示的定载力矩系数曲线来说明。图中各直线为同一升降舵(或平尾)偏角下,不同 Ma 的纵向力矩系数曲线。从每一条 $m_z - C_y$ 曲线上可找到一点(在图中用"·"表示),此点对应的升力系数满足 $n_y = 1$ 的条件,即 $C_{yi} = \dfrac{2G}{K p Ma_i^2 S}$。将这些点连成线,即成为定载力矩系数曲线。

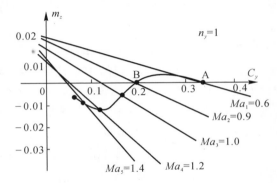

图 5-20　定载力矩系数曲线

因为 $n_y=1$ 代表平飞状态，所以也可称其为平飞状态曲线。当飞机受到定载扰动时，C_y 与 Ma 同时发生变化，飞机的力矩将沿着定载力矩系数曲线（$n_y=1$ 曲线）变化，而不像定速扰动那样力矩系数沿着定速（等马赫数）曲线变化。这样，力矩系数的变化速率将是 $\left(\dfrac{\mathrm{d}m_z}{\mathrm{d}C_y}\right)_{n_y=1}$（即全导数，既包含 C_y 又包含 Ma 的变化），而不是 $\dfrac{\partial m_z}{\partial C_y}$（即偏导数 $m_z^{C_y}$，只包含 C_y 的变化）。

假定定载扰动使飞机速度增大（$\mathrm{d}Ma>0$），为了保持定载，C_y 下降（$\mathrm{d}C_y<0$）。如果此时 $\left(\dfrac{\mathrm{d}m_z}{\mathrm{d}C_y}\right)_{n_y=1}<0$，如原平衡状态为图中 A 点，则 $\mathrm{d}m_z>0$，力图增大飞机迎角，减小速度，飞机具有恢复原平衡状态的趋势，即具有速度稳定性。如果 $\left(\dfrac{\mathrm{d}m_z}{\mathrm{d}C_y}\right)_{n_y=1}>0$，如原平衡状态为图中之 B 点，则 $\mathrm{d}m_z<0$，力图减小飞机迎角，继续增速，即飞机不具有速度静稳定性。

5.3.2.3　速度静稳定性与迎角静稳定性的关系

速度静稳定性与迎角静稳定性具有一定关系。这是因为全导数为

$$\left(\frac{\mathrm{d}m_z}{\mathrm{d}C_y}\right)_{n_y=1}=\frac{\partial m_z}{\partial C_y}+\frac{\partial m_z}{\partial Ma}\left(\frac{\mathrm{d}Ma}{\mathrm{d}C_y}\right)_{n_y=1} \tag{5-34}$$

因为 $n_y=1$，所以

$$C_y\frac{1}{2}\rho a^2 Ma^2 S=G$$

因此，在该高度下有

$$Ma^2 C_y=\frac{2G}{\rho a^2 S}=\mathrm{const} \tag{5-35}$$

对式（5-35）全微分，得

$$2MaC_y\mathrm{d}Ma+Ma^2\mathrm{d}C_y=0 \tag{5-36}$$

由此可知全导数为

$$\left(\frac{\mathrm{d}m_z}{\mathrm{d}C_y}\right)_{n_y=1}=-\frac{Ma}{2C_y} \tag{5-37}$$

将式（5-37）代入式（5-34）得

$$\left(\frac{\mathrm{d}m_z}{\mathrm{d}C_y}\right)_{n_y=1}=\frac{\partial m_z}{\partial C_y}-\frac{Ma}{2C_y}\frac{\partial m_z}{\partial Ma} \tag{5-38}$$

由上式可见，$\left(\dfrac{\mathrm{d}m_z}{\mathrm{d}C_y}\right)_{n_y=1}$ 由两项组成：第一项为迎角静稳定度；第二项为 Ma 对力矩系数的影响。在大多数情况下，$m_z^{Ma}<0$，因此有

$$\left|\frac{\mathrm{d}m_z}{\mathrm{d}C_y}\right|<|m_z^{C_y}| \tag{5-39}$$

式（5-39）表明，通常情况下，速度静稳定性比迎角静稳定性弱，所以在研究飞机纵向静稳定性时，主要研究其迎角静稳定性。

5.3.2.4　高速飞机跨声速飞行时的速度静不稳定现象

如图 5-20 所示，由于空气压缩性的影响，不同 Ma 对应的 m_z-C_y 曲线的斜率和截距不

同。特别是在跨声速阶段,由于焦点急剧后移,曲线斜率的负值急剧增大。但由于 $n_y = 1$,

$C_y = \dfrac{2G}{K p Ma^2 S}$,在给定重量和高度条件下,一个 Ma 只对应一个 C_y 值。Ma 增大,C_y 下降。

对于定载力矩系数曲线,在亚声速和超声速阶段,曲线斜率 $\left(\dfrac{dm_z}{dC_y}\right)_{n_y=1}$ 为负,飞机具有速度静稳定性。但在跨声速阶段,曲线斜率由负变为正,这时飞机变成速度静不稳定。也就是说,当扰动使速度增加时,C_y 下降($dC_y < 0$),引起的力矩增量将是负值($dm_z < 0$)。如果飞行员不采取措施,飞机在这一力矩增量的作用下俯冲增速,容易形成所谓的"自动俯冲"现象。

5.3.2.5　速度静不稳定调整原理

由上述分析可知,速度静不稳定现象是跨声速飞行中的一种必然现象,所以在飞行品质规范中,一般都允许有一定程度的速度静不稳定。但是,当速度静不稳定现象过于严重时,会直接影响飞机的操纵性能,这就要求机务人员进行调整,调整的方法是增大平尾偏移量的绝对值(即平尾后缘上偏量增大)。这是因为平尾偏移量增大后,速度增加过程中因平尾后缘上偏量增大,产生了一定附加的上仰力矩,从而抵消了一部分由于速度不稳定引起的下俯力矩,使速度静不稳定得到改善。

5.3.3　飞机横航向静稳定性

飞机的横航向静稳定性是指飞机受到扰动偏离横航向平衡状态产生侧滑或倾斜时,在扰动消失瞬间飞机自动恢复原平衡状态的趋势。它主要是反映飞机在平衡状态(对称定直飞行状态)附近的偏航力矩和滚转力矩特性。飞机的横航向静稳定性包括方向静稳定性和横向静稳定性两类。

5.3.3.1　飞机方向静稳定性

(1)方向静稳定性的含义和条件。

方向静稳定性是指,飞机受到扰动偏离原方向平衡状态产生侧滑角 $\Delta\beta$,在扰动消失瞬间飞机自动恢复原平衡状态的趋势。

与迎角静稳定性一样,飞机是否具有方向静稳定性,取决于它的偏航力矩特性:$m_y^\beta < 0$,飞机具有方向静稳定性,或称方向静稳定;$m_y^\beta > 0$,飞机不具有方向静稳定性,或称方向静不稳定;$m_y^\beta = 0$,飞机方向中立静稳定。

这是因为,如图 5-21 所示,当 $m_y^\beta < 0$ 时,飞机受扰动偏离平衡状态产生侧滑角 $+\Delta\beta$(右侧滑),将产生系数为 $-\Delta m_y$ 的偏航力矩增量,这一力矩将使飞机的机头右偏,从而产生消除 $\Delta\beta$ 的趋势。反之,飞机扰动产生左侧滑($-\Delta\beta$),飞机产生的 $\Delta m_y > 0$ 的偏航力矩增量,飞机将受到左偏力矩的作用而产生消除左侧滑的趋势。由此可见,此时飞机具有方向静稳定性。

按同样方法可分析得出:当 $m_y^\beta > 0$ 时,飞机方向静不稳定;当 $m_y^\beta = 0$ 时,飞机方向中立静稳定。

由图 5-21 还可看出,在同样 $\Delta\beta$ 下,$|m_y^\beta|$ 越大,产生的 $|\Delta m_y|$ 越大,恢复趋势越强。因此,$|m_y^\beta|$ 的大小代表了方向静稳定性的大小,m_y^β 有时称为方向静稳定度。

必须注意,方向静稳定性绝不代表飞机保持航向不变的特性,它仅仅代表消除侧滑,使飞机对称面与飞行速度方向一致的特性。其作用犹如风标,所以亦称风标稳定性。

与纵向一样,m_y^β 亦可称为偏航刚度。$m_y^\beta < 0$ 称为飞机具有正偏航刚度。

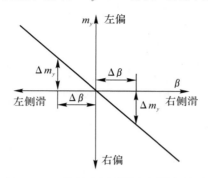

图 5 - 21　偏航力矩系数与侧滑角关系

(2)影响方向静稳定性的因素。

1)马赫数。飞机的方向静稳定性随 Ma 的变化规律如图 5 - 22 所示。随着 Ma 的增大,亚声速阶段 m_y^β 基本不变,跨声速阶段 $|m_y^\beta|$ 增大,超声速阶段 $|m_y^\beta|$ 下降。

因为方向静稳定性主要是由垂尾提供的,所以 $|m_y^\beta|$ 的大小主要取决于 C_{zvt}^β。而 C_{zvt}^β 随 Ma 的变化规律与机翼 C_y^α 类同,因此 $|m_y^\beta|$ 的变化规律也与机翼 C_y^α 随 Ma 的变化规律基本类似。

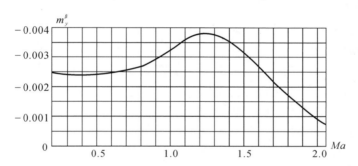

图 5 - 22　飞机的方向静稳定性随 Ma 的变化规律

2)迎角。飞机的迎角增大,一是会使垂尾前缘的有效后掠角增大,$|C_{zvt}^\beta|$ 减小;二是会使垂尾相对气流的翼展缩短、顺气流翼弦增长,有效展弦比减小,翼尖涡增强,侧洗加大(见图 5 - 23)。此外,迎角增大使翼身组合体对垂尾的遮蔽作用加大,也会使垂尾的 $|C_{zvt}^\beta|$ 减小。因此,飞机的方向静稳定性一般会随迎角的增大而减弱。

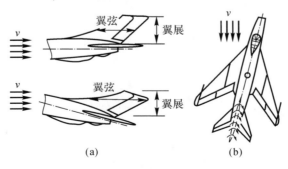

图 5 - 23　大迎角下垂尾的有效展弦比和翼尖涡

3）发动机工作状态。发动机工作时，飞机的方向静稳定性减弱。这是因为进气道多位于前部机身，当飞机产生侧滑运动时，同带迎角飞行一样，流入进气道的空气对机头产生一个侧力，对飞机质心形成的力矩起增大侧滑角的作用，所以使飞机的方向静稳定性减弱。一般发动机进气流量越大，方向静稳定性下降越多。

4）机翼后掠角。机翼后掠角起增强飞机方向静稳定性的作用。这是因为，若飞机受到扰动产生右侧滑角 β 后，两侧机翼垂直前缘的有效分速度不同，右翼为 $v_{\mathrm{rn}}=v\cos(\chi-\beta)$，左翼为 $v_{\mathrm{ln}}=v\cos(\chi+\beta)$，显然 $v_{\mathrm{rn}}>v_{\mathrm{ln}}$，由此右翼的升力大于左翼的升力，右翼的阻力也大于左翼的阻力，两侧机翼的阻力差形成使飞机机头右偏消除侧滑的力矩，因此方向静稳定性加强。后掠角越大，方向静稳定性增强越显著。

5）机身。机身起削弱方向静稳定性的作用。这是因为气泡状的座舱位于机身前部，机身受扰动产生侧滑而引起的侧力增量在飞机质心之前，所以，侧力增量对飞机质心产生的偏航力矩使飞机的侧滑角增大，起减弱方向静稳定性的作用。另外，装在飞机机翼上的发动机短舱或副油箱也有类似的作用。

6）飞机的弹性变形。飞机的弹性变形，特别是后机身的弹性变形，会削弱方向静稳定性。这和迎角静稳定性问题类似，飞机受到扰动产生侧滑后，垂尾的气动力会使飞机机身产生弯曲变形，造成垂尾有效侧滑角减小，因此垂尾产生的稳定力矩减小，方向静稳定性下降。

5.3.3.2 飞机横向静稳定性

横向静稳定性是指，飞机受到扰动偏离原横向平衡状态产生坡度，在扰动消失瞬间飞机自动恢复原横向平衡的趋势。

飞机是否具有横向静稳定性，取决于滚转力矩系数随侧滑角的变化特性：$m_x^\beta<0$ 时，飞机横向静稳定，或者称飞机具有横向静稳定性；$m_x^\beta>0$ 时，飞机横向静不稳定，或者称飞机不具有横向静稳定性；$m_x^\beta=0$ 时，飞机横向中立静稳定。

这是因为飞机的 $m_x^\beta<0$ 时，飞机受扰动产生右坡度，此时飞机的升力与重力合力要使飞机向右前方向运动而产生右侧滑，即产生了 $+\Delta\beta$。因为 $m_x^\beta<0$，必然产生向左滚转的稳定力矩（$\Delta m_x<0$），使飞机具有消除坡度恢复原平衡的趋势。反之，当 $m_x^\beta>0$ 时，飞机受扰动产生右坡度，会使飞机出现右侧滑（$\Delta\beta>0$），这会产生 $\Delta m_x=m_x^\beta\Delta\beta>0$，使飞机右滚，继续增大右坡度，飞机就是横向静不稳定的。

飞机的横向静稳定性通常是由机翼的后掠角及上反角提供的。低速直机翼飞机的 m_x^β 主要由机翼上反角提供，因此有的参考资料把横向静稳定导数 m_x^β 称为飞机的上反效应。$|m_x^\beta|$ 的大小直接决定了横向静稳定性的强弱。横向静稳定叫正上反效应，横向静不稳定叫负上反效应。

后掠机翼通常产生稳定力矩，且其对横向静稳定度的贡献随后掠角增大而增大。现代飞机多采用大后掠角机翼，这使飞机在较大迎角（较大升力系数 C_y）下往往具有较大横向静稳定性，但是大迎角时航向静稳定度 $|m_y^\beta|$ 却较小，容易出现横航向飘摆现象，这对飞机的横航向动力学特性是不利的。因此，现代大后掠翼飞机机翼一般都有一定的下反角，以适当减小 $|m_x^\beta|$，减弱横向静稳定性。

下面介绍影响飞机横向静稳定性的因素。

1）Ma。通常情况下，亚声速阶段 $|m_x^\beta|$ 基本不变；跨声速阶段，$|m_x^\beta|$ 先随 Ma 增大而增

大,而后又随 Ma 增大而减小,有些飞机甚至在这个速度阶段出现横向静不稳定现象;超声速阶段 $|m_x^\beta|$ 随 Ma 增大而继续下降。这是由于现代带后掠角机翼飞机侧滑后,两侧机翼的有效后掠角不同,两翼的临界 Ma 不同造成的。

2) 迎角。后掠翼 $|m_x^\beta|$ 与升力系数 C_y 成正比,因此后掠翼飞机的横向静稳定性随迎角增大而增大。

3) 机翼安装位置。由于机身和机翼的相互干扰,机翼的安装位置对横向静稳定性也有一定的影响。例如,当飞机受到扰动产生左侧滑($\Delta\beta < 0$)时,气流的侧向分量以 $v\sin\beta \approx v\beta$ 通过机身,将产生附加的干扰流场。如果机翼安装于机身上部(上单翼),则左机翼将受到垂直向上的诱导速度,迎角增大;而右机翼受到垂直向下的诱导速度,迎角减小。这样飞机将产生附加的右滚力矩($\Delta m_x > 0$),飞机的横向静稳定性将增强($\Delta m_x^\beta < 0$)。反之,对于下单翼飞机,左翼受到垂直向下的诱导速度,迎角减小;而右机翼受到垂直向上的诱导速度,迎角增大,飞机的横向静稳定性减弱($\Delta m_x^\beta > 0$)。对于中单翼飞机,机翼对横向静稳定性影响不大。

4) 垂尾。飞机侧滑时垂尾上产生的侧力作用点通常高于机身轴线且与机身轴线有一定的距离。因此,它在产生方向稳定力矩的同时,将产生绕纵轴的滚转力矩。当飞机受到扰动产生右侧滑时,垂尾上产生的侧力增量产生左滚力矩增量($\Delta m_x < 0$),因此 $\Delta m_x^\beta < 0$,即垂尾起到增强横向静稳定作用。

5.4　飞机的静操纵性

对于飞机的运动,要研究如何实现定常直线和稳定曲线飞行运动状态,如何使作用在飞机上的外力和外力矩满足平衡条件,怎样偏转操纵面,不同的飞行状态操纵面的偏转量要多大等问题。这些问题在很大程度由作用在飞机各部件(包括各类操纵面)上的外力对质心的力矩特性确定,在飞行动力学中统称为静操纵性问题。

飞机的静操纵性主要是指飞机作等速直线或稳定曲线飞行时的操纵特性和舵面偏转规律。飞机的操纵机构主要有驾驶杆(或驾驶盘)、脚蹬和油门杆等。飞行员一般通过驾驶杆(或驾驶盘)操纵平尾(升降舵)或副翼(有些飞机具有差动平尾,三角翼或飞翼式布局飞机采用升降副翼及阻力舵等),前后推拉驾驶杆改变平尾(升降舵)偏角 δ_z,产生俯仰操纵力矩 $\Delta M_z(\Delta m_z = m_z^{\delta_z}\delta_z)$,使飞机迎角或俯仰角发生变化;左、右压驾驶杆改变副翼偏角 δ_x 产生滚转操纵力矩 $\Delta M_x(\Delta m_x = m_x^{\delta_x}\delta_x)$,使飞机倾斜角发生变化。通过左、右脚蹬操纵方向舵偏角 δ_y,产生偏航操纵力矩 $\Delta M_y(\Delta m_y = m_y^{\delta_y}\delta_y)$,改变飞机的偏航姿态和侧滑角。油门杆操纵主要用来改变发动机推力,控制飞机的飞行速度。本节主要讨论平尾偏角、副翼偏角和方向舵偏角的操纵问题,分纵向静操纵性和横航向静操纵性分别叙述。

5.4.1　飞机纵向静操纵性

纵向静操纵性主要包括稳定直线飞行和稳定曲线飞行时的静操纵性。

5.4.1.1　平飞静操纵性

(1) 平飞静操纵性原理和平尾偏角。

平飞时,飞机的各项加速度和角速度均为零,此时作用于飞机的外力与外力矩之和为零。

也就是说,在平飞中,应该满足:

$$\begin{cases} \sum F_y = 0 \\ \sum M_z = 0 \end{cases}$$

由第一式可知,平飞中应有

$$Y = G$$

或

$$C_{y1} = \frac{2G}{K p Ma^2 S} = \frac{2G}{\rho v^2 S}$$

由第二式可知,平飞中应有 $m_z = 0$,因为

$$m_z = m'_{z0} + m_z^{\delta_z} \delta_z + C_{y\delta_z=0} m_z^{C_y} \tag{5-40}$$

式中:m'_{z0} 为平尾偏角 $\delta_z = 0$ 时的全机零升力矩系数,大小为 $m_{z0wb} - K_q AC_{yht}^a \alpha_0$,为简便起见,以后仍记为 m_{z0};$C_{y\delta_z=0}$ 为平尾偏角 $\delta_z = 0$ 时的全机升力系数;$m_z^{\delta_z}$ 为平尾操纵效能,大小为 $-K_q AC_{yht}^a$。令 $m_z = 0$,可以求得平飞平尾偏角为

$$\delta_z = -\frac{m_{z0} + m_z^{C_y} C_{y\delta_z=0}}{m_z^{\delta_z}}$$

注意到平飞升力系数为

$$C_{y1} = C_{y\delta_z=0} + C_y^{\delta_z} \delta_z \tag{5-41}$$

式中,$C_{y\delta_z=0} = C_{y1} + \dfrac{m_z^{\delta_z} \delta_z}{\overline{L}_{ht}}$,代入式(5-41),可得平尾平飞偏角为

$$\delta_z = -\frac{m_{z0} + m_z^{C_y} C_{y1}}{\left(1 + \dfrac{m_z^{C_y}}{\overline{L}_{ht}}\right) m_z^{\delta_z}} \tag{5-42}$$

由式(5-42)可以看出,平飞平尾偏角主要由两部分组成,一部分用来克服全机零升力矩 m_{z0},另一部分用来克服升力力矩 $m_z^{C_y} C_{y1}$。

如果平尾面积比机翼面积小得多,可以近似地认为飞机平飞升力系数 $C_{y1} \approx C_{y\delta_z=0}$,若平尾到飞机质心的距离远远大于焦点与质心间的距离,则式(5-42)可简化为

$$\delta_z = -\frac{m_{z0} + m_z^{C_y} C_{y1}}{m_z^{\delta_z}} \tag{5-43}$$

(2)平飞平尾偏角随 Ma、高度和重心位置的变化。

由于 $C_{y1} = \dfrac{2G}{K p Ma^2 S}$,式(5-43)可以写为

$$\delta_z = -\frac{m_{z0} + m_z^{C_y} \dfrac{2G}{K p Ma^2 S}}{m_z^{\delta_z}} \tag{5-44}$$

根据式(5-44)可以容易地分析平飞平尾偏角 δ_z 随 Ma,H 和重心位置的变化规律。

1)平飞平尾偏角随 Ma 的变化规律。由于亚声速飞行时,飞机 m_{z0},$m_z^{C_y}$,$m_z^{\delta_z}$ 基本不随

Ma 而变,而且 $m_z^{C_y} < 0$,所以当 Ma 增大时,平飞平尾偏角负值应减小。也就是说,随平飞 Ma 增大,飞行员应减小拉杆量,使平尾前缘下偏角减小。

考虑到跨声速飞行时,随着 Ma 增加,飞机焦点位置急剧后移,使 $|m_z^{C_y}|$ 迅速增大,超过了 Ma 本身增大对平尾偏角的影响。因此,在跨声速飞行阶段通常会在某一 Ma 范围内出现平尾偏角随 Ma 增大而负值增大的情况(见图 5-24),也就是通常所说的"勺"区。

超声速飞行时 $m_z^{C_y}$ 基本不变,$|m_z^{\delta_z}|$ 一般随 Ma 增大而减小(其变化规律基本与 C_y^α 类似),因此平尾偏角将随 Ma 增大而增大(负值减小)。某些飞机因弹性的影响,使 $|m_z^{C_y}|$ 有明显的减小,这会使飞机在较大的 Ma 下发生相反情况或变得不明显。

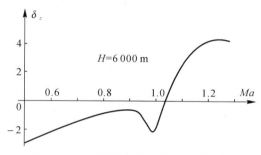

图 5-24　平飞平尾偏角随 Ma 的变化

2) 高度对平飞平尾偏角的影响。随着飞行高度增加,大气密度 ρ 和大气压力 p 将随之减小。由式(5-44)可以看出,这将会使平飞平尾负值增大,也就是使平飞平尾偏角随 Ma 变化曲线下移。反之,高度降低,则平飞平尾偏角负值减小,δ_z-Ma 曲线上移。

3) 重心位置对平飞平尾偏角的影响。在飞行中,由于武器、弹药、油料的消耗,飞机的重心位置将随时会发生变化;在飞机使用中进行的加改装以及外挂的增减,也会使飞机的重心位置发生变化。重心位置的变化,必然会引起迎角静稳定度 $m_z^{C_y}$ 变化。由式(5-44)可以看出,当重心后移 $\bar{x}_G$ 增大时,$|m_z^{C_y}|$ 减小,平飞平尾偏角负值也必然减小;相反,重心前移必然会使平飞平尾偏角负值增大。

5.4.1.2　曲线飞行静操纵性

(1) 定常拉升运动。

所谓定常拉升运动,就是指飞机在铅垂平面内以等速 v、等角速度 ω_z 和不变迎角 α(升力系数 C_y)作稳定曲线飞行(见图 5-25)。

这里不研究油门杆操纵问题,假定飞机的推力始终等于阻力,飞行高度变化不大,大气密度的变化可以略去不计。如图 5-25 所示,拉升运动最低点的向心力为

$$F = Y - G = G(n_y - 1)$$

向心加速度为

$$a = \frac{F}{m} = g(n_y - 1) \tag{5-45}$$

由式(5-45)可以看出,飞机作定常拉升运动时,拉升机动动作的剧烈程度完全决定于法向过载 $n_y = Y/G$。过载 n_y 越大,飞机的飞行方向改变越快,机动动作量就越大。因此,过载

n_y 的大小也常被用来衡量曲线飞行的机动动作量的大小。

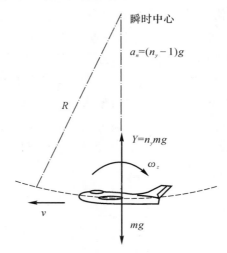

图 5 - 25　飞机的定常拉升运动

由力学原理知道,曲线运动向心加速度为

$$a = R\omega_z^2 = v\omega_z$$

或

$$\omega_z = \frac{a}{v}$$

将式(5 - 45)代入上式,可得

$$\omega_z = \frac{g}{v}(n_y - 1) \tag{5 - 46}$$

写成无因次形式,有

$$\overline{\omega}_z = \frac{\omega_z b_A}{v} = \frac{1}{\mu_1} C_{y1}(n_y - 1) \tag{5 - 47}$$

式中:C_{y1} 为平飞升力系数;μ_1 为纵向相对密度,$\mu_1 = 2m/\rho S b_A$。

在定常拉升运动中,飞机的飞行航迹不断向上弯曲,速度方向也在不断变化,飞机必然要以相同的角速度 ω_z 绕横轴转动以保持迎角不变。这将使飞机受到一个附加俯仰阻尼力矩 $\Delta M_z = m_z^{\overline{\omega}_z} \overline{\omega}_z \frac{1}{2}\rho v^2 S b_A$ 的作用。此外,飞机在定常拉升运动中的迎角大于平飞迎角,飞机在定常拉升运动中还将受到附加升力力矩 $\Delta M_z = m_z^{C_y} \Delta C_{y\delta_z = C} \frac{1}{2}\rho v^2 S b_A$ 的作用。因此,为使飞机作等 ω_z 和等 α 的定常拉升运动,飞行员必须通过操纵驾驶杆使平尾产生附加的俯仰操纵力矩 $\Delta M_z = m_z^{\delta_z} \Delta \delta_z \frac{1}{2}\rho v^2 S b_A$,来平衡上述两个附加的纵向力矩,即得到定常拉升运动的操纵原理方程为

$$m_z^{\overline{\omega}_z} \overline{\omega}_z \frac{1}{2}\rho v^2 S b_A + m_z^{C_y} \Delta C_{y\delta_z = C} \frac{1}{2}\rho v^2 S b_A + m_z^{\delta_z} \Delta \delta_z \frac{1}{2}\rho v^2 S b_A = 0$$

或

$$m_z^{\overline{\omega}_z} \overline{\omega}_z + m_z^{C_y} \Delta C_{y\delta_z = C} + m_z^{\delta_z} \Delta \delta_z = 0 \tag{5 - 48}$$

式中：$m_z^{\bar{\omega}_z}$ 为纵向阻尼力矩导数。

（2）单位过载平尾偏角。

单位过载平尾偏角 $\mathrm{d}\delta_z/\mathrm{d}n_y$ 是使飞机法向过载每增大单位量所需增加的平尾偏角操纵量，鉴于过载 n_y 是衡量稳定曲线飞行机动动作的重要参数，而 δ_z 表示操纵量的大小，因此单位过载平尾偏角 $\mathrm{d}\delta_z/\mathrm{d}n_y$ 可以作为衡量飞机稳定曲线飞行操纵性能的一个重要参数。

飞机的单位过载平尾偏角可以由式（5-48）求得。在式（5-48）中，$\Delta C_{y\delta_z=C}$ 为拉升运动的迎角大于平飞迎角所引起的升力系数增量，下标"$\delta_z=C$"就是用来表示这一事实的，也就是表示平尾偏角保持平飞时所取的常值。则有

$$\Delta C_{y\delta_z=C} = \Delta C_y - C_y^{\delta_z}\Delta\delta_z - C_y^{\bar{\omega}_z}\bar{\omega}_z \tag{5-49}$$

式中：ΔC_y 为拉升运动中的全机升力系数 C_y 与平飞升力系数 C_{yl} 之差，即

$$\Delta C_y = C_y - C_{yl} = \left(\frac{C_y}{C_{yl}} - 1\right)C_{yl}$$

即

$$\Delta C_y = (n_y - 1)C_{yl} \tag{5-50}$$

将式（5-50）代入式（5-49），有

$$\Delta C_{y\delta_z=C} = (n_y - 1)C_{yl} - C_y^{\delta_z}\Delta\delta_z - C_y^{\bar{\omega}_z}\bar{\omega}_z$$
$$= \Delta n_y C_{yl} - C_y^{\delta_z}\Delta\delta_z - C_y^{\bar{\omega}_z}\bar{\omega}_z$$

再把上述结果代入式（5-48），有

$$m_z^{\bar{\omega}_z}\bar{\omega}_z + m_z^{C_y}\left[\Delta n_y C_{yl} - C_y^{\delta_z}\Delta\delta_z - C_y^{\bar{\omega}_z}\bar{\omega}_z\right] + m_z^{\delta_z}\Delta\delta_z = 0$$

即

$$(m_z^{\bar{\omega}_z} - C_y^{\bar{\omega}_z}m_z^{C_y})\bar{\omega}_z + m_z^{C_y}\Delta n_y C_{yl.f} + (m_z^{\delta_z} - C_y^{\delta_z}m_z^{C_y})\Delta\delta_z = 0$$

根据气动导数的计算方法，有

$$C_y^{\bar{\omega}_z} = -\frac{m_z^{\bar{\omega}_z}}{\bar{L}_{ht}}, \quad C_y^{\delta_z} = -\frac{m_z^{\delta_z}}{\bar{L}_{ht}}$$

可得

$$\left(1 + \frac{m_z^{C_y}}{\bar{L}_{ht}}\right)m_z^{\bar{\omega}_z}\bar{\omega}_z + m_z^{C_y}\Delta n_y C_{yl} + \left(1 + \frac{m_z^{C_y}}{\bar{L}_{ht}}\right)m_z^{\delta_z}\Delta\delta_z = 0$$

将式（5-46）代入上式，有

$$\left[m_z^{C_y} + \left(1 + \frac{m_z^{C_y}}{\bar{L}_{ht}}\right)\frac{1}{\mu_1}m_z^{\bar{\omega}_z}\right]\Delta n_y C_{yl} + \left(1 + \frac{m_z^{C_y}}{\bar{L}_{ht}}\right)m_z^{\delta_z}\Delta\delta_z = 0$$

由此可得

$$\frac{\mathrm{d}\delta_z}{\mathrm{d}n_y} = -\frac{m_z^{C_y} + \left(1 + \dfrac{m_z^{C_y}}{\bar{L}_{ht}}\right)\dfrac{1}{\mu_1}m_z^{\bar{\omega}_z}}{\left(1 + \dfrac{m_z^{C_y}}{\bar{L}_{ht}}\right)m_z^{\delta_z}}C_{yl}$$

通常 $\dfrac{1}{\mu_1}m_z^{\bar{\omega}_z} \ll 1$，$\dfrac{m_z^{C_y}}{\bar{L}_{ht}}$ 也是个小量，上式可以简化为

$$\frac{\mathrm{d}\delta_z}{\mathrm{d}n_y} = -\frac{m_z^{C_y} + \dfrac{1}{\mu_1} m_z^{\bar{\omega}_z}}{\left(1 + \dfrac{m_z^{C_y}}{\bar{L}_{\mathrm{ht}}}\right) m_z^{\delta_z}} C_{y1} \tag{5-51}$$

如果平尾面积较小,略去平尾偏转产生的升力增量 $C_y^{\delta_z} \Delta\delta_z$,式(5-51)可进一步简化为

$$\frac{\mathrm{d}\delta_z}{\mathrm{d}n_y} = -\frac{m_z^{C_y} + \dfrac{1}{\mu_1} m_z^{\bar{\omega}_z}}{m_z^{\delta_z}} C_{y1} \tag{5-52}$$

通常为满足飞行员的操纵习惯,简化操纵动作,要求 $\mathrm{d}\delta_z/\mathrm{d}n_y < 0$。这时,为了增加飞机升力,增加法向过载,要求飞机增加拉杆量使平尾偏角负值增大,这是很自然的。如果 $\mathrm{d}\delta_z/\mathrm{d}n_y > 0$,情况则不同,这时为了增大升力,增大法向过载,飞行员必须先增加拉杆量使平尾前缘下偏,产生抬头操纵力矩,使飞机迎角增大,直到达到预定的过载值时,再减小拉杆操纵量使平尾前缘上偏,减小平尾负偏角,使俯仰力矩恢复平衡,这是飞行员非常不喜欢的操作。由于 $m_z^{\delta_z} < 0$,为使 $\mathrm{d}\delta_z/\mathrm{d}n_y < 0$,必须使

$$\sigma_n = m_z^{C_y} + \frac{1}{\mu_1} m_z^{\bar{\omega}_z} < 0 \tag{5-53}$$

式中:σ_n 一般叫机动裕度。注意到 $m_z^{C_y} = -(\bar{x}_F - \bar{x}_G)$,有

$$\sigma_n = -(\bar{x}_F - \bar{x}_G) + \frac{1}{\mu_1} m_z^{\bar{\omega}_z} = -\left[\left(\bar{x}_F - \frac{1}{\mu_1} m_z^{\bar{\omega}_z}\right) - \bar{x}_G\right] = -(\bar{x}_n - \bar{x}_G) \tag{5-54}$$

式中:$\bar{x}_n = \bar{x}_F - \dfrac{1}{\mu_1} m_z^{\bar{\omega}_z}$,称为机动点到飞机机翼平均气动弦前缘的相对距离。

将式(5-53)代入式(5-52),有

$$\frac{\mathrm{d}\delta_z}{\mathrm{d}n_y} = -\frac{\sigma_n}{m_z^{\delta_z}} C_{y1} \tag{5-55}$$

即

$$m_z^{\delta_z} \mathrm{d}\delta_z = -\sigma_n \mathrm{d}n_y C_{y1}$$

$$m_z^{\delta_z} \mathrm{d}\delta_z = (\bar{x}_n - \bar{x}_G) \mathrm{d}n_y C_{y1}$$

由此可以看出,机动点实际上是拉升运动中升力增量的作用点,或者更准确地说,为拉升运动中总空气动力增量的作用点。显然,为了保证 $\mathrm{d}\delta_z/\mathrm{d}n_y < 0$,$\sigma_n$ 必须为负值,也就是飞机的机动点必须在飞机重心之后。

(3)$\mathrm{d}\delta_z/\mathrm{d}n_y$ 随飞行马赫数、高度和重心位置的变化。

1)$\mathrm{d}\delta_z/\mathrm{d}n_y$ 随 Ma 的变化规律。注意到平飞升力系数 $C_{y1} = \dfrac{2G}{Kp Ma^2 S}$,式(5-52)可以写成

$$\frac{\mathrm{d}\delta_z}{\mathrm{d}n_y} = -\frac{m_z^{C_y} + \dfrac{1}{\mu_1} m_z^{\bar{\omega}_z}}{m_z^{\delta_z}} \cdot \frac{2G}{Kp Ma^2 S} \tag{5-56}$$

亚声速飞行时,$m_z^{C_y}$,$m_z^{\delta_z}$,$m_z^{\bar{\omega}_z}$ 基本不随 Ma 变化,$|\mathrm{d}\delta_z/\mathrm{d}n_y|$ 将随 Ma(或速度)减小;跨声速飞行阶段,随着 Ma 本身增大,飞机焦点位置急剧后移,使飞机裕度 $|\sigma_n|$ 急剧增大,它的作

用超过了 Ma 本身增大的影响,使 $|\mathrm{d}\delta_z/\mathrm{d}n_y|$ 迅速增大;超声速飞行时,飞机焦点位置基本不变,此时 $|\mathrm{d}\delta_z/\mathrm{d}n_y|$ 值只要取决于 Ma 本身及 $m_z^{\delta_z}$ 随 Ma 的变化,如图 5-26 所示, $|\mathrm{d}\delta_z/\mathrm{d}n_y|$ 随 Ma 增大而减小。

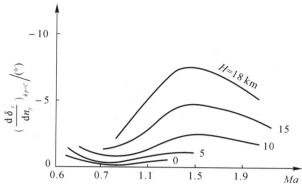

图 5-26　单位过载平尾偏角随 Ma 和 H 的变化

2) 高度对 $|\mathrm{d}\delta_z/\mathrm{d}n_y|$ 的影响。高度升高,大气密度和大气压减低,由式(5-56)可以看出,这将使 $|\mathrm{d}\delta_z/\mathrm{d}n_y|$ 增大;反之,高度降低, $|\mathrm{d}\delta_z/\mathrm{d}n_y|$ 将减小。

3) 重心位置对 $|\mathrm{d}\delta_z/\mathrm{d}n_y|$ 的影响。重心位置变化将引起 $m_z^{C_y}$ 和机动裕度 $|\sigma_\mathrm{n}|$ 的变化。重心后移, $|m_z^{C_y}|$ 和 $|\sigma_\mathrm{n}|$ 减小, $|\mathrm{d}\delta_z/\mathrm{d}n_y|$ 减小。当重心位置向后移到机动点位置时, $|\sigma_\mathrm{n}|=0$, $|\mathrm{d}\delta_z/\mathrm{d}n_y|=0$,如继续向后移动,将会造成 $\sigma_\mathrm{n}>0$, $\mathrm{d}\delta_z/\mathrm{d}n_y>0$,这是不允许的。因此,机动点又叫临界重心位置。相反,重心位置前移,将会使 $|\mathrm{d}\delta_z/\mathrm{d}n_y|$ 增大。

飞机的重心位置对飞机纵向平衡、静稳定性和静操纵性都有很大的影响,而使用维护过程中,因燃料弹药的消耗、起落架的收放、副油箱与导弹的吊挂和投放等都会引起重心位置的变化。为避免因重心变化过多而影响飞机的平衡、稳定性能和操纵性能,每一类飞机都有一定的重心前限和后限,所以维护规程中会给出要求,必须使飞机的重心控制在重心前限之后、重心后限之前。

5.4.2　飞机横航向静操纵性

横航向静操纵性主要包括定常直线侧滑、正常盘旋和稳定滚转等飞行中的操纵问题。

5.4.2.1　定常直线侧滑飞行的横航向静操纵性

飞机作侧滑飞行时,会引起阻力的增大,所以正常情况下总希望飞机保持对称飞行。但在某些场合,例如侧风着陆及不对称动力飞行时,往往要求侧滑飞行。此外,轻型飞机有时也可利用侧滑减少升阻比,从而获得较陡的下滑航迹。本小节将首先根据飞机作定直侧滑(也称为协调侧滑)飞行时的横航向平衡方程,确定所需的横航向操纵面的平衡偏角;然后简单介绍 GJB 185—1986《有人驾驶飞机(固定翼)飞行品质规范》中有关定直侧滑飞行的一些静操纵性要求,并给出侧风着陆横航向操纵面操纵效能核算的示例,研究当飞机上作用有非对称力矩时的横航向平衡和静操纵性;最后介绍影响飞机横航向平衡和静操纵性的一些问题。

(1) 定直侧滑飞行的横航向平衡方程组。

根据横航向力和力矩的平衡,可得

$$
\left.\begin{array}{r}
Z^{\beta}\beta + Z^{\delta_y}\delta_y + Y \cdot \sin\gamma = 0 \\
M_x^{\beta}\beta + M_x^{\delta_x}\delta_x + M_x^{\delta_y}\delta_y = 0 \\
M_y^{\beta}\beta + M_y^{\delta_x}\delta_x + M_y^{\delta_y}\delta_y = 0
\end{array}\right\} \tag{5-57}
$$

略去小项，且注意到 $C_y \approx C_G\cos\theta$，并进行无量纲化处理，便得到如下的代数方程组：

$$
\left.\begin{array}{r}
C_z^{\beta}\beta + C_z^{\delta_y}\delta_y + C_y\gamma = 0 \\
m_x^{\beta}\beta + m_x^{\delta_x}\delta_x + m_x^{\delta_y}\delta_y = 0 \\
m_y^{\beta}\beta + m_y^{\delta_x}\delta_x + m_y^{\delta_y}\delta_y = 0
\end{array}\right\} \tag{5-58}
$$

一般情况下 $m_y^{\delta_x}$ 绝对值较小，可以忽略。对 β，解出 δ_x,δ_y 及 γ，并忽略 $m_y^{\delta_x}$，有

$$
\left.\begin{array}{l}
\delta_x = -\dfrac{m_x^{\beta}}{m_x^{\delta_x}}\left(1 - \dfrac{m_x^{\delta_y}m_y^{\beta}}{m_x^{\beta}m_y^{\delta_y}}\right)\beta \\[4mm]
\delta_y = -\dfrac{m_y^{\beta}}{m_y^{\delta_y}}\beta \\[4mm]
\gamma = -\dfrac{C_z^{\beta}}{C_y}\left(1 - \dfrac{C_z^{\delta_y}m_y^{\beta}}{C_z^{\beta}m_y^{\delta_y}}\right)\beta
\end{array}\right\} \tag{5-59}
$$

可见，定直侧滑运动中所需副翼和方向舵平衡偏角，以及飞机的滚转角，都与 β 成正比。

（2）横航向操纵面偏角平衡曲线。

当利用横航向操纵实现定直侧滑飞行时，飞行品质规范中列出横航向操纵与滚转角应对侧滑角具有何种变化特性的静操纵性指标。例如：右脚蹬前移和右脚蹬力使方向舵向右偏应产生左侧滑；驾驶杆位移及杆力向左使右副翼后缘下偏应产生左侧滑；左滚转角的增加随之有左侧滑角的增加；等等。就横航向操纵面偏角而言，这些要求可以由不计侧风干扰作用时，飞机实现定直侧滑所需的平衡关系式（5-59）确定。其中，δ_x 和 δ_y 随 β 或 γ 变化的曲线可称为横航向操纵面偏角的平衡曲线，规范要求的特性可由导数 $\delta_x^{\beta} = \dfrac{\partial\delta_x}{\partial\beta} < 0$，$\delta_y^{\beta} = \dfrac{\partial\delta_y}{\partial\beta} < 0$ 及 $\gamma^{\beta} = \dfrac{\partial\gamma}{\partial\beta} > 0$ 表示。

将式（5-59）对 β 求导，可得

$$
\left.\begin{array}{l}
\delta_x^{\beta} = -\dfrac{1}{m_x^{\delta_x}}\left(m_x^{\beta} - \dfrac{m_x^{\delta_y}m_y^{\beta}}{m_y^{\delta_y}}\right) \\[4mm]
\delta_y^{\beta} = -\dfrac{m_y^{\beta}}{m_y^{\delta_y}} \\[4mm]
\gamma^{\beta} = -\dfrac{1}{C_y}\left(C_z^{\beta} - \dfrac{C_z^{\delta_y}m_y^{\beta}}{m_y^{\delta_y}}\right)
\end{array}\right\} \tag{5-60}
$$

由于 $m_x^{\delta_x} < 0$，$m_y^{\delta_y} < 0$，所以为满足 $\delta_x^{\beta} \leqslant 0$ 及 $\delta_y^{\beta} \leqslant 0$，将分别要求：

$$
m_x^{\beta} - \frac{m_x^{\delta_y}m_y^{\beta}}{m_y^{\delta_y}} < 0; \quad m_y^{\beta} < 0 \tag{5-61}
$$

可见，根据飞行品质规范对静操纵性指标的要求，飞机应具有横航向静稳定性。其中横向静

稳定性还要满足 $m_x^\beta < \dfrac{m_x^{\delta_y} m_y^\beta}{m_y^{\delta_y}}$ 条件，即具有足够的上反效应。这便是横航向静稳定性与横航向静操纵性之间的内在联系。$\gamma^\beta > 0$ 反映对侧力特性的要求，该条件在实际飞行中常能满足。

有时为了试飞测试方便，定直侧滑的横航向操纵面偏角的平衡曲线也可改用 $\delta_x - \gamma$，$\delta_y - \gamma$ 的形式。此关系可由式（5 - 61）导出，即

$$
\left.
\begin{aligned}
\delta_x &= \frac{C_y}{m_x^{\delta_x}} \frac{m_x^\beta - m_x^{\delta_y} \dfrac{m_y^\beta}{m_y^{\delta_y}}}{C_z^\beta - C_z^{\delta_y} \dfrac{m_y^\beta}{m_y^{\delta_y}}} \gamma \\[3mm]
\delta_y &= \frac{C_y}{m_y^{\delta_y}} \frac{m_y^\beta}{C_z^\beta - C_z^{\delta_y} \dfrac{m_y^\beta}{m_y^{\delta_y}}} \gamma \\[3mm]
\beta &= -\frac{C_y}{C_z^\beta - C_z^{\delta_y} \dfrac{m_y^\beta}{m_y^{\delta_y}}} \gamma
\end{aligned}
\right\}
\tag{5 - 62}
$$

对给定的飞行状态，可以得出图 5-27 形式的横航向操纵面偏角平衡曲线。飞行品质规范要求 δ_x^γ 及 δ_y^γ 均为负值。

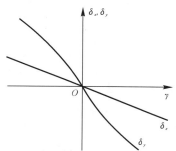

图 5 - 27　横航向操纵面偏角平衡曲线

（3）侧风着陆横航向操纵效能核算。

飞机着陆时如遇到相对跑道的侧风，可以采用两种方式进行进场着陆：一种是使机头对准跑道轴线（见图 5-28），飞行速度方向和跑道轴线有一定夹角；另一种是机头不对准跑道，飞机以任一较小或为零的侧滑角进场。此时，地速不一定沿跑道轴线，随后通过改变航迹的办法，使飞机在接地瞬间地速正好沿跑道轴线方向。

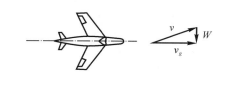

图 5 - 28　侧滑进场飞行方式

下面着重介绍侧滑进场方式。以垂直跑道的左侧风为例,如风速为 W,飞机对地速度为 v_g,为保持地速沿跑道轴线,侧滑角 β 的大小应为

$$\beta = \arctan \frac{W}{v_g} \tag{5-63}$$

$$\beta \approx \arcsin \frac{W}{v} \tag{5-64}$$

通常,由于着陆时 v_g 或 v 较小,所以对应一定侧风风速 W,β 可能较大。由前面所得的定直侧滑平衡关系式(5-59)可见,相应的横航向操纵面的平衡偏角 δ_x 及 δ_y 也较大。但从结构及气动两方面考虑,副翼和方向舵偏角都受到一定限制,如副翼偏角通常不超过 $\pm 20°$,方向舵偏角则在 $\pm 25°$ 到 $\pm 30°$ 之间。如果横航向操纵效能较低,则在侧风着陆时要求的横航向操纵面的平衡偏角可能超过允许偏角,或缺乏必要的供机动用的操纵余量,这样就会限制飞机的使用。因此,有的飞行品质规范对歼击机作出规定,当垂直向侧风(即 $90°$ 侧风)风速 W 不大于 10 m/s 时,横航向操纵效能应保证飞机用定直侧滑飞行的进场方式进行侧风着陆。下面根据某机进场构形的气动数据,按规范要求来核算当该机以定直侧滑进场方式侧风着陆时,横航向操纵效能是否满足规范要求。

设某飞机着陆时,$v_g = 75$ m/s,垂直右侧风速 $W = 10$ m/s。已知进场构形的气动参数及导数(气动导数中角度均以弧度计)为:$C_z^\beta = -0.2$,$m_x^\beta = -0.07$,$m_y^\beta = -0.12$,$m_x^{\delta_x} = -0.08$,$C_z^{\delta_y} = -0.12$,$m_x^{\delta_y} = -0.017$,$m_y^{\delta_y} = -0.086$,$C_y = 0.9$。按式(5-63)算出 $\beta = \arctan \frac{W}{v_g} = 7.6°$。将此值代入式(5-59)得 $\delta_x = -4.4°$,$\delta_y = -10.6°$,$\gamma = 0.27°$。这表明横航向操纵效能符合规范要求。

如果侧风着陆时方向舵偏角较大,则需要考虑方向舵偏转的气动力非线性影响。

(4)飞机上作用有非对称力矩时的静操纵性。

当飞机由于外形、装载的不对称,或多发动机飞机在不对称动力(如一侧发动机出故障)情况下工作时,飞机会作用有非对称的力矩 ΔM_x 和 ΔM_y。飞行品质规范中一般都列有与此相关的一些指标要求:如对突然的非对称推力损失,飞机应当可以安全操纵;又如在给定的某些条件下,飞机应能保持直线航迹;等等。下面以非对称推力损失为例,说明为保持定直航迹,飞机的横航向平衡和静操纵性问题。

设有一架双发动机飞机,其右侧发动机出现故障,推力全部损失。为实现定直航迹,左侧发动机产生标准额定推力 P(见图5-29)。根据定常飞行条件,可认为 $P \approx X$,不对称推力引起的偏航力矩 $\Delta M_{yP} = -P \cdot z_P$,化为系数形式为

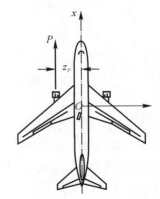

图5-29　不对称动力飞行

$$m_{yP} = \frac{\Delta M_{yP}}{qSl} = \frac{-P z_P}{qSl} \approx -\frac{1}{2} C_P \bar{z}_P \tag{5-65}$$

式中,$\bar{z}_P = z_P / \dfrac{l}{2}$。

本情况中的飞机平衡方程组,可采用式(5-58),并在第三个方程式中加进 m_{yP} 为外加力矩而得出,即

$$\left.\begin{array}{l} C_z^\beta \beta + C_z^{\delta_y} \delta_y + C_y \gamma = 0 \\ m_x^\beta \beta + m_x^{\delta_x} \delta_x + m_x^{\delta_y} \delta_y = 0 \\ m_y^\beta \beta + m_y^{\delta_x} \delta_x + m_y^{\delta_y} \delta_y + m_{y\mathrm{P}} = 0 \end{array}\right\} \qquad (5-66)$$

忽略小量 $m_y^{\delta_x}$，由式（5-66）将 δ_x，δ_y 及 γ 作为 $m_{y\mathrm{P}}$ 及 β 的函数解出，可得

$$\left.\begin{array}{l} \delta_x = \dfrac{m_x^{\delta_y}}{m_x^{\delta_x} m_y^{\delta_y}} m_{y\mathrm{P}} - \left(\dfrac{m_x^\beta}{m_x^{\delta_x}} - \dfrac{m_x^{\delta_y} m_y^\beta}{m_y^{\delta_y} m_x^{\delta_x}} \right) \beta \\[3mm] \delta_y = -\dfrac{m_{y\mathrm{P}}}{m_y^{\delta_y}} - \dfrac{m_y^\beta}{m_y^{\delta_y}} \beta \\[3mm] \gamma = \dfrac{C_z^{\delta_y}}{C_y m_y^{\delta_y}} m_{y\mathrm{P}} - \dfrac{1}{C_y} \left(C_z^\beta - C_z^{\delta_y} \dfrac{m_y^\beta}{m_y^{\delta_y}} \right) \beta \end{array}\right\} \qquad (5-67)$$

上述解与式（5-58）不同之处在于 δ_x，δ_y 及 γ 中都出现了与 $m_{y\mathrm{P}}$ 有关的常数项。这就使本情况下的横航向平衡和静操纵性与侧风着陆情况性质有所不同。对侧风着陆来讲，飞行速度及侧风风速一定，β 就一定，要求的角 δ_x，δ_y 及 γ 便由式（5-58）唯一确定。一般来说有 β 就存在 γ。而在非对称动力情况下，给定 $m_{y\mathrm{P}}$ 时，在式（5-66）中有 4 个变量 δ_x，δ_y，γ 及 β，因此可以存在无穷多组解。任意给定一个变量便可以解出其余三个变量。同时，由于对应 $m_{y\mathrm{P}}$ 的常数项存在，有 β 也可以不存在 γ。换句话说，可使飞机水平带侧滑飞行，反过来也可以使飞机无侧滑但倾斜飞行。这在下面的例子中可以看出。

设某机以 $C_y = 0.8$，$C_x = 0.08$ 作右发停车不对称动力飞行，已知 $\bar{z}_\mathrm{P} = 0.2$，其余的气动导数分别为：$m_x^\beta = -0.086$，$m_x^{\delta_x} = -0.08$，$m_y^\beta = -0.17$，$C_z^\beta = -0.68$，$m_y^{\delta_y} = -0.083$，$C_z^{\delta_y} = -0.11$，$m_x^{\delta_y} = -0.057$。将数据代入式（5-67）得到：$\delta_x = 3.94° + 0.38\beta$；$\delta_y = -5.52° - 2.05\beta$；$\gamma = -0.76 + 0.57\beta$。

将上述结果画成图 5-30 的曲线形式可以看出：如朝着工作着的发动机一侧侧滑（本例中为左侧滑），方向舵偏角会小些；而朝停车一侧侧滑，则方向舵偏角会迅速增大。对于多台发动机的飞机，在速度较低飞行且不影响飞行安全时，这种不对称动力的偏航飞行情况可以作为检验方向舵操纵效能的一种方法。

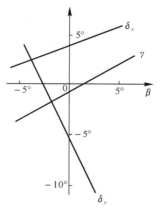

图 5-30　算例附图

（5）定直侧滑飞行中的操纵反常现象。

当飞机以不同迎角及 Ma 作定直侧滑飞行时，由于侧滑导数及横航向操纵导数的变化，由式（5-59）确定的反映定直侧滑特性的静操纵性指标 δ_x^β，δ_y^β，γ^β 会有不同的数值。某些飞行状态下可能会不满足 $m_x^\beta - \dfrac{m_x^{\delta_x} m_y^\beta}{m_y^{\delta_y}} < 0$ 或 $m_y^\beta < 0$ 的条件。此时，相应指标 δ_x^β 和 δ_y^β 就会大于零，呈现横航向操纵反常现象。其中，出现副翼操纵反常比出现方向舵操纵反常的可能性更大一些。例如，下反角较大的飞机低空高速飞行时，因机翼弹性变形量大，导致下反角减小，m_x^β 甚至可能变成正值，使副翼操纵反常。

（6）"蹬舵反倾斜"现象。

有的飞行品质规范曾规定应能单独利用方向舵操纵（如飞机进入尾旋时），使飞机按应有的方向改变其倾斜姿态，蹬右舵（即方向舵偏角为正）飞机向右滚转，蹬左舵飞机向左滚转。如果蹬舵后的效果与应有的滚转方向相反，便出现所谓"蹬舵反倾斜"现象。下面简单说明产生这一现象的原因。

设飞行员蹬右舵，方向舵向右偏转会同时产生左滚及右偏航操纵力矩，使飞机出现左侧滑。如飞机具有 $m_x^{\overline{\omega}_y} < 0$ 及 $m_x^\beta < 0$ 特性，右偏航及左侧滑都会产生右滚稳定力矩。当右滚稳定力矩超过方向舵偏转的左滚操纵力矩时，飞机便会向右滚转，这就符合规范要求。若右滚稳定力矩数值不足以克服左滚操纵力矩，或当飞机失去横向静稳定性，即 $m_x^\beta > 0$ 时，右偏航及左侧滑的综合效果产生了左滚力矩，飞机自然就会左滚转，出现"蹬舵反倾斜"现象。

大迎角飞行时，利用方向舵来控制飞机的滚转角有一定的实际意义。因为这种情况下副翼的横向操纵往往大为削弱，所以有时就需要借助其他方式进行横向操纵。

5.4.2.2　正常盘旋及稳定滚转的静操纵性

下面介绍正常盘旋和稳定滚转两种运动的平衡和静操纵性问题。正常盘旋和定常拉升运动一样，常用来衡量飞机的机动飞行能力，而稳定滚转可用来衡量副翼的滚转操纵效率。

（1）正常盘旋时的力矩平衡和静操纵性。

当飞机在给定高度以一定的 v 和 n_y 作正常盘旋时，将出现绕体轴系各坐标轴的定常角速度分量。如果这些分量数值不大，则所引起的气动力和力矩的变化与角速度成正比。从气动力角度考虑，就可以用线性迭加办法，在定直平飞的基础上，考虑旋转所引起的附加气动力和力矩。此时，为了实现平衡飞行，就需要相应地偏转各个气动操纵面。实际上，飞机作正常盘旋时，还存在惯性力矩的作用。但只要旋转运动属于小量性质，而又可略去发动机等转动部件的惯性作用，则惯性力矩可以忽略。于是可以单纯地从气动力和力矩的平衡角度考虑问题。

以右正常盘旋为例（见图 5-31），确定平衡飞行所需的附加操纵面偏角 $\Delta\delta_x$，$\Delta\delta_y$ 和 $\Delta\delta_z$。

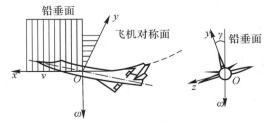

图 5-31　右正常盘旋

当飞机以角速度 $\boldsymbol{\omega}$ 绕空间垂直轴作右正常盘旋时,在稳定坐标系(一个特殊的机体坐标系,它的 x 轴沿着未扰动的速度在飞机对称面的投影方向,其余坐标轴和机体坐标系一致)各轴上的角速度分量为

$$\omega_x = 0, \omega_y = -\omega\cos\gamma, \omega_z = \omega\sin\gamma \tag{5-68}$$

根据力的平衡关系,可求得如下关系式:

$$n_y = \frac{1}{\cos\gamma} \tag{5-69}$$

$$\omega = \frac{g\sqrt{n_y^2 - 1}}{v} \tag{5-70}$$

由此式(5-68)可表示为

$$\left.\begin{aligned}
\overline{\omega}_x &= \omega_x\,\frac{l}{2v} = 0 \\[2mm]
\overline{\omega}_y &= \omega_y\,\frac{l}{2v} = -g\sqrt{n_y^2 - 1}\,\frac{l}{2v^2 n_y} \\[2mm]
\overline{\omega}_z &= \omega_z\,\frac{b_A}{v} = g b_A\,\frac{(n_y^2 - 1)}{v^2 n_y}
\end{aligned}\right\} \tag{5-71}$$

正常盘旋时,因 $\omega_x, \omega_y, \omega_z$ 及 $\Delta n_y = n_y - 1$ 引起的附加气动力矩系数可表示为

$$\left.\begin{aligned}
\Delta m_x &= m_x^{\overline{\omega}_x}\overline{\omega}_x + m_x^{\overline{\omega}_y}\overline{\omega}_y \\[2mm]
\Delta m_y &= m_y^{\overline{\omega}_x}\overline{\omega}_x + m_y^{\overline{\omega}_y}\overline{\omega}_y \\[2mm]
\Delta m_z &= m_z^{\overline{\omega}_z}\overline{\omega}_z + m_z^a C_{yhf}\,\frac{\Delta n_y}{C_y^a}
\end{aligned}\right\} \tag{5-72}$$

式中: C_{yhf} 为以正常盘旋相同的速度与高度作对称定直飞行时的升力系数。

上述附加气动力矩,需由相应的气动操纵面附加偏角 $\Delta\delta_x, \Delta\delta_y, \Delta\delta_z$ 所产生的操纵力矩加以平衡,于是有

$$\left.\begin{aligned}
\Delta m_x + m_x^{\delta_x}\Delta\delta_x + m_x^{\delta_y}\Delta\delta_y &= 0 \\[2mm]
\Delta m_y + m_y^{\delta_x}\Delta\delta_x + m_y^{\delta_y}\Delta\delta_y &= 0 \\[2mm]
\Delta m_z + m_z^{\delta_z}\Delta\delta_z &= 0
\end{aligned}\right\} \tag{5-73}$$

将式(5-71)和式(5-72)代入式(5-73),并略去不大的 $m_y^{\delta_x}$ 项后,可解出:

$$\left.\begin{aligned}
\delta_x = \Delta\delta_x &= \frac{1}{m_x^{\delta_x}}\left(m_x^{\overline{\omega}_y} - \frac{m_y^{\overline{\omega}_y} m_x^{\delta_y}}{m_y^{\delta_y}}\right)\frac{gl\sqrt{n_y^2 - 1}}{2v^2 n_y} \\[3mm]
\delta_y = \Delta\delta_y &= \frac{m_y^{\overline{\omega}_y}}{m_y^{\delta_y}}\,\frac{gl\sqrt{n_y^2 - 1}}{2v^2 n_y} \\[3mm]
\Delta\delta_z &= -\frac{\Delta n_y C_{yhf}}{m_z^{\delta_z}}\left(\frac{m_z^a}{C_y^a} + \frac{m_z^{\overline{\omega}_z}}{\mu_1}\cdot\frac{n_y + 1}{n_y}\right)
\end{aligned}\right\} \tag{5-74}$$

由式(5-74)可以看出,当以较大的 n_y 作正常盘旋时, $\Delta\delta_z$ 的表达式几乎与定常拉升运动中的表达式 $\Delta\delta_z = \left(\dfrac{\partial\delta_z}{\partial n_y}\right)_{p=c}\Delta n_y$ 一致。利用这一关系,对于能做较大 n_y 机动飞行的高性能飞

机,可通过正常盘旋来近似确定飞机的机动点或机动余量。

现在再来判断实现正常盘旋所需气动操纵面附加偏角的方向。由于 $m_x^{\delta_x}$,$m_y^{\delta_y}$,$m_z^{\delta_z}$,$m_x^{\bar{\omega}_x}$,$m_y^{\bar{\omega}_y}$,$m_z^{\bar{\omega}_z}$ 一般都是负值,而 $m_y^{\delta_y}$ 及 $m_x^{\delta_y}$ 多数情况也是负值,因此,通常右正常盘旋时,$\Delta\delta_x$,$\Delta\delta_y$ 均为正值,即要求飞行员左压杆(右副翼后缘下偏),蹬右舵(方向舵后缘右偏),而 $\Delta\delta_z$ 为负值,即要求飞行员向后拉驾驶杆。

当飞机改为左盘旋时,ω 和 γ 都反号。由式(5-70)可见,ω_y 将反号,但 ω_z 符号不变,即 $\Delta n_y > 0$ 都要求负的 $\Delta\delta_z$。

需要指出,保持正常盘旋和进入正常盘旋时所要求的副翼偏转方向是不相同的。要使飞机进入右盘旋,飞行员应"杆舵"一致地右压杆并蹬右舵,同时适当地后拉驾驶杆以产生所需的 ω,当飞机接近预定的滚转角 γ 时,飞行员应适时地向左回杆,改成左压杆,以保持要求的 $\omega_x = 0$,这样飞行才能维持右正常盘旋飞行。

(2)稳定滚转时的静操纵性。

飞机对副翼操纵的稳定滚转反应被认为是横航向静操纵性问题的一个重要指标。为了衡量这一指标,引入稳定滚转这一假想的机动动作。

假定副翼偏转只产生滚转操纵力矩。当副翼突然偏转某一角度时,将使飞机自零滚转速率开始加速滚转。如能限制飞机不出现侧滑和偏航,飞机将继续不停地加速滚转,直到因 ω_x 而出现的滚转阻尼力矩与副翼的操纵力矩相平衡,飞机才以 ω_x 等角速度稳定滚转。因此,稳定滚转实际上相当于限定 β 和 ω_y 为零、单独考虑 ω_x 自由度的定常运动。它揭示出副翼操纵不同于升降舵和方向舵操纵的本质。对后两者来说,它们属于"角位移"操纵,即在给定飞行条件下,一定的升降舵和方向舵偏角对应一定的迎角和侧滑角;而副翼则属于"角速度"操纵,即限制 β 和 ω_y 为零时,在给定飞行条件下,一定的副翼偏角对应一定的滚转角速度。利用稳定滚转这一假想机动动作,正好突出副翼的角速度操纵特点。同时,一定副翼偏角所产生的稳定滚转反应,又能恰当地体现副翼的滚转操纵效率,这就是讨论稳定滚转的力矩平衡和静操纵性的真正意图。

根据稳定滚转的含义,可以写出滚转力矩的平衡方程:

$$m_x^{\bar{\omega}_x}\bar{\omega}_x + m_x^{\delta_x}\delta_x = 0 \tag{5-75}$$

由此解出

$$\bar{\omega}_x = -\frac{m_x^{\delta_x}}{m_x^{\bar{\omega}_x}}\delta_x \tag{5-76}$$

对应一定飞行状态,$\bar{\omega}_x$ 与 δ_x 成正比,且副翼操纵效能 $m_x^{\delta_x}$ 绝对值越大,飞机的滚转阻尼越小,则 δ_x 引起的 ω_x 也越大。考虑结构弹性变形或大迎角非线性影响都将使 $m_x^{\delta_x}$ 的绝对值减小,不同 Ma 时 $m_x^{\delta_x}/m_x^{\bar{\omega}_x}$ 之值也不同,这些因素都会影响由 δ_x 引起的 $\bar{\omega}_x$。低速飞行时,特别是近地进行低速飞行时,飞行员比较关心 $\bar{\omega}_x$ 值,如其值过小,会给滚转操纵带来困难。有的飞行品质规范要求速度在 $(1.2 \sim 1.4)v_{min}$ 情况下,副翼操纵效能应保证 $\bar{\omega}_x$ 不小于0.055。但高速大动压飞行时,随 v 增加,一定 $\bar{\omega}_x$ 对应的 ω_x 是增加的。如继续保持 $\bar{\omega}_x$ 不小于0.055,对副翼操纵效能就显得要求太高。此外,这种飞行状态下飞行员倾向于保证有一定的 ω_x。因此,规范又规定速度在 $(0.9 \sim 1.0)v_{max}$ 时,副翼操纵应能产生 $\omega_x > 1.5$ rad/s。

上述指标对低速大展弦比飞机比较合适,因为这类飞机对副翼的操纵反应基本上为单自由度的。对高速飞行来说,副翼操纵反应不再是单自由度的了。因此,近期的飞行品质规范对滚转操纵效率的要求改为以副翼阶跃偏转在给定的时间内应给出不低于规定值的滚转角大小来衡量。对歼击机来说,滚转操纵过程中方向舵应保持松浮,通常要按规范要求来考虑副翼的设计和进行副翼操纵效能的试飞鉴定。

5.4.3　飞机的静操纵性品质

飞机操纵系统的特性对飞机的操纵品质有重要影响,下面主要讨论机械操纵系统飞机的静操纵性品质特点及静操纵性故障分析和排除方法。

5.4.3.1　有关概念

所谓飞机的操纵品质是指那些影响飞行员关于飞机是否容易驾驶的评价的操纵性、稳定性特性。操纵品质良好的飞机一般应该具有以下主要特性:

1) 为完成预定飞行,所需的飞行员操纵动作简单,且符合生理习惯;

2) 为完成预定飞行,所需的操纵力和操纵位移要适中;

3) 允许使用的操纵量应足以完成规定的任务使命,使飞机不会因操纵量不足而不能充分发挥飞机的飞行性能;

4) 飞机对操纵的跟随性要好,对操纵的反应要容易为飞行员所识别。

因此,飞行操纵系统特性对飞机的操纵品质有明显影响。飞机的飞行操纵系统是根据飞行员要求,传递操纵信号,偏转舵面(平尾、副翼、方向舵等操纵面),使飞机完成预定飞行动作的机械 / 电气系统。一架飞机能否充分发挥其飞行性能,完成预定飞行任务,以及任务执行情况的好坏程度,除与飞机本身的空气动力特性有关外,还与操纵系统的特性紧密相关。

通常把操纵舵面(平尾、方向舵和副翼)处于零度偏角时的驾驶杆或脚蹬位置叫作驾驶杆或脚蹬的中立位置,相应的操纵位移称为零位移。驾驶杆偏离纵向中立位置的距离叫驾驶杆的纵向操纵位移(以驾驶杆头部的红色测量点为准);驾驶杆偏离横向中立位置的距离叫驾驶杆的横向操纵位移;脚蹬偏离中立位置的距离叫方向操纵位移或脚蹬操纵位移。

操纵力为飞行员施加于驾驶杆或脚蹬的作用力。根据飞行员施加于驾驶杆的作用力的方向,操纵力分为纵向操纵力(或纵向杆力)和横向操纵力(或压杆力)。飞行员施加于脚蹬的作用力叫方向操纵力(或脚蹬力)。

一般规定:使驾驶杆产生向前倾斜的操纵力和操纵位移为正,使驾驶杆产生向后倾斜的操纵力和操纵位移为负;左压驾驶杆使驾驶杆左倾的操纵力和操纵位移为正,而右压驾驶杆使驾驶杆右倾的操纵力和操纵位移为负;对方向舵操纵系统则以使右脚蹬向前的操纵力和操纵位移为正,反之为负。

操纵系统的传动比和操纵力-操纵位移梯度是表征飞机操纵系统的两个重要特征参数。

操纵系统(平尾、副翼或方向舵操纵系统)的传动比,是指单位操纵位移产生的舵面偏角的大小,即

$$K = \mathrm{d}\delta / \mathrm{d}D \tag{5-77}$$

式中:δ 为舵面偏角;D 为操纵位移。

以平尾操纵系统为例,有 $K_z = \mathrm{d}\delta_z / \mathrm{d}D$,$K_z$ 为平尾操纵系统传动比,δ_z 为升降舵偏角或平

尾偏角,D_z 为驾驶杆的纵向位移。传动比的大小取决于机械操纵系统的构造或电传操纵系统中的控制律。

操纵系统的操纵力-操纵位移梯度是指使操纵系统产生单位操纵位移所需施加的操纵力,即 $\mathrm{d}F/\mathrm{d}D$。对于平尾操纵系统,有

$$\frac{\mathrm{d}F}{\mathrm{d}D} = K(N_F)^2 \tag{5-78}$$

式中:N_F 为驾驶杆到载荷感觉器之前的操纵系统传动比。

可见,对于操纵力完全是因载荷感觉器而产生的助力操纵系统,其操纵力-操纵位移梯度与载荷感觉器的刚度系数成正比,与载荷感觉器前的操纵系统传动比 N_F 的二次方成正比。

飞机的静操纵性品质主要是指在飞机的稳态直线或曲线飞行中影响飞行员有关飞行品质评价的操纵力和操纵位移特性。

5.4.3.2　飞机的纵向静操纵性品质

飞机的纵向静操纵性品质主要涉及飞机平尾操纵位移和操纵力随飞行速度的变化特性,以及飞机在稳定曲线飞行中的单位过载操纵位移和操纵力特性。

(1)平飞操纵位移和操纵力。

由操纵系统传动比的定义可知 $K_z = \mathrm{d}\delta_z/\mathrm{d}D_z$,可得

$$\int_0^{D_z} \mathrm{d}D_z = \int_{\delta_{zD_z=0}}^{\delta_z} \frac{1}{K_z} \mathrm{d}\delta_z$$

式中,$\delta_{zD_z=0}$ 为驾驶杆中立位置对应的平尾偏角。

通过对上式积分可以得到平飞所需的驾驶杆纵向操纵位移:

$$D_z = \frac{1}{K_z(\delta_z - \delta_{zD_z=0})} = \frac{1}{K_z(v,H)}\left[-\frac{m_{z_0} + m_z^{C_y}\dfrac{2mg}{\rho v^2 S}}{(1+m_z^{C_y}/\overline{L}_{\mathrm{ht}})m_z^{\delta_z}}\right] \tag{5-79}$$

注意到

$$\mathrm{d}F_z = \frac{\mathrm{d}F_z}{\mathrm{d}D_z}\mathrm{d}D_z = \frac{\mathrm{d}F_z}{\mathrm{d}D_z} \cdot \frac{\mathrm{d}D_z}{\mathrm{d}\delta_z} \cdot \mathrm{d}\delta_z = \frac{1}{K_z}\frac{\mathrm{d}F_z}{\mathrm{d}D_z} \cdot \mathrm{d}\delta_z$$

平飞纵向操纵力可由对上式积分得到,即

$$F_z = \int_0^{F_z} \mathrm{d}F_z = \int_{\delta_{zF_z=0}}^{\delta_z} \frac{1}{K_z}\frac{\mathrm{d}F_z}{\mathrm{d}D_z}\mathrm{d}\delta_z = \frac{1}{K_z}\int_{\delta_{zF_z=0}}^{\delta_z} \frac{\mathrm{d}F_z}{\mathrm{d}D_z}\mathrm{d}\delta_z \tag{5-80}$$

式中:K_z 为平尾操纵系统的传动比,对于给定的飞行高度和飞行速度,K_z 为常数;$\delta_{zF_z=0}$ 为驾驶杆纵向操纵力为零时,相应高度、速度下的平尾偏角。考虑到 $\mathrm{d}F_z/\mathrm{d}D_z$ 随平尾偏角变化的规律一般没有直接给出的结果,利用上式积分计算不很方便,平飞操纵力可根据平飞操纵位移算得

$$F_z = \int_{D_{zF_z=0}}^{D_z} \frac{\mathrm{d}F_z}{\mathrm{d}D_z}\mathrm{d}D_z \tag{5-81}$$

式中:$D_{zF_z=0}$ 为给定飞行高度、速度下的零操纵力时的操纵位移。

某型飞机平飞平尾偏角、操纵位移和操纵力随飞行高度和 Ma 的变化情况如图 5-32 所示。由图 5-32 可以看出,平飞操纵位移和操纵力随飞行高度和速度的变化规律基本上与平尾偏角的变化相同。在亚声速飞行中随平飞速度的增加,平飞操纵位移和操纵力增大(负值减小),具有正的操纵位移梯度 $\mathrm{d}D_z/\mathrm{d}Ma$ 和正的操纵力梯度 $\mathrm{d}F_z/\mathrm{d}Ma$;在跨声速飞行阶段,平飞操纵位移和操

纵力随平飞速度的增加而减小(负值增大)，具有负的操纵位移梯度 dD_z/dMa 和负的操纵力梯度 dF_z/dMa。跨声速平飞操纵位移和操纵力的这一变化特点称为平飞反操纵现象。

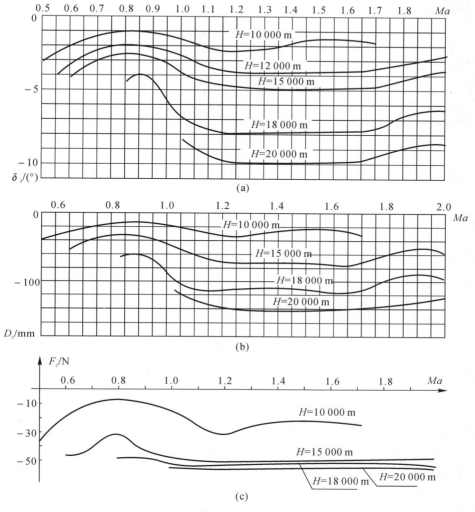

图 5-32　某型飞机平飞平尾偏角、操纵位移和操纵力随飞行高度和 Ma 的变化情况
(a)平尾偏角；　(b)操纵位移；　(c)操纵力

正常操纵时，为使飞机保持直线平飞，飞机加速时，飞行员在推油门时应向前推杆增大推杆位移和推杆力(或减小拉杆位移和拉杆力)以增大平尾后缘的下偏角(或减小向上偏角)；飞机减速时，飞行员在收油门时应向后拉杆增大拉杆位移和拉杆力(或减小推杆位移和推杆力)以增大平尾上偏角(或减小向下偏角)。而在跨声速飞行中，由于存在平飞反操纵现象，飞机加速时飞行员前推油门要求随着飞行速度增大要向后带(拉)杆来增大拉杆位移和拉杆力(或减小推杆位移和推杆力)，否则飞机会因焦点位置迅速后移将自动进入俯冲增速，而不再保持平飞。这样不仅增加了飞行操纵的复杂程度和困难，在某些飞行中还可能导致飞行安全问题。

跨声速飞行中的平飞反操纵现象主要是由于跨声速飞行中的速度静不稳定造成的。

飞机在平飞中升力应等于重力，即

$$C_y \frac{1}{2} K p Ma^2 S = G$$

两边取全微分,得

$$dC_y \cdot \frac{1}{2} K p Ma^2 S + C_y \frac{1}{2} K p \cdot 2Ma \cdot dMa \cdot S = 0$$

整理得到

$$dC_y = -\frac{2}{Ma} C_y \cdot dMa$$

由静稳定性知识可以知道,速度增加将会产生速度静稳定力矩增量,即

$$dm_z = \left(\frac{dm_z}{dC_y}\right)_{n_y=1} dC_y$$

为保持力矩平衡,使飞机继续作平飞,飞行员必须通过操纵偏转平尾,产生操纵力矩系数增量,使得

$$\left(\frac{dm_z}{dC_y}\right)_{n_y=1} dC_y + m_z^{\delta_z} d\delta_z = 0$$

由此得到平飞时速度的变化引起的平尾偏角变化应为

$$d\delta_z = -\frac{1}{m_z^{\delta_z}} \left(\frac{dm_z}{dC_y}\right)_{n_y=1} dC_y = \frac{1}{m_z^{\delta_z}} \left(\frac{dm_z}{dC_y}\right)_{n_y=1} \frac{2}{Ma} C_y dMa$$

即

$$\frac{d\delta_z}{dMa} = \frac{2}{Ma} \frac{C_y}{m_z^{\delta_z}} \left(\frac{dm_z}{dC_y}\right)_{n_y=1} \tag{5-82}$$

由于 $m_z^{\delta_z} < 0$,所以 $d\delta_z/dMa$ 与 $(dm_z/dC_y)_{n_y=1}$ 符号相反。跨声速时速度静不稳定,$(dm_z/dC_y)_{n_y=1} > 0$,使得 $d\delta_z/dMa < 0$。也就是说,在跨声速飞行中,随平飞速度(Ma)的增加,飞行员必须向后拉驾驶杆增大拉杆位移和拉杆力使平尾前缘下偏($d\delta_z < 0$),反之则应向前推驾驶杆增大推杆位移和推杆力使平尾前缘下偏($d\delta_z > 0$)。

平飞反操纵现象的严重程度通常利用梯度 $|dF_z/dMa|$ 和整个反操纵速度范围内的操纵力变化的绝对值来衡量。GJB 185—1986《有人驾驶飞机(固定翼)飞行品质规范》规定:平飞操纵位移和操纵力随速度的变化应光滑,并且局部梯度为正。对于非长时间在跨声速范围内使用的飞机,只要操纵位移和操纵力随速度的反向变化是缓变的,跨声速飞行时的要求可以放宽,但不得超出下列范围:

$$|dF_z/dMa| \leqslant 1\,000\ \text{N}; \qquad |\Delta F_z| \leqslant 40\ \text{N}$$

(2)稳定曲线飞行的操纵位移和操纵力。

稳定曲线飞行的操纵位移和操纵力特性由单位过载操纵位移 dD_z/dn_y 和单位过载操纵力 dF_z/dn_y 衡量。由

$$\left.\begin{aligned}
\frac{dD_z}{dn_y} &= \frac{dD_z}{d\delta_z} \cdot \frac{d\delta_z}{dn_y} = \frac{1}{K_z} \frac{d\delta_z}{dn_y} \\
\frac{dF_z}{dn_y} &= \frac{dF_z}{dD_z} \cdot \frac{dD_z}{d\delta_z} \cdot \frac{d\delta_z}{dn_y} = \frac{1}{K_z} \frac{dF_z}{dD_z} \cdot \frac{d\delta_z}{dn_y}
\end{aligned}\right\} \tag{5-83}$$

可以看出,单位过载操纵位移和单位过载操纵力都与单位过载平尾偏角 $d\delta_z/dn_y$ 成正比,则有

$$\frac{\mathrm{d}\delta_z}{\mathrm{d}n_y} = -\frac{\left(m_z^{C_y} + \dfrac{1}{\mu_1}m_z^{\overline{\omega}_z}\right)C_{yl}}{(1+m_z^{C_y}/\overline{L}_{\mathrm{ht}})m_z^{\delta_z}} = \frac{m_z^{C_y} + \dfrac{1}{\mu_1}m_z^{\overline{\omega}_z}}{(1+m_z^{C_y}/\overline{L}_{\mathrm{ht}})m_z^{\delta_z}} \cdot \frac{2mg}{\rho v^2 S} \tag{5-84}$$

当飞机作亚声速飞行时,各气动导数($m_z^{C_y}$,$m_z^{\overline{\omega}_z}$,$m_z^{\delta_z}$)基本不随飞行速度而变,单位过载平尾偏角与速度的二次方成反比。如果不考虑操纵系统传动比、操纵力-操纵位移梯度等的变化,则单位过载操纵位移和单位过载操纵力也将与飞行速度的二次方成反比。

设某飞机以 1 000 km/h 飞行时,$\mathrm{d}D_z/\mathrm{d}n_y = -20$ mm,$\mathrm{d}F_z/\mathrm{d}n_y = -15$ N;则该飞机以 500 km/h 飞行时,$\mathrm{d}D_z/\mathrm{d}n_y = -80$ mm,$\mathrm{d}F_z/\mathrm{d}n_y = -60$ N。

也就是说,飞行员在不同的飞行速度下,完成同样的机动动作(Δn_y 相同)所需的操纵力和操纵位移将有显著的差别。这将给飞行员在不同飞行速度下的准确操纵带来极大困难。

有些飞机的机械操纵系统中安装了力臂调节器,其力臂值 h 在亚声速飞行范围内可以自动随飞行速度增大而减小,使传动比 K_z 随飞行速度增大而减小,较大程度上减小了 $\mathrm{d}D_z/\mathrm{d}n_y$ 和 $\mathrm{d}F_z/\mathrm{d}n_y$ 随飞行速度的剧烈变化。对于电传操纵系统的飞机,则根据速度、高度等变化通过控制律来实现对传动比的调整。

值得注意的是,跨声速飞行阶段,飞机的迎角静稳定性随飞行速度增大而迅速增强,引起单位过载操纵力和操纵位移也迅速增大,使飞机超声速飞行时的单位过载操纵力和操纵位移明显大于亚声速情况,使飞行员感到超声速飞行飞机操纵笨重且反应迟钝,从而降低飞行员对飞机操纵品质的评价。而这种跨声速飞行的单位过载操纵力和操纵位移变化特性还可能使飞机在作超声速减速机动时产生所谓"加速旋转"现象。

对于作战飞机,单位过载操纵力和操纵位移的大小是飞机纵向操纵品质的两个重要指标。特别是单位过载操纵力,飞行员较为敏感。$|\mathrm{d}D_z/\mathrm{d}n_y|$ 过大,会使飞行员在机动飞行中感到操纵沉重,反应迟钝;$|\mathrm{d}F_z/\mathrm{d}n_y|$ 过小又使飞机反应过于灵敏,操纵动作不易准确,机动飞行容易超载而威胁飞行安全。鉴于单位过载操纵力对操纵品质的重要影响,GJB 185—1986《有人驾驶飞机(固定翼)飞行品质规范》规定:单位过载操纵力正常情况下,单位过载操纵力最小值不应小于 $100/n_L$(单位为 N)和 14 N 中的最大值,单位过载操纵力最大值不应大于 1 090/(n_y/α)(单位为 N)。

(3)重心位置对纵向静操纵性品质的影响。

飞机的技术说明书提供的或计算给出的平飞操纵位移和操纵力、单位过载操纵位移和单位过载操纵力一般都是对特定的飞机重心给出的,而飞机重心位置则随飞行中燃油和弹药的消耗而变化。飞机重心移动,直接影响 $m_z^{C_y}$ 的大小,必然会影响平飞平尾偏角和单位过载平尾偏角的大小,从而改变平飞操纵位移和操纵力,改变单位过载操纵位移和操纵力。

飞机重心位置前移,$m_z^{C_y}$ 绝对值增大,飞机迎角静稳定性增强,由平飞所需的驾驶杆操纵位移方程可以看出,平飞操纵位移必然减小(小速度拉杆位移增大,大速度推杆位移减小)。在操纵系统操纵力-操纵位移梯度不变的情况下,这必然会使平飞操纵力减小(小速度拉杆操纵力增大,大速度推杆操纵力减小)。反之,重心后移则使平飞操纵位移和操纵力增大。

飞机重心位置对单位过载操纵力和单位过载操纵位移的影响也是由于迎角静稳定度改变产生的。重心位置前移,$m_z^{C_y}$ 负值增大,飞机的机动裕度 $\sigma_n = m_z^{C_y} + \dfrac{1}{\mu_1}m_z^{\overline{\omega}_z}$ 负值增大,使飞机抵抗过载变化的能力增大,这必然导致飞机的单位过载操纵力和单位过载操纵位移负值增大。反之,重心后移则使单位过载操纵力和单位过载操纵位移负值减小。

5.4.3.3 飞机的横航向静操纵性品质

侧向静操纵性品质主要涉及定常侧滑和定常转弯、稳定滚转等多种飞行状态下的操纵位移和操纵力特性,这里介绍纯滚操纵 $dF_x/d\omega_x$、纯方向操纵中的脚蹬力特性及协调侧滑时的 $dF_x/d\gamma$ 等几个主要品质参数。

(1)纯滚操纵。

纯滚操纵的操纵力特性由 $dF_x/d\omega_x$ 来描述。$dF_x/d\omega_x$ 是产生单位滚转角速度所需的横向操纵力,反映副翼操纵滚转性能的好坏。对于装有不可逆液压助力器的副翼操纵系统,$dF_x/d\omega_x$ 的计算原理与上述纵向操纵没有本质的区别,即

$$\frac{dF_x}{d\omega_x} = \frac{dF_x}{dD_x} \cdot \frac{dD_x}{d\delta_x} \cdot \frac{d\delta_x}{d\omega_x} = \frac{1}{K_x} \cdot \frac{dF_x}{dD_x} \cdot \frac{d\delta_x}{d\omega_x} \tag{5-85}$$

式中:K_x 为副翼操纵系统的传动比;dF_x/dD_x 为副翼操纵系统的操纵力-操纵位移梯度。

可以看出,当 K_x 和 dF_x/dD_x 不随速度改变时,$dF_x/d\omega_x$ 与 $d\omega_x/d\delta_x$ 成反比,或者说与 $d\delta_x/d\omega_x$ 成正比,因此,$dF_x/d\omega_x$ 随飞行速度的变化特性正好与 $d\omega_x/d\delta_x$ 成反比关系。

对于某些飞机,由于操纵系统中装有非线性机构,其传动比 K_x 随操纵位移的增大而增大,因此 $dF_x/d\omega_x$ 的大小将随操纵位移而改变。在需要精确控制飞机倾斜姿态的缓慢滚转操纵中,所需的副翼偏角较小,较小的传动比使所需的操纵力和操纵位移较大,飞行员便于精确操纵;而在需要急剧滚转形成较大滚转角速度的横向操纵中,由于 K_x 较大,所需的操纵力和操纵位移不至于过大,不易引起飞行员的疲劳和反感。

(2)大迎角时的横向反操纵现象。

副翼的操纵性能在大迎角飞行时可能会明显变差,这是因为,横向操纵飞机时,副翼下偏一边机翼的阻力通常大于上偏一边的阻力。由于两边机翼的阻力不等,必然会引起飞机侧滑,从而引起飞机横向操纵性能变化。随着迎角的增大,这种不利影响越来越显著。在大迎角下,某些飞机甚至会出现横向反操纵现象,即飞机向压杆的反方向滚转的现象。

横向反操纵现象的原因如下。假设飞行员向右压杆,左、右机翼的升力差构成横向操纵力矩,使飞机向右滚转,但由于左副翼下偏,右副翼上偏,左翼阻力大于右翼阻力,使机头向左偏转,飞机出现右侧滑。右侧滑产生后,右翼(侧滑前翼)升力增大,左翼(侧滑后翼)升力减小,从而产生与操纵力矩相反的,阻止飞机向右滚转的稳定力矩。小迎角飞行时,左右两翼的阻力相差不大,产生的侧滑角也不大,横向操纵性能较好;大迎角飞行时,左右两翼阻力之差较大,造成的侧滑角也大,横向操纵性能较差;在接近临界迎角时,机翼上出现严重的气流分离现象,偏转副翼后,左、右升力相差不多,但阻力相差却很大,侧滑作用很强烈,与操纵力矩相反的滚转力矩很大,横向操纵性能很差,甚至因后掠机翼翼尖提前失速而出现副翼操纵反效现象。因此,某些飞机甚至还会出现向右压杆后,侧滑产生的左滚力矩大于副翼产生的右滚力矩,从而使飞机向左滚转,产生所谓的横向反操纵的现象。

为了改善大迎角时的横向操纵性,有些飞机采用了差角副翼。所谓差角副翼,即压杆时,左、右副翼上偏角度和下偏角度不一致。其目的在于减小左、右机翼的阻力差,从而削减向滚转方向的侧滑现象,在一定程度上改善飞机大迎角时的横向静操纵性。现代很多的后掠翼高速飞机经常采用翼刀、前缘锯齿翼等措施,防止翼尖提前失速,因此大迎角下横向操纵性不会有太大的变化。

采用差角副翼、翼刀等措施后,一般可以改善大迎角下的横向反操纵现象,但在飞机着陆等大迎角(小表速)飞行状态下,飞行员还感觉横向操纵性过弱。这也是飞行员在起飞、着陆时往往利用方向舵来协助副翼实施横向操纵,以修正坡度(右坡度时,蹬左舵),甚至单独用方向舵来修正坡度的原因。

(3)脚蹬操纵力和方向舵飘角。

在方向舵操纵系统中装有不可逆助力器时的脚蹬力计算与上述副翼操纵力类似。下面主要介绍机械操纵系统的情况。

方向舵操纵的脚蹬操纵力 $F_y = -K_y M_{hr}$。其中方向舵铰链力矩 M_{hr} 为作用在方向舵上的空气动力对方向舵铰链轴产生的动力矩,写成力矩系数的形式,有

$$M_{hr} = m_{hr} \cdot k_q q S_r b_r \qquad (5-86)$$

式中:S_r 为方向舵面积;b_r 为方向舵的平均空气动力弦长;m_{hr} 为方向舵铰链力矩系数,且有

$$m_{hr} = m_{hr}^{\delta_y} \delta_y + m_{hr}^{\beta} \beta \qquad (5-87)$$

将式(5-87)代入式(5-86),并令 $F_y = 0$,可得

$$\delta_y = -\frac{m_{hr}^{\beta}}{m_{hr}^{\delta_y}} \beta \qquad (5-88)$$

这个方向舵偏角是在脚蹬操纵力等于零的自由飘动状态下由侧滑产生的,通常称为方向舵飘角,计为 $(\delta_y)_{\text{free}}$。

假定在定常侧滑中所需的平衡偏角为 $(\delta_y)_{\text{trim}}$,则在侧滑中实际需要由飞行员操纵产生的方向舵偏角仅为

$$\delta_y = (\delta_y)_{\text{trim}} - (\delta_y)_{\text{free}}$$

图 5-33 中,曲线 b 为方向舵飘角随侧滑角的变化,直线 a 为方向舵平衡偏角随侧滑角的变化。由图可以看出,当侧滑角不大时,平衡偏角大于飘角,$\delta_y = (\delta_y)_{\text{trim}} - (\delta_y)_{\text{free}} > 0$,并且随着侧滑角增大,需要由飞行员通过施加操纵力偏转的方向舵偏角 δ_y 增大。这使脚蹬操纵力随侧滑角增大而增大。这是符合飞行员操纵习惯的。但是,随着侧滑角的增大并大于一定值(如图 5-33 中的 β_2)之后,由于 $(\delta_y)_{\text{free}}$ 随 β 增大的速率加快,可能会使需要由飞行员操纵产生的方向舵偏角 δ_y 随 β 增大而减小,直至 $(\delta_y)_{\text{free}} > (\delta_y)_{\text{trim}}$(图中 $\beta > \beta_3$ 之后),这时方向舵的脚蹬操纵力会随侧滑角的增大而减小,甚至自动偏转到最大偏角,产生所谓的"方向舵紧锁"现象。此时,飞行员需要用很大的脚蹬力,才能改出这种不正常的侧滑状态。

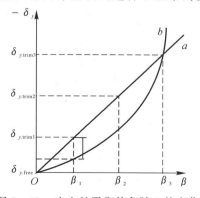

图 5-33　方向舵平衡偏角随 β 的变化

　　为了避免上述不正常现象的产生,保证飞机具有良好的方向静操纵性品质,GJB 185—1986《有人驾驶飞机(固定翼)品质规范》规定,在定常侧滑中右脚蹬前移及右脚蹬操纵力应产生左侧滑(即正脚蹬操纵力产生负侧滑),并且在侧滑角小于等于10°的范围内脚蹬操纵力应与侧滑角成线性关系,对于更大的侧滑角,脚蹬力可以随侧滑角的增大而减小(指绝对值),但不应减小到零。

　　根据上述情况可见,在日常的使用维护工作中,随意调大方向舵最大偏角是不允许的。

5.4.4　飞机静操纵性故障及其调整原理

　　飞机的静操纵性品质对飞机的训练作战使用及飞行安全具有重大影响。但是一架飞机在交付部队使用之前的试飞检查验收中,或是交付部队之后长期使用维护中,都可能会因生产安装或维护中的问题,包括气动外形和操纵系统的变化,引起飞机静操纵性特性变化。当这些变化超过一定的范围或引起飞行员厌恶时,就会形成飞机操纵异常或出现静操纵性故障。由于操纵力的大小是飞行员最敏感的因素,外场最常见的静操纵性故障,大多与操纵力有关。下面分别对纵向、横向和方向静操纵性问题加以介绍。

5.4.4.1　纵向静操纵性故障和调整原理

　　纵向静操纵性故障中最常见的是操纵力异常,其中飞机平飞时小速度拉杆轻、大速度推杆重,或平飞小速度拉杆重、大速度推杆轻问题较为常见。前者俗称"头轻",后者俗称"头重"。最严重的纵向静操纵性故障是空中大幅度俯仰飘摆。此外,还有反操纵过大和杆皮条等不正常现象。

　　(1)"头轻""头重"故障。

　　"头轻""头重"故障通常由平衡速度不正常引起,因此也可归入平衡速度故障。如图5-34所示,在飞机作等速直线水平飞行的一定范围内,当飞行速度小于平衡速度时,纵向操纵力为负(拉杆力),反之,当飞行速度大于平衡速度时,纵向操纵力为正(推杆力),并且偏离平衡速度愈远,操纵力绝对值越大。由图5-34可以看出,当平衡速度因某种原因(如水平尾翼中立点变化)增大时,操纵力随速度变化

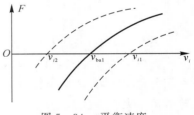

图 5 - 34　平衡速度

曲线向右移动(如图中虚线)。此时,小速度(小于平衡速度)飞行时的拉杆操纵力将增大,而大速度(大于平衡速度)飞行时的推杆操纵力将减小,或由推杆力变为拉杆力,出现所谓的"头重"现象。相反,当平衡速度因某种原因减小时,操纵力曲线将向左移动,飞机小速度飞行的拉杆操纵力将减小,而大速度飞行的推杆操纵力将增大,出现所谓的"头轻"现象。因此,平衡速度的任何变化必然会产生"头重"或"头轻"的感觉。

　　当飞机平衡表速不符合规定时,应该进行调整。由上述分析可知,调整方法主要是通过调整平尾初始偏角 $\delta_{zF_z=0}$ 的数值来改变平衡速度。从平衡速度的概念可以看出,$\delta_{zF_z=0}$ 减小(操纵力为零时的平尾后缘上偏角增大),平衡速度减小;反之,$\delta_{zF_z=0}$ 增大(操纵力为零时的平尾后缘上偏角减小),平衡速度增大。前者可减轻"头重"现象,后者可减轻"头轻"现象。

　　(2)全程杆重(或轻)。

　　由理论分析可知,平尾操纵系统的操纵力大小与载荷机构弹簧刚度有很大关系。在各种飞行条件下飞行员都感到操纵沉重很可能与载荷机构弹簧刚度有关。例如,一批某型飞机在进厂修理后,由于载荷感觉机构中更换的弹簧刚度过大,造成 $|dF_z/dD_z|$ 过大,从而引起杆重。

值得注意的是,飞行员一般对杆重较为敏感。有时机械操纵系统各机构的活动关节润滑不良,也会引起杆重问题,此时在维护时一定要做好清洗和润滑工作来改善操纵力异常问题。

（3）反操纵量过大。

高速飞机在跨声速范围,由于速度静不稳定问题而存在平飞反操纵现象。例如某型飞机规定,平衡速度试飞后,在继续增速到表速 1 050 km/h 的过程中,最大拉杆力不得超过 40 N。如果杆力超过规定,说明杆力特性不符合要求,反操纵现象过分严重。这时一般可以通过调大平尾的初始偏移量的方法加以克服。

由上述平衡速度对操纵力特性的影响可知,平衡速度过大会引起平飞操纵力曲线向右下方移动,引起拉杆操纵力增大。而上述情况中反操纵力过大有时就可能是由此而产生的。此时只有把平衡速度调到合适的数值,反操纵力过大的问题就可以得到有效解决。

（4）平飞时大表速杆力不正常。

平飞时大表速杆力不正常故障主要是平尾初始偏移量调整不当造成的。平尾初始偏移量过大,飞机加速时平尾产生的附加抬头力矩过大,在大表速时飞行员感觉飞机有"自动抬头"现象,为保持平飞,推杆力增大（或拉杆力减小）。反之,平尾偏移量过小,大表速时所需推杆力减小或拉杆力增大,出现飞机"自动俯冲"现象。此类故障的排除方法是将平尾偏移量调整至规定值。

（5）操纵过于灵敏或迟钝。

拉过载时杆太轻,操纵灵敏,易超载;杆太重,操纵迟钝,不易达到预定过载。此类故障实质上是单位过载的操纵力 $|\mathrm{d}F_z/\mathrm{d}n_y|$ 过大或过小的表现。$|\mathrm{d}F_z/\mathrm{d}n_y|$ 过小,杆太轻,易超过载;$|\mathrm{d}F_z/\mathrm{d}n_y|$ 过大,杆太重,不易达到预定过载。因为 $\dfrac{\mathrm{d}F_z}{\mathrm{d}n_y}=\dfrac{1}{K_y}\dfrac{\mathrm{d}F_z}{\mathrm{d}D_z}\dfrac{\mathrm{d}\delta_z}{\mathrm{d}n_y}$,当单位过载平尾偏角正常时,此故障主要是由操纵系统的杆力-杆位移梯度和传动比 K 不符合规定引起的,通常也通过调整操纵系统的杆力-杆位移梯度和传动比 K 来排除此类故障。

（6）杆皮条。

通常说的杆皮条,是指飞行员对飞机的反应时差大、动操纵性差的操纵感觉。单位过载杆位移 $|\mathrm{d}D_z/\mathrm{d}n_y|$ 过大时,常常会引起杆皮条。因为 $\dfrac{\mathrm{d}D_z}{\mathrm{d}n_y}=\dfrac{1}{K_y}\dfrac{\mathrm{d}\delta_z}{\mathrm{d}n_y}$,所以由此引来的杆皮条故障,可以通过改变操纵系统的传动比来排除。

平尾操纵系统中传动比 K 值（驾驶杆中立位置）调整不当时,也会引起杆皮条感觉。这是因为飞行员操纵飞机时,通常以驾驶杆的位置判断平尾的偏转位置,K 值发生变化时,平尾中立位置也对应发生变化,从而影响飞行员的操纵习惯,使飞行员产生杆皮条感觉。例如,K 值大于规定值,飞行员拉杆到一定位置时,平尾达不到 K 值正常时所对应的上偏位置,必须多拉一点杆,飞机才能达到 K 值正常时的状态,因此感觉拉杆皮条。此类故障可通过测量与调整 K 值发现和排除。

此外,机械操纵系统中附件活动部分的摩擦过大、附件安装紧涩,或传动机构和附件的传动间隙过大、安装过松等,也会引起杆皮条感觉,这些在使用维护中也要多加注意。

5.4.4.2　横向静操纵性故障和调整原理

飞机横向静操纵性故障除了前面分析飞机的平衡时介绍的坡度故障外,主要就是横向操纵力或压杆力异常。例如,某型飞机为机械操纵系统,其横向操纵力主要取决于横向载荷感觉器弹簧压缩量和驾驶杆至横向载荷感觉器的传动比。有时副翼操纵系统各关节润滑不良也会引副翼操纵力重的反应。此时,只要清洗各活动关节,做好润滑工作即可消除。

副翼内封补偿密封胶布破裂往往是造成助力器关闭时横向操纵力沉重的主要原因。此外,副翼前缘和机翼之间的间隙过大、过小,有时也会引起关闭助力器时横向操纵力不正常的反应。据此,当助力器不工作时出现横向操纵力不正常的情况,应检查副翼内封补偿密封胶布和副翼前缘和机翼之间的间隙,并根据情况进行适当的调整。

5.4.4.3 方向静操纵性故障和调整原理

飞机方向静操纵性故障除了前面分析飞机的平衡时介绍的侧滑故障外,还包括脚蹬操纵力不正常故障。机械操纵系统的飞机脚蹬操纵力异常一般与方向舵和稳定面之间的间隙不符合要求有关。间隙过小,方向舵两侧的均压作用减弱,铰链力矩增大,脚蹬力增大;反之,间隙增大,可使方向舵两侧的均压作用增强,铰链力矩减小,脚蹬力减轻。有时脚蹬操纵力的大小与方向舵操纵系统载荷感觉器的刚度及传动比有关,可以按上述副翼操纵系统的类似方法加以调整。

5.5 几种特殊情况下的飞行操纵

飞机飞行中的特殊情况是指突然发生的直接或间接威胁到飞行安全的情况。飞机飞行过程中,由于操纵问题或气象条件的变化,有时会碰见一些特殊情况,如失速、螺旋、风切变、飞机结冰和颠簸飞行等,飞行中一旦遇到特殊情况,应根据实际情况的性质、飞行条件和可供处置的时间,沉着应对,尽早改出或脱离以保证飞行安全。本节主要介绍在几种特殊情况下飞行的操纵方法,包括失速、螺旋、风切变、飞机结冰和颠簸飞行等。了解这些特殊情况对飞机飞行性能的影响对确保飞行安全非常重要。

5.5.1 失速和螺旋

失速和螺旋是在飞行中,由于飞行员粗猛地拉杆使飞机迎角达到或超过临界(失速)迎角而出现的不正常的飞行现象。飞机进入失速,尤其是发展成螺旋,如不能正确判断、及时改出,将会严重危及飞行安全。

在飞机出现早期,由于人们对失速和螺旋的本质认识不足,飞行员在遇到失速和螺旋时,不能采取正确的处置措施,往往导致毁灭性的结果。因此,有必要了解飞机失速和螺旋的本质,这样才能防止飞机进入失速和螺旋,或者即使飞机误进入失速与螺旋,也能正确及时地改出,保证飞行安全。

5.5.1.1 失速

当飞机的迎角超过临界迎角,升力急剧下降,阻力急剧增大,飞机减速并发生抖动,各操纵力变轻,随后飞机急剧下坠,机头下俯,这种现象称为失速。

失速现象是迎角大于临界迎角后,飞机机翼的上表面发生了严重的气流分离,产生大量漩涡,导致升力急剧下降、阻力急剧增大而造成的。因此,失速产生的根本原因是飞机的迎角超过临界迎角。

(1)失速速度(v_s)。

飞机刚进入失速时的速度,称为失速速度 v_s,即以临界迎角(或 C_{ymax})飞行时所对应的速

度,可按法向过载的定义进行计算,即

$$v_s = \sqrt{\frac{2n_y G}{C_{y\max}\rho S}}$$

式中:v_s 为失速速度;n_y 为法向过载,平飞时 $n_y = 1$,减速直线上升或下降时 $n_y < 1$,盘旋飞行时 $n_y > 1$。

由上式可以看出,影响失速速度的因素有气压、高度、飞机重量、飞机结构强度和飞行状态等。高度增加,空气密度减小,失速的速度增大;飞机重量增加,失速速度增大;放下襟翼等增升装置,飞机的最大升力系数增大,失速速度相应减小。不同飞行状态下,法向过载不同,因此失速速度不同。

飞机飞行手册中通常会给出飞机在某一特定质量下,不同飞行状态、不同襟翼位置的失速速度。

（2）失速警告。

要想防止飞机进入失速或及时改出失速,首先需要正确判断飞机是否接近或者已经失速。这就是要求当飞机接近失速时,给飞行员提供一个正确无误的失速警告,引起飞行员的注意,以便及时采取措施,避免飞机进入失速。飞机的失速警告有自然(气动)失速警告和人工失速警告两类。

1) 自然(气动)失速警告是飞机在接近失速状态时表现出来的一些特征,主要包括以下一些现象:飞机抖动,左右摇晃;杆舵抖动,操纵变轻;速度迅速减小;飞机下降,机头下沉;发生噪声等现象。一旦飞行中出现这些现象,飞行员应该意识到飞机已接近失速或进入失速状态。当飞机接近失速时,由于机翼上表面气流分离严重,飞机及驾驶杆出现抖动,飞机操纵杆舵变轻,飞机有一种操纵失灵的感觉,这些都是失速的警告信号。随着迎角的进一步增大,抖振、摇晃进一步加剧,飞机加速进入失速。通常做机动动作进入失速时的抖振、摇晃要比平飞进入失速时更为猛烈。

这是因为,在飞机接近临界迎角的时候,机翼的上表面气流产生了严重的分离,从而产生了大量的涡流。气流的这种分离是周期性的,这些涡流时而被吹离机翼,时而又在机翼上产生。机翼表面的气流分离时而严重,时而缓和,使得机翼的升力时大时小,整个机翼升力的这种周期性变化,导致飞机产生抖动。气流分离产生的大量涡流,陆续流过副翼和尾翼,不断冲击各舵面,使驾驶杆和脚蹬也产生一定抖动。

2) 此外,飞机上还装有人工失速告警,包括触觉告警(抖杆器、推杆器)、视觉警告(信号灯)和听觉警告(语音)。

随着机翼翼型设计的改进,流过机翼表面的气流分离大大推迟,即气流分离要在更大的迎角下才发生,这样飞机失速前的自然警告很不明显。单靠自然失速警告很难防止飞机失速,所以现代飞机大都安装了人工失速警告,主要形式为失速警告喇叭、失速警告灯和震杆器等。

失速警告喇叭和失速警告灯主要用于轻型通用航空飞机,这种警告系统由装在机翼前缘的迎角探测器(风标式失速传感器或压力传感器)和警告喇叭(或警告灯)组成。当机翼迎角接近临界迎角时,迎角探测器被气流激活,电路接通,触发失速警告喇叭或失速警告灯,失速器就会发出"吱吱吱"的响声(失速警告灯自动打开变亮),提醒飞行员飞机将要进入失速状态,应该采取相应的措施预防飞机失速。例如,飞机在接近失速时会有蜂鸣声报警,提醒飞行员飞机即将进入失速状态,要迅速适当增加油门或减小迎角,使飞机速度增加,预防失速。

震杆器是目前广泛使用的一种人工失速警告,主要用于大型飞机,也是由迎角探测器探测飞机迎角。当飞机迎角增大至一定值时,电路接通,启动电动机,使驾驶杆抖动,发出失速警告。飞机安装震杆器是为了使飞机在失速前的预兆更加强烈,自然警告系统中的驾驶杆震动等有可能不是很明显,在此基础上安装震杆器会使飞行员感受到强烈的驾驶杆震动,预知飞机将要进入失速状态,便可提前采取相应的措施,防止飞机进入失速状态。

飞机在失速时,驾驶员会感觉到操纵杆明显的抖动,难以控制方向,飞机操控面的效应降低,完全失速后机头会突然下沉。正确快速地判断飞机是否失速,是保证及时有效地改出的最有效办法。

(3)飞行中防止失速的措施。

为防止失速,飞行时应该注意以下事项。

1)稳定飞行时飞行速度不要低于抖动速度。稳定飞行时,在其他条件固定的情况下,失速速度是一确定值。只要飞行速度不要低于抖动速度,就不会失速。

2)非稳定飞行时迎角不要超过临界迎角。非稳定飞行时,只要迎角超过临界迎角,飞机就会失速,失速可能会发生在任何飞行状态、速度和重量下。因此,非稳定飞行时要确保迎角不超过临界迎角。

3)飞行中不要过多、过猛地拉杆。正常飞行时,飞行员过多、过猛地拉杆,都可能因迎角过大而导致飞机失速。

此外,飞行中一旦发现失速预兆应及时、准确地改出。

(4)失速的改出。

飞机的失速是由于迎角超过临界迎角。因此,不论在什么飞行状态,只要判明飞机进入了失速,都要及时向前推杆减小迎角,当飞机迎角减小到小于临界迎角后(一般以飞行速度大于 $1.3v_s$ 为准),柔和拉杆改出。在推杆减小迎角的同时,还应注意蹬平舵,以防止飞机产生倾斜而进入螺旋。

值得注意的是,在推杆使飞机迎角减小的时候,绝不可以单以飞机的俯仰姿态作为飞机是否改出失速的依据。向前推杆后,机头虽不高,甚至呈下俯状态,但由于飞机运动轨迹向下弯曲,飞机的迎角仍可能会大于临界迎角。若此时飞行员误认为飞机已经改出失速,过早地把飞机从不大的俯冲姿态中拉起,飞机必然重新增大迎角,从而陷入二次失速,以致更难改出,甚至改不出来。因此,掌握好从俯冲中改出的拉杆时机很重要,一方面要防止高度损失过多,速度太大,另外一方面要避免改出动作过快,以致陷入二次失速。因此,飞机失速改出时机应以速度为准,而不能以姿态为准,以避免出现二次失速。

5.5.1.2 螺旋

螺旋是指飞机失速后出现的一种急剧滚转和偏转的下降运动,发生螺旋时,飞机机头朝下,飞机绕空中某一垂直轴,沿半径很小和很陡的螺旋线急剧下降。螺旋是一种非常危险的情况,在飞行中有时会出现飞机突然失去控制,一边下坠一边偏侧翻转。按正常的操纵方法操纵飞机,飞机非但没有反应,反而有恶化的趋势。

(1)螺旋的成因。

飞机的螺旋是由于飞机超过临界迎角后机翼的自转引起的。在螺旋形成前,一定先出现失速。失速是一种协调的机动飞行,因为两个机翼失速程度几乎相同,而螺旋则是两个机翼失速不一致的不协调的机动飞行。在这种情况下,完全失速的一侧机翼常常先于另一侧机翼下沉,机头朝机翼较低的一边偏转从而飞机丧失横侧阻尼(如侧滑),形成机翼自转而进入螺旋。以进入右螺旋为例,在迎角超过临界迎角的情况下,出于某种原因飞机向右滚转时,右机翼下沉,迎角增大,升力系数反而减小,产生负的附加升力。左机翼上仰,迎角减小,接近临界迎角,升力系数反而增大,产生正的附加升力。左、右机翼附加升力所形成的力矩不仅不阻止飞机向右滚转,反而迫使飞机加速向右滚转,这种现象称为机翼自转。飞机进入向右的自转以后,其升力不仅减小,而且方向因飞机滚转而不断向右倾斜。这时升力在垂面内的分力小于飞机重量,飞机将迅速下降高度,运动轨迹将由水平方向逐渐转向垂面方向。升力在水平面内的分力起着向心力的作用,使飞机在下降过程中向右作小半径的圆周运动。同时由于气流方向不断改变,在稳定性的作用下,使飞机向右旋转,于是飞机便进入一边旋转,一边作沿螺旋轨迹下降的右螺旋。因此,在螺旋中,飞机会绕 3 个机体轴旋转,而重心沿陡直的螺旋线航迹急剧下降。

高速后掠翼或三角翼飞机,由于迎角超过临界迎角后,起初升力系数下降是平缓的,不易形成机翼自转,飞机不易进入螺旋,除非侧滑角较大时,才可形成机翼自转而进入螺旋。飞机往往在失速后会出现方向发散,且出现侧滑,则侧滑角自动增大,继而形成机翼自转,而使飞机陷入螺旋。

(2)螺旋阶段。

螺旋是一种非正常的飞行状态,特点是迎角大、旋转半径小、旋转角速度大、下沉速度快。螺旋一般由三个阶段组成,即初始螺旋阶段、形成阶段和改出阶段。初始螺旋阶段是指从飞机失速到螺旋全面形成的阶段。螺旋的全面形成是旋转角速度、空速和垂直速度比较稳定,而且飞行路径接近垂直的阶段。螺旋的改出阶段是从施加制止螺旋的力开始,直至从螺旋中改出的阶段。

(3)螺旋的改出。

螺旋是飞机失速后机翼自转而产生的,因此改出螺旋的关键在于制止机翼自转和改出失速。改出失速只要推杆使迎角小于临界迎角即可,制止机翼自转的有效办法是向螺旋反方向蹬舵。蹬舵产生的操纵力矩,可制止飞机的偏转,同时造成内侧滑,使内侧机翼升力大,外侧机翼升力小,可有力地制止飞机的滚转。

飞机发生螺旋后,应将油门收到慢车位置并确认襟翼已收起,发动机有功率时经常导致较小的螺旋姿态与较大的旋转速率,从而恶化螺旋的特性。驾驶杆应保持在中立位置,因为此时副翼的操纵会对螺旋的改出起副作用。向旋转方向压杆会使旋转速率增大从而推迟螺旋的改出,向反方向压杆则会导致情况恶化,所以要保持驾驶杆中立,并立即向螺旋反方向蹬脚蹬使方向舵偏转来制止机翼自转,紧接着向前推驾驶杆减小迎角,当旋转停止时,将方向舵恢复到中立位置,如果此时方向舵未回平,偏转舵面上产生的气动效应会使飞机偏转并产生侧滑。同时,柔和地向后拉杆将飞机从下俯的状态中改出,带杆动作不要太剧烈,过大的带杆力会造成二次失速并导致再次进入螺旋,改出过程中注意不要超过载荷限制和速度限制。

也就是说,改出螺旋首先要制止飞机的旋转。由于发生螺旋时,飞机迎角已超过临界迎角,副翼已失去操纵效能,所以不能靠压杆改出螺旋,而应首先蹬反舵制止飞机旋转,紧接着推杆迅速减小迎角,使其小于临界迎角,当飞机停止旋转时,收平两舵,保持飞机不带侧滑,然后在俯冲中积累到规定速度时,拉杆改出,恢复正常飞行。

5.5.2 低空风切变

风切变是一种大气自然现象,是指风向和风速在特定方向上的变化,一般特指在短时间、短距离内的变化。在航空气象学中,600 m 以下空气层中风向和风速突然改变的现象称为低空风切变。低空风切变是目前国际航空界和气象界公认的对飞行安全有重大影响的气象现象之一,是航空界公认的飞机在起飞和着陆阶段的"杀手"。据美国国家运输安全委员会统计,自1975 年以来,由于天气原因在美国发生的恶性空难事故中,大约 80% 是低空风切变造成的。低空风切变由于发生突然、时间短、尺度小、强度大,当飞机遇上时,往往由于飞行高度太低,缺乏足够的空间进行机动而发生事故。为了保证飞行安全,只有充分了解低空风切变的特性,才能避免和减小低空风切变对飞行的危害。

5.5.2.1 风切变的分类

风切变按照其类型、强度以及与飞机飞行轨迹之间的关系有不同的分类方法。

风切变按其类型可分为水平风切变和垂直风切变。水平风切变是指水平两点间风速或风向的突然变化,垂直风切变是指垂直两点间风速或风向的突然变化。

按照飞行航迹,风切变可分为顺风切变、逆风切变、侧风切变和升降气流切变。

顺风切变是指飞机从小的顺风进入大的顺风区域,或从逆风进入无风或顺风区域,以及从大的逆风进入小的逆风区域,突变的风速、风向使飞机空速快速减小,升力下降,飞机下沉,危害较大。

逆风切变是指飞机从小的逆风进入大的逆风区域或从顺风进入无风区,以及从大的顺风区进入小的顺风区,该切变与顺风切变对飞机产生的效果相反,会使飞机的升力增加、飞机上升,危害性相对较小些。

侧风切变是指飞机从有侧风或无侧风状态进入另一种明显不同的侧风状态,侧风有左、右侧风之分,可使飞行发生侧滑、滚转以及偏转,对飞机起降有一定的危害。

升降气流切变是指飞机从无明显的升降气流区进入强烈的升降气流区。升降气流切变包括上升气流切变和下降气流切变。当下降气流速度大于 3.6 m/s 时(相当于一般喷气飞机离地 90 m 时的起飞上升率或着陆下降率)称为下冲气流切变。下冲气流切变会使飞机急剧下沉,对飞机危害很大。

按照风切变的强度,低空风切变一般分为轻度、中度、强烈和严重低空风切变等 4 种,见表5－1。风切变强度是指单位距离(或高度)上风速的变化值。

表 5－1　风切变的强度

等　　级	高度变化 30 m 时风速的变化值 /(m·s⁻¹)	强度 /(s⁻¹)
轻度	0～2	0～0.07
中度	2.1～4	0.08～0.13
强烈	4.1～6	0.14～0.19
严重	＞6	＞0.19

5.5.2.2 低空风切变对飞机起飞和着陆的影响

起飞时遭遇风切变的危险是飞机失速,起飞过程中由于飞机不断加速,高度不断增加,飞行员无需判断,只需推大油门以争取飞机的速度和高度即可,处理上比着陆下降中遇到风切变更容易些。而着陆时遭遇风切变要求飞行员及早判断,并视情况改变着陆操纵策略,着陆时因风切变发生的事故更多。

(1) 顺风切变对起飞和着陆的影响。

在稳定风场中,飞机随风飘移,飞机的飞行速度即为飞机相对于空气的速度。但当飞机遭遇风切变时,在飞行速度不变的情况下,飞机的空速要发生变化。当飞机起飞或下降过程中进入顺风切变(如从强逆风突然转为弱逆风,或从逆风突然转为无风或顺风)时,飞机的指示空速会降低,升力明显减小,从而使飞机不能保持高度而下掉。

当飞机在进近着陆过程中遇到顺风切变时,飞行员应及时加油门增速,并带杆减小下降角。由于飞机迎角、速度增大,飞机升力增加,飞行轨迹向上弯曲,当飞机超过正常下滑线后,再松杆增大下滑角,并收小油门,使飞机按原来的下降速度沿正常下滑线下滑。但是,如果风切变的高度很低,飞行员可能来不及修正,或仅完成一半的修正动作,飞机将以大速度接地(甚至可能撞地),有可能冲出跑道,造成事故。因此,顺风切变危害较大。

(2) 逆风切变对起飞和着陆的影响。

飞机在起飞或者着陆下降过程中进入逆风切变层时,如从强顺风突转为弱顺风,或从顺风突转为无风或逆风,这时飞机指示空速迅速增大,升力明显增加,飞机被突然抬升而脱离正常上升轨迹或下滑线。

着陆中遇到逆风切变,飞行员应尽早收油门,利用侧滑等方法加大阻力,使飞机尽快减速,并顶杆加大下降角,使飞机下降到正常下滑线之下,然后再带杆回到正常的下滑线下,同时补些油门,使飞机沿正常下滑线下降。相比顺风切变,逆风切变的危害性稍小。

(3) 侧风切变对起飞和着陆的影响。

飞机在起飞或着陆下滑时,如果遭遇侧风切变,飞机将产生侧滑和坡度,会使飞机偏离预定上升或下滑着陆方向。飞机着陆过程中若侧风切变层高度较低,飞行员来不及修正,飞机会带坡度或偏航接地,直接影响着陆后的滑行方向。

(4) 升降气流切变对起飞和着陆的影响。

飞机在起飞和下滑着陆时,具有速度较小、迎角大的特点。飞机在起飞和着陆过程中如果遇到较强的上升气流切变,突然间迎角会增加较多,有可能接近或超过飞机临界迎角状态,造成飞机抖动甚至失速下坠。

下冲气流切变会使飞机迎角减小,升力下降,飞机突然下降,如果飞行高度本来不高,就有触地危险,而且这时飞行员往往急于拉杆,造成迎角过大,会引起飞机失速。因此可以看出,上升气流切变未达到飞机失速程度时,下冲气流切变比上升气流切变要危险得多。

遇到下冲气流切变,飞行员应立即加大油门,使飞机上升,但飞机能否克服下冲气流的影响,还取决于飞机本身的上升性能,要看飞机的上升率是否能大于下冲气流速度。

由于起飞过程中飞机不断增速,高度不断增加,因此起飞中遇到下冲气流切变比着陆下降时遇到下冲气流切变容易处理。

5.5.2.3　如何避免低空风切变的危害

在实际飞行中,飞机遇到的风切变往往不是单一的风切变分量,可能是两个以上的风切变分量,它常以某类型的风切变为主,而又常常伴有另两类或更多的切变分量,飞机受多种风切变的综合影响,所以其初始响应也将是几种影响的综合结果,其影响是相当复杂的,辨认风切变的情况相当困难。因此,为保证安全飞行,对风切变的防范是十分必要的。

对机务工作者而言,首先要养成研究气象预报和天气形势报告的习惯,要会识别风切变即将来临的天气征候。其次,飞行中,在接近雷暴、锋面或飞过地形复杂区域等容易产生风切变的情况下,要提高警惕,做好应变准备。对于强度很大、区域较小的风切变,尽可能绕开,以保证飞行安全。

5.5.3　结冰条件下的飞行

飞行中,飞机的某些部位由于大气中冰晶体的沉积或水汽的直接凝固以及过冷水滴的冻结,出现霜或积有冰层的现象,称为飞机结冰。特别是冬季,云中温度低于 0 ℃ 时,飞机表面极易产生结冰。

飞机结冰会使飞机的空气动力性能变差,稳定性、操纵性变差,飞行性能下降,发动机工作不稳定。同时,飞行仪表指示发生误差,挡风玻璃模糊不清。因此,飞机结冰是飞行安全中一个常见而且威胁很大的因素,几乎每年都会发生因飞机结冰导致的飞行事故。我国幅员辽阔,南北、东西气温变化很大,高寒地区、山地、大面积水域的国土面积占有相当大的比例,气象条件十分复杂,飞机结冰现象比较常见,如不及时发现并采取紧急处理措施,就可能危及飞行安全。

5.5.3.1　飞行中飞机结冰的原理

云中尤其是积状云,如积云、积雨云和层积云等,存在着过冷水滴(即水滴温度在冰点以下而不结冰仍保持液态水的状态)。过冷水滴是不稳定的,稍受振动,即冻结成冰。当飞机在含有过冷水滴的云中飞行时,空气受到扰动,如果机体表面温度低于 0 ℃,过冷水滴就会在机体表面某些部位冻结,并积聚成冰。因此,当飞机经过冷却的云层或云雨区域时,机翼、尾翼和机身等其他部位常会积聚冰晶。

由此可见,飞机结冰的条件是,气温和飞机表面的温度低于 0 ℃,并且云中有稳定低于 0 ℃ 的过冷水滴存在。

飞机结冰的种类大致有以下 4 种。

1)明冰:光滑透明、结构坚实,多在 0 ～ — 10 ℃ 的过冷雨中或大水滴组成的云中形成。

2)雾凇:不透明、表面粗糙,多形成在温度为 — 20 ℃ 左右的云中。

3)毛冰:表面粗糙不平,冻结得比较坚固,像白瓷,形成在温度为 — 5 ～ — 15 ℃ 的云中。

4)霜:飞机由低于 0 ℃ 的区域进入较暖的区域,未饱和空气与温度低于 0 ℃ 的飞机接触时,如果机身温度低于露点,水汽在机体表面直接凝华而成霜。霜是晴空中飞行时出现的一种积冰。

飞机的结冰形状通常有三种,即楔形平滑状结冰、槽形粗糙冰和无定形起伏状积冰。楔形平滑状结冰往往是明冰,一般表现为沿气流方向的积冰;槽形粗糙冰对飞机的空气动力特性的损害最严重;无定形起伏状积冰多是在混合云中飞行时造成,积冰牢固,在长时间飞行中较危险。

5.5.3.2　飞机结冰对飞机性能的影响

飞机结冰大致可以分为飞机外表结构结冰和飞机内部动力系统上的结冰。飞机结冰会对飞机的气动特性和飞行性能产生极大的影响。

(1)机翼和尾翼结冰对气动性能的影响。

在机翼或尾翼表面结冰,最直接的影响就是会破坏环绕翼型四周的正常气流,造成升力系数减小,阻力系数增加,临界迎角下降,失速速度增加,容易使飞机发生失速。

这是因为机翼前缘积冰使机翼变形。机翼积冰既影响附曲层内气流的流动,又改变了机翼原来的流线形状,破坏机翼的流态,使升力系数减小,阻力系数增大,同一迎角下的升阻比变小,机翼的最大升阻比降低。机翼积冰后,飞机将在更小的迎角下发生气流分离,致使临界迎角变小,最大升力系数随之降低,增加失速的可能性。失速增加是危险的,特别是带霜、雪或冰起飞和着陆的飞机对失速增加更敏感,甚至会造成事故。

(2)机翼和尾翼结冰对飞行性能的影响。

飞机结冰后,阻力增大,平飞所需推力增加,加之发动机的可用推力减小,所以平飞最大速度、上升角、上升率和上升限度均减小。

飞机结冰后,最大升力系数降低,所以平飞最小速度(平飞失速速度)增大,平飞速度范围缩小。

在起飞中,机翼表面以及襟翼前缘结冰时,不仅飞机的空气阻力显著增大,且在同样迎角和速度下,飞机升力变小,使起飞滑跑过程中的摩擦阻力增大,飞机加速能力减小,起飞滑跑距离大大增加。若保持同样的离地迎角,由于升力系数小,离地速度就要增大;若保持同样的离地速度,离地迎角就应增大,这又可能会导致机尾擦地。离地后,因飞机阻力增大,发动机的剩余推力减小,飞机加速到起飞安全高度的时间增长,起飞后的爬升梯度也减小,增加了越障的困难。巡航阶段,飞机的航程、航时都要减小;着陆阶段,飞机的着陆速度、着陆滑跑距离都增大,平尾配平困难。

另外,结冰改变了翼型的气动外形,因而改变了翼型焦点的位置,对重心位置也有一定的影响,这都会改变飞机的纵向静稳定性;同时也使得飞机的纵向动稳定性发生变化,响应的时间、振幅都会变化。

(3)机翼和尾翼结冰对操稳特性的影响。

机翼前缘很容易结冰,会增加飞机的质量,但仅仅是质量的增加,尚不至于使飞机出现下沉的情况,但更为严重的问题是,只要机翼的前缘有半寸结冰,就足以使飞机损失约50%的升力,并增加相同数量的阻力。在一般情况下,当结冰发生时,可在 2 min 内将结冰量积累到危险的程度,其结果会使飞机失速比预期要早一些,将飞行员推向危险状况。

尾翼也很容易结冰。尾翼结冰除了使飞机阻力增加外,还会破坏飞机的力矩平衡,使飞机的稳定性和操纵性变差。据一项由美国联邦航空管理局和美国国家航空航天总署提供的有关危害飞行安全的资料分析,在任何足以快速积累结冰的天气状态中,由于尾翼的面积比机翼小,因此在其表面上的结冰时间要比机翼早且更快速。尾翼上的结冰厚度,通常是机翼结冰厚度的 3 ~ 6 倍。

平尾结冰和机翼结冰一样,会使同一迎角下平尾升力系数降低,造成平尾对全机的力矩贡献减小,飞机纵向静稳定性变差,同时还会造成升降舵效能降低。尤其在着陆进场阶段,飞机放下大角度襟翼,机翼升力系数增大,同时气流下洗角增大,流向平尾的气流更加向下倾斜,平尾负迎角很容易超过平尾的负临界迎角而使平尾失速。一旦出现这种情况,平尾产生的抬头力矩将会大大减小,使飞机失去俯仰平衡,升降舵失去效能,以致造成拉杆也无法制止飞机下俯的危险情况。

垂尾结冰与平尾结冰一样,会使垂尾的临界侧滑角减小。当侧滑角超过垂尾临界侧滑角时,垂尾侧力急剧减小,使侧向操纵性变差,甚至出现反操纵。因此,在垂尾结冰条件下操纵飞机时,侧滑角应有一定的限制。

飞行中,操纵面结冰后,操纵杆力、操纵效能等都会发生变化,如果操纵面的缝隙有冰,如在后退式襟翼、开缝襟翼等对接处有水汽冻结时,不仅降低操纵效率,严重时还会出现卡死现象,使操纵性能完全失效,这些对飞行安全都有威胁。

（4）飞机其他部件结冰的影响。

在飞机各种仪表中最重要的是空速指示器,它的读数是根据空气的动压和静压给出的。在皮托管和静压口的结冰,将会使高度、空速、垂直速度及各种仪表发出错误的数据指示,从而直接威胁飞行安全。

压力传感器结冰也会引起错误的大功率指示,导致可能在起飞时使用比实际需要小的推力。

另外,天线结冰可能引起天线折断,严重干扰雷达通信,导致无线电及雷达信号失灵。

燃油系统通气管结冰堵塞,会影响燃油的流动,导致发动机功率下降,也极易造成飞行事故。发动机的进气道结冰,会使进气量减小,发动机的功率或推力下降,甚至会造成更严重的结果。

总之,飞机结冰不仅是气动特性恶化,阻力增大、升力减小导致失速,而且使发动机功率下降,风挡视野不清晰,有关仪表读数不准,因此结冰直接影响到飞行安全。虽然现在的飞机本身已有加温或除冰系统,可在一定程度上克服上述结冰问题,但是飞机仍然需要避开结冰区域以防止除冰不及时而瞬间结冰,造成危险。

结冰后飞机气动特性恶化,对飞机的飞行性能也产生极大的影响。结冰后飞机阻力增大,平飞所需推力增加,平飞最大速度、上升角、上升率和升限减小,失速速度和平飞最小允许速度增大,速度范围小,起飞滑跑距离增大,续航性能变差。

5.5.3.3 结冰条件下飞行的操纵特点

飞行前应做好预防结冰的准备工作。飞行前认真研究航线天气及可能积冰的情况,做好防积冰准备是安全飞行的重要措施。飞行前还应仔细了解飞行区域的云、降水和气温分布情况,特别是 $-15\,℃\sim0\,℃$ 等温线的位置,根据飞行速度、航线高度等条件判明可能发生结冰的区域,确定避开结冰区域的方法;如必须通过积冰区域,就应提前打开防冰装置,选择结冰强度弱和通过结冰区最短的航线,并做好除冰等准备。当在起飞前观察到或怀疑飞机上有冰、雪时,应该对机翼和尾翼进行检查并除冰。检查防冰装置,清除机面已有积冰、霜或雪等。

飞行中要密切注意结冰的出现和强度,尽量绕开结冰区。一旦发现飞机结冰,应及早接通防冰、除冰装置,多发飞机要分段接通防冰、除冰装置,必要时应脱离结冰区。要注意使用防冰和除冰装置后飞机性能的变化。飞机结冰后,尽量保持平飞和安全高度。

在机翼、尾翼都结冰的情况下着陆时,应尽可能用防冰、除冰设备,若除不掉或来不及除掉时,只允许放小角度襟翼,以免造成拉杆也无法制止飞机下俯的危险情况。如果不能准确判明飞机是否结冰,仍按正常程序实施着陆。在放下襟翼后,飞机动态发生非操纵变化时,应立即将襟翼收上,或只放小角度襟翼着陆,以增大进近速度,防止平尾失速。

5.5.4 在湍流中飞行

大气湍流是大气中一种不规则的随机运动,湍流每一点上的压强、速度、温度等物理特性都是随机变化的。引发湍流的原因是气压变化、急流、冷锋、暖锋和雷暴,甚至在晴朗的天空中也可能出现湍流。飞机的尾迹也会造成湍流。

飞机在湍流中飞行,如同船舶在风浪中航行、汽车在不平坦的路面上行驶一样,由于随机性外力的作用,飞机的姿态和轨迹会发生变化,产生颠簸、摇晃以及局部抖动等现象,统称为飞机颠簸。颠簸会影响飞行员驾驶的舒适程度,还会造成飞机结构的疲劳损伤。

湍流是一种看不见的气流运动,而且经常不期而至。因大气湍流引发的飞行事故时有发生,因此有必要了解大气湍流对飞行的影响。

5.5.4.1　湍流对飞行影响

飞机在稳定气流中飞行,气团的移动速度不会影响到飞机的空速、迎角和侧滑角,飞机会随气团一起飘移。但大气经常是不稳定的,飞机在湍流中飞行,经常受到时大时小的水平气流(水平阵风)和升降气流(垂直阵风)的冲击,从而改变了飞机的空速、迎角和侧滑角,致使作用在飞机上的力和力矩发生不规则的变化,飞机产生颠簸、俯仰摆动、摇晃摆头等现象。

水平阵风(不考虑侧风)不影响飞机的迎角,只改变空速。例如,飞机平飞时,升力等于重力。当突然遇到迎面水平湍流时,飞机的迎角不变,空速却突然增大,升力随之增大。飞机在附加外力的作用下向上作曲线运动,飞机高度增加,飞行人员和乘客有压向座椅的感觉。同理,如果遇到与飞行方向一致的水平湍流,飞机将向下作曲线运动,高度降低,飞行人员而乘客有离开座椅的感觉。

垂直阵风不仅改变了空速大小,还改变了飞机的迎角。如果突然遇到上升湍流,一方面作用在飞机上的相对气流速度增加,另一方面迎角增大,导致飞机升力增大。相反,如果飞机突然遇到下降湍流,作用在飞机上的相对气流速度会增加,但飞机迎角会减小,由于迎角减小引起的升力变化大于速度增加引起的升力变化,最终导致飞机升力减小。

由此可见,不稳定的水平气流和垂直气流都会引起升力发生变化,从而造成颠簸。

一般湍流分为极端湍流、严重湍流、中等湍流和轻微湍流等 4 种类型,见表 5-2。

表 5-2　湍流分类情况

湍流类型	对飞行的影响
极端湍流(阵风 ±50 ft/s)	飞机会出现剧烈颠簸,几乎无法控制,可能会造成结构损伤
严重湍流(阵风 ±35～±50 ft/s)	飞机会间断失去控制,乘员会在安全带下被剧烈来回抛动,未固定的物体会被抛出
中等湍流(阵风 ±20～±35 ft/s)	乘员被要求使用安全带,并偶尔被抛出,未固定的物体会移动
轻微湍流(阵风 ±5～±20 ft/s)	乘员可能被要求使用座位安全带,但物体保持不动

注:1 ft ≈ 0.304 8 m。

5.5.4.2　湍流中的飞行特点

(1)湍流对飞行性能的影响。

平飞最小允许速度增大。在稳定气流中飞行,飞机的平飞最小速度受临界迎角限制。在湍流中飞行,飞机若突然遇到上升气流,由于相对气流的方向改变,迎角增大,为了使增大后的迎角不大于临界迎角,在湍流飞行时,使用的最大迎角应比临界迎角小一些,平飞最小速度也就要相应增大一些。湍流增强,所引起的迎角变化量增大,平飞允许使用的最大迎角就减小,平飞最小允许速度则增大。

平飞最大允许速度减小。平飞中，若遇到不稳定的上升气流，由于迎角增大，使升力和过载增大，而平飞最大允许速度要受到过载的限制，因此颠簸飞行中的最大允许速度将减小。上升气流速度越大，在相同的上升气流作用下，虽然迎角变化量变小，但因相对气流速度大，升力变化量还是增加，过载变化量也增加，相应的最大允许速度减小。

（2）飞行速度的选择。

在湍流中飞行，平飞最小速度增大，平飞最大速度减小，因而平飞速度范围缩小。升降气流速度越大，平飞速度范围越小。当升降气流速度增大到一定值时，平飞最小允许速度等于平飞最大允许速度，平飞速度范围缩小为零。因此，在实际中，飞机如遇到强烈湍流而产生剧烈颠簸，要及时绕开，或者返航备降。

在湍流中，选择平飞最小允许速度与平飞最大允许速度之间的任一速度平飞都是安全可靠的。但是，在该速度范围内，如果选择的速度比较小，当受湍流影响时，则迎角变化较大，飞机俯仰摆动和左右摇摆比较明显，不利于按仪表保持飞机的状态。而如果选择的速度比较大，则遇到湍流时过载变化较大，飞机会产生明显的上下颠簸，也会给操纵带来困难。因此，湍流中飞机应该严格按照机型规定的颠簸速度飞行。

（3）最大飞行高度的限制。

颠簸飞行的最大高度应低一些。因为抖动升力系数随 Ma 增加而减小，高度升高，相同飞行速度下的 Ma 增加，升力系数裕量减小，为了保证足够的升力系数裕量，要限制飞机飞行高度的增加。

5.5.4.3 湍流中的操纵特点

在轻、中度湍流中飞行时不要急于修正。在湍流中飞行，在到达临界迎角前飞机仍具有较好的稳定性，因此在轻、中度湍流中飞行时不要急于修正。在强颠簸条件下应断开自动驾驶仪，采用人工飞行的方法，使用阻尼器，防止自动驾驶的信息延迟。人工飞行时，应该握住杆，防止舵面自由偏转，以增强飞机的稳定性。修正偏差时，应及时、柔和、有力，要往复修正，以免引起飞机来回摆动。

在湍流中操纵应柔和。阵风引起的过载会增加飞机的纵过载，因此在湍流中操纵应柔和。如需改变航向，则坡度不要太大。因为强烈湍流会使飞机迎角增大，阻力增加，所需推力还要进一步增大，这就可能使发动机可用推力小于平飞所需推力，引起速度减小、高度降低。另外，坡度大了，一旦飞机两侧湍流不一致超过一定值，飞机会迅速增大坡度，危及飞行安全。

飞行颠簸时应根据地平仪和发动机参数飞行。飞机颠簸时，仪表受到不规则的振动，指示常发生一些误差，特别是在颠簸幅度较大、飞机忽上忽下变动频繁的时候，升降速度表、高度表和空速表等飞行仪器就会产生比较明显的误差。因此，飞行员应根据地平仪和发动机参数，保持飞行状态。短五边进近时要根据当时风向、风速，相对固定基准油门，按仪表的平均值进行修正。

接近升限飞行时应绕开上升气流。在接近升限时，飞机迎角已接近抖动迎角，因此应绕开强上升气流或降低高度飞行，要及时脱离中等强度的湍流区。

5.5.5 进入前机尾流的飞行

尾流是机翼在产生升力时的一种产物，它是影响飞机飞行安全的一个重要因素。尾流是湍流的一种形式，当飞机飞入前面飞机的尾流区域时，飞机会出现下降、抖动、发动机停车及飞行状态改变甚至飞机翻转等现象。当小型飞机跟随大型飞机起飞或着陆时,倘若进入前机尾流中,如果处置不当就容易发生飞行事故。

5.5.5.1　尾流(涡)及其物理特性

飞行中飞机将动量传给空气,对飞机飞过后的空气形成强烈干扰,飞机机尾后的这种空气扰动就是尾流。尾流由发动机紊流、附面层紊流和尾涡三部分形成,其中尾涡对飞行影响最大。有时尾涡又专指翼尖涡流形成的尾涡。

(1)尾涡的形成。

正常飞行时,飞机机翼的下翼面的压力大于上翼面的压力,在上、下翼面压力差的作用下,下翼面的气流会绕过翼尖流向上翼面,使得下翼面的流线由机翼的翼根向翼尖倾斜,上翼面反之。由于上、下翼面气流在机翼后缘处具有不同的流向,于是在翼尖处形成两组旋转方向相反、向后拖动的翼尖涡流,称之为尾涡。

(2)尾涡的物理特性。

两条集中尾涡涡核中心之间的距离称为涡核距,它通常小于飞机的翼展 L。在中等迎角下,涡核距约为 $0.8L$;大迎角下,涡核距约为 $(0.72\sim0.75)L$。尾涡的旋转强度与过载、重力成正比,与翼展、空气密度和飞行速度成反比。

两条尾涡运动的叠加,形成了飞机的尾流场。飞机两条尾涡中间的气流向下运动,引起一定的下洗速度,其与飞机质量成正比,与飞行速度成反比,因此大型飞机起飞、着陆时,其尾流场形成的下洗速度会很大,对紧接其后的飞机飞行会有很大的影响。

尾涡离开飞机后会向下移动,称为尾涡的下沉。尾涡的下沉量是指尾涡中心低于水平线的垂直高度。下沉量由两部分组成,第一部分是机翼的下洗作用造成的,通过机翼的气流有一定的下洗角,使整个气流向下倾斜,造成尾流下沉。这部分下沉量与下洗角大小和尾涡离开飞机的距离成正比。第二部分下沉量是由于左、右两个旋转方向相反的涡的影响,使两个涡束都产生下移速度所致。大型飞机的尾涡大约以 2.5 m/s 的速度向下移动,但下降到约 200 m 时就趋于水平。

尾涡接近于地面时,有地面效应。左、右两股尾涡在接近于地面一个翼展高度时,受到地面阻挡,逐渐转为横向移动。有侧风时,尾涡随风飘移。

由于尾涡的切向速度很大,会带动大气中具有黏性的静止空气旋转,因而能量不断扩散。此外,大幅度的温度变化和大气波动也能导致尾流很快消散。尾涡的衰减和消散时间约为2 min 左右。风速越大,尾涡消散越快。

5.5.5.2　前机尾流对后机飞行的影响

如果飞机在很近的距离内进入前机尾流,会对飞行产生很大的影响。飞机从尾流的不同位置和方向进入,受到的影响是不同的。

(1)横穿前机尾涡中心。

当飞机横穿前机尾涡中心时,受尾涡流场的影响,飞机会忽上忽下,出现大幅度的颠簸,使飞机承受很大的载荷变化。如果飞行员操纵不当,会加大飞机的载荷,甚至使飞机的结构遭到破坏。

如果飞机不是从前机尾涡中心横穿,则影响会小一些。

(2)从正后方进入前机尾涡。

当飞机从前机正后方进入前机尾涡时,会受到尾涡下沉气流的影响,上升率降低,下降率增加,如果是着陆时进入,则飞机会突然掉高度。如果在中高空飞行,这种影响并不大,因为有足够的高度裕度让飞行员来重新调整和恢复。而在起飞和着陆阶段,出现这种掉高度的情况有可能是灾难性的。

（3）从正后方进入前机一侧机翼的尾涡中心。

当飞机从前机一侧机翼的尾涡中心的正后方进入时,飞机左右机翼受到的气流作用不一样,两侧机翼的迎角相差较大,飞机会急剧滚转。飞行试验表明,重型运输机所形成的尾涡流场十分强烈。当小型飞机不慎进入其尾涡中心区时,很容易产生 90° 以上的滚转运动,导致飞机掉高度,如果在进近过程中发生这种情况将产生无法挽回的灾难性后果。

（4）从前机旁边进入前机尾涡。

当飞机从旁边进入前机尾涡时,由于两侧机翼受到的气流大小不一样,会导致飞机向尾涡外侧滚转,最终被推出尾涡区。

为防止进入前机尾流,飞机与前机之间要保持规定的高度、距离与时间间隔。

复 习 题

1. 什么是飞机的平衡？如何进行分类？

2. 简述侧滑故障的原因及其调整原理。

3. 简述坡度故障原因和坡度故障调整原理。

4. 如何判定飞机的迎角静稳定性？飞机的迎角静稳定性随 Ma 有什么变化规律？

5. 什么是迎角静稳定性？什么是速度静稳定性？它们之间有什么关系？

6. 简述飞机平飞操纵原理。平飞平尾偏角随飞行 Ma、重心位置如何变化？

7. 什么叫平飞静操纵？

8. 什么叫平飞反操纵？平飞反操纵的原因是什么？

9. 平尾、副翼、方向舵偏角及其对应的驾驶杆、脚蹬位移及作用于驾驶杆和脚蹬上的操纵力的正负是如何规定的？

10. 什么叫飞机的方向静稳定性？如何判定飞机具有方向静稳定性？飞机迎角的大小对飞机方向静稳定性有什么影响？

11. 什么叫焦点？什么叫机动点？两者有何关系？写出两者的关系式。

12. 拉升运动中,$\Delta n_y = 1$ 对应的平尾偏角增量为 $\Delta\delta_z = -2°$,将重心前移 $0.02b_A$ 后,$\Delta n_y = 1$ 对应的平尾偏角增量为 $\Delta\delta_z = -3°$,不计平尾升力对全机升力的贡献。

1）计算原重心位置对应的机动裕量 σ_n;

2）若已知 $m_z^{C_y} = -0.02$,$\mu_1 = 100$,试计算 $m_z^{\bar{\omega}_z}$。

13. 某机 $G = 68\ 560$ N,$S = 23$ m²,$b_A = 4.002$ m,$\bar{x}_T = 0.313$,$\bar{x}_F = 0.384$,$m_{z0} = -0.003\ 5$,$m_z^{\delta_z} = -0.013\ 2(°)^{-1}$,$m_z^{\bar{\omega}_z} = -2.4$,$\bar{L}_{ht} = 1.319\ 3$。

求:该机在高度 $5\ 000$ m,$Ma = 0.5$ 时作 $n_y = 3$ 的定常拉升运动所需平尾偏角。

（提示:$H = 5$ km 时,$\rho = 0.736\ 26$ kg/m³,声速 $a = 320.5$ m/s,$\mu_1 = 2m/\rho Sb_A$）

14. 某飞机原以 $H = 5$ km,$Ma = 0.9$ 作定常直线平飞,此时升降舵的偏角为 $-2°$。若该飞机在同样的高度、Ma 下，以 $n_y = 2$ 作拉升运动，升降舵的偏角应为多少？已知：

$$b_A = 4.002 \text{ m}; \qquad\qquad \frac{G}{S} = 283 \text{ kg/m}^2;$$

$$m_z^{C_y} = -0.08; \qquad\qquad m_z^{\bar{\omega}_z} = -2.68;$$

$$m_z^{\delta_z} = -0.15 \ (°)^{-1}; \qquad\qquad p = 54\,005 \text{ N/m}^2$$

（提示：$H = 5$ km 时，$\rho = 0.736\,26$ kg/m^3，声速 $a = 320.5$ m/s，$\mu_1 = 2m/\rho S b_A$）

15. 某机在高度 $H = 11$ km（$\rho = 0.364$ kg/m^3，声速 $a = 295$ m/s），以 $Ma = 0.8$ 的速度平飞时有关的气动力矩系数（导数）如下：$m_{z0} = -0.004$，$m_z^{\delta_z} = -0.012\,5 \ (°)^{-1}$，$m_z^{\bar{\omega}_z} = -2.16$，$m_z^{C_y} = -0.036$。已知该机的机翼面积 $S = 23$ m^2。在该飞行状态的飞行质量为 7 500 kg，纵向相对密度 $\mu_1 = 448$，重心位置 $\bar{x}_G = 0.306$。求该机在该飞行状态下的平飞平尾偏角和过载 $n_y = 2$ 的机动飞行时的平尾偏角。

16. 某飞机在高度 10 km，Ma 为 1.712 状态下飞行。已知 $\bar{x}_F = 0.513\,6$，$\bar{x}_G = 0.32$，$m_z^{\bar{\omega}_z} = -1.032\,4$，$m_z^{\delta_z} = -0.004\,17 \ (°)^{-1}$，$S = 23$ m^2，$m = 6\,330$ kg，$p = 26\,418$ N/m^2，$\mu_1 = 333.5$，平尾活动范围 $-16.5° \leqslant \delta_z \leqslant 7.5°$，平飞时，平尾平衡偏角为 $-2.3°$。试计算：

1）稳定曲线飞行时单位过载平尾偏角；

2）稳定曲线飞行时拉杆到底所能产生的最大过载。

17. 某机飞行质量 $m = 9\,000$ kg，机翼面积 $S = 32$ m^2，在某高度以 $Ma = 1$ 飞行，已知 $m_z^{\delta_z} = -0.01 \ (°)^{-1}$，单位过载平尾偏角 $\delta_z^{n_y} = -2°$，大气压力 $p = 5.4 \times 10^4$ Pa，计算飞机的平飞升力系数 C_{ylf} 及机动裕度 δ_n。

18. 某飞机在 5 000 m 高度作定常拉升运动，在拉升运动的最低点处速度 $v = 630$ km/h，角速度 $\omega_z = 0.336\,3$/s。如果已知飞机质量 $m = 7\,000$ kg，机翼面积 $S = 23$ m^2，平均空气动力弦长 $b_A = 4$ m，重心相对位置 $\bar{x}_G = 0.30$，飞机焦点相对位置 $\bar{x}_F = 0.35$，大气密度 $\rho = 0.737$ kg/m^3，$m_{z0} = -0.007$，$m_z^{\bar{\omega}_z} = -1.561$，$m_z^{\delta_z} = -0.521 \ (°)^{-1}$。

1）试求此时的升降舵偏角为多少。

2）欲使附加的升降舵偏度为零，重心 $\bar{x}_G$ 应置于何处？

19. 简述失速和螺旋、风切变、结冰条件和湍流等几种特殊情况下的飞行操纵应注意哪些问题。

第6章　飞机的闭环控制及主动控制技术

目前的先进飞机中,已经广泛地采用了各种自动控制器,也常常采用主动控制技术改善飞机稳定性和操纵性,提高飞机的飞行性能等。此时,飞机本体的开环特性已经不能代表飞机飞行时真实的动态特性。因此,为了适应自动化飞行的需要,本章研究自动化飞行的理论基础——飞机的闭环控制,在此基础上介绍部分主动控制技术的知识。

6.1　飞机闭环控制的基本原理

飞机闭环控制的重要组成部分就是飞机的飞行操纵或控制系统。

6.1.1　飞机飞行操纵系统概述

飞机飞行操纵系统是根据飞行员的要求,传递操纵信号,偏转舵面,使飞机完成预定飞行动作的机械/电气系统。飞机飞行操纵系统是飞机的主要系统之一,它的工作性能是否良好,在很大程度上影响着飞机的性能和品质。

6.1.1.1　飞机飞行操纵系统的分类

飞机飞行操纵系统的分类从不同的角度出发,有不同的分类方法。根据操纵信号的来源,通常把飞机飞行操纵系统分为两大类:一类是人工飞行操纵系统,其操纵信号是由飞行员发出的;另一类是自动飞行控制系统,其控制信号是由系统本身自动产生的。

飞机的纵向、横向和方向操纵系统,增升和增阻操纵系统,人工配平系统,直接力操纵系统,以及其他用人工来改变飞机外形的操纵系统,均属于人工操纵系统。

自动飞行控制系统是对飞机实施自动或半自动控制、协助飞行员工作或自动控制飞机对扰动响应抑制的系统。如自动驾驶仪、发动机油门的自动控制、结构振动模态抑制等控制系统都属于这一类。

人工飞行操纵系统通常又分为主操纵系统和辅助操纵系统。对于飞机飞行品质产生重大影响的是飞机俯仰、滚转和偏航操纵,这3个轴的操纵系统称为主操纵系统。增稳或控制增稳操纵系统和主动控制技术中的某些系统作为主操纵系统的附加系统也属于主操纵系统。其他如襟翼、减速板、配平调整片的操纵系统和改变机翼后掠角的操纵系统均属于辅助操纵系统。但对随控布局飞机来说,其操纵面除去全动平尾、副翼和方向舵外,还可能有前、后缘襟翼、水平鸭翼和前鳍(垂直鸭翼)等操纵面,因而不能很明显地划分主、副操纵系统。

6.1.1.2　飞机飞行操纵系统的发展和展望

自飞机诞生以后的前30多年中,飞机的主操纵系统是简单的机械操纵系统(Mechanical

Control System，MCS)，先是钢索(软式)操纵，后发展成为拉杆(硬式)操纵。在这种操纵系统中，驾驶杆(或脚蹬)的运动即相当于舵面运动，可以不考虑系统本身的动态特性问题。只要对摩擦、间隙和系统的弹性变形加以限制，就可以获得满意的系统性能。

随着飞机尺寸和质量的增加，飞行速度不断提高，即使使用了气动力补偿，驾驶杆操纵力仍不足以克服舵面铰链力矩。20 世纪 40 年代末出现了液压助力器，实现了助力操纵。助力操纵系统有可逆的助力操纵系统和不可逆的助力操纵系统两种类型。

当超声速飞机出现之后，飞机在超声速飞行时的焦点大幅度后移，纵向稳定力矩剧增，需要相当大的操纵力矩以满足飞机机动性的要求。可此时在机翼和尾翼上出现了超声速区，它堵塞了扰动向前传播的道路，导致升降舵的操纵效能大大下降。这样就不得不采用全动平尾。而全动平尾的铰链力矩数值变化范围较大，无法选择适合的传动比，因而不得不采用不可逆的助力操纵系统。不可逆的助力操纵系统的操纵力由人工载荷感觉器提供，并设置了调整片效应机构。为了满足从低空到中高空大速度飞行时的静操纵指标，又设置了力臂自动调节器。于是组成了相当复杂的不可逆助力机械操纵系统。

由于高超声速飞机的飞行包线较大，飞机气动外形很难既满足低空低速要求，同时又满足高空高速要求。因此，在高空超声速飞行时，飞机的纵向静稳定性急剧增强而固有阻尼变小，会出现动稳定性的问题，即出现纵向短周期振荡；由于荷兰滚阻尼下降，飞机会出现较强的横航向振荡。

飞行员对于上述两种模态来不及反应，也无能为力。提高纵向阻尼和横航向阻尼的方法是在飞机的 3 个轴向操纵系统上各附加上自动增稳系统，从而形成增稳操纵系统(SAS，Stability Augmentation System)。增稳操纵系统是用速率陀螺和加速度计测量飞机的振荡模态，并借助舵面的偏转运动来造成人工阻尼，使振荡模态很快衰减下来，弥补飞机外形和质量分布上的缺陷，使飞机在高空、高速或在大迎角飞行状态下也具有良好的稳定性。从飞行员的操纵角度来看，增稳操纵系统是飞机的组成部分，与飞机本体组成"等效飞机"。飞行员所操纵的正是这种"等效飞机"。通常在系统设计时要求：当增稳操纵系统工作时，飞机具有良好的飞行性能；当系统失效时，飞机仍具有可以控制的飞行状态，以保证飞行安全。因此，增稳操纵系统的操纵权限不宜太大，一般只有全权限的 3%～6%。

由于增稳操纵系统在增大飞机阻尼和改善动稳定性的同时，必然会在一定程度上削弱飞机操纵反应灵敏度，从而降低飞机的操纵性，所以为了消除这个缺陷，在自动增稳操纵系统的基础上研制了控制增稳操纵系统(CAS，Control Augmentation System)。控制增稳操纵系统与增稳操纵系统的不同之处在于它除了具有来自速率陀螺和加速度计起增稳作用的电信号外，还综合了来自飞行员操纵驾驶杆(或脚蹬)的电指令信号，两者的极向是相反的。因此，控制增稳操纵系统可以采用较高的反馈增益，提高回路阻尼和增加飞机的稳定性。若飞行员进行操纵，输出控制信号可使高阻尼信号减小，从而获得所需的响应，改善飞机的操纵性和机动性。此外，控制增稳操纵系统的操纵权限可以增大到全权限的 30%。考虑故障安全，系统必须是余度系统。

综上所述，以不可逆助力机械操纵系统为主操纵系统的飞行操纵系统越来越复杂化，并由于机械系统中存在着摩擦、间隙和弹性变形，始终难以解决精微操纵信号的传递问题。20 世纪 70 年代，电传操纵系统(Fly-By-Wire-System，FBWS)得以成功实现，它正在取代不可逆助力机械操纵系统而成为主操纵系统。

　　电传操纵系统是控制增稳操纵系统的必然产物。若把操纵权限全部赋予控制增稳操纵系统,并使电信号优先于机械信号而工作,机械系统居于备用地位,这就称为准电传操纵系统。若把备用的机械操纵系统取消,就称为纯电传操纵系统,简称电传操纵系统。电传操纵系统和部分大权限的控制增稳操纵系统又称为高增益系统。高增益系统的出现,把飞机特性和操纵系统特性有机地结合成一体。研究飞机的静、动态特性就必须结合操纵系统的静、动态特性一起研究。

　　电传操纵系统是现代技术发展的综合产物。微电子技术和计算机科学的发展、可靠性理论和余度技术的建立为电传操纵系统奠定了基础,余度系统赋予它较高的战伤生存力,因而促进了它的实现。

　　电传操纵系统具有完善的反馈控制回路,容易满足操纵性和稳定性所规定的指标要求,保证飞机的良好飞行品质。更重要的是,它为主动控制技术奠定了基础。电传操纵系统是采用主动控制技术的随控布局飞机的操纵系统的核心,因而一般认为,没有电传操纵系统,就不可能实现主动控制技术。事实上,电传操纵系统出现之后,随即就出现了主动控制技术的单功能与多功能试验机。

　　图6-1给出了上述飞行操纵系统发展的里程碑以及构成特点。

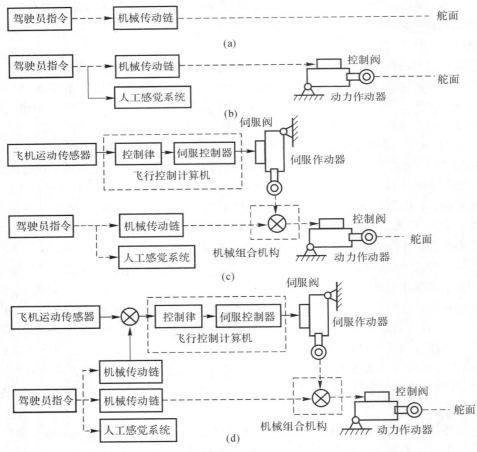

图6-1　飞机飞行操纵系统发展里程碑及构成特点

(a)机械操纵系统(人工直接操纵);　(b)机械操纵系统(动力操纵);

(c)增稳操纵系统;　(d)控制增稳操纵系统

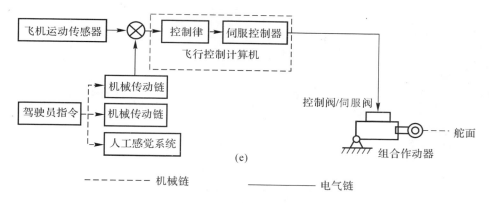

续图 6-1　飞机飞行操纵系统发展里程碑及构成特点
(e)电传飞行控制系统

　　为了进一步发挥电传操纵系统的潜力,可将其与火力控制系统、推进系统、导航系统等系统交联,实现多模式的综合控制。与火力控制系统交联可以使歼击机作战自动化,对地面目标进行攻击时,可以提高飞机的生存力,减小受到地面炮火击中概率;在空战中,则可以提高命中率,同时可增加射击的机会。与推力系统交联,对于垂直/短距起降飞机特别有用,飞机可借助于推力转向产生的力和力矩,以补充或代替由操纵面偏转而产生的力和力矩。与导航系统交联,若能实现四度引导,则可使民航飞机到达目的地或军用飞机到达预定目标的时间,与估计误差不超过数秒钟。

　　目前电传操纵系统以数字式电传操纵系统为主,模拟式电传操纵系统为辅。如果将来以光导纤维代替电缆,实现控制信号的光纤传导,则将形成所谓的光传操纵系统。

　　由于新型飞机的出现,可能对飞行操纵系统提出新的要求,促进它进一步发展。例如,某些先进国家正在研究采用自动修复技术和智能控制技术的自动修复飞行控制系统和智能飞行控制系统。

6.1.2　飞机的闭环控制

　　前述讨论飞机的稳定特性和操纵特性属于开环特性,这是因为,仅仅讨论了飞机对舵面输入的响应,而不考虑操纵后飞机到达的实际状态和要求状态之间的误差(见图 6-2)。这种控制,在自动控制理论中属于开环控制。但是,开环控制往往不能反应实际飞行情况。实际飞行情况是,对飞机的操纵,必须考虑操纵后所产生的误差,并加以修正。在没有自动驾驶仪的飞机中,这种误差修正由飞行员来完成,而在自动化飞行中,误差的修正则由自动驾驶仪来完成,如图 6-3 所示。这种操纵(或控制)形式,称为闭环控制。在这种控制形式中,飞机只是整个系统中的一个部分。以图 6-3(a)为例,整个系统应该包括飞行员、操纵系统及飞机本体,即所谓人-机系统。而它的动态特性,也应该是指整个系统的闭环动态特性。

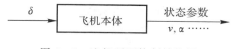

图 6-2　飞机开环控制结构图

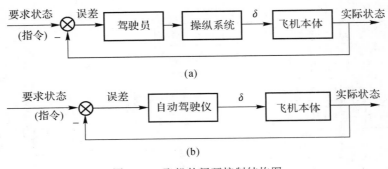

图 6-3 飞机的闭环控制结构图

(a)非自动化飞行情况； (b)自动化飞行情况

必须指出,飞机的闭环控制问题,既是飞行力学所要研究的问题(通过研究,分析自动器对飞机动态特性的影响),又是控制工程所要研究的问题(通过研究,确定对自动器的具体要求)。控制工程的研究重点放在自动器上,把飞机本体尽量化简为一个简单的传递函数。而对飞行力学来说,则把自动器尽量简化,不考虑它们的惯性、滞后及某些非线性因素,即用理想自动器来代替,而把研究重点放在加入自动器后飞机动态特性的改变。这就是飞行力学与控制工程的不同之处。

6.1.3 自动飞行控制原理

自动飞行主要是由自动驾驶仪来完成的。

6.1.3.1 自动驾驶仪的基本组成

自动驾驶仪是一种能够代替飞行员稳定和控制飞机状态的自动控制装置。它一般由给定元件、测量、放大、执行、反馈等组成。其简单结构图如图 6-4 所示。

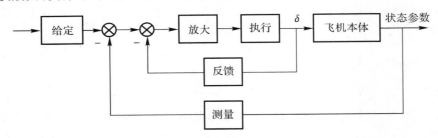

图 6-4 自动驾驶仪结构图

给定元件也称操纵元件,它根据飞行员的要求输出给定信号(或称操纵信号)。给定信号反映了飞行员所要求的飞机飞行状态。在自动驾驶仪中,飞行员利用操纵台或其他操纵装置,输出给定信号。

测量元件用以测量飞机的运动状态参数(如 ϑ, H, v 等),输出相应的电信号。

放大元件用以对给定信号和测量信号进行功率放大。

执行元件是根据放大元件输出的信号进行舵面操纵。自动驾驶仪的执行元件称为舵机或伺服器。

反馈元件是根据舵面的偏转,产生反馈信号。反馈信号一般分为位置反馈和速度反馈两类。

由放大元件、执行元件和反馈元件构成的回路,称为内回路,或称舵回路,而由内回路、飞机本体及测量元件又构成一个外回路。内回路保证舵偏角与综合信号之间的正确关系。外回路用以控制飞机飞行状态。它的基本原理是:通过测量元件随时测量飞机的飞行状态参数,并将测量信号与给定信号进行比较,得到偏差信号(即综合信号),偏差信号通过内回路控制舵面偏转,操纵飞机以达到消除偏差的目的。

可供自动驾驶仪控制的飞机操纵面主要有 3 个,即升降舵(平尾)、副翼和方向舵,所以自动驾驶仪的内回路也有 3 个,即升降舵(平尾)回路、副翼回路和方向舵回路。此外,某些飞机还装有油门回路,自动器可通过油门杆来控制发动机推力的大小。

从自动驾驶仪信号的产生,经过综合、放大,直到带动舵面偏转,这样一条途径称为通道。一套完整的驾驶仪,一般由二个或三个通道组成。这些通道分别称为升降舵(平尾)通道(或称俯仰通道、纵向通道)、副翼通道(或称倾斜通道、横向通道)和方向舵通道(或称偏航角通道)。

6.1.3.2 理想自动器的几种基本控制律

所谓控制律,对飞机而言,指的就是飞机操纵面的偏转规律。下面以俯仰角 ϑ 控制为例,来分析理想自动器的几种基本控制律。如果把自动驾驶仪看成是没有惯性、滞后等特性的理想自动器,则自动化飞行的基本原理可由图 6-5 来表示。图中 $G_c(s)$ 代表自动器的基本控制规律,这些控制规律有比例、微分、积分等形式。

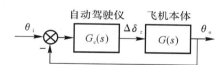

图 6-5 理想自动控制器控制原理(ϑ 控制)

(1)比例式控制规律。

所谓比例式控制律,是指理想自动器传递函数,其可表示为

$$G_c(s) = K \tag{6-1}$$

此时自动器输出信号 $\Delta\delta_z$ 与综合(误差)信号成正比,即

$$\Delta\delta_z = G_c(s)(\vartheta_i - \vartheta_o) = K(\vartheta_i - \vartheta_o) \tag{6-2}$$

此即为比例式控制规律,简称比例控制。式中,ϑ_i 为输入指令参数,ϑ_o 为输出参数。

比例式控制规律具有"放大"特性。比例式控制器实际上是一个放大器。

(2)积分式控制规律。

如果理想自动器的传递函数为 $\dfrac{1}{s}$,则升降舵偏转角与俯仰角误差信号的积分成比例,即

$$\Delta\delta_z = \frac{K}{s}(\vartheta_i - \vartheta_o) \tag{6-3}$$

则这种控制规律称为积分式控制规律,简称积分控制。

积分式控制律具有"记忆"特性,它可以消除或减小飞机的稳态误差。

(3)微分式控制规律。

如果理想自动器的传递函数为 s,则升降舵输出量与误差信号的速率成正比,即

$$\Delta\delta_z = KS(\vartheta_i - \vartheta_o) \tag{6-4}$$

此即为微分式控制规律,简称微分控制。

　　微分式控制规律具有"超前"特性,它能反映误差信号的速率(因而也叫速率控制),并在误差信号的值变得太大之前产生一个有效的修正。因此,微分式控制规律使误差信号提前,从而起到一个提前的修正作用。三种控制规律可以组合使用,其一般形式为

$$G_c(s) = K_1 + K_2 s + \frac{K_3}{s} \tag{6-5}$$

实现自动化飞行的任务,就是合理选择 K_1, K_2, K_3,组成所需的闭环控制。

6.2　　纵向闭环控制基本原理

　　纵向闭环控制的基本原理如图 6-6 所示。其中 $G_c(s)$ 为自动器传递函数,$\frac{\xi(s)}{\delta(s)}$ 为飞机本体的传递函数。其可能的控制量 δ(控制信号)和指令 ξ(系统的输入信号)见表 6-1。控制系统根据不同的指令和控制量,形成不同的控制。

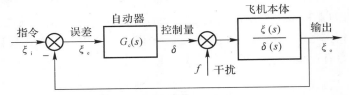

图 6-6　　纵向闭环控制基本原理

表 6-1　　纵向闭环控制的指令和控制量

指令	ξ	控制量	δ
俯仰角	ϑ	升降舵(平尾)偏角	δ_z
轨迹倾角	θ	襟翼位置	δ_f
迎角	α	油门杆位置	δ_p
俯仰角速度	ω_z	矢量推力	
飞行高度	H		
飞行速度	v		
法向加速度	a_y		
法向过载	n_y		

6.2.1　俯仰姿态控制

　　最简单的俯仰姿态控制是比例控制,其结构图如图 6-7 所示。最早的自动驾驶仪就是采用这种方法来控制俯仰姿态的。其控制规律为

$$\Delta\delta_z(s) = K_\vartheta [\vartheta_i(s) - \vartheta_o(s)] = K_\vartheta \vartheta_e(s) \tag{6-6}$$

式中:ϑ_e 为系统的俯仰角误差信号。

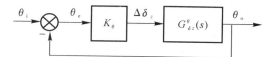

图 6-7　采用比例控制的俯仰姿态控制结构图

加入自动器后,系统的开环传递函数为

$$G(s) = K_\vartheta G_{\vartheta \delta_z}(s) = \frac{K_\vartheta A_\vartheta \left(s + \dfrac{1}{T_{1\vartheta}}\right)\left(s + \dfrac{1}{T_{2\vartheta}}\right)}{\Delta_{sp}(s)\Delta_p(s)} \tag{6-7}$$

式(6-7)中俯仰角对平尾偏角的传递函数 $G_{\vartheta \delta_z}(s)$ 采用了零极点的形式,是飞机传递函数的另一种表示方法,本章中飞机的传递函数均采用这种零极点的形式,以后不再重述。

K_ϑ 变化时闭环系统根轨迹图如图 6-8 所示。

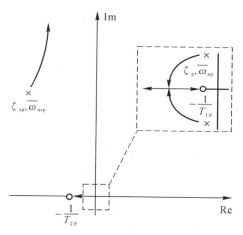

图 6-8　俯仰姿态控制系统的根轨迹图

由根轨迹图可见,随着 K_ϑ 的增加,长周期运动的阻尼比增加,但频率基本不变。在 K_ϑ 不太大的情况下,长周期运动衰减特性很快得到改善。

但是,从根轨迹图可看到,比例控制在改善长周期特性的同时,短周期阻尼将要减小,短周期固有频率将要增加。特别是对于短周期阻尼比原来就小(例如高空超声速飞行)的情况,影响尤其显著,此时短周期阻尼迅速降低,短周期模态特性急剧恶化。

如果在控制 ϑ、改善长周期模态特性的同时,需要改善短周期模态特性,则必须在控制规律中引入角速度(微分)信号。如果需要减少稳态误差,提高系统的稳态精度,则还需要在控制规律中引入积分信号。

6.2.2　高度控制

对于设计良好的飞机来说,俯仰姿态本身可以是稳定的,即如果没有自动器,飞机受扰动后,不需飞行员操纵也可以自动恢复到原来的俯仰姿态。但是,对于高度来说,飞机的高度模态是中立稳定的,也就是说,飞机本身没有保持高度的能力。飞机受扰动后,即使飞机俯仰姿态稳定性很好,仍要偏离原来的飞行高度,因此,对高度控制来说加装自动器尤为重要。

飞行高度的控制与稳定,可以通过升降舵(平尾)或油门来实现,也可以通过两者同时操纵来实现。一般来说,用油门来改变飞行高度较慢,而用升降舵(平尾)来改变飞行高度较快。因此,本节主要讨论升降舵(平尾)对高度的控制原理。

高度控制最简单的也是比例控制,采用比例控制时,系统理想的控制规律为

$$\Delta\delta_z(s)=K_{\overline{H}}\left[\overline{H}_i(s)-\overline{H}_o(s)\right]=K_{\overline{H}}\overline{H}_e(s) \tag{6-8}$$

式中:$\overline{H}_e$ 为无量纲的高度误差信号。此时,系统的控制原理结构图如图 6-9 所示。为了更好地画出系统的根轨迹,首先分析传递函数 $G_{\overline{H}\delta_z}(s)$ 的零极点分布情况。因为

$$G_{\overline{H}\delta_z}(s)=\frac{A_{\overline{H}}\left(s+\dfrac{1}{T_{1\overline{H}}}\right)\left(s+\dfrac{1}{T_{2\overline{H}}}\right)\left(s+\dfrac{1}{T_{3\overline{H}}}\right)}{s\Delta_{sp}(s)\Delta_p(s)} \tag{6-9}$$

由式(6-9)可见,系统的开环极点有 5 个。除了代表长、短周期的 4 个极点外,还有一个零值极点,这个零值极点即代表高度模态。这就是飞机没有保持高度能力的原因。

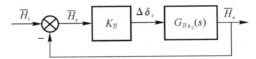

图 6-9　采用比例形式控制的高度控制结构图

系统的开环零点有 3 个。对于正常布局的飞机,一般均为实数。其中两个为数值相近、符号相反的大值零点,一个为小值零点。小值零点的位置,取决于飞机处于正操纵区还是反操纵区。正操纵区处于左半平面,反操纵区处于右半平面。

闭环系统的根轨迹如图 6-10 所示。由图可以看出,随着 $K_{\overline{H}}$ 的增加,表征高度模态的零值极点将向左移动而趋于零点 $-\dfrac{1}{T_{1\overline{H}}}$,高度模态将由原来的中立状态变成稳定状态。

从图 6-10 中还可以看出,引入高度控制信号后,短周期模态的阻尼比和固有频率都随 $K_{\overline{H}}$ 的增加而增加,但它对长周期模态的影响是不利的。随着 $K_{\overline{H}}$ 的增加,长周期的阻尼比逐渐下降。当 $K_{\overline{H}}$ 增加到一定程度时,长周期模态将出现不稳定现象。

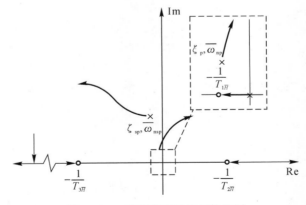

图 6-10　高度控制系统根轨迹图

为了避免长周期模态的恶化,通常可引入高度的微分控制。同样,为了提高系统的稳态精

度,还需要引入积分信号。

6.2.3　速度控制

飞行速度控制系统要比飞机的姿态控制和高度控制发展晚,其原因是亚声速飞机在巡航状态时有较大的速度稳定性,且速度变化又是缓慢的长周期过程,飞行员可以及时地对速度进行修正。另外,巡航飞行时,对速度的稳定精度要求不高,飞行员一旦建立发动机最佳工作状态后,在整个飞行过程中只要注意飞行速度是否在允许的最大值与最小值之间就可以了。

随着航空事业的发展,要求飞行员在恶劣的气象条件下自动进场着陆。此时,引起飞机速度变化的因素很多。而着陆本身又对速度精度要求很高,这就必然导致对速度进行自动控制。

速度控制的第二个功能是协助进行轨迹倾角的控制。例如,当飞行员由平飞转入上升而加大油门时,由于长周期运动阻尼很小,如果采用开环控制而无速度反馈时,达到一定轨迹倾角所需的时间往往很长,如图 6-11 中虚线所示。从图中可看出,当飞行员推油门(阶跃输入)时,飞机加速,由于舵面不偏转,因此迎角基本保持不变,飞机只是随着速度的增大而逐渐增大升力,从而使飞行轨迹发生变化。由此可见,这种没有速度反馈的开环控制过程,是一个长周期振荡过程,轨迹倾角建立所需的时间甚至长达十几分钟。

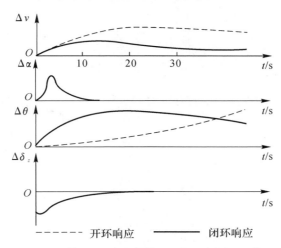

图 6-11　某喷气飞机最佳油门时,开环操纵和闭环操纵的比较($H = 9\,000$ m)

如果采用具有速度反馈的闭环控制(不管是采用自动控制器还是人工修正),加上舵面偏转的作用,这一过程可以大大缩短。由图 6-11 可以看出,当用人工或推力自动控制器加油门爬升时,速度控制系统为保持速度基本不变,通过速度反馈信号迅速偏转舵面,相当于改善了长周期模态的动态特性,因而可以迅速而稳定地达到预定的轨迹倾角。整个过程可以从十几分钟缩短到 10 s 左右。

速度控制主要通过速度信号反馈(即比例控制)来实现。为了提高控制品质,有时需加入速度的微分(加速度)信号或积分信号。

采用比例控制的速度控制系统原理结构图如图 6-12 所示。

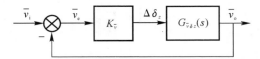

图 6-12　采用比例控制的速度控制系统结构图

图中：

$$G_{\bar{v}\delta_z}(s) = \frac{A_{\bar{v}}\left(s + \dfrac{1}{T_{1\bar{v}}}\right)\left(s + \dfrac{1}{T_{2\bar{v}}}\right)}{\Delta_{sp}(s)\Delta_p(s)} \qquad (6-10)$$

升降舵控制规律为

$$\Delta\delta_z(s) = K_{\bar{v}}\left[\bar{v}_i(s) - \bar{v}_o(s)\right] = K_{\bar{v}}\bar{v}_e(s) \qquad (6-11)$$

系统的开环传递函数为

$$G(s) = K_{\bar{v}}G_{\bar{v}\delta_z}(s) = \frac{K_{\bar{v}}A_{\bar{v}}\left(s + \dfrac{1}{T_{1\bar{v}}}\right)\left(s + \dfrac{1}{T_{2\bar{v}}}\right)}{\Delta_{sp}(s)\Delta_p(s)} \qquad (6-12)$$

其中，零点 $-\dfrac{1}{T_{1\bar{v}}}$ 在左半平面，而零点 $-\dfrac{1}{T_{2\bar{v}}}$ 可能在左半平面，也可能在右半平面，取决于飞机是正常布局还是鸭式布局，以及 $\dfrac{C_y}{C_x^\alpha}$ 大小 1 或小于 1。但不管是在左半平面还是右半平面，它们都远离原点，因此，对于大部分实际问题来说，可以略去。

略去 $-\dfrac{1}{T_{2\bar{v}}}$ 之后，闭环系统的根轨迹如图 6-13 所示。由图可见，这种控制系统对长周期模态的无阻尼固有频率的影响很大，同时也增加了长周期模态的阻尼比。因此，速度稳定性过程得到实现（如果开环是不稳定的）或缩短，轨迹角的形成也可加速。

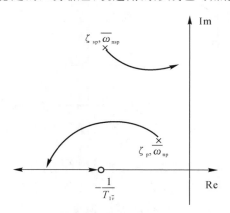

图 6-13　速度控制系统根轨迹图

图 6-13 可以看出，$K_{\bar{v}}$ 不大时，ζ_p 改善不显著，只有较大的 $K_{\bar{v}}$ 才能使 ζ_p 增加得足够多，而过大的 $K_{\bar{v}}$ 又会引起短周期模态特性的恶化。为了既改善长周期模态特性，又保持良好的短周期模态特性，实际使用的控制系统往往在速度信号的基础上，加上速度的微分（加速度）信号。如果要消除系统的稳态误差，尚需引入积分信号。

6.3　横航向闭环控制基本原理

横航向闭环控制原理同纵向基本一致。只是此时输入、输出及系统的各种传递函数都对应为横航向参数。同样在考虑自动控制器时，仍然将其作为理想自动控制器。

根据飞机所需完成的任务及要求的飞行品质，自动控制器可以引入不同的指令。横航向自动控制器中最常见的指令（即飞机的输入信号）与控制量（控制信号）见表 6-2。

表 6-2　侧向自动器的常见指令和控制量

指　　令	ξ	控制量	δ
倾斜角	γ	副翼偏角	δ_x
偏航角	ψ	方向舵偏角	δ_y
侧滑角	β		
滚转角速度	ω_x		
偏航角速度	ω_y		
侧向加速度	α_z		
侧向位移及其导数	$z,\dot{z}$		

6.3.1　倾斜角控制

保持无倾斜飞行的自动驾驶仪很早就被采用了。这种自动驾驶仪实际上是一种比例控制，它的敏感元件是一个垂直陀螺。通过垂直陀螺感受倾斜角信号，输入舵机，偏转副翼，从而达到控制倾斜角的目的。其结构图如图 6-14 所示。

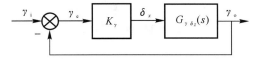

图 6-14　倾斜角控制系统结构图

图中：

$$G_{\gamma\delta_x}(s) = \frac{B_\gamma(s^2 + 2\xi_y\varpi_\gamma s + \varpi_\gamma^2)}{\left(s + \dfrac{1}{T_R}\right)\left(s + \dfrac{1}{T_S}\right)(s^2 + 2\zeta_d\varpi_d s + \varpi_d^2)} \qquad (6-13)$$

式（6-13）中的复数零点与荷兰滚极点通常很接近。这种驾驶仪的控制规律为

$$\delta_x(s) = K_\gamma[\gamma_i(s) - \gamma_o(s)] = K_\gamma\gamma_e(s) \qquad (6-14)$$

此时，系统的开环传递函数为

$$G(s) = \frac{B_\gamma A_\gamma(s^2 + 2\xi_y\varpi_\gamma s + \varpi_\gamma^2)}{\left(s + \dfrac{1}{T_R}\right)\left(s + \dfrac{1}{T_S}\right)(s^2 + 2\zeta_d\varpi_d s + \varpi_d^2)} \qquad (6-15)$$

闭环系统的根轨迹图如图 6-15 所示。由图可见,随着 K_γ 的增加,螺旋模态特性得到改善,滚转模态衰减减慢,并且当 K_γ 值超过某一值后,螺旋模态和滚转模态耦合成一对复根。

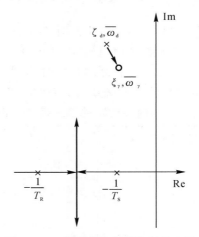

图 6-15 倾斜角控制系统根轨迹图

为了进一步分析倾斜角控制的基本作用,根据零点和荷兰滚极点接近的特点,取

$$G_{\gamma\delta_x}(s) = \frac{B_\gamma}{\left(s + \dfrac{1}{T_R}\right)\left(s + \dfrac{1}{T_S}\right)} \qquad (6-16)$$

通常有

$$\frac{1}{T_S} \ll \frac{1}{T_R} \qquad (6-17)$$

故得

$$G_{\gamma\delta_x}(s) \approx \frac{B_\gamma}{s\left(s + \dfrac{1}{T_R}\right)} \qquad (6-18)$$

当副翼以单位阶跃输入时,开环系统稳态时的倾斜角为

$$\gamma(\bar{t}) = \lim_{\bar{t}\to\infty} s \cdot \frac{1}{s} \cdot G_{\gamma\delta_x}(s) = \lim_{s\to 0} \frac{B_\gamma}{s\left(s + \dfrac{1}{T_R}\right)} \qquad (6-19)$$

亦即开环操纵时 δ_x 与 γ 没有一一对应的关系。

如果将图 6-14 作如图 6-16 的等效变换,则此时系统的闭环传递函数为

$$\Phi_{\gamma\delta_x}(s) = \frac{G_{\gamma\delta_x}(s)}{1 + K_\gamma G_{\gamma\delta_x}(s)} \qquad (6-20)$$

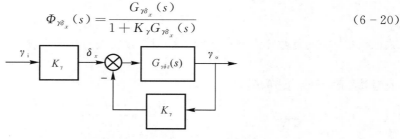

图 6-16 倾斜角控制系统结构图的等效变换图

如果仍以单位阶跃为输入,则闭合系统稳态时的倾斜角为

$$\gamma(\bar{t}) = \lim_{t \to \infty} s \cdot \frac{1}{s} \frac{G_{\gamma\delta_x}(s)}{1 + K_\gamma G_{\gamma\delta_x}(s)} = \lim_{s \to 0} \frac{A_\gamma}{s\left(s + \dfrac{1}{T_R}\right) + K_\gamma A_\gamma} = \frac{1}{K_\gamma} \qquad (6-21)$$

也就是说,有了反馈控制后,对于常值副翼偏转,飞机将稳定在某一倾斜角上,改变了原来"角速度控制"的特性。当副翼偏转角为零时,飞机将稳定在无倾斜的位置上。此时,如果飞机受到干扰倾斜到某个角度时,将能自动恢复到原来的无坡度状态,而无需飞行员干预。

对这一原理可作如下的物理解释。当飞机出现倾斜角扰动时,自动器将使副翼偏转,产生一个企图消除倾斜角的气动力矩:

$$\overline{m}_x^{\delta_x} \delta_x = \overline{m}_x^{\delta_x} K_\gamma \gamma$$

也就是说,使飞机具有类似静稳定的特性。

引入比例控制后,虽然解决了倾斜角的控制问题,但是前述已经指出,此时滚转模态特性变差,特别是 K_γ 增加到一定值后,滚转模态和螺旋模态还会耦合成衰减较慢、周期较长的振荡运动。这种特性是飞行员所不欢迎的。因此,在倾斜角控制的自动控制器中,很少采用单独的比例控制。要消除或减轻这种不利影响,可以在比例控制的基础上,加上微分信号(即滚转加速度信号)。

6.3.2　偏航角控制

偏航角的自动控制有方向舵控制、副翼控制以及方向舵和副翼协调控制 3 种方案。

6.3.2.1　偏航角的方向舵控制

最早的自动驾驶仪就是用方向舵来控制飞机的偏航角的。它的基本原理如图 6-17 所示。其中方向舵控制规律为

$$\delta_y(s) = K_{\psi y}[\psi_i(s) - \psi_o(s)] = K_{\psi y}\psi_e(s) \qquad (6-22)$$

而

$$G_{\psi\delta_y}(s) = \frac{B_\psi\left(s + \dfrac{1}{T_{\psi y}}\right)[s^2 + 2\zeta_{\psi y}\overline{\omega}_{\psi y}s + (\overline{\omega}_{\psi y})^2]}{s\left(s + \dfrac{1}{T_R}\right) + \left(s + \dfrac{1}{T_S}\right)(s^2 + 2\zeta_d\overline{\omega}_d s + \overline{\omega}_d^2)} \qquad (6-23)$$

其中的零值特征根就代表着偏航角模态。可见,如果没有偏航角反馈,偏航角运动模态是中立稳定的,飞机受扰动后,不能恢复原来的偏航角。引入偏航角反馈后,其根轨迹图如图 6-18 所示。由图可见,此时零值极点很快与螺旋模态耦合成一对复根,系统偏航角运动模态由中立稳定变为稳定,偏航角控制的目的也就达到了。

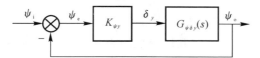

图 6-17　用方向舵控制偏航角的控制系统结构图

由图 6-18 还可看出,采用上述控制,荷兰滚模态和滚转模态特性都要变差。为了克服这些缺点,可以在前述控制的基础上加上偏航角的微分控制信号。

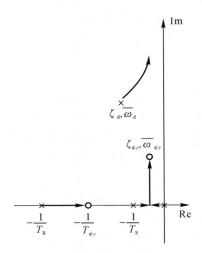

图 6-18　偏航角的方向舵控制系统的根轨迹图

6.3.2.2　偏航角的副翼控制

除了用方向舵控制偏航角外，也可以用副翼来执行偏航角控制的任务。

对用副翼控制偏航角来说，最简单的仍然是比例控制，其控制律为

$$\delta_x(s) = K_{\psi x}[\psi_i(s) - \psi_o(s)] = K_{\psi x}\psi_e(s) \tag{6-24}$$

系统的结构图如图 6-19 所示。

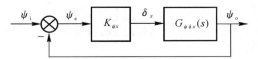

图 6-19　偏航角的副翼控制系统结构图

图中

$$G_{\psi\delta_x}(s) = \frac{A_\psi\left(s + \dfrac{1}{T_{\psi x}}\right)\left[s^2 + 2\zeta_{\psi x}\overline{\omega}_{\psi x}s + (\overline{\omega}_{\psi x})^2\right]}{s\left(s + \dfrac{1}{T_R}\right) + \left(s + \dfrac{1}{T_S}\right)(s^2 + 2\zeta_d\overline{\omega}_d s + \overline{\omega}_d^2)} \tag{6-25}$$

由式（6-25）可见，用副翼控制也能使飞机的偏航角运动模态由中立稳定变成稳定，从而达到控制偏航角的目的。但是，滚转模态和荷兰滚模态的模态特性会变差，特别是对荷兰滚模态影响更大。为了克服此缺点，与方向舵控制相仿，亦需引入微分信号。

6.3.2.3　偏航角的副翼和方向舵协调控制

这种偏航角控制是用副翼和方向舵协调控制来完成的。例如，KJ-6 型自动驾驶仪就采用了这种控制方法，其基本控制规律为

$$\left.\begin{aligned}\delta_x &= K_{\omega_x}\overline{\omega}_x + K_{\gamma x}\gamma_e + K_{\psi x}\psi_e\\\delta_y &= K_{\omega_y}\overline{\omega}_y + K_{\gamma y}\gamma_e\end{aligned}\right\} \tag{6-26}$$

这种双通道同时工作的理论分析比较复杂，这里不再分析，读者可参考相关资料。

6.4　主动控制技术

6.4.1　主动控制技术概述

由于现代飞机飞行包线不断扩大,飞机稳定性、操纵性和飞行性能之间的矛盾,飞行性能、结构质量和飞行安全之间的矛盾越来越突出。例如,为了保证飞机在高空超声速大迎角飞行时具有足够的横航向静稳定性,必须增大垂尾面积,而这会增大飞机的结构质量和飞行阻力等。仅仅依靠采用飞机气动布局、结构设计和发动机设计协调配合的常规飞机设计方法,越来越不能满足设计高性能飞机的要求。20 世纪 60 年代,人们提出了一种新的飞机设计思想,即在飞机设计过程中就主动地将自动控制技术作为飞机设计的基本因素,用于解决飞机设计过程中出现的稳定性、操纵性、控制面设计、重心位置等问题,使飞机具有合理的气动布局、结构强度配置和载荷分布,以满足高性能飞机设计的要求。这种主动应用自动控制技术改善飞机稳定性和操纵性设计及提高飞机作战性能的技术,就叫作主动控制技术(Active Control Technique,简称 ACT)。从飞机设计的角度来说,主动控制技术就是在飞机设计的初始阶段就考虑到自动飞行控制系统对飞机总体设计的影响,充分发挥飞行控制系统潜力的一种飞行控制技术。

主动控制技术的采用,不仅解决了飞机稳定性和操纵性之间的矛盾,大大提高了飞机的飞行性能,而且对飞机的设计方法也产生了重大影响。

采用主动控制技术的设计方法和常规设计方法有什么不同呢? 我们就从常规的飞机设计方法谈起。常规飞机设计方法的过程是这样的:根据任务要求,考虑气动布局、结构强度和动力装置三大因素,并在它们之间进行折中以满足任务要求。这样,为获得某一方面的性能就必须在其他方面作出让步或牺牲,例如为实现更好的气动稳定性就必须在尾翼的重量和阻力方面付出代价。折中之后就确定了飞机的构形,再经过风洞吹风后,对飞机的各分系统(其中包括飞行控制系统)提出设计要求。这里飞行控制系统和其他分系统一样,处于被动地位,其基本功能是辅助飞行员进行姿态航迹控制,如图 6 - 20 所示。

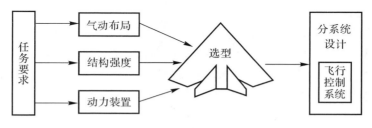

图 6 - 20　常规设计方法的设计步骤

采用主动控制技术的设计方法则打破了这一格局,把飞行控制系统提高到和上述三大因素同等重要的地位,成为选型必须考虑的 4 种因素之一,并起积极作用,如图 6 - 21 所示。在飞机的初步设计阶段就考虑全时间、全权限的自动飞行控制系统的作用,综合选形,选形后再对飞行控制系统以外的其他分系统提出设计要求。这样就可以放宽对气动布局、结构强度和动力装置方面的限制,依靠控制系统主动提供人工补偿。于是飞行控制由原来的被动地位变为主动地位,充分发挥了飞行控制的主动性和潜力,因而称这种技术为主动控制技术。

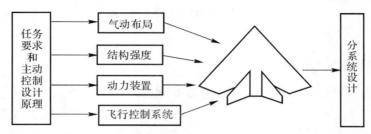

图 6 - 21　采用主动控制技术的设计方法的设计步骤

正是由于采用了主动控制技术的设计方法,在飞机选形和布局的过程中,都将控制系统作为一个主要因素来考虑,所以这种技术又被称作随控布局技术(Control Configured Vehicle Technique)。利用这种技术和思想设计的飞机叫作随控布局飞机(Control Configured Vehicle,即 CCV)。这种飞机在不同的飞行状态下会自动偏转有关舵面,改变飞机的外形,以获得最优的效果。自动控制系统是这种飞机上不可缺少的主要组成部分,在飞机的整个飞行过程中全权限、全时间地工作。

近数十年来,主动控制技术在理论研究和实际应用方面都取得了很大的进展。这一方面是由于军用战斗机提高机动性、经济性和可靠性的要求,另一方面是由于现代控制理论和技术以及计算机技术的飞速发展、系统设计方法的日趋成熟,而电传操纵系统的引入更为主动控制技术的应用提供了可靠的基础。此外,由于空气动力学不断发展,出现了许多新的气动布局方案,这些也为在飞机设计中应用主动控制技术创造了有利条件。

目前主动控制技术有的已经在飞机上得到了应用。国外的第三代战斗机都广泛采用了主动控制技术,例如 F - 16,F - 18,Mig - 29 和国产某型机等飞机。民航飞机也有采用主动控制技术的,例如波音 777、空中客车 A320 等。主动控制技术主要包括放宽静稳定性(Relaxed Static Stability)、机动载荷控制(Maneuvering Load Control)、直接力控制(Direct Force Control)、阵风减缓控制(Gust Alleviation Control)、乘感控制(Ride Control)、主动颤振抑制(Active Flutter Depression)等。

(1)放宽静稳定性。

放宽静稳定性是指在飞机设计中放弃传统飞机设计中的静稳定性要求,允许将飞机设计成欠稳定的或者是中立稳定的,甚至是静不稳定的,而由此带来的飞机稳定性和操纵性问题则借助于自动控制系统加以解决的一种技术。放宽静稳定性包括放宽纵向静稳定性和放宽横航向静稳定性两种类型,其基本原理是类似的。

(2)机动载荷控制。

机动载荷控制作为一种主动控制技术,其基本思想是,通过改变飞机机动飞行时的载荷分布,使载荷分布合理化,以达到减小机翼结构质量或飞行阻力、提高飞机飞行性能的目的。由于轰运类飞机与歼强类飞机在结构、性能及任务要求上有差异,它们在采取机动载荷控制技术方面的目的和方法有所不同。

(3)直接力控制。

常规的升力或侧力控制都是通过控制飞机的姿态来实现的。直接力控制则是在保证飞机某些特定的自由度不产生运动的条件,通过一些控制面直接产生升力或侧力,从而使飞机作所希望的机动。这种控制使飞机的姿态变化和轨迹变化脱离确定的关系,使力和力矩的变化脱离关系,因而也叫解耦控制。直接力控制对于提高飞机的机动性和攻击瞄准精确度具有重要的意义。直接力控制分纵向直接力控制和横航向直接力控制。纵向直接力控制分为直接升力、俯仰指向和垂直平移三种控制方式。横航向直接力控制分为直接侧力控制、偏航指向控制和侧向平移控制三种方式。

(4)阵风减缓与乘感控制。

飞机在飞行中会受到不同方向的气流的作用,其中强度较大的叫阵风。阵风的存在会引起飞机过载变化。通常水平阵风对飞机过载影响较小,而垂直阵风对飞机过载影响较大,垂直阵风可分为两种类型,即恒值阵风和交变阵风。中等重量轰炸机、运输机类飞机都要考虑垂直阵风进行强度设计。在交变阵风的作用下,飞机将受到交变过载增量的作用而产生颠簸。这时即使过载增量本身并不大,但若时间太长,也会使乘员感到不适,且会影响飞机结构疲劳寿命。当阵风频率接近于机翼弯曲固有频率时,则会发生共振,使机翼及其上的悬挂物(如发动机吊舱、导弹、副油箱等)受到严重的载荷作用,甚至损坏。因此,现代飞机要进行阵风减缓与乘感控制。

阵风减缓控制实际上是直接力控制技术在扰动运动中的应用,是运用直接力控制技术有效地衰减阵风引起的法向过载增量或法向加速度。应该指出,自动驾驶仪在一定程度上也能衰减阵风响应,改善飞机在扰流中的飞行稳定性。但是,它是通过间接力控制的,也就是利用线加速度反馈,驱动基本舵面(平尾、副翼、方向舵)产生力矩改变飞机姿态角,间接产生升力或侧力,以抵消阵风产生的过载;或者利用角速度、角位移信号反馈,驱动基本舵面产生力矩,抑制姿态改变,抑制阵风产生作用。而这里介绍的阵风减缓控制,则是利用直接力操纵面(如鸭翼、机动襟翼等)与基本舵面之间的协调控制来减缓阵风作用的控制方法。

乘感控制也称乘坐品质控制,是指通过主动控制技术操纵相应的控制面偏转,产生气动结构阻尼,达到抑制飞机结构弹性振动的目的。对于机身细长而挠性较大的飞机,遇到周期性阵风,机身将会发生弹性振动。这不仅容易使机体结构受到疲劳损坏,而且会使乘员感到不舒服,使飞机难以操纵,影响飞行员完成任务,即产生所谓乘坐品质问题。经验表明:通常当垂直过载超过 0.1 时会引起乘员感到不舒服;当垂直过载超过 0.2 时会造成仪表判读困难;当垂直过载超过 0.5 并持续数分钟会使飞行员担心飞机出事故而改变飞行高度和速度。侧向过载的允许值约为垂直过载的一半。乘坐品质问题对低空突防的轰炸机来说尤为重要,因为低空飞行时,阵风强度较大,容易产生较强的阵风过载。类似地,由于短程客机的巡航高度较低,乘坐品质问题也较突出。

为了减轻机体结构的弹性振动,常规的方法是增强机体结构刚度和选择对阵风敏感性较低的机翼,这将使飞机的结构质量明显增加,而乘感控制则不然。例如,B-1 飞机采用这种控制技术比增强飞机结构刚度可减轻约 1 t 左右的飞机结构质量。

(5)主动颤振抑制。

所谓主动颤振抑制是相对于被动颤振抑制来说的,它是主动控制技术中难度最大的一项技术。由于飞机本身是一个弹性体,所以在增稳操纵系统(或控制增稳操纵系统)中的传感器所感受到的不单是飞机的刚体运动,还有飞机的弹性运动。当增稳操纵系统与飞机弹性模态耦合时,就会出现自激振动——颤振。

颤振是飞机上各种振动中最剧烈、最危险的一种振动,在飞机的飞行包线内是不允许发生的,并要求有 15% 的颤振临界速度的裕度,即颤振临界速度 $v_{cr} \geqslant 1.15\, v_{max}$。因此,目前对于颤振主动抑制系统的设计有两种方法:一种是飞机的结构刚度满足在最大速度下防止发生颤振的要求,再用颤振主动抑制系统来提高 15% 颤振速度的裕度,最终使飞机颤振临界速度满足设计要求;另一种是按照强度要求设计飞机结构,完全靠控制系统来解决防止发生颤振的问题。这种方法通常是在增稳操纵系统的回路中加入机体结构陷幅滤波器,把高频结构模态信号从系统信号中滤掉,使舵机不响应这些信号,但这种方法不能抑制飞机本身出现的任何结构振荡或颤振,通常将其称为颤振被动抑制。

颤振主动抑制的原理是,用传感器感受所要抑制的翼面的扭转和(或)弯曲振动,把信号按选定的控制律加以放大,并进行相应补偿,通过舵机去偏转一个或几个操纵面,使之产生有利于抑制翼面颤振的空气动力,达到抑制颤振的目的。因此,它的主要工作内容是颤振模态的测量、控制律的确定和控制力的产生。

以上几种主动控制技术,有的已经在飞机上应用,有的仍然在研究之中。下面主要介绍放宽静稳定性改善飞机飞行性能,其他的主动控制技术可参考其他相关书目。

6.4.2 放宽静稳定性

放宽静稳定性是指在飞机设计中放弃传统飞机设计中的静稳定性要求,允许将飞机设计成欠稳定的或者是中立稳定的,甚至是静不稳定的,而由此带来的飞机稳定性和操纵性问题则借助于自动控制系统加以解决的一种技术。

放宽静稳定性包括放宽纵向静稳定性和放宽横航向静稳定性两种类型,其基本原理是类似的。下面以放宽纵向静稳定性为例,介绍放宽静稳定性的基本原理。

6.4.2.1 放宽纵向静稳定性问题的提出

放宽纵向静稳定性指的是放宽迎角静稳定性。飞机的纵向迎角静稳定性主要由迎角稳定度 $m_z^{C_y}$ 度量,并且有

$$m_z^{C_y} = \bar{x}_G - \bar{x}_F \qquad\qquad (6-27)$$

在常规飞机设计中,一般要求焦点位于重心之后,即 $m_z^{C_y} < 0$,并且具有一定的数值大小。对于轻型战斗机,亚声速飞行时的迎角静稳定度绝对值 $|m_z^{C_y}|$ 应不小于 3%;对于重型轰炸机和运输机,其迎角静稳定度绝对值 $|m_z^{C_y}|$ 不小于 10%。在跨声速飞行时,飞机焦点位置会随飞行马赫数增大而迅速后移,使得飞机超声速飞行时具有过强的迎角静稳定性,这将带来一系列问题。首先是使飞机超声速飞行时的平飞配平平尾偏角绝对值增大,使飞机可用于机动飞行的平尾偏角减小,加上单位过载平尾偏角绝对值增大,将使飞机的机动能力降低;其次,配平平尾偏角绝对值增大,平尾负载增大,必然会导致飞机结构质量增加,飞机的飞行性能变差;最后,配平平尾偏角绝对值增大,平尾负升力增大,还会引起机翼升力载荷增大,这会使飞机的气动特性恶化。这些问题对于大后掠角、小展弦比的高性能战斗机显得更为严重。放宽纵向静稳定性设计就是为解决这些问题而提出的。

6.4.2.2 放宽静稳定性的好处

对于放宽静稳定性的飞机来说,亚声速飞行时飞机可能是迎角静不稳定的,即焦点位于重心之前,而超声速飞行时飞机是迎角静稳定的,即焦点位于重心之后,但这时其 $|m_z^{C_y}|$ 将明显

小于常规飞机的 $\left| m_z^{C_y} \right|$，如图 6-22 所示。这将产生一系列的好处。

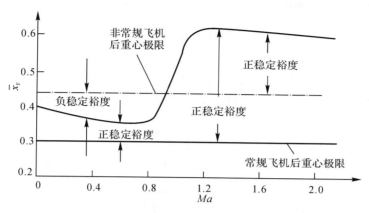

图 6-22　常规飞机和放宽静稳定性飞机的静稳定性比较

（1）提高飞机配平升力系数斜率和升阻比。

当飞机作等速直线水平飞行时，作用于飞机的外力矩之和应为零，即

$$m_{z_0} + m_z^\alpha \alpha + m_z^{\delta_z} \delta_z = 0 \tag{6-28}$$

式中，m_{z_0} 为零升力矩系数，也可理解为平尾偏角 $\delta_z = 0$、飞机迎角 $\alpha = 0$ 时的飞机俯仰力矩系数，也叫零迎角俯仰力矩系数。

由式（6-28）可得

$$\delta_z = -\frac{m_{z_0}}{m_z^{\delta_z}} - \frac{m_z^\alpha}{m_z^{\delta_z}}\alpha = \delta_{z_0} - \frac{m_z^\alpha}{m_z^{\delta_z}}\alpha \tag{6-29}$$

式中，$\delta_{z_0} = -\dfrac{m_{z_0}}{m_z^{\delta_z}}$，为平衡零升力矩所需的平尾偏角。

由式（6-29）可以看出：当飞机重心向后移动时，飞机的迎角静稳定性减弱，m_z^α 向正向增大，平尾平衡偏角正向增大（前缘上偏）；相反，当飞机重心前移，飞机迎角静稳定性增强，m_z^α 向负向增大，平尾平衡偏角负向增大（前缘下偏）。因此，放宽静稳定性要求，必然会导致平尾负升力减小或者平尾正升力增大。

飞机作等速直线水平飞行时，飞机的总升力应等于飞机重量，叫配平升力，记为 Y_{trim}。而飞机的总升力由平尾偏角 $\delta_z = 0$ 时的全机升力 $Y_{\delta_z=0}$ 和平尾附加升力 ΔY 组成，即

$$Y_{\text{trim}} = Y_{\delta_z=0} + \Delta Y \tag{6-30}$$

写成升力系数形式，有

$$C_{y\,\text{trim}} = C_{y\delta_z=0} + C_y^{\delta_z}\delta_z \tag{6-31}$$

将式（6-29）代入式（6-31），可得

$$C_{y\,\text{trim}} = C_{y\delta_z=0} + C_y^{\delta_z}\left(\delta_{z_0} - \frac{m_z^\alpha}{m_z^{\delta_z}}\alpha\right) \tag{6-32}$$

两边对迎角取导数，可得

$$C_{y\,\text{trim}}^\alpha = C_{y\delta_z=0}^\alpha - \frac{m_z^\alpha}{m_z^{\delta_z}}C_y^{\delta_z} \tag{6-33}$$

式中：$C_{y\delta_z=0}^{\alpha}$ 为平尾偏角为零时的飞机升力线斜率；$C_y^{\delta_z}$ 为单位平尾偏角增量产生的飞机升力系数增量，并且有 $C_y^{\delta_z} > 0$。

由式(6-33)可以看出，当飞机迎角中立静稳定，即 $m_z^{\alpha} = m_z^{C_y} = 0$ 时，飞机的配平升力系数斜率为

$$C_{y\text{ trim}}^{\alpha} = C_{y\delta_z=0}^{\alpha} \tag{6-34}$$

当 $m_z^{\alpha} < 0$ 时，也就是当飞机迎角静稳定时，飞机的配平升力系数斜率为

$$C_{y\text{ trim}}^{\alpha} = C_{y\delta_z=0}^{\alpha} - \frac{m_z^{\alpha}}{m_z^{\delta_z}}C_y^{\delta_z} < C_{y\delta_z=0}^{\alpha} \tag{6-35}$$

飞机配平升力系数斜率随 $|m_z^{\alpha}|$（或 $|m_z^{C_y}|$）增大而减小，随 $|m_z^{\alpha}|$（或 $|m_z^{C_y}|$）减小而增大。

当 $m_z^{\alpha} > 0$ 时，也就是当飞机迎角静不稳定时，飞机的配平升力系数斜率为

$$C_{y\text{ trim}}^{\alpha} = C_{y\delta_z=0}^{\alpha} - \frac{m_z^{\alpha}}{m_z^{\delta_z}}C_y^{\delta_z} > C_{y\delta_z=0}^{\alpha} \tag{6-36}$$

且升力线斜率随着迎角静不稳定性的增强而增大。

在飞机气动外形和飞行重量不变的情况下，飞机配平升力系数斜率的变化必然会引起飞机配平迎角的改变。纵向迎角静稳定性降低，配平升力系数斜率增大，飞机保持等速直线水平飞行所需的迎角减小，这会使飞机的诱导阻力减小，从而引起飞机配平阻力系数减小，升阻比增大。图6-23所示为前联邦德国MRCA运输机采用常规设计和放宽静稳定性设计时配平升力系数曲线的比较情况。可以看出，放宽静稳定性设计使飞机配平升力系数斜率和升阻比明显增大。

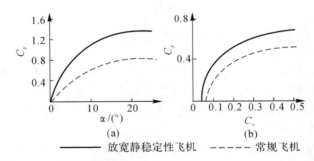

图 6-23　放宽静稳定性设计对飞机配平升和阻力特性的影响

总之，放宽静稳定性要求，使飞机纵向迎角静稳定性降低，将使飞机的配平升力系数斜率增大，升阻比增大，从而提高飞机的飞行性能。

根据有关资料报道，F-16飞机采用放宽静稳定性技术，重心位置由 $25\%b_A$ 向后移至 $38\%b_A$，在9 000 m高度，亚声速飞行时升阻比可提高8%，超声速飞行时可提高15%。显然这对增大飞机的巡航性能是极为有利的。

（2）提高飞机的机动性。

放宽静稳定性要求可以提高飞机的水平加速性和机动飞行可用过载 n_y，改善飞机的盘旋性能等。

1) 提高飞机的水平加速性。飞机水平加速飞行时,有

$$\mathrm{d}v/\mathrm{d}t = (P - X)/m \qquad (6-37)$$

可以看出,由于放宽静稳定性要求使飞机配平阻力减小,飞机的平飞加速度将增大。上述同一资料指出,F - 16 飞机重心位置由 $25\%b_A$ 向后移至 $38\%b_A$ 时,该机从马赫数 0.9 增速到 1.6 时所需的加速时间缩短了 1.8 s。

2) 增大飞机最大可用法向过载。如上所述,放宽静稳定性要求,可使飞机的配平迎角减小,这使得飞机在最大使用迎角一定的情况下,机动飞行的可用迎角增大。此外,纵向静稳定性降低,$|m_z^{C_y}|$(或 $|m_z^{\alpha}|$)减小,使得单位过载平尾偏角的绝对值 $|\mathrm{d}\delta_z/\mathrm{d}n_y|$ 减小,从而使最大可用法向过载增大。

3) 改善飞机盘旋性能。注意到飞机作正常盘旋时,其盘旋半径为

$$R = \frac{v^2}{g\sqrt{n_y^2 - 1}} \qquad (6-38)$$

盘旋角速度为

$$\omega = \frac{g\sqrt{n_y^2 - 1}}{v} \qquad (6-39)$$

可用法向过载增大,必然导致飞机盘旋半径减小,盘旋角速度增大,使飞机的水平机动性更好。

当然,飞机机动可用迎角增大,飞机机动可用升力增大,对飞机的垂直机动性能也将带来明显好处。

从气动布局角度来讲,通常可采用下列途径来实现放宽静稳定性要求:通过减小平尾面积使飞机焦点前移,采用鸭式布局使飞机焦点前移,采用三翼面布局使焦点前移,采用前掠翼布局使焦点前移。

复　习　题

1. 飞机飞行操纵系统的分类有哪些?

2. 飞机的机械操纵系统根据其所传动的舵面可分为＿＿＿＿＿＿、＿＿＿＿＿＿和

＿＿＿＿＿＿。

3. 飞机设计采用放宽静稳定性技术后,飞机的配平升力系数＿＿＿＿＿＿,升阻比

＿＿＿＿＿＿。

4. 目前,主动控制技术在理论研究和实际应用方面都取得了很大的进展,一些技术日趋完善,主要包括:＿＿＿＿＿＿、＿＿＿＿＿＿、＿＿＿＿＿＿、＿＿＿＿＿＿、

＿＿＿＿＿＿。

5. 当飞机保持平飞时,若 Ma 不变,H 增加,则对后掠机翼来说(　　)。

A. 飞机动操纵性变好　　　　　　　　B. 飞机动稳定性变好

C. 飞机横向静稳定性变好　　　　　　D. 飞机方向静稳定性变好

6. 什么是飞行操纵系统?简述其发展情况。

7. 简述飞机自动飞行控制的基本原理。

8. 理想自动控制器有哪几种基本控制律？它们各自的作用和特点是什么？

9. 简述纵向和横航向闭环控制的指令和控制量分别是什么。

10. 如何根据轨迹图变化情况判断系统动稳定性变化？

11. 什么是飞行器设计中的主动控制技术？

12. 简述采用主动控制技术设计飞机的步骤和常规方法设计时的异同点。

13. 什么叫放宽静稳定性？

14. 分析纵向放宽静稳定性对飞机各项飞行性能的影响。

第7章　增稳和控制增稳飞机飞行品质

20世纪50年代,超声速飞机问世。超声速飞机的外形特点是采用三角翼或大后掠角机翼,机身长细比较大,其气动特性变化很大,使得飞机的固有稳定性不足。当飞机在飞行中受到扰动或飞行员操纵飞机时,飞机将出现剧烈的振荡,难以完成跟踪、瞄准等任务,因而提出了改善飞机稳定性的要求。最早是引入角速度反馈信号以增大飞机的运动阻尼,抑制振荡,这种角速度反馈控制系统称为阻尼器。在阻尼器的基础上,又引入迎角反馈或过载反馈,以改善飞机的静稳定性,并提高飞机短周期运动的固有频率,这种系统称为增稳操纵系统,具有这种操纵系统的飞机称为增稳飞机。为了解决增稳操纵系统的引入而引起的飞机操纵性下降的问题,又在增稳操纵系统的基础上,增加了一个驾驶杆操纵力(或驾驶杆操纵位移)传感器和一个指令模型,将飞行员的操纵指令与飞机的响应进行综合后构成闭环控制系统,这种系统称为控制增稳操纵系统,具有这种操纵系统的飞机称为增稳飞机。控制增稳操纵系统不仅改善了飞机的稳定性,同时也大大地提高了飞机的操纵性和机动性。控制增稳操纵系统,现在已经发展成为全权限的电传操纵系统。

本章主要介绍增稳和控制增稳操纵系统的组成、工作原理和控制律以及装有这种系统的飞机的飞行品质。

7.1　增稳飞机飞行品质

本节分纵向和横航向讨论增稳飞机的飞行品质,主要介绍增稳操纵系统的组成、工作原理、控制律,然后通过此系统对飞机飞行品质所起的作用来阐明增稳飞机的飞行品质。

7.1.1　纵向增稳飞机的飞行品质

7.1.1.1　具有纵向阻尼器飞机的飞行品质

(1)纵向阻尼器的组成。

图7-1所示为具有纵向阻尼器的操纵系统结构原理图。图7-2所示为该操纵系统的结构图,图中虚线所框的方块即为纵向阻尼器,它由敏感元件(速率陀螺、动压传感器)、放大器和舵机等三个主要部件组成。

敏感元件的作用是感受和测量飞机对预定状态的偏差,并根据这个偏差的大小和方向,输出相应的电信号。

放大元件又称变换放大元件,简称放大器。从敏感元件输出的电信号,一般都是很微弱的。为了使执行元件能够工作,必须将此信号加以放大和变换,使它有足够的功率。

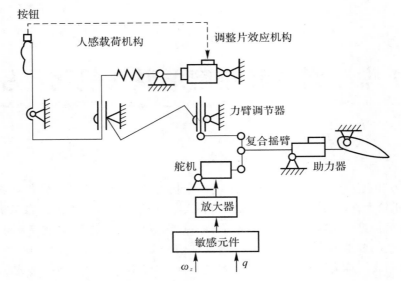

图 7-1　具有纵向阻尼器的操纵系统结构原理图

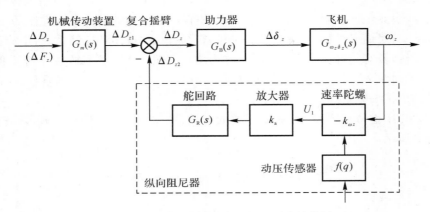

图 7-2　具有纵向阻尼器的操纵系统结构图

舵机(或舵回路、伺服器)是与助力器一样的操纵舵面的一种机构。其主要功用是产生较大的力,以克服作用于舵面上的气动力或滑阀上的摩擦力,并根据敏感元件输出的电信号极性和大小直接带动舵面偏转或驱动助力器的滑阀。

阻尼器靠复合摇臂并入不可逆助力操纵系统中,从而构成具有阻尼器的操纵系统。

在图 7-2 中,$G_m(s)$ 为机械操纵系统助力器之前的传递函数;$G_{\omega_z\delta_z}(s)$ 为飞机纵向短周期传递函数;$f(q)$ 为动压传感器随动压变化的系数;$G_B(s)$ 为液压助力器的传递函数,在忽略液压助力器惯性的情况下,$G_B(s)$ 可近似地表示为一常数,即

$$G_B(s) = k_B \tag{7-1}$$

式中:k_B 为助力器(含助力器后段杆系)增益;$G_R(s)$ 为舵回路的传递函数,如果认为舵回路为一理想的控制器,则 $G_R(s)$ 也可以表示为一常数,即

$$G_R(s) = k_R \tag{7-2}$$

式中：k_R 为舵回路的增益，在忽略速率陀螺、放大器惯性的情况下，其数学模型可用增益值 k_{ω_z}，k_a 来分别表示。图 7-2 中 k_{ω_z} 前加个负号的目的，是为了得到正的开环传递函数，因为传递函数为

$$G_{\omega_z \delta_z}(s) = \frac{\overline{M}_z^{\delta_z}(s + \overline{Y}_C^a)}{s^2 + 2\zeta_{sp}\omega_{nsp}s + \omega_{nsp}^2} \tag{7-3}$$

其增益 $\overline{M}_z^{\delta_z} < 0$。

速率陀螺是用来感受和测量飞机飞行时，飞机受到某种扰动或飞行员操纵引起的俯仰角速度 ω_z，并输出一个与此角速度成比例的电压信号，经放大器、舵回路、复合摇臂和助力器，使舵面偏转某个角度，其稳态值为

$$\Delta\delta_z = \delta_z - \delta_{z_0} = k_B k_R k_a k_{\omega_z}\omega_z = K_{z\omega_z}\omega_z \tag{7-4}$$

式中：δ_z 为当时的舵偏角；δ_{z_0} 为初始舵偏角；$K_{z\omega_z} = k_B k_R k_a k_{\omega_z}$，为飞机俯仰角速度到舵面偏角间的传递系数，又称纵向阻尼器的增益。由此产生一个附加阻尼力矩

$$\Delta M_z = qSb_A m_z^{\delta_z}\Delta\delta_z = qSb_A m_z^{\delta_z} K_{z\omega_z}\omega_z \tag{7-5}$$

当 $K_{z\omega_z}\omega_z$ 为常数时，偏角 $\Delta\delta_z$ 只取决于 ω_z 的正负和大小，而与飞行高度、速度无关。在相同的俯仰角速度情况下，附加阻尼力矩 ΔM_z 与飞机当时的动压 q 和平尾效能 $m_z^{\delta_z}$ 有关，而 $m_z^{\delta_z}$ 又与马赫数 Ma 有关，所以 ΔM_z 会随着飞行高度和速度的不同而不同，这是我们所不希望的。为了在不同的高度和速度情况下，尽可能产生大致相同的附加阻尼力矩，引入动压传感器，用它来感受和测量飞机当时的动压，并输出一个电信号，以改变速率陀螺的增益值。

无论舵机以什么形式与操纵系统连接，不可逆助力操纵系统与阻尼器之间都有一个操纵权限分配问题。所谓操纵权限是指能操纵舵面偏转角的范围（或助力器行程的大小）。对于确定的飞机，舵面最大偏角是一定的。如果阻尼器的舵机能使舵面在最大偏角内转动（含最大偏角），则称为全权限；若只能使舵面作部分偏转，达不到最大偏角，则称为有限权限。为了避免因阻尼器出现故障而使驾驶杆的位移量与舵面偏角失调，以致飞行员无法操纵飞机，一般分配给阻尼器的操纵权限是有限的。通常只有最大舵偏角的 5% ～ 10%，有时甚至更小。这样，一旦阻尼器有故障，飞机仍是安全的，此时系统可做成单通道系统。

（2）纵向阻尼器的工作原理。

当飞机在预定的航线上作等速直线水平飞行时，敏感元件无信号输出，放大器也无输出，舵机不动，故舵面处于某一平衡位置。当飞机受到某种扰动而绕横轴产生一个抬头的俯仰角速度时，$\omega_z > 0$，被速率陀螺感受，于是速率陀螺输出一个相应的电压，经放大器、舵回路、复合摇臂到助力器，使平尾前缘向上偏转一个角度 $\Delta\delta_z$（$\Delta\delta_z > 0$），由此产生一个低头力矩来阻碍飞机的抬头转动。这个力矩与飞机本身在转动中产生的阻尼力矩是同方向的，起着增大飞机阻力力矩、增大阻尼比的作用。反之亦然。

由上可知，阻尼器的作用是通过一套自动装置使操纵面偏转 $\Delta\delta_z$，以增大飞机的纵向阻尼力矩系数 $m_z^{\omega_z}$ 的绝对值，从而增强飞机的动稳定性。无论在操纵还是外界扰动情况下，它都能使飞机角速度振荡迅速衰减。

（3）纵向阻尼器的控制律。

所谓飞机的控制律，就是指飞机操纵面的偏转规律。

根据图 7-2，可以得到舵偏角 $\Delta\delta_z$ 与驾驶杆操纵位移增量 ΔD_z（或操纵力增量 ΔF_z）和俯

仰角速度 ω_z 的传递函数关系,即具有纵向阻尼器的飞机操纵系统的控制律为

$$\Delta\delta_z(s) = k_B\left[k_R k_{\omega_z}k_a\omega_z + G_m(s)\Delta D_z\right] \tag{7-6}$$

当令 $G_m(s) = k_m$ 时,式(7-6)变为(为书写方便,在不引起异议的情况下,将增量符号 Δ 省略)

$$\delta_z = K_{z\omega_z}\omega_z + k_m k_B D_z \tag{7-7}$$

相应的纵向阻尼器(含助力器)的控制律为

$$\delta_z = K_{z\omega_z}\omega_z \tag{7-8}$$

以上两式的控制律是在忽略了敏感元件、放大器、舵回路和助力器的动态特性后得到的,称为理想控制律。这种理想控制律忽略了次要因素,突出了物理本质,对分析飞机稳定性和操纵品质很方便,所以在定性分析中常常采用这种形式。

(4)具有纵向阻尼器飞机的飞行品质。

分析具有纵向阻尼器的飞机的飞行品质时,只要分析该纵向阻尼器对飞机飞行品质的影响即可。

1)增大飞机的短周期阻尼比,增强飞机纵向运动短周期模态的动稳定性。

设有纵向阻尼器的飞机的传递函数为

$$\frac{\omega_z(s)}{D_z(s)} = k_m k_B G_{\omega_z\delta_z}(s) = \frac{k_m k_B \overline{M}_z^{\delta_z}(s + \overline{Y}_C^\alpha)}{s^2 + 2\zeta_{sp}\omega_{nsp}s + \omega_{nsp}^2} \tag{7-9}$$

具有纵向理想阻尼器的飞机操纵系统结构图如图 7-3 所示,其传递函数为

$$\frac{\omega_z(S)}{D_z(S)} = \frac{k_m k_B G_{\omega_z\delta_z}(s)}{1 - k_R k_B k_a k_{\omega_z}G_{\omega_z\delta_z}(s)} = \frac{k_m k_B G_{\omega_z\delta_z}(s)}{1 - K_{z\omega_z}G_{\omega_z\delta_z}(s)} =$$

$$\frac{k_m k_B \overline{M}_z^{\delta_z}(s + \overline{Y}_C^\alpha)}{S^2 + (2\zeta_{sp}\omega_{nsp} - K_{z\omega_z}\overline{M}_z^{\delta_z})s + (\omega_{nsp}^2 - K_{z\omega_z}\overline{M}_z^{\delta_z}\overline{Y}_C^\alpha)} =$$

$$\frac{k_m k_B \overline{M}_z^{\delta_z}(s + \overline{Y}_C^\alpha)}{s^2 + 2\zeta'_{sp}\omega'_{nsp}s + (\omega'_{nsp})^2} \tag{7-10}$$

式中,$2\zeta'_{sp}\omega'_{nsp} = 2\zeta_{sp}\omega_{nsp} - K_{z\omega_z}\overline{M}_z^{\delta_z}$,$(\omega'_{nsp})^2 = \omega_{nsp}^2 - K_{z\omega_z}\overline{M}_z^{\delta_z}\overline{Y}_C^\alpha$。

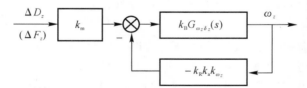

图 7-3　具有纵向理想阻尼器的飞机操纵系统结构图

比较以上两个传递函数,它们的形式完全相同,故可把后者视为等效飞机的传递函数,而 ζ'_{sp},ω'_{nsp} 分别为等效飞机的阻尼比和固有频率。可以看出,等效飞机的短周期实际阻尼和固有频率都不同程度地增大了,并且等效飞机的动态特性变成了阻尼器增益 $K_{z\omega_z}$ 的函数,所以,只要选择适当的 $K_{z\omega_z}$ 值,就可以增大等效飞机的阻尼比和固有频率,使等效飞机的阻尼比满足规范的要求。

以某型飞机为例,其在 $H = 15\ \text{km}$,$Ma = 1.5$ 时,$\overline{M}_z^{\delta_z} = -13.496\ \text{s}^{-2}$,$\overline{Y}_C^\alpha = 0.294\ 3\ \text{s}^{-1}$,短周期固有频率和阻尼比分别为 $\omega_{nsp} = 4.881\ 6\ \text{s}^{-1}$,$\zeta_{sp} = 0.1$。若在其操纵系统中引入 $\zeta'_{sp} =$

0.502 3 的纵向阻尼器,则其等效短周期固有频率变为 $\omega'_{nsp} = 5.002s^{-1}$,等效短周期阻尼比变为 $\zeta'_{sp} = 0.5023$。由此可以看出,引入纵向阻尼器后,飞机的短周期阻尼比得到了显著提高,而短周期固有频率则增加不多。

据式(7-9),令 $s \rightarrow 0$ 时,则得到原飞机的静操纵特性为

$$\frac{\omega_z(s)}{D_z(s)}\bigg|_{SS} = \frac{k_m k_B \overline{M_z^{\delta_z}} \, \overline{Y_C^\alpha}}{\omega_{nsp}^2} \tag{7-11}$$

而等效飞机的静操纵特性为

$$\frac{\omega_z(s)}{D_z(s)}\bigg|_{SS} = \frac{k_m k_B \overline{M_z^{\delta_z}} \, \overline{Y_C^\alpha}}{(\omega'_{nsp})^2} \tag{7-12}$$

因为 $\omega'_{nsp} > \omega_{nsp}$,所以加装阻尼器的飞机静操纵性变差,这是我们不希望的。具有纵向阻尼器的飞机的动稳定性的改善,是通过牺牲静操纵性获得的。

为了维持原操纵性,最简单的方法是增大驾驶杆到舵面间的传动比,使系统的总传动系数等于原来的值。但是这种做法较难实现,因此,常用的方法是在系统中引入清洗网络,通常将其接在速率陀螺和舵回路之间。

引入清洗网络的基本思想是:当飞机出现短周期振荡时,阻尼器起阻尼作用;在飞行员做正常的机动操纵时,阻尼器最好不起作用。鉴于前者是高频信号,后者是低频信号,所以,一般选择一个高通滤波器 $H(s) = \dfrac{\tau s}{\tau s + 1}$ 作为清洗网络以阻塞俯仰角速度振荡,其幅频特性如图 7-4 所示。

图 7-4　清洗网络的幅频特性

由图 7-4 可知:当俯仰角速度 ω_z 变化快(即高频)时容易通过,ω_z 变化慢或为常值时则不易通过(相当于短路)。这样,当飞行员操纵飞机或飞机稳态时,阻尼器不会减弱主操纵信号,以保持原传递系数,从而实现既不影响静操纵性,又可改善动稳定性的目的。

引入清洗网络后纵向阻尼器的控制律为

$$\delta_z = \frac{\tau s}{\tau s + 1} K_{z\omega_z} \omega_z \tag{7-13}$$

其相应的操纵系统控制律为

$$\delta_z = \frac{\tau s}{\tau s + 1} K_{z\omega_z} \omega_z + k_m k_B D_z \tag{7-14}$$

值得指出的是,引入清洗网络仅能改善飞机静操纵性,对动操纵性是不利的,所以具有阻尼器的飞机的操纵性和稳定性间的根本矛盾没有得到满意解决。为此,后来发展了控制增稳操纵系统,来解决飞机稳定性和操纵性之间的矛盾。

2)改善低空大速度飞行时单位过载操纵力和单位过载操纵位移绝对值过小现象。

通常,飞机在低空大速度飞行时,单位过载平尾偏角 $\delta_z^{n_y}$ 的绝对值普遍较小,此时对应的单位过载操纵位移 $D_z^{n_y}$ 和单位过载操纵力 $F_z^{n_y}$ 的绝对值都较小。这意味着飞行员必须十分小

心地操纵飞机,否则稍不留意就可能使飞机进入大过载,发生危险。

由于

$$\omega_z \approx \frac{g \, \Delta n_y}{v} \qquad\qquad (7-15)$$

也就是说,Δn_y 的存在,必然会使飞机作俯仰转动,并且当 $\Delta n_y > 0$ 时,$\omega_z > 0$。

当飞机上装有纵向阻尼器时,ω_z 的存在必然会引起附加的舵面偏角增量,即

$$\Delta \delta_z = K_{z\omega_z} \frac{g \, \Delta n_y}{v} > 0 \qquad\qquad (7-16)$$

这个偏角是由阻尼器产生的,不需要移动驾驶杆,并且是与飞行员操纵驾驶杆产生的舵面偏角方向相反的。在这种情况下,飞行员要想产生预定的过载增量,必须增加操纵输入,从而使单位过载操纵位移绝对值 $|D_z^{n_y}|$ 增大,相应地,单位过载操纵力绝对值 $|F_z^{n_y}|$ 也增大,如图 7-5 所示。

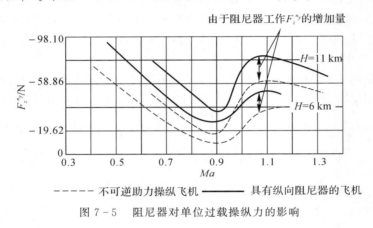

图 7-5　阻尼器对单位过载操纵力的影响

3）能改善迎角静稳定度近似为零时飞机的不易操纵问题。

众所周知,在常规飞机设计中必须要求飞机具有一定的迎角静稳定度,因为对于静不稳定的飞机,飞行员是很难操纵的,而且静稳定度太小的飞机也是不容易操纵的。如果飞机的 $|m_z^{C_y}|$ 很小,则由单位过载平尾偏角公式为

$$\delta_z^{n_y} = -\frac{m_z^{C_y} + \dfrac{m_z^{\bar{\omega}_z}}{\mu_1}}{m_z^{\delta_z}} C_{y1} \qquad\qquad (7-17)$$

由此可知,单位过载操纵位移的绝对值 $|D_z^{n_y}|$ 会很小。对于这类飞机,飞行员只要稍微动杆,飞机就有可能产生大过载增量,所以说迎角静稳定度近似为零的飞机是不易操纵的。

纵向阻尼器可以起到增加 $|m_z^{\omega_z}|$ 的作用。由于纵向阻尼器引起的舵面偏角 $\Delta \delta_z$ 所产生的力矩是阻尼力矩,故可用阻尼力矩形式表示为

$$qSb_A m_z^{\delta_z} \Delta \delta_z = qSb_A m_z^{\delta_z} K_{z\omega_z} \omega_z = qSb_A \Delta m_z^{\omega_z} \omega_z \qquad\qquad (7-18)$$

考虑到 $\bar{\omega}_z = \omega_z b_A / v$,则由阻尼器引起的纵向阻尼导数增量为

$$\Delta m_z^{\bar{\omega}_z} = \frac{v}{b_A} m_z^{\delta_z} K_{z\omega_z} \qquad\qquad (7-19)$$

因此,当在 $m_z^{C_y} \approx 0$ 的飞机上加装阻尼器后,等效飞机的单位过载平尾偏角变为

$$\delta_z^{n_y} = -\frac{m_z^{C_y} + \dfrac{(m_z^{\bar{\omega}_z} + \Delta m_z^{\bar{\omega}_z})}{\mu_1}}{m_z^{\delta_z}} C_{y1} \qquad (7-20)$$

从而可以改善 $m_z^{C_y} \approx 0$ 时产生的操纵品质问题。

7.1.1.2　具有法向过载增稳器飞机的飞行品质

超声速飞机在跨声速区焦点位置的急剧移动使其迎角静稳定性在亚声速和超声速飞行时差别很大。为了使飞机在超声速飞行时不致因迎角静稳定性太强而使飞机静操纵性太弱,飞机在亚声速飞行时,迎角静稳定性一般较弱。此外,现代战斗机往往在大迎角下飞行,这时的迎角静稳定性随迎角增大而减弱,甚至可能改变符号,成为静不稳定的。为了提高飞机的迎角静稳定性,可以引入带迎角反馈的增稳器。由于

$$\Delta n_y = \frac{qSC_y^\alpha \Delta\alpha}{mg} \qquad (7-21)$$

故可用法向过载反馈来代替迎角反馈。

（1）法向过载增稳器的组成、工作原理和控制律。

图 7-6 所示为具有法向过载增稳器的操纵系统结构图。图中虚线所框的方块即为法向过载增稳器,它由敏感元件（法向加速度计、动压传感器）、放大器和舵回路等三个主要部件组成。其组成基本与阻尼器类似,区别只是以敏感元件加速度计代替速率陀螺。法向过载增稳器通过复合摇臂与飞机（含助力器）组成一个闭环自动控制系统,靠复合摇臂并入不可逆助力操纵系统中,从而构成具有法向过载增稳器的操纵系统。这里不计加速度计、放大器、舵机和助力器的动力学特性,只把它们看成放大环节,以 $-k_{n_y}$,k_a,k_δ,k_B 表示。

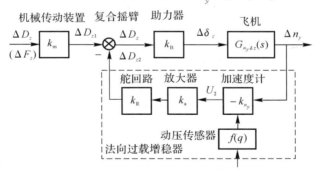

图 7-6　具有法向过载增稳器的操纵系统结构图

考虑到传递函数为

$$G_{n_y\delta_z}(s) = \frac{v}{g} \frac{\overline{M}_z^\delta \overline{Y}_C^\alpha}{s^2 + 2\zeta_{sp}\omega_{nsp}s + \omega_{nsp}^2} \qquad (7-22)$$

其增益 $v\overline{M}_z^\delta \overline{Y}_C^\alpha / g < 0$,为了得到正的开环传递函数,在 k_{n_y}（见图 7-6）之前加了一个负号。

法向过载增稳器的工作原理可作如下叙述:当飞机在预定的航线上作等速直线水平飞行时,尽管动压传感器能感受到飞机当时的动压,但因加速度计没有接收到信号而无信号输出,舵面处于原来的平衡偏角位置 δ_{z0}。当飞机受到某种扰动产生沿竖轴正向的过载增量时,加速

度计感受到过载增量信号并经动压传感器输出信号修正后,向放大器输出一个信号。这个信号既反映当时的过载增量,又反映当时的动压,经放大器放大变换后使舵机输出一个位移到复合摇臂,并通过助力器使舵面前缘上偏某个角度 $\Delta \delta_z (\Delta \delta_z > 0)$。由此产生的低头恢复力矩,将使飞机绕横轴作低头转动,直至过载增量 $\Delta n_y = 0$ 时,舵面才恢复到原来的平衡位置。

具有法向过载增稳器的操纵系统理想控制律为

$$\Delta \delta_z = k_R k_B k_a k_{n_y} \Delta n_y + k_m k_B \Delta D_z = K_{zn_y} \Delta n_y + k_m k_B \Delta D_z \qquad (7-23)$$

式中,$K_{n_{yz}} = k_R k_B k_a k_{n_y}$,是法向过载 Δn_y 到舵面偏角 δ_z 间的传递系数,称为法向过载增稳器增益。略去增量符号,则有

$$\delta_z = K_{zn_y} n_y + k_m k_B D_z \qquad (7-24)$$

相应的法向过载增稳器的理想控制律为

$$\delta_z = K_{zn_y} n_y \qquad (7-25)$$

(2) 具有法向过载增稳器飞机的飞行品质。

与前述一样,研究具有法向过载增稳器的飞机的飞行品质时,只要分析它对飞机飞行品质的影响即可。

1) 增强迎角静稳定性。由法向过载增稳器的工作原理可知,当飞机受到某种扰动,迎角增大 $\Delta \alpha > 0$,引起过载增量 $\Delta n_y > 0$ 时,法向过载增稳器将自动舵面偏转一个角度 $\Delta \delta_z > 0$,从而产生下俯力矩,即

$$\Delta M_z = qSb_A m_z^{\delta_z} \Delta \delta_z = qSb_A m_z^{\delta_z} K_{zn_y} \Delta n_y = qSb_A m_z^{\delta_z} K_{zn_y} \frac{qSC_y^{\alpha}}{mg} \Delta \alpha \qquad (7-26)$$

这表明,由法向过载增稳器产生的力矩是一个恢复力矩,将这个力矩表示为恢复力矩的形式为

$$\Delta M_z = qSb_A \Delta m_z^{\alpha} \Delta \alpha \qquad (7-27)$$

比较以上两式,可得

$$\Delta m_z^{\alpha} = m_z^{\delta_z} K_{zn_y} C_y^{\alpha} \frac{qS}{mg} \qquad (7-28)$$

因为

$$\Delta m_z^{\alpha} = m_z^{C_y} C_y^{\alpha} \qquad (7-29)$$

所以有

$$\Delta m_z^{C_y} = m_z^{\delta_z} K_{zn_y} \frac{qS}{mg} \qquad (7-30)$$

式中:$\Delta m_z^{C_y}$ 就是由法向过载增稳器产生的迎角静稳定度增量,其值小于零。因此,当飞机安装法向过载增稳器之后,等效飞机的迎角静稳定度的绝对值将增加,飞机的迎角静稳定性将增强,从而可增加单位过载平尾偏角的绝对值,改善飞机迎角静稳定性太弱导致的飞机不易操纵和飞机大速度飞行时单位过载操纵力和单位过载操纵位移绝对值过小的现象。

2) 增大短周期固有频率,减小阻尼比。没有法向过载增稳器时的飞机的传递函数为

$$\frac{n_y(s)}{D_z(s)} = k_m k_B G_{n_y \delta_z}(s) = k_m k_B \frac{V}{g} \frac{\overline{M}_z^{\delta_z} \overline{Y}_C^{\alpha}}{s^2 + 2\zeta_{sp} \omega_{nsp} s + \omega_{nsp}^2} \qquad (7-31)$$

具有法向过载增稳器的飞机的传递函数为

$$\frac{n_y(s)}{D_z(s)} = \frac{k_m k_B G_{n_y \delta_z}(s)}{1 - k_{n_y} k_a k_R k_B G_{n_y \delta_z}(s)} = \frac{k_m k_B G_{n_y \delta_z}(s)}{1 - K_{z n_y} G_{n_y \delta_z}(s)} =$$

$$\frac{k_m k_B \overline{M}_z^{\delta_z} \overline{Y}_C^\alpha v/g}{s^2 + 2\zeta_{sp} \omega_{nsp} s + (\omega_{nsp}^2 - K_{z n_y} \overline{M}_z^{\delta_z} \overline{Y}_C^\alpha v/g)} =$$

$$\frac{k_m k_B \overline{M}_z^{\delta_z} \overline{Y}_C^\alpha v/g}{s^2 + 2\zeta'_{sp} \omega'_{nsp} s + (\omega'_{nsp})^2} \qquad (7-32)$$

式中

$$2\zeta'_{sp} \omega'_{nsp} = 2\zeta_{sp} \omega_{nsp}, (\omega'_{nsp})^2 = \omega_{nsp}^2 - K_{z n_y} \overline{M}_z^{\delta_z} \overline{Y}_C^\alpha v/g$$

比较以上两个传递函数,它们的形式完全相同,故可把后者视为等效飞机的传递函数,而 ζ'_{sp},ω'_{nsp} 分别为等效飞机的阻尼比和固有频率。因为 $\overline{M}_z^{\delta_z} < 0$,所以 $\omega'_{nsp} > \omega_{nsp}$,即等效飞机的固有频率增大了,但等效飞机的阻尼比减小较多,且随固有频率的增大而减小,这是不被希望的。因此,使用法向加速度计时,还要使用速率陀螺,以改善飞机的阻尼特性。

3) 改善操纵系统操纵力特性。不加装法向过载增稳器时,法向过载 n_y 对操纵力 F_z 的传递函数为

$$\frac{n_y(s)}{F_z(s)} = \frac{1}{C} k_m k_B \frac{v}{g} \frac{\overline{M}_z^{\delta_z} \overline{Y}_C^\alpha}{s^2 + 2\zeta_{sp} \omega_{nsp} s + \omega_{nsp}^2} \qquad (7-33)$$

式中,$C = \dfrac{dF_z}{dD_z}$,为操纵力操纵位移梯度。相应的单位过载操纵力为

$$F_z^{n_y} = \frac{F_z(s)}{n_y(s)} \bigg|_{SS} = \frac{C g \omega_{nsp}^2}{k_m k_B v \overline{M}_z^{\delta_z} \overline{Y}_C^\alpha} \qquad (7-34)$$

可见,单位过载操纵力是马赫数和高度的函数,其值随飞行状态变化而变化,且是非线性的。这种非线性对飞机操纵性是不利的,即在相同的马赫数下,飞行员以相同的操纵力扳动驾驶杆,使舵面偏转相同的角度,在低空时飞机会产生较大过载,在高空时则会产生较小过载,这给操纵带来一定困难。

不可逆助力操纵系统加装法向过载增稳器时的对应传递函数为

$$\frac{n_y(s)}{F_z(s)} = \frac{1}{C} \frac{k_m k_B G_{n_y \delta_z}(s)}{1 - K_{z n_y} G_{n_y \delta_z}(s)} \qquad (7-35)$$

如果通过选择适当的 $K_{z n_y}$ 的值,使得 $K_{z n_y} G_{n_y \delta_z}(s) \gg 1$,则式(7-35)可以简化,其相应的单位过载操纵力为

$$F_z^{n_y} \approx \frac{C K_{z n_y}}{k_m k_B} \qquad (7-36)$$

式(7-36)表示单位过载操纵力为常数。这样,无论在低空还是在高空飞行,飞行员都可获得与力成正比的过载增量。这种操纵性特性的改善是受欢迎的。

此外,加装增稳器后,可根据允许的过载和迎角极限来限制操纵信号输出,以起到限制过载和迎角的作用,从而保证飞机大迎角机动飞行的安全。

4) 对平飞反操纵起改善作用。通常,超声速飞机加速平飞经亚声速进入超声速(或由超声速减速进入亚声速)时均存在反操纵现象。对于经常在马赫数1附近作战的歼击机来说,很不利于飞行员集中精力进行作战。

力臂调节器可以改善飞机的平飞反操纵现象,具有法向过载增稳器的飞机也能改善这种现象。

当飞机由超声速平飞减速进入跨声速飞行时,由于焦点前移,飞机本身呈现抬头上升趋势,从而产生绕竖轴的正向过载增量。此增量被法向过载增稳器中的法向加速度计感受,并使舵面前缘向上偏转一个角度 $\Delta\delta_z$。由此产生的附加力矩是恢复力矩,即低头力矩。只要选择适当的法向过载增稳器增益 K_{zn_y},就能使这个低头力矩恰巧抵消由焦点前移而产生的抬头力矩。这样,飞行员就不必向前移动驾驶杆来平衡由焦点前移产生的抬头力矩了。若 K_{zn_y} 再大些,以致由法向过载增稳器产生的低头力矩大于抬头力矩,此时飞行员即使不动驾驶杆,飞机也不会抬头上升,相反会低头俯冲,于是飞行员为平衡此低头力矩应继续向后拉杆,同时向后拉油门杆,以减小飞行速度。这样,当飞机由超声速飞行减速到跨声速飞行时,为保持平飞,飞行员一边向后拉驾驶杆,一边向后拉油门杆,符合人的操纵习惯。

若飞机由亚声速平飞加速到超声速,与上述分析类似,飞行员为保持平飞,一边向前推杆,一边向前推油门,同样符合人的操纵习惯。

这样,无论飞机以什么样的速度飞行,飞行员为保持平飞减速(或增速),将由前向后(或由后向前)移动驾驶杆或油门杆,使他的两手动作一致,符合操纵习惯,从而对跨声速飞行时的平飞反操纵起到改善作用。

7.1.1.3　纵向增稳飞机的飞行品质

为了同时增大飞机的短周期固有频率和阻尼比,近代飞机纵向操纵系统中一般同时引入俯仰角速度反馈和法向过载(或迎角)反馈,由此构成纵向增稳操纵系统,其组成结构图如图 7-7 所示,图中虚线框的方块即为纵向增稳器。它由速率陀螺(作为内回路)、加速度计(作为外回路)组成,通过复合摇臂与飞机组成一个闭环自动控制系统。

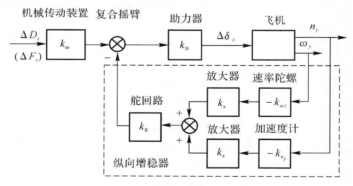

图 7-7　纵向增稳操纵系统结构图

这种增稳操纵系统的工作原理和控制律是具有纵向阻尼器的操纵系统和具有法向过载增稳器的操纵系统的综合,这里不再重述。由图 7-7 可知其控制律为

$$\delta_z = K_{z\omega_z}\omega_z + K_{zn_y}n_y + k_m k_B D_z \tag{7-37}$$

该系统对飞机飞行品质的作用也是上述两个系统作用的综合,归纳如下:

1)增加飞机高空高速飞行时纵向短周期模态的阻尼;

2)增强飞机的迎角静稳定性,增大纵向短周期固有频率;

3)改善飞机操纵系统的操纵力特性;

4）改善飞机的平飞反操纵现象；

5）改善飞机迎角静稳定度绝对值较小飞机的不易操纵性；

6）改善飞机低空大速度飞行时单位过载操纵位移和单位过载操纵力绝对值过小现象。

7.1.2 横航向增稳飞机的飞行品质

现代歼击机不仅在纵向不可逆助力操纵系统中加装增稳操纵系统，而且在横航向操纵系统中也加装自动阻尼器和自动增稳器，构成横航向增稳操纵系统，以提高飞机横航向稳定性和操纵品质。

7.1.2.1　具有航向阻尼器和滚转阻尼器飞机的飞行品质

（1）横航向阻尼器的组成和控制律。

横航向阻尼器根据其反馈信号和功能分为航向阻尼器和滚转阻尼器。航向阻尼器、滚转阻尼器和纵向阻尼器一样，也是一种角速度反馈装置，也由速率陀螺、放大器和舵回路组成。因此，它们的主要功能与纵向阻尼器一样，分别起到增大飞机航向阻尼和滚转阻尼的作用。可见，增大阻尼是这三种阻尼器的共同点。其不同点是，三种阻尼器中速率陀螺在飞机上的安装位置不同，使得它们感受的角速度不同，所以它们只能改变各自对应方向的阻尼系数。

只要将图 7 - 2 中的 $D_z(F_z)$，δ_z，$G_{\omega_z\delta_z}$ 和 ω_z 用 $D_y(F_y)$，δ_y，$G_{\omega_y\delta_y}$ 和 ω_y，或 $D_x(F_x)$，δ_x，$G_{\omega_x\delta_x}$ 和 ω_x 替代，就可以得到具有航向阻尼器或滚转阻尼器操纵系统的原理结构图，这里不再重画。其相应的控制律为

$$\delta_y = K_{y\omega_y}\omega_y + k_m k_B D_y \qquad (7-38)$$

$$\delta_x = K_{x\omega_x}\omega_x + k_m k_B D_x \qquad (7-39)$$

相应阻尼器的控制律为

$$\delta_y = K_{y\omega_y}\omega_y \qquad (7-40)$$

$$\delta_x = K_{x\omega_x}\omega_x \qquad (7-41)$$

式中，$K_{y\omega_y}$ 为飞机偏航角速度 ω_y 到方向舵偏角 δ_y 的传递系数，称为偏航阻尼器增益；$K_{x\omega_x}$ 为飞机滚转角速度 ω_x 到副翼偏角 δ_x 的传递系数，称为滚转阻尼器增益。

因航向阻尼器、滚转阻尼器的组成部件与纵向阻尼器相似，所以它们的工作原理也基本相同，故不再重述了。

（2）具有航向阻尼器飞机的飞行品质。

分析具有航向阻尼器的飞机的飞行品质时，只要分析它对飞机飞行品质的影响即可。

1）增大飞机航向阻尼。具有航向阻尼器的操纵系统控制律表示方向舵按照偏航角速度 ω_y 和脚蹬位移而偏转，而且其极性与 ω_y 极性相同。具体地说，当飞机有向左偏航的角速度时，方向舵向右偏转，其偏转量 δ_y 与 ω_y 的大小成正比例，由此产生的附加力矩 ΔM_y 与飞机运动方向相反，阻止飞机向左偏航，其大小可用表示为

$$\Delta M_y = qSlm_y^{\delta_y}\delta_y = qSlm_y^{\delta_y}K_{y\omega_y}\omega_y \qquad (7-42)$$

因为这个附加的力矩的作用与由 ω_y 所产生的阻尼力矩性质相同，故可用阻尼力矩表示为

$$\Delta M_y = qSlm_y^{\delta_y}K_{y\omega_y}\omega_y = qSl\Delta m_y^{\omega_y}\omega_y \qquad (7-43)$$

于是有

$$\Delta m_y^{\omega_y} = K_{y\omega_y}m_y^{\delta_y} \qquad (7-44)$$

式(7-44)表示由航向阻尼器可以增大飞机的航向阻尼。

2)增大飞机偏滚交叉力矩系数的绝对值。当飞机有偏航角速度时(如 $\omega_y > 0$),由于左、右机翼速度增量一边为正,一边为负,因而产生滚转力矩 $m_x^{\omega_y}\omega_y$,使飞机向左滚转($\omega_x < 0$),这个效果用偏滚交叉力矩系数 $m_x^{\omega_y}$ 表示。

对于常规飞机,若飞行员操纵飞机左偏航($\omega_y > 0$),必然出现右侧滑($\beta_1 > 0$),与此同时,在偏滚交叉力矩 $m_x^{\omega_y}\omega_y$ 的作用下,使飞机向左滚转($\gamma < 0$),由此形成左侧滑($\beta_2 < 0$)。此时飞机的侧滑角是上述两个值的代数和。由这里可知,由偏航引起的偏滚交叉力矩有消除或减弱侧滑的作用。

侧滑是产生荷兰滚的主要因素,减小或消除侧滑角就能减小或消除荷兰滚。因此,增大偏滚交叉力矩系数 $m_x^{\omega_y}$ 的绝对值,就能增大飞机的航向阻尼,以减小侧滑角。

当飞机上加装阻尼器后,方向舵随 ω_y 出现的同时,也产生较大的滚转力矩 ΔM_x,其值可表示为

$$\Delta M_x = qSlm_x^{\delta_y}\delta_y = qSlm_x^{\delta_y}K_{y\omega_y}\omega_y \qquad (7-45)$$

例如,飞机左偏航,则方向舵右偏,产生一个向左滚转的附加力矩。从效果上看,它同偏滚交叉力矩相同,故可用偏滚交叉力矩形式表示,即

$$\Delta M_x = qSlm_x^{\delta_y}K_{y\omega_y}\omega_y = qSl\Delta m_x^{\omega_y}\omega_y \qquad (7-46)$$

于是有

$$\Delta m_x^{\omega_y} = K_{y\omega_y}m_x^{\delta_y} \qquad (7-47)$$

式(7-47)表示由航向阻尼器所引起的偏滚交叉力矩系数增量。这样就可以通过选择增益 $K_{y\omega_y}$ 的值,补偿飞机偏滚交叉力矩的不足。

由以上分析可知,在航向通道中引入 ω_y 反馈信号能增加航向阻尼系数 $m_y^{\omega_y}$ 的绝对值和偏滚交叉力矩系数 $m_x^{\omega_y}$ 的绝对值,这两个导数都起着增加等效飞机的航向振荡阻尼比的作用。

3)降低飞机稳态转弯时的机动性。当飞行员以某个倾斜角操纵飞机作稳态转弯时,速率陀螺的测量轴与机体坐标轴是一致的,这样,速率陀螺会感受到 $\dot{\psi}$ 在机体竖轴上的投影分量

$$\omega_y = \dot{\psi}\cos\gamma \qquad (7-48)$$

于是航向阻尼器产生一个恒定的方向舵偏角为

$$\delta_y = K_{y\omega_y}\omega_y = K_{y\omega_y}\dot{\psi}\cos\gamma \qquad (7-49)$$

因此,产生一个附加的阻尼力矩,以阻止飞行员的有意操纵,而且可能引起很大的侧滑,从而降低飞机机动性。为了减小航向阻尼器对稳态转弯的影响,充分发挥飞机的机动性,可以与纵向阻尼器一样,通过在速率陀螺后串入一个清洗网络来解决这个问题。

(3)具有滚转阻尼器飞机的飞行品质。

分析具有滚转阻尼器的飞机的飞行品质时,只要分析它对飞机飞行品质的影响即可。

1)增大滚转阻尼。小展弦比机翼的飞机,在超声速或大迎角飞行时,飞机滚转阻尼较小,这样,当飞机受扰动后会出现较大的滚转角速度,给飞行员操纵带来困难。在这类飞机上加装滚转阻尼器后,当飞机受扰动刚产生滚转角速度($\omega_x > 0$)时,阻尼器会使右副翼偏转相应的角度($\delta_x > 0$),由此产生阻尼力矩来增大滚转阻尼。

按上述方法可推得由滚转阻尼器产生的滚转阻尼系数增量为

$$\Delta m_x^{\omega_x} = m_x^{\delta_x} K_{x\omega_x} \tag{7-50}$$

由式(7-50)可知,随着滚转阻尼器增益 $K_{x\omega_x}$ 的增大,等效飞机的滚转阻尼增加,从而改善小展弦比机翼的飞机在超声速或大迎角飞行时的稳定性。

2)增大飞机对滚转操纵的反应速度,降低飞机的滚转侧滑比绝对值。没有滚转阻尼器时,以操纵位移(或操纵力)为输入,飞机滚转角速度为输出的传递函数为

$$\frac{\omega_x(s)}{D_x(s)} = k_m k_B G_{\omega_x \delta_x}(s) \tag{7-51}$$

为分析方便,假设飞机无侧滑,并忽略偏航对滚转的影响,此时可采用滚转近似传递函数,则式(7-51)变为

$$\frac{\omega_x(s)}{D_x(s)} = \frac{k_m k_B \overline{M}_x^{\delta_x}}{s + \dfrac{1}{T_R}} \tag{7-52}$$

式中,$\dfrac{1}{T_R} = -\overline{M}_x^{\omega_x}$,为飞机的滚转模态根。在阶跃操纵位移(或操纵力)作用下,可得到如下响应:

$$\omega_x(t) = k_m k_B T_R \overline{M}_x^{\delta_x} (1 - e^{\frac{1}{T_R} t}) \tag{7-53}$$

当在系统加装滚转阻尼器后,操纵位移(或操纵力)与滚转角速度间的传递函数为

$$\frac{\omega_x(s)}{D_x(s)} = \frac{k_m k_B \overline{M}_x^{\delta_x}}{s + \dfrac{1}{T_R'}} \tag{7-54}$$

式中,$\dfrac{1}{T_R'} = \overline{M}_x^{\omega_x} - K_{x\omega x} \overline{M}_x^{\delta_x}$,为等效飞机的滚转模态根。在阶跃操纵位移(或操纵力)作用下,飞机的响应为

$$\omega_x(t) = k_m k_B T_R' \overline{M}_x^{\delta_x} (1 - e^{\frac{1}{T_R'} t}) \tag{7-55}$$

因为 $\overline{M}_x^{\omega_x} < 0, \overline{M}_x^{\delta_x} < 0, K_{x\omega_x} > 0$,所以 $\dfrac{1}{T_R'} > \dfrac{1}{T_R}$,即滚转阻尼器可以增大等效飞机的滚转模态根,从而加快飞机对滚转操纵的响应。

具有阻尼器的等效飞机响应 $\omega_x(t)$ 均比没有阻尼器时小,因而相应的倾斜角也小,所以,滚转阻尼器可以降低飞机的滚转侧滑比绝对值 $\left| \dfrac{\gamma}{\beta} \right|_d$,这是我们所希望的。

3)降低滚转角速度操纵力梯度。不具有和具有滚转阻尼器时,滚转角速度操纵力梯度分别为

$$\frac{\omega_x(s)}{F_x(s)} \bigg|_{ss} = -k_m k_B \frac{\overline{M}_x^{\delta_x}}{C \overline{M}_x^{\omega_x}} \tag{7-56}$$

和

$$\frac{\omega_x(s)}{F_x(s)} \bigg|_{ss} = -k_m k_B \frac{\overline{M}_x^{\delta_x}}{C(\overline{M}_x^{\omega_x} + K_x^{\omega_x} \overline{M}_x^{\delta_x})} \tag{7-57}$$

比较式(7-56)和式(7-57)可知,因 $\overline{M}_x^{\omega_x} < 0$,$\overline{M}_x^{\delta_x} < 0$,$K_{x\omega_x} > 0$,所以具有滚转阻尼器的飞机的滚转角速度操纵力梯度的绝对值比没有阻尼器的小,且前者随着滚转阻尼器增益 $K_{x\omega_x}$ 的增大而减小,即操纵灵敏度降低,这是我们所不希望的,故增益 $K_{x\omega_x}$ 值的选取受到一定限制。

7.1.2.2 航向增稳飞机的飞行品质

现代高速飞机除高空超声速大迎角飞行航向阻尼和滚转阻尼不足之外,还往往会出现因航向静稳定性太弱(即 $|m_y^\beta|$ 太小),而横向静稳定性过强(即 $|m_x^\beta|$ 太大),使飞机横航向稳定性和操纵品质恶化的情况。因此,现代高速飞机的横航向操纵系统中,除了引入阻尼器外,往往还引入航向增稳器,以改善飞机的航向稳定性和操纵品质。

与纵向过载(迎角)增稳器主要靠引入过载(迎角)反馈一样,航向增稳器主要靠引入侧滑角或侧向加速度实现。用脚蹬、航向速率陀螺和侧滑角传感器(或侧向加速度计)代替纵向增稳操纵系统结构图中的驾驶杆、俯仰速率陀螺和迎角传感器(或法向加速度计),就可以画出航向增稳操纵系统的原理结构图。其控制律也有类似的形式,只要以侧滑角 β 代替迎角 α,或以侧向加速度 a_z 代替法向过载 n_y,并以方向舵偏角 δ_y 代替平尾偏角 δ_z 即可。因此,航向增稳操纵系统的控制律为

$$\delta_y = K_{y\omega_y}\omega_y + K_{y\beta}\beta + k_m k_B D_y \tag{7-58}$$

或

$$\delta_y = K_{y\omega_y}\omega_y - K_{ya_z}a_z + k_m k_B D_y \tag{7-59}$$

相应的航向增稳器的控制律为

$$\delta_y = K_y^{\omega_y}\omega_y + K_y^\beta\beta \tag{7-60}$$

或

$$\delta_y = K_y^{\omega_y}\omega_y + K_z^a {}_y a_z \tag{7-61}$$

式中:$K_{y\beta}$,$K_{y\omega_y}$ 分别为侧滑角、侧向加速度到方向舵间的增益。

由于 m_z^α,m_z^β 都是静稳定性力矩系数,$m_z^{\omega_z}$,$m_y^{\omega_y}$ 都是阻尼力矩系数,所以,类似地,航向增稳操纵系统中速率陀螺反馈能增加荷兰滚阻尼比,侧滑角传感器(或侧向加速度计)反馈能增加航向静稳定性,即等效飞机的固有频率。再考虑航向阻尼器能影响偏滚交叉力矩系数等,则可将该系统对飞机稳定性和操纵品质的作用归纳如下:

1)增大等效飞机航向运动阻尼比;

2)增大等效飞机的固有频率;

3)降低飞机稳态转弯时的机动性;

4)降低偏航角速度脚蹬力梯度 $\omega_y^{F_y}$。

显然,后两个作用是我们所不希望的。为了克服这些缺点,通常在速率陀螺后串入清洗网络,以减小对稳态转弯时机动性的影响。另外,现代高性能飞机本身的偏航角速度脚蹬力梯度值较小,如 $0.004\,4°/(s\cdot N)$,所以,一般主要靠操纵副翼来实现迅速改变航向的目的,此时虽然方向舵也由偏转,但仅仅是辅助性的。

尽管上述结论是在采用二自由度航向平面运动传递函数情况下获得的,但也适合于三自由度航向运动的传递函数。

7.1.2.3 横航向增稳飞机的飞行品质

通常,现代高性能飞机横航向运动中存在以下问题:

1) 飞机具有较强的横向静稳定性(即$|m_x^\beta|$较大)和较弱的航向静稳定性(即$|m_y^\beta|$较小),使滚转侧滑比绝对值$\left|\dfrac{\gamma}{\beta}\right|_d$很大。

2) 高空高速飞行时,荷兰滚模态阻尼比太小,不符合规范要求。

3) 高空大马赫数飞行时,飞机固有荷兰滚频率较低。因此,当飞机受到扰动后恢复到原平衡状态的速度较慢,在大迎角进入或改出滚转时,容易产生较大的侧滑角。

4) 高空小动压飞行时,滚转机动性较差。

因此,为了具有良好的横航向稳定性和操纵品质,现代高性能飞机上常加装横航向增稳操纵系统。

(1) 横航向增稳操纵系统的组成。

图 7-8 所示为某超声速飞机横航向增稳操纵系统的结构图。

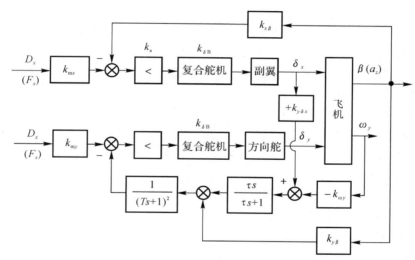

图 7-8 某飞机横航向增稳操纵系统结构图

该飞机的横航向增稳操纵系统由航向、滚转两个通道以及通道间的交联信号组成。在空中飞行时,飞机的滚转运动会引起飞机的偏航,偏航又会引起飞机的滚转。所以在研究横航向增稳操纵系统时,要考虑它们之间的相互影响。航向通道实际上是在航向增稳操纵系统的基础上添加了一个副翼交联信号组成的;滚转通道由侧向加速度计、放大器和复合舵机构成的舵回路组成。当然,滚转通道也可采用滚转阻尼形式,但是,因为一般超声速飞机的$|m_x^\beta|$较大,而$|m_y^\beta|$较小,这样会使飞机荷兰滚模态特性恶化,所以不宜采用。为减小$|m_x^\beta|$,在滚转通道中采用β反馈而不用ω_x反馈。该系统的工作原理,就是这两个通道共同工作的结果,故不再重述。

(2) 横航向增稳操纵系统的控制律。

依据图 7-8 不难写出该机增稳操纵操纵系统的控制律为

$$
\left.
\begin{aligned}
\delta_y &= \left[\frac{\tau s}{\tau s+1}(K_{y\omega_y}\omega_y - K_{y\delta_x}\delta_x) + K_{y\beta}\beta\right]\frac{1}{(Ts+1)^2} + k_{my}k_B D_y \\
\delta_x &= -K_{x\beta}\beta + k_{mx}k_B D_x
\end{aligned}
\right\}
\tag{7-62}
$$

相应的横航向增稳系统的控制律为

$$\left.\begin{aligned}\delta_y &= \left[\frac{\tau s}{\tau s+1}(K_{y\omega_y}\omega_y - K_{y\delta_x}\delta_x) + K_y^\beta\beta\right]\frac{1}{(Ts+1)^2}\\ \delta_x &= -K_{x\beta}\beta\end{aligned}\right\} \qquad (7-63)$$

式中：$K_{y\omega_y}$，$K_{y\delta_x}$，$K_{y\beta}$ 分别为航向通道中速率陀螺、副翼、侧向加速度计到方向舵的增益；$K_{x\beta}$ 为滚转通道中侧向加速度计到副翼的增益；$\frac{\tau s}{\tau s+1}$ 为清洗网络；$\frac{1}{(Ts+1)^2}$ 为低通滤波器。

(3) 横航向增稳飞机的飞行品质。

航向通道中速率陀螺反馈的作用是增大航向阻尼力矩系数 $m_y^{\omega_y}$ 和偏滚交叉力矩系数 $m_x^{\omega_y}$ 的绝对值，从而增大荷兰滚阻尼比；加入清洗网络是为提高飞机的转弯机动性。在航向通道中引入侧滑信号，使方向舵按与侧滑角相同的极性成比例地偏转，以产生恢复力矩来提高飞机的航向静稳定性。比如，当飞机出现右侧滑时（侧滑角为正），使方向舵右偏（为正），产生一个机头向右的恢复力矩，使机头逐渐靠近速度向量，侧滑角减小，从而提高飞机的航向静稳定性。这样也减小飞机在进入或改出转弯以及常值转弯时所出现的侧滑角。由于 m_y^β 的绝对值增大，等效飞机固有频率增加，从而提高了飞机对外界扰动的恢复速度。

为了减小或消除进入或改出滚转时所产生的有害侧滑角，使副翼操纵具有自动协调转弯的优良过度过程特性，在航向通道中加入了一个与副翼偏角极性相反的比例信号，即副翼交联信号 $\delta_y = -K_{y\delta_x}\delta_x$。当右副翼正偏转时，通过位移传感器输给航向通道一个负信号，使方向舵左偏。因副翼正偏使飞机向左滚转产生左侧滑，但因方向舵左偏使飞机向右滚转和机头向左转，其结果不仅能消除或减小侧滑，而且还能减小副翼操纵时滚转角速度波动量，从而实现副翼-方向舵自动协调操纵的目的。但是，因为飞机气动特性变化很大，若要保证飞机在整个飞行包线范围内每个状态都能协调转弯是很困难的，所以一般仅能保证主要飞行状态。

在飞行中，各种原因会造成飞机不平衡，出现小的滚转角速度。为保证飞机平衡，飞行员需要进行操纵或利用调整片效应机构进行调整。由于副翼交联信号的存在，势必使方向舵偏转，造成飞机偏航，这是我们所不希望的。为了消除这种不必要的动作，可让副翼交联信号通过清洗网络，用它来阻止这种常值或低频信号通过，从而消除这种平衡飞机用的常值副翼偏转所造成的方向舵的不必要动作。

由于方向舵通道操纵系统后段的固有频率较低（如小于 20 Hz），当方向舵出现自振现象时，这种振动被敏感元件所感受，并输出相应信号。伺服系统在这种频率上有很大的相移，有可能加剧并持续这种振荡。为此，在敏感元件后再引入一个低通滤波器 $\left[\frac{1}{(Ts+1)^2}\right]$，滤掉这种高频信号，以保证系统正常工作。

由于一般飞机具有较强的横向静稳定性（即 $|m_x^\beta|$ 较大）和较弱的航向静稳定性（即 $|m_y^\beta|$ 较小），使滚转侧滑比绝对值 $\left|\frac{\gamma}{\beta}\right|_d$ 很大，所以，在滚转通道中引入 β 信号，使副翼按与侧滑角极性相反而大小成比例地偏转，即 $\delta_x = -K_{x\beta}\beta$。由于它产生的附加滚转力矩减小了飞机过大的横向静稳定力矩系数的绝对值 $|m_x^\beta|$，因而可以减小荷兰滚振荡和滚转侧滑比 $\left|\frac{\gamma}{\beta}\right|_d$。但 $|m_x^\beta|$ 不能减小太多，否则会导致飞机出现螺旋不稳定现象。

综上所述，横航向增稳飞机的飞行品质，即横航向增稳操纵系统对飞机稳定性和操纵品质的作用,可归纳如下：

1) 增加等效飞机的荷兰滚阻尼比和固有频率；

2) 降低过强的横向静稳定性,增强航向静稳定性,以减小飞机对外界扰动的滚转侧滑比绝对值；

3) 提高飞机滚转机动性；

4) 减小横航向交联影响；

5) 飞机能自动进行协调转弯；

6) 滚转角速度操纵力梯度、偏航角速度脚蹬力梯度均有所下降。

7.2　控制增稳飞机的飞行品质

增稳操纵系统的采用,在提高飞机稳定性的同时,也使飞机的操纵性有所降低。为了防止增稳操纵系统对飞机操纵性的不利影响,一般采用两种方法：一是限制增稳操纵系统的权限,二是添加清洗网络。从本质上讲。这两种方法都是折中方案,使得增稳操纵系统对飞机飞行品质的改善是有限的。20 世纪 60 年代,随着空战技术的发展以及对歼击机格斗能力要求的提高,操纵性和机动性成为主要矛盾,稳定性和操纵性之间的矛盾更加突出,增稳操纵系统的缺点更加难以容忍。为此,在增稳操纵系统的基础上,引入增控通道,构成了控制增稳操纵系统。

本节着重讨论纵向控制增稳操纵系统的组成、工作原理、控制律以及该系统的优缺点,并通过其对飞机飞行品质所起的作用来阐述控制增稳飞机的飞行品质。

7.2.1　纵向控制增稳操纵系统的组成、工作原理和控制律

图 7-9 所示为典型的纵向控制增稳操纵系统组成示意图,图 7-10 所示为该操纵系统的结构图。

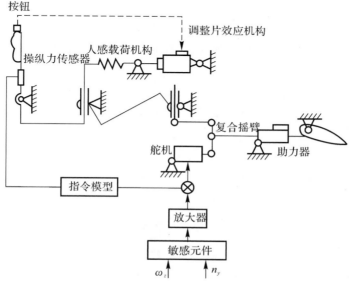

图 7-9　纵向控制增稳操纵系统组成示意图

比较图 7-10 与图 7-7 可知,控制增稳操纵系统是在增稳操纵系统的基础上添加一个操纵力传感器 k_F 和一个指令模型 $M(S)$ 而构成的,或者说它是由机械通道(机械链)、电气通道(电气链)和增稳回路组成的。飞行员的操纵信号分两路输出,一路是通过机械通道(不可逆助力操纵系统),另一路是通过电气通道。由操纵力(位移)传感器产生的电气指令信号输至指令模型,并在其中形成满足操纵特性要求的电信号,直接与来自增稳器的反馈信号在校正网络输入端相加,以差值控制舵面偏转。电气指令信号的极性与机械通道来的操纵信号极性是同相的,其值与操纵力(位移)成正比。

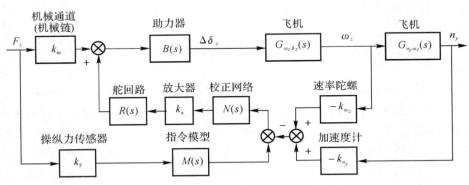

图 7-10   纵向控制增稳操纵系统结构图

这种系统的工作原理是:当飞机作等速直线水平飞行时,驾驶杆的指令信号为零,此时控制增稳操纵系统实际上相当于增稳操纵系统,起增稳作用。但与增稳操纵系统相比,其反馈增益较大,因此这种系统的增稳作用较好,抗干扰能力较强。当飞机在没有外界扰动的情况下作机动飞行时,飞行员的操纵信号一方面通过机械通道使舵面偏转某个角度 δ_{zm},另一方面又通过操纵力传感器输出一个指令信号,经指令模型与反馈信号综合,以差值去控制舵面偏转某个角度 δ_{zM},此时总的舵面偏转角为

$$\delta_z = \delta_{zm} + \delta_{zM} \tag{7-64}$$

由此可知,电气指令信号是起增大操纵量的作用。为此,电气通道又称为增控通道。

显然,控制增稳操纵系统的工作原理,就是上述两种情况的综合,即兼顾了稳定性和操纵性这两方面的要求。

对于图 7-10 所示的系统,在忽略系统惯性的情况下,其控制律为

$$\delta_z = N(s)(K_{z\omega_z}\omega_z + K_{zn_y}n_y) + [K_{zM}N(s)M(s) + k_m k_B]F_z \tag{7-65}$$

式中:$K_{z\omega_z} = k_R k_B k_a k_{\omega_z}$,为纵向阻尼器增益;$K_{zn_y} = k_R k_B k_a k_{n_y}$,为法向过载增稳器增益;$K_{zM} = k_F k_a k_R k_B$,为增控通道增益。

令 $N(s) = 1$,控制增稳操纵系统的控制律为

$$\delta_z = K_{z\omega_z}\omega_z + K_{zn_y}n_y + [K_{zM}M(s) + k_m k_B]F_z \tag{7-66}$$

式中,控制信号可以是操纵力 F_z,也可以是操纵位移 D_z,它们之间只差一个常数因子 $\dfrac{dF_z}{dD_z}$。究竟选哪一个,应根据飞机的具体情况而定。通常,操纵力信号比操纵位移信号的效果要好些,因为飞行员对操纵力的敏感性好,相位超前,故在控制增稳操纵系统中使用操纵力作为控制信号较多。

具有上述控制律的控制增稳操纵系统能够兼顾飞机稳定性和操纵性的要求。为了更清楚地说明这个问题,将图 7 - 10 简化为图 7 - 11。令图中虚线所框的传递函数分别为 $G_1(s)$, $G_2(s)$, $G_3(s)$ 和 $G_4(s)$。为方便说明问题,突出主要矛盾,令 $N(s) = 1$。这样,俯仰角速度对干扰的传递函数为

$$\frac{\omega_z(s)}{f(s)} = \frac{1}{1 + k_a G_2(s) G_3(s)} \qquad (7-67)$$

俯仰角速度对操纵力的传递函数为

$$\frac{\omega_z(s)}{F_z(s)} = \frac{G_2(s)}{1 + k_a G_2(s) G_3(s)} [G_1(s) + k_a G_4(s)] =$$

$$\frac{G_1(s) G_2(s)}{1 + k_a G_2(s) G_3(s)} + \frac{k_a G_2(s) G_4(s)}{1 + k_a G_2(s) G_3(s)} \qquad (7-68)$$

当 k_a 不断增加,且 $k_a G_3 \gg G_1$,$k_a G_2 G_3 \gg 1$ 时,有

$$\frac{\omega_z(s)}{f(s)} \to 0 \qquad (7-69)$$

$$\frac{\omega_z(s)}{F_z(s)} \to \frac{G_4(s)}{G_3(s)} \qquad (7-70)$$

若 $G_3(s) \approx G_4(s)$,则有

$$\frac{\omega_z(s)}{F_z(s)} \to 1 \qquad (7-71)$$

这表明,通过选取相当大的增益 k_a,并使 $G_3(s) \approx G_4(s)$,该系统对扰动输入的响应为零,对操纵力输入的响应则趋于完全跟随状态。

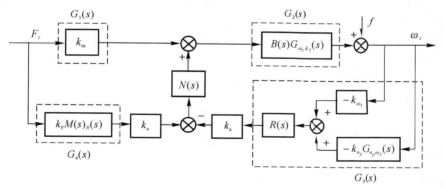

图 7 - 11　图 7 - 10 的简化图

将图 7 - 11 变换成图 7 - 12 后可见,增益 k_a 在增控回路(相对于增稳回路而言)中起增大操纵指令(即飞行员操纵力输入)的作用。与此同时,它又在增稳回路中起着增大稳定性(反馈)的作用。增控和增稳的强度随着 k_a 增加而增强,这样,控制增稳操纵系统就能较好地解决增稳飞机中存在的稳定性和操纵性之间的矛盾。

实际上,增益 k_a 值也不能取得很大,因为它受到助力器后段和飞机本体结构频率的约束,即受到系统动态稳定性的限制。为此,还要在系统中添加动态校正网络 $N(s)$,以改善伺服系统的稳定性。因此,k_a 值的选取往往是折中的结果,以满足飞机稳定性和操纵性的要求。虽然如此,由于控制增稳操纵系统的操纵权限比较大($30\% \delta_{z\max}$ 以上),所以上述结论仍是正确的。

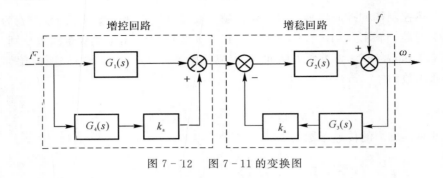

图 7 - 12　图 7 - 11 的变换图

7.2.2　纵向控制增稳飞机的飞行品质

根据上述控制增稳操纵系统的工作原理和控制律,可知这种系统能够在提高飞机稳定性的同时,提高飞机的操纵性。关于控制增稳操纵系统增强飞机稳定性的分析与增稳操纵系统的分析完全一致,这里就不再赘述了。下面主要讨论操纵力灵敏度问题和单位过载操纵力问题,以说明控制增稳操纵系统在改善飞机操纵品质方面的作用。

(1) 增大操纵力灵敏度的绝对值。

所谓操纵力灵敏度,通常指单位阶跃操纵力输入所产生的飞机初始俯仰角加速度,即

$$M_{F_z} = \left(\frac{\mathrm{d}^2\vartheta}{\mathrm{d}t^2}\right)_{t=0} \bigg/ F_z \qquad (7-72)$$

操纵力灵敏度的大小是表征飞机操纵品质的一个重要参数,它反映了飞机对飞行员操纵初始反应的快慢和猛烈程度。操纵力灵敏度绝对值过小,会使飞行员感到飞机的初始反应迟钝,预感到此后的机动变化不大;反之,操纵力灵敏度的绝对值过大,会使飞行员感到飞机的初始反应粗猛,怀疑自己操纵是否过量。因此,操纵力灵敏度又叫操纵灵敏度。

根据图 7 - 12,有

$$\frac{\omega_z(s)}{F_z(s)} = \frac{G_2(s)}{1 + k_a G_2(s) G_3(s)} [G_1(s) + k_a G_4(s)] \qquad (7-73)$$

令 $G_1(s) = k_m$,$G_2(s) = B(s)G_{\omega_z\delta_z}(s) = k_B G_{\omega_z\delta_z}(s)$,$G_3(s) = -[k_{\omega_z} + k_{n_y} G_{n_y\omega_z}(s)] R(s) = -k_R [k_{\omega_z} + k_{n_y} G_{n_y\omega_z}(s)]$,$G_4(s) = k_F M(s)R(s) = k_F k_R M(s)$,则

$$\frac{\omega_z(s)}{F_z(s)} = \frac{k_B G_{\omega_z\delta_z}(s)}{1 - k_B k_R k_a [k_{\omega_z} + k_{n_y} G_{n_y\omega_z}(s)] G_{\omega_z\delta_z}(s)} [k_m + k_F k_a k_R M(s)] \qquad (7-74)$$

考虑到在不计平尾升力的情况下,有

$$G_{\omega_z\delta_z}(s) = \frac{\overline{M}_z^{\delta_z}(s + \overline{Y}_C^\alpha)}{s^2 + 2\zeta_{sp}\omega_{nsp}s + \omega_{nsp}^2} \qquad (7-75)$$

$$G_{n_y\delta_z}(s) = \frac{V}{g}\frac{\overline{M}_z^{\delta_z}\overline{Y}_C^\alpha}{s^2 + 2\zeta_{sp}\omega_{nsp}s + \omega_{nsp}^2} \qquad (7-76)$$

则根据操纵力灵敏度的定义,控制增稳飞机的操纵力灵敏度为

$$M_{F_z} = \frac{\dot\omega_z(s)}{F_z(s)}\bigg|_{s\to\infty} =$$

$$\frac{k_B G_{\omega_z\delta_z}(s)}{1 - k_B k_R k_a [k_{\omega_z} + k_{n_y} G_{n_y\omega_z}(s)] G_{\omega_z\delta_z}(s)} [k_m + k_F k_a k_R M(s)] \cdot s \bigg|_{s\to\infty} =$$

$$k_B \overline{M}_z^{\delta_z} \left[k_m + k_F k_a k_R M(s) \right] \Big|_{s \to \infty} \tag{7-77}$$

对于不可逆助力操纵飞机,由于 $k_{\omega_z} = 0, k_{n_y} = 0, M(s) = 0$,则其操纵力灵敏度为

$$(M_{F_z})_m = k_m k_B G_{\omega_z \delta_z}(s) \cdot s \Big|_{s \to \infty} = k_m k_B \overline{M}_z^{\delta_z}$$

对于带有纵向阻尼器而不带有法向过载增稳器的纵向增稳飞机,由于 $k_{n_y} = 0, M(s) = 0$,则其操纵力灵敏度为

$$(M_{F_z})_{A1} = \frac{k_m k_B G_{\omega_z \delta_z}(s)}{1 - k_B k_R k_a k_{\omega_z} G_{\omega_z \delta_z}(s)} \cdot s \Bigg|_{s \to \infty} = k_m k_B \overline{M}_z^{\delta_z} \tag{7-78}$$

对于带有纵向阻尼器和法向过载增稳器的纵向增稳飞机,由于 $M(s) = 0$,则其操纵力灵敏度为

$$(M_{F_z})_{A2} = \frac{k_m k_B G_{\omega_z \delta_z}(s)}{k_B k_R k_a \left[k_{\omega_z} + k_{n_y} G_{n_y \omega_z}(s) \right] G_{\omega_z \delta_z}(s)} \cdot s \Bigg|_{s \to \infty} = k_m k_B \overline{M}_z^{\delta_z} \tag{7-79}$$

比较式(7-77)～式(7-79),可以看出,增稳飞机(不管是带有纵向阻尼器,还是带有法向过载增稳器)对操纵力灵敏度没有什么影响,但带有增控通道的控制增稳飞机可以使操纵力灵敏度 M_{F_z} 的绝对值增大。

(2)改善操纵力特性。

为便于得到各种不同情况下的单位过载操纵力表达式,将图 7-11 简化为图 7-13。从图 7-13 可以得到法向过载 n_y 对操纵力 F_z 的传递函数为

$$\frac{n_y(s)}{F_z(s)} = \frac{\left[k_F M(s) + \dfrac{k_m}{N(s) k_a R(s)} \right] N(s) k_a R(s) B(s) G_{\omega_z \delta_z}(s) G_{n_y \omega_z}(s)}{1 - N(s) k_a R(s) B(s) G_{\omega_z \delta_z}(s) \left[k_{\omega_z} + k_{n_y} G_{n_y \omega_z}(s) \right]} \tag{7-80}$$

经整理简化记为

$$\frac{n_y(s)}{F_z(s)} = \frac{k_F M(s) + \dfrac{k_m}{N(s) k_a R(s)}}{\Delta_{qx} - \Delta_{hx}} \tag{7-81}$$

式中,$\Delta_{qx} = \dfrac{1}{N(s) k_a R(s) B(s) G_{\omega_z \delta_z}(s) G_{n_y \omega_z}(s)}$,$\Delta_{hx} = k_{n_y} + \dfrac{k_{\omega_z}}{G_{n_y \omega_z}(s)}$。

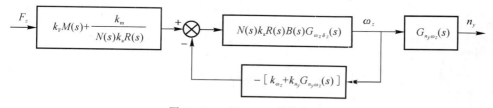

图 7-13　图 7-11 的简化图

由于增稳回路中的 k_a 为高增益,可以认为 $\Delta_{qx} \approx 0$,即使按通常的设计,Δ_{qx} 的作用也处于次要地位,即 $\Delta_{qx} \ll \Delta_{hx}$,可以略去不计。于是式(7-81)就可以写为

$$\frac{n_y(s)}{F_z(s)} = -\left[k_F M(s) + \frac{k_m}{N(s) k_a R(s)} \right] \frac{1}{\Delta_{hx}} \tag{7-82}$$

假定 $M(s) = k_M, N(s) = 1, R(s) = k_R$,并注意到

$$G_{n_y \omega_z}(s) = \frac{G_{n_y \delta_z}(s)}{G_{\omega_z \delta_z}(s)} = \frac{v \overline{Y}_C^\alpha}{g(s + \overline{Y}_C^\alpha)} \tag{7-83}$$

则有

$$\frac{n_y(s)}{F_z(s)} = -\left(k_F k_M + \frac{k_m}{k_a k_R}\right)\frac{1}{k_{n_y} + \frac{g(s + \overline{Y_C^\alpha})}{v\overline{Y_C^\alpha}}k_{\omega_z}} \tag{7-84}$$

可以看出,由操纵力输入引起的法向过载反应基本上是非周期的,很少与纵向短周期固有频率 ω_{nsp} 及阻尼比 ζ_{sp} 有关。通常歼击机的 $\overline{Y_C^\alpha}$ 在 $0.2 \sim 1.6$ 之间变化,而且大部分状态为 $0.3 \sim 1.3$,这一反应过度过程时间较短,一般在 $3 \sim 4$ s 以内。

由式(7-84)可以得到控制增稳飞机的单位过载操纵力为

$$F_z^{n_y} = \frac{F_z(s)}{n_y(s)}\bigg|_{SS} = -\frac{k_a k_R}{k_F k_M k_a k_R + k_m}\left(k_{n_y} + \frac{g}{v}k_{\omega_z}\right) \tag{7-85}$$

这说明,如果各增益 $k_F, k_M, k_a, k_R, k_m, k_{\omega_z}$ 和 k_{n_y} 为常数,则单位过载操纵力基本上是飞行速度的函数。

对于不可逆助力操纵飞机,法向过载 n_y 对操纵力 F_z 的传递函数为

$$\frac{n_y(s)}{F_z(s)} = \frac{v}{g}\frac{\overline{M_z^\delta}\overline{Y_C^\alpha}}{s^2 + 2\zeta_{nsp}\omega_{nsp}s + \omega_{nsp}^2} \tag{7-86}$$

其过渡过程是振荡型的,过度时间取决于飞机纵向短周期固有频率 ω_{nsp} 和阻尼比 ζ_{sp},从低空的 $1 \sim 2$ s 到高空的十几秒。而单位过载操纵力则为

$$F_z^{n_y} = \frac{F_z(s)}{n_y(s)}\bigg|_{SS} = \frac{1}{k_m k_B}\frac{g\omega_{nsp}^2}{v\overline{M_z^\delta}\overline{Y_C^\alpha}} \tag{7-87}$$

其随飞行速度和高度有很大的变化。

图 7-14 所示是控制增稳飞机的单位过载操纵力和不可逆助力操纵飞机的单位过载操纵力随飞行马赫数变化的情况。可以看出,控制增稳飞机的操纵力特性明显优于不可逆助力操纵飞机。

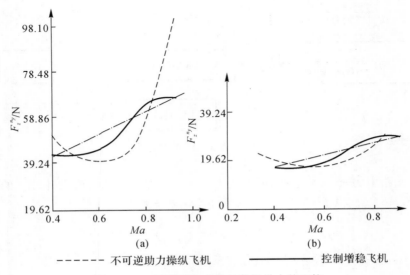

图 7-14 两类飞机单位过载操纵力的比较

(a)$H = 5\,000$ m; (b)$H = 0$

在式(7-84)中,令 $k_M = 0$,可以得到带无增控回路的增稳飞机的单位过载操纵力为

$$F_z^{n_y} = -\frac{k_a k_R}{k_m}\left(k_{n_y} + \frac{g}{v}k_{\omega_z}\right) \tag{7-88}$$

将它与式(7-85)相比,可以看出控制增稳飞机的单位过载操纵力的绝对值要比增稳飞机的单位过载操纵力的绝对值小,从而克服了增稳操纵系统使飞机单位过载操纵力绝对值变大的缺点。实际上,通过调整 k_F, k_M, k_a 的值,可以使控制增稳飞机的单位过载操纵力的绝对值小于不可逆助力操纵飞机的单位过载操纵力的绝对值。

尽管上述结论是在假设 $M(s) = k_M, N(s) = 1, R(s) = k_R$ 的情况下获得的,但它仍具有普遍意义。

尽管这些结论是通过研究典型的纵向控制增稳操纵系统得出的,但这些结论也适合横航向控制增稳操纵系统,所以,本书不再单独研究横航向控制增稳操纵系统了。

总之,控制增稳操纵系统之所以能很好地解决飞机稳定性和操纵性之间的矛盾,其根本原因是以增稳回路的高增益来保证飞机的稳定性,而以增控回路中的指令模型来保证飞机的操纵性。前者是利用自控原理中反馈原理进行工作,后者是利用自控原理中前馈原理进行工作,所以它能够很好地解决飞机的飞行品质问题。

此外,控制增稳操纵系统的采用,还为提高飞机机动性、放宽静稳定性要求等提供了可能性。

7.2.3　控制增稳操纵系统的优缺点

综上所述,控制增稳操纵系统有以下优点:

1)控制增稳操纵系统存在绕过机械杆系直接控制助力器(或复合舵机)的增控通道,可以很好地解决飞机稳定性和操纵性之间的矛盾。

2)控制增稳操纵系统中的机械杆系可设计得简单一些,只要保证飞行安全即可。

3)由于飞行员的操纵信号可以通过两个通道输至舵面,完成操纵动作,为飞行操纵系统的设计和调整提供了灵活性。设计师只要适当地调整控制增稳操纵系统的权限,改变操纵力传感器和指令模型的参数,就能容易地改变系统的特性。

4)结合增稳回路参数的选择,我们能够实现驾驶杆指令与飞机响应之间的任何静动态关系,也能实现驾驶杆的任何起动力要求。

5)为提高飞机机动性、放宽静稳定性要求、设计新型的高性能飞机提供了可能性。

由于控制增稳操纵系统具有上述主要优点,所以,在高性能歼击机上广泛采用了这种操纵系统。

然而,控制增稳操纵系统是在不可逆助力操纵系统的基础上,通过复合摇臂引入增稳回路和增控通道形成的,从本质上来讲,这种操纵系统仍然属于机械式的范畴。随着飞机性能的不断提高,由此带来的缺点日益突出,主要表现在以下几方面。

1)控制增稳操纵系统结构复杂、重量大。由于系统保留了机械通道,所以控制增稳操纵系统不仅结构复杂,而且结构重量也较大。根据估计,机械通道的拉杆、摇臂,以及变臂机构和联动装置的重量可达 2 000 N 左右。这是个不小的数字,而且占据的空间也大。

2)控制增稳操纵系统对舵面的操纵权限是有限的。尽管控制增稳操纵系统从理论上能很好地解决飞机稳定性和操纵性之间的矛盾,但考虑安全的原因,其权限是有限的(通常为操

纵面最大偏角的 30%),再考虑到电气通道的增益不能很大,这样,随着飞机性能的提高,它将不能满足在整个飞行包线内改善飞机稳定性和操纵品质的要求,即该系统对飞机稳定性和操纵品质的改善是有限的。

3)控制增稳操纵系统存在着"力反传"和"功率反传"。图 7-15 所示为控制增稳操纵系统或增稳操纵系统中舵机和助力器的连接情况。理论和实践证明,不管系统中舵机和助力器的连接是采用串联方式还是并联方式,控制增稳操纵系统和增稳操纵系统中都存在"力反传"问题。力反传是由于复合摇臂至助力器分油活门之间的机械系统存在惯性、摩擦及分油活门的摩擦力和液动力,使得舵机工作时必须施力于复合摇臂推动拉杆 B,而拉杆 B 则施反力作用于复合摇臂推动杆 A,并传至驾驶杆的结果。舵机时而工作,时而不工作,时而动作快,时而动作慢,反传到驾驶杆上的力也时大时小,不是一个恒值,这将使驾驶杆产生非周期振荡。

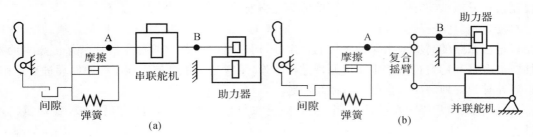

图 7-15　舵机与助力器的连接方式
(a)串联方式;　(b)并联方式

"功率反传"是由舵机和助力器的输出速度不一致引起的。通常舵机的输出速度总是大于助力器的输出速度。因此,当舵机工作并通过复合摇臂推动助力器分油活门时,舵机至助力器之间杆系的动量将在助力器的输入端引起碰撞并反传至驾驶杆,引起驾驶杆至助力器输入端的瞬时碰撞振荡。

力反传和功率反传都会影响飞行员的正常操纵,是我们不希望有的操纵系统特性。

(4)战伤生存力低。由于控制增稳操纵系统中仍保留有机械杆系,而机械杆系的传输线在分布上比较集中,一旦被炮火击中很有可能使整个系统失灵,以致机毁人亡,使飞机的战伤生存能力低。据资料统计,美国在越南战争期间,由炮火击中机械操纵系统(包括液压系统)导致机毁人亡的事故率高达 30% 左右,这是一个相当惊人的数量。

以上缺点将严重地影响飞机性能的继续提高,不能满足空战的需要。为此,人们在该系统的基础上又发展了电传操纵系统。

7.3　电传飞机飞行品质

7.3.1　电传操纵系统发展概况

电传操纵系统(fly by wire flight control system),也被译为"线传操纵系统"。它是一种先进的电子飞行控制系统。一般而言,电传(Flg By Wire,FBW)操纵系统是指利用电气信号形成操纵指令,通过电线(电缆)实现飞行员对飞机运动进行操纵(控制)的飞行控制系统。实际上,工程界比较一致的观点是对电传操纵系统作下定义:它是一个"利用反馈控制原理而使飞行器运动成为被控参量的电气飞行控制系统"。电传操纵系统的应用,被认为是飞行控制技术的一大跨越。其应用的意义在于它对飞机设计方法所产生的影响,以及给飞机飞行方式带来的改变。电传操纵系统的电气信号传递特点,为主动控制技术的实现提供了工程基础。

从飞机发明直到现在,飞机的操纵系统仍然主要是机械式的操纵系统。机械操纵系统在操纵装置(操纵杆、脚蹬)和飞机的舵机之间存在着一套相当复杂的机械联动装置和液压管路,飞行员操纵操纵杆和脚蹬,通过上述联动装置控制舵机位置,从而使飞机达到希望的姿态和航向。

早期的飞机只是直接人工机械操纵。随着飞机的尺寸和速度的增加,驾驶员对直接通过钢索去拉动舵面感到困难,于是作为驾驶员辅助操纵装置的液压助力器安装在操纵系统中。它由一个并联的液压作动器来增大驾驶员施加在操纵钢索上的作用力。液压助力器仍在许多飞机上使用。

第二次世界大战后不久,出现了全助力操纵系统。在这种系统中,操纵钢索从驾驶杆直接连到作动器的伺服阀上,不再与操纵面发生直接机械联系。使用全助力操纵的主要原因是,在跨声速飞行时,作用在操纵面上的力变化很大,而且非线性很显著。这样,操纵时从操纵面反传到驾驶杆上的力从操纵品质的观点来说是难以接受的。全助力操纵系统本身是不可逆的,因此不受跨声速飞行中非线性力的影响,由于这种操纵方法不再需要飞行员的体力去改变舵面状态,使得飞行员无法直观地感受到飞机所处的状态,于是就借助一些力反馈装置来提供人工杆力,这种人工杆力虽然在移动操纵面时不需要,但在操纵飞机时给飞行员提供适当的操纵品质还是必要的,人工杆力的设计可以使人的操纵感觉从亚声速飞行平滑地过渡到超声速飞行阶段。

随着飞机尺寸的继续增加和性能的进一步提高,增加稳定性和帮助飞行员操纵的需求变得十分迫切,于是飞机操纵系统从全助力操纵系统发展到增稳系统,如偏航增稳系统、俯仰增稳系统和横滚增稳系统。系统通过传感器反馈的飞机状态,在程序控制下自动控制舵机偏转,以保证飞机静稳定性。这种增稳系统与驾驶杆或脚蹬是互相独立的,因而增稳系统的工作不影响驾驶员的操纵。

从增稳系统发展到电传操纵系统只是很小的一步,通过加上一个离合器或其他使机械系统在不使用时断开的方法便可以实现,"协和"超声速客机上就装有这种系统。

把电传操纵系统中的机械备份完全去掉就变成了全电传操纵系统。

在这里我们已经能够给电传操纵系统下一个定义了:电传操纵系统是将飞行员的操纵信号,经过变换器变成电信号,通过电缆直接传输到自主式舵机的一种系统。它去掉了传统的飞机操纵系统中布满飞机内部的从操纵杆到舵机之间的机械传动装置和液压管路。电传操纵系统的主要组成部分包括运动传感器、中央计算机、作动器和电源,它相当于动物的感觉器官、大脑和肌肉。

由飞机操纵系统的发展我们可以体会到,任何事物的发展都是由需要和可能这两个因素决定的,电传操纵系统的发展也是如此。它是随着飞机(包括某些飞行器)的飞行控制技术的不断提高以及科学技术的发展而逐渐发展起来的。

电传操纵的重要性在于打破了飞机设计中需要保持静稳定性的布局,设计师们可以为战斗任务选择和优化最有效的布局,然后由储存在飞行控制计算机软件中的相应控制律增加人工稳定性。现役战斗机中已经有多种飞机采用电传操纵系统,例如 F-16、幻影 2000、"狂风"、F-15、Su-27、F/A-18 等。

尽管确实存在仅仅依靠电子线路将操纵信号传递到舵机上的所谓"直接电气传动系统"的电

传飞行控制系统,但工业上普遍将电传操纵系统定义为"一种利用反馈控制原理,将飞行器的运动作为受控参数的电子飞行控制系统"。由于没有机械结构,电传操纵系统的可靠性比起传统的机械式飞行控制系统要可靠很多。同时,因为加入了反馈控制,使飞行员的操纵压力大大减小。

一套典型的电传操纵系统是由传感器组(各种陀螺、加速度计等惯性测量器件和迎角传感器等大气测量器件)、输入设备、飞行控制计算机、舵机和电气传输线路组成。电传操纵系统一般按照元件的电气特性分类。采用了模拟传感器、模拟式计算机和输入输出设备的系统被称为模拟式电传操纵系统;采用了数字式传感器、数字计算机和输入输出设备的系统被称为全数字式电传操纵系统。但事实上,纯数字式传感器至今也没有研制成功,因此实际上在使用的都是采用模拟式传感器、数字式计算机的半数字式电传操纵系统。

一般电传操纵系统都采用余度备份系统。主要的传感器和飞行控制计算机都要留有几组完全相同且同时工作的系统,通过专门的余度管理计算机进行最后的输出。一般现代电传操纵系统都是四余度系统,也有少数三余度或者采用解析余度的单余度系统。除了主要系统之外,电传操纵系统还留有被大大简化的备份系统,有些还留有机械备份。

电传操纵系统最早是为了解决飞行器的稳定性而开发的。在 20 世纪 60 年代后,某些飞行器为了降低阻力而造成稳定性急剧下降。还有某些飞行器在整个飞行包线内稳定性变化较大,这样导致飞行员控制压力加大,甚至根本无法控制飞机。为此,设计机构将陀螺仪加入飞机的机械控制系统中,用来产生一个辅助的控制信号,通过一套机械机构将增稳信号叠加到飞行员输入的控制信号中。在 SR - 71 高速侦察机中,美国首次将模拟式计算机加入了作为辅助的陀螺增稳信号中。这样的系统被称为控制增稳系统。随着 70 年代末电子技术的大发展,西方最早开始尝试将飞行员的操纵信号直接接入计算机,从而放弃了全部机械控制系统,构成了完全由电气设备组成的电传操纵系统。

电传操纵系统的第一个用户是 F - 111,该机于 1964 年开始飞行,之后是"狂风"战斗机和 F - 8C,以及原西德的 F - 104G 等短距起落运输机。而通过使用电传操纵系统使飞行器性能得到巨大提高的典范则是 Su - 27。Su - 27 因为在研制期间改用四余度模拟式电传操纵系统,从而摒弃了传统的飞机设计法则,通过使用静不稳定布局获得了性能的空前提高。而民航机中则是从 A320 开始使用电传操纵系统。中国的歼 10 也使用了四余度电传操控,大大提高了先进程度。

电传操纵系统的类别,因依据不同可以划分出很多种类。如根据所使用的控制器(飞行控制计算机)形式之不同加以分类,可将电传操纵系统划分为模拟式电传操纵系统和数字式电传操纵系统两种类型。

1)模拟式电传操纵系统是指使用模拟式计算机作为控制器进行控制律计算、余度管理解算以及控制转换逻辑运算的电传操纵系统。

2)数字式电传操纵系统是指使用数字式计算机作为控制器进行控制律解算以及余度管理的逻辑判断和运算的电传操纵系统。

当前,数字式电传操纵系统是指使用微型数字计算机作为控制器的飞行控制系统。在这一类系统中,传感器、伺服机构等仍是模拟部件,所以有人把这种系统称为混合式数字电传操纵系统。与之相对应的全数字式电传操纵系统则是从传感器、计算机到伺服机构均是以数字信号形式存在的系统。目前,还不存在这种全数字式的电传操纵系统。

对电传操纵系统的分析设计,主要包括两个方面,一是控制律,二是可靠性。控制律是要保证飞机飞行品质满足飞行品质规范要求,即保证飞机具有良好的稳定性和操纵品质;可靠性是要保证电传操纵系统满足可靠性规范的要求,即保证飞机的飞行安全和完成任务的可靠性。因此,控制律和可靠性是电传操纵系统的两个重要内容。

7.3.2　可靠性和余度技术

尽管机械操纵系统有各种各样的缺点,但它有一个最大的优点,那就是有较高的安全可靠性。安全可靠对飞机来说是至关重要的,只有当电传操纵系统的安全可靠性与机械操纵系统相近时,电传操纵系统才能被广泛使用。因此,从控制增稳操纵系统发展到电传操纵系统,关键的问题在于安全可靠性。

飞机飞行的安全可靠性可以用飞机每 10 万次飞行的损失率或事故率来表征,也可以用飞机未完成规定任务的概率加以表征。

美国 MIL‐F‐9490D《有人驾驶飞机飞行操纵系统——设计、安装和试验通用规范》根据操纵系统故障后的性能,将操纵系统的工作状态分为五级。其中第 V 级工作状态指的是飞机操纵系统的故障引起操纵系统工作性能下降到只能使飞机作有限的机动飞行,以实现乘员安全弹射跳伞所必须的工作状态。使操纵系统落入此种工作状态的故障概率和飞机的损失概率基本上是对应的。MIL‐F‐9490D 规定,此概率 Q_s(每次飞行的损失数次数) 应为

对 Ⅲ 类飞机　　　　　　　　　　　　$Q_s \leqslant 5 \times 10^{-7}$

对 Ⅰ,Ⅱ,Ⅳ 类飞机　　　　　　　　　$Q_s \leqslant 100 \times 10^{-7}$

如果以飞行小时为单位计算飞机的飞行安全可靠性指标,依据美国的空军的统计资料,则上述指标相当于

对 Ⅲ 类飞机　　　　　　　　　　　　$Q_s \leqslant 0.82 \times 10^{-7}\ \text{h}^{-1}$

对 Ⅰ,Ⅱ,Ⅳ 类飞机　　　　　　　　　$Q_s \leqslant 62.5 \times 10^{-7}\ \text{h}^{-1}$

要使电传操纵系统具有与不可逆助力操纵系统相当的安全可靠性,其可靠性指标应为 $1.0 \times 10^{-7}\ \text{h}^{-1}$。但是,根据目前电子元件可靠性水平,单通道电传操纵系统的故障率约为 $1.0 \times 10^{-3}\ \text{h}^{-1}$。要使电传操纵系统的可靠性满足上述要求,必须采用余度技术。

所谓余度技术是用几套可靠性不够高的系统执行同一指令、完成同一工作任务,构成称之为余度系统的多重系统的技术。这种余度系统具有下述能力:

1) 对组成系统的各部分具有故障监控和信号表决能力;

2) 一旦系统或系统中的某部分出现故障时,系统本身具有自动故障隔离能力;

3) 当系统中出现一个或数个故障,系统具有重新组织余下的完好部分,使系统具有故障安全的能力。

所谓故障安全能力是指当电传操纵系统及其相关部件出现故障以后,系统性能有可能稍有下降,飞行员的工作负担加重,完成任务的效果变差,不能满意地完成包括精确跟踪或机动飞行在内的预定任务,但可以安全地终止精确跟踪或机动飞行任务,可以安全地巡航、下降以及在预定的或其他目的地着陆。

据可靠性理论计算,系统的最大损失率(Q_s)与余度数目(n)之间的关系如图 7‐16 所示。由图可知,单通道电传操纵系统的故障率约为 $1.0 \times 10^{-3}\ \text{h}^{-1}$,当电传操纵系统采用三余度或四余度时,其安全可靠性就可以大大提高,满足接近或不低于不可逆助力操纵系统的可靠性水平。

图 7‐17 所示为一个四余度电传飞机简图。该系统的操纵力传感器、飞机状态传感器(如速率

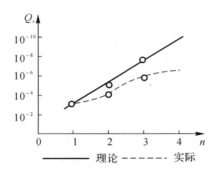

图 7-16　最大损失率与余度数目的关系图

陀螺、加速度计等)、前置放大器、执行机构和计算机均有 4 个,也就是 4 套,从而构成四余度系统。

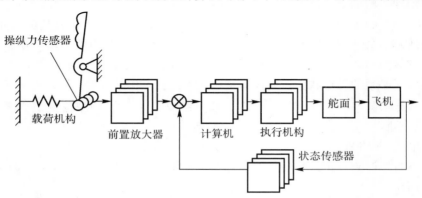

图 7-17　四余度电传操纵系统简图

7.3.3　电传飞机飞行品质

多余度电传操纵系统实质上可以看作是由多套单通道系统按照一定的关系组合而成的。因此,下面主要介绍纵向单通道电传操纵系统的组成、工作原理和控制律,以及电传飞机的飞行品质。

7.3.3.1　纵向单通道电传操纵系统

(1)纵向单通道电传操纵系统的组成。

图 7-18 所示为典型纵向单通道电传操纵系统结构图。电传操纵系统是在控制增稳操纵系统的基础上发展而来的,所以,它的组成与前者类似。不同点是取消了机械通道,只保留由飞行员经操纵力传感器输出的电指令信号通道。这对操纵系统来说是一场革命,去掉了传统的机械传动装置,取而代之用电信号来传递飞行员的操纵指令;在正向通道中增加过载限幅器、自动配平网络和为了补偿飞机静不稳定而需要的人工稳定回路,该回路称为放宽静稳定性(Relaxed Static Stability,RSS)回路;在反馈通道内增加迎角/过载限幅器,以增加飞机安全性。

图 7-18 中 $F_A(s)$,RSS,$F(\alpha)$ 分别表示自动配平网络、放宽静稳定性回路和迎角/过载限制器;$F_1(s)$,$F_2(s)$ 和 $H(s)$ 分别表示低通网络和清洗网络,$F_s(s)$ 为机体结构陷幅滤波器。带有下标的 K 和 k 分别为相应环节的传递系数,$K(q)$ 是动压 q 的函数,它表示该增益是随飞行状态变化而自动调整的。

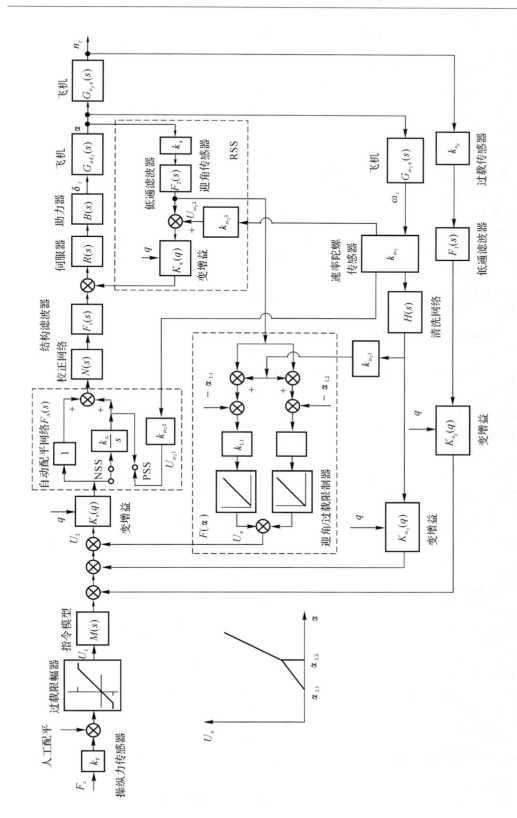

图7-18　典型纵向单通道电传操纵系统结构图

需要指出的是,如果飞机是静稳定的,且其静稳定度又符合规范要求,那就不必再引入人工稳定性回路了,这里只是为了说明人工稳定性回路的功能而引入的。

(2) 纵向单通道电传操纵系统的工作原理

图 7 - 18 所示的单通道电传操纵系统具有操纵和稳定两种工作状态。当系统处于操纵状态时,飞行员的操纵,经操纵力传感器产生电指令信号与来自测量飞机运动参数的速率陀螺和加速度计信号综合后的信号比较,以其差值信号驱动平尾偏转,使飞机作相应的运动,当飞机的运动参数达到飞行员的期望值时,平尾停止偏转,从而使飞机保持在飞行员所期望的运动状态。当飞机作等速直线水平飞行时,如果飞机受到扰动破坏了该运动状态,则速率陀螺和法向加速度计有相应的信号输出,该信号与操纵力传感器的电指令信号相比较而形成新的误差信号,以此差值信号驱动平尾偏转,使飞机自动地恢复到原运动状态。

下面简单介绍几种重要元件的工作原理和功用。

1) 过载限幅器和迎角 / 过载限制器。当飞机高速飞行时,虽然迎角不大,但此时飞行员若操纵过猛,常会出现很大的法向过载,以致飞机结构可能被破坏。为此,在指令模型前设置了一个非对称的限幅电路,以限制飞机可能出现的最大正(或负)过载。例如,当飞行员操纵疏忽产生一个很大的正过载指令信号,由于有限幅电路的存在,其输出电压 U_1 的最大值受到限制,这就限制了最大的平尾偏转角,从而限制了飞机的最大法向过载,确保飞机高速飞行时的安全。

飞机低速飞行时其法向过载往往不大,但若操纵疏忽可能会使迎角超过失速迎角而造成飞机失速。有时即使飞机还没有达到失速迎角,但超过一定迎角后,其横航向运动可能由静稳定变成静不稳定,为此需要设置迎角限制值(如 α_{L1})。此外,当实际迎角大于某值(如 α_{L2})时,飞机的迎角静稳定导数 m_z^α 值开始向正向增大,即迎角静稳定性减弱。此时如果迎角反馈信号的强度不够,则可能使等效飞机迎角静不稳定。为了增加迎角反馈信号的强度,在系统中设置了 α_{L2}。这样,当实际迎角小于 α_{L1} 时,经迎角 / 过载限制器输出的电压信号 $U_\alpha = 0$;当 $\alpha_{L1} < \alpha < \alpha_{L2}$ 时,$U_\alpha \neq 0$;当 $\alpha > \alpha_{L2}$,U_α 骤然增加,即引入很强的迎角反馈信号,从而大大减小飞行员的指令信号,以限制迎角继续增大,使迎角被限制在某一个允许的范围内,保证飞机低速飞行时的安全性。

在迎角 / 过载限制器入口处还引入 $U_{n_y} = k_{\omega_z 1} k_{\omega_z} \omega_z$ 信号。因为 $\omega_z \approx \frac{g}{v} n_y$,所以此信号实际上与过载 n_y 成正比。这样,U_α 不仅取决于迎角 α,而且还与过载 n_y 有关。于是,此限制器不仅能限制迎角,还能限制过载,哪一个量先达到预定的限制值,就限制哪一个。正因如此,此限制器取名为迎角 / 过载限制器。

总之,引入过载限幅器、迎角 / 过载限制器是用来防止飞行员操纵时由于操纵疏忽而危及飞机安全的一种有效保护措施,使飞行员能放心大胆地操纵,改善飞机的操纵性。

2) 自动配平网络。

操纵力 F_z 对速度 v 的梯度 F_z^v,称为操纵力速度梯度,它是飞机静操纵性的一个重要指标。它与飞机速度静稳定性有如下关系:对于具有速度静稳定性的飞机,$F_z^v > 0$,即要求增加速度时向前推驾驶杆,这和飞行员的生理习惯一致;对于速度静不稳定的飞机,$F_z^v < 0$,即要求增加速度时向后拉驾驶杆,出现反操纵现象;对于速度中立稳定的飞机,$F_z^v = 0$,即速度的改变与驾驶杆的操纵无关。这样,可定义 $F_z^v > 0$ 为正速度稳定性(Positive Speed Stability,PSS),简称速度稳定性;$F_z^v < 0$ 为负速度稳定性;$F_z^v = 0$ 为中立速度稳定性(Neutral Speed Stability,NSS)。

在系统的正向通路中引入自动配平网络的目的是使系统既有中立速度稳定性(开关处于 NSS 位置)控制律的特点,又具有速度稳定性(开关处于 PSS 位置)控制律的特点。图中表示的是开关处于 NSS 的情况,其中积分环节的作用是:在操纵状态下,使操纵力指令信号与俯仰角速度、法向过载反馈信号综合后的误差保持为零;在扰动状态下,使任何非指令信号的反馈信号(俯仰角速度或法向过载信号)能自动地减小到零。前向通道中积分环节的存在,使得纵向操纵力与平尾偏角失去了比例关系,从而使飞机的速度、迎角或过载与纵向操纵力失去了比例关系,飞机的这种特性通常称为中性速度稳定性。在这种情况下,系统呈现比例积分控制律的特点,其相应的传递函数为

$$F_A(s) = 1 + \frac{k_A}{s} \tag{7-89}$$

由式(7-89)可知:在高频区域内,此环节近似地等效于一个比例环节,使这个系统具有快速响应的特点;在低频区域,此环节近似地起积分作用,使系统具有一阶无静差的特点,即呈现中立速度稳定性控制律特点。例如飞机在飞行员无操纵输入的情况下作等速直线水平飞行,如果飞机受到某个不平衡力矩的作用使得俯仰角速度不等于零,那么系统会自动偏转舵面,直至不平衡力矩消失为止,从而实现自动配平。

然而,上述控制规律在飞机的起飞、着陆过程中却会给飞行员对飞机的操纵带来困难。因为在起飞、着陆过程中,飞行员要根据起飞、着陆的进程,操纵驾驶杆,偏转平尾来改变迎角,控制飞机的速度和航迹俯仰角。而积分作用的存在会使驾驶杆的位置与舵面偏角之间失去比例关系,飞行员不容易掌握所需的驾驶杆操纵量。以着陆拉平阶段的操纵为例,在正常情况(比例式操纵)下,飞行员为增大迎角,会逐渐地向后拉驾驶杆,使平尾前缘逐渐下偏,以达到拉平飞机的目的。在比例加积分控制的情况下,由于积分作用会不断地配平飞行员对平尾的操纵,所以当飞行员按照习惯拉杆时,会感

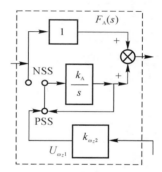

图 7-19 PSS 状态时自动配平
网络的结构图

觉操纵量不足,从而增大操纵量。这会使得飞机反应过分猛烈,甚至可能造成事故。为此,在起飞或着陆飞行中,当飞机起落架放下时,计算机输出一个电信号,系统自动将积分器切除,并将开关转换成 PSS 状态,如图 7-19 所示。此时相应的传递函数为 $F_A(s)=1$,系统呈现比例控制特性,此时要求飞行员进行人工配平。

值得指出,当系统处于 PSS 状态时,飞机的阻尼可能会很小。为此引入 $U_{\omega z1} = k_{\omega z2} k_{\omega z} \omega_z$ 信号,以增加等效飞机的阻尼,改善飞机的动稳定性。

3)放宽静稳定性回路。前面已经介绍,在现代歼击机设计中,为获得高性能,常常采用放宽静稳定性技术将飞机设计成亚声速飞行时是静不稳定的,或接近中立稳定,在超声速飞行时是静稳定的。如 F-16 飞机,在亚声速以小迎角飞行时,空战状态下,其纵向设计成静不稳定,$m_z^{C_y} = 0.06$;在有外挂物对地攻击时设计成 $m_z^{C_y} = 0.1$;在超声速或亚声速大迎角飞行时设计成静稳定的,$m_z^{C_y} = -0.06$。这样使 F-16 飞机具有较高的机动能力,例如其最大可用法向过载达 9。当飞机静不稳定时,不利于飞行员操纵,为此,在系统中要用迎角反馈信号来补偿静稳定性的不足,如图 7-19 中所示的放宽静稳定性回路 RSS。

这里,引入迎角反馈的目的就是补偿飞机静稳定性,产生人工稳定性,以实现放宽静稳定性要求。但是,等效飞机静稳定性增强的同时,阻尼比会下降。为了补偿阻尼比下降,在 RSS 回路中引入俯仰角速度反馈信号 $U_{\omega_z 2} = k_{\omega_z 3} k_{\omega_z} \omega_z$,采用 $K_\alpha(q)[F_2(s)K_\alpha \alpha + K_{\omega_z 3}\omega_z]$ 反馈,使等效飞机具有适量的阻尼比,以便飞行员能正常操纵飞机。

4) 机体结构陷幅滤波器。初步分析设计电传操纵系统时,通常将飞机视为刚体,但实际上并非如此。这是因为现代高性能歼击机为了减小阻力,采用长细比较大的机身和相对厚度较小的机翼,再加上尽可能减轻飞机的结构质量,更使其刚度下降。这样,飞机在空中飞行时,就不能把它仅仅看作是刚体,而应是弹性体,即飞行时除了有刚体运动外,还有机体结构的弹性弯曲振动。这种弯曲振动模态与刚体运动模态的主要区别是:频率高,振型多达六阶以上,并且这种振动会在机体的不同部位引起不同的运动。由于系统中传感器不仅感受飞机的刚体运动,而且也感受机体结构的弯曲振动,所以,控制系统传感器安装位置的不同将影响其输出信号的幅相特性,从而引起舵面不同的附加偏转。当这些信息通过控制系统对舵面起作用时,由于系统总有延迟,即相位上的迟后,若在弯曲振动频率范围内恰好满足弹性飞机-电传操纵系统不稳定条件,那么整个系统将出现耦合发散,导致飞机损坏。

为避免上述现象发生,除了应适当选择传感器的安装位置外,一个重要的措施就是在系统中引入机体结构陷幅滤波器 $F_s(s)$。通常它位于综合校正网络和伺服器之间,目的是衰减机体结构振动模态,以保证系统的稳定性和安全性。图 7-20 为某电传飞机机体结构陷幅滤波器的对数幅频特性曲线,该滤波器的表达式为

$$F_s(s) = \frac{\left(\dfrac{s}{70}\right)^2 + 2 \times 0.06 \times \dfrac{s}{70} + 1}{\left(\dfrac{s}{65}\right)^2 + 2 \times 0.6 \times \dfrac{s}{65} + 1} \cdot \frac{1}{\dfrac{s}{70} + 1}$$

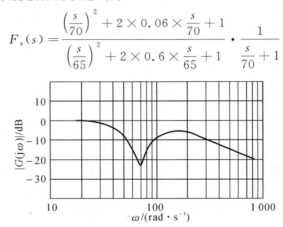

图 7-20 某电传飞机结构陷幅滤波器的对数幅频特性曲线

由图 7-20 可见,它可滤除飞机的一阶弹性弯曲模态的影响,或者说对该频率的信号起阻塞作用,不让其通过,即使得该频率的信号增益为最小。因为其形状类似陷落,故该滤波器取名为机体结构陷幅滤波器。

除了上述几个环节外,图 7-18 中的指令模型 $M(s)$ 实际上是一个低通滤波器,一方面可滤掉操纵力的猛烈冲动和高频噪声,另一方面也可使指令变得柔和而平滑一些;校正网络 $N(s)$ 一般筛选滞后-超前网络,其目的是为补偿伺服器、助力器等引起的相位滞后,改善系统的动态品质;法向加速度、迎角信号分别通过低通滤波器 $F_1(s)$,$F_2(s)$,以衰减机体的高频噪声;清洗网络 $H(s)$ 的作用是滤掉稳态俯仰角速度信号,克服在稳态盘旋时由常值稳态俯仰角速度信

号引起的低头力矩,提高转弯机动性;俯仰角速度、法向过载反馈信号的作用与前述相同。

(3) 纵向单通道电传操纵系统的控制律。

由前述分析可知,机体结构陷幅滤波器 $F_s(s)$ 的主要作用是衰减(或阻塞)机体结构振动模态,以保证飞行安全。但考虑到弹性飞机的振动模态的频率远比刚体飞机运动模态的最大频率大,所以在讨论控制律时,通常可以将它忽略不计,即令 $F_s(s) = 1$。

据图 7-18 可列出典型纵向单通道电传操纵系统控制律如下。

NSS 状态:

$$\delta_z(s) = R(s)B(s)\{K_a F_A(s)N(s)[K_{\omega_z}H(s)k_{\omega_z}\omega_z + K_{n_y}F_1(s)k_{n_y}n_y +$$
$$F(\alpha)(F_2(s)k_a\alpha + k_{\omega_z 1}H(s)k_{\omega_z}\omega_z) + k_F M(s)F_z] +$$
$$K_a[F_2(s)k_a\alpha + k_{\omega_z 3}k_{\omega_z}\omega_z]\} \tag{7-90}$$

PSS 状态:

$$\delta_z(s) = R(s)B(s)\Big\{N(s)\Big[K_a\big(K_{\omega_z}H(s)k_{\omega_z}\omega_z + K_{n_y}F_1(s)k_{n_y}n_y +$$
$$F(\alpha)(F_2(s)k_a\alpha + k_{\omega_z 1}H(s)k_{\omega_z}\omega_z) + k_F M(s)F_z\big) -$$
$$\frac{k_A}{s + k_A}k_{\omega_z 2}k_{\omega_z}\omega_z\Big] + K_a[F_2(s)k_a\alpha + k_{\omega_z 3}k_{\omega_z}\omega_z]\Big\} \tag{7-91}$$

7.3.3.2　四余度电传操纵系统

由图 7-17 可知,四余度电传操纵系统实质上是由四套完全相同的单通道电传操纵系统组合而成的,其目的是使电传操纵系统的可靠性至少不低于机械操纵系统,因此四余度电传操纵系统的组成、工作原理基本上与单通道电传操纵系统相同,只是在每个传输信号的通道中还增加表决器／监控器电路等,如图 7-21 所示。

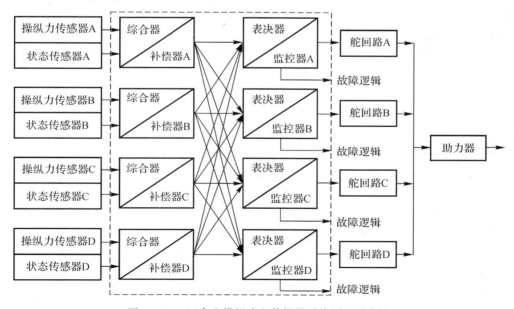

图 7-21　四余度模拟式电传操纵系统原理示意图

图 7-21 所示为四余度模拟式电传操纵系统原理图,它是由 A,B,C,D 四套完全相同的单

通道电传操纵系统按一定关系组合而成的。其中,状态传感器指的是除了操纵力传感器外的其他测量飞机飞行状态的传感器,比如迎角传感器、角速度传感器、过载传感器等;综合器／补偿器是对输入的电信号进行信号综合和补偿的;表决器／监控器用来监视、判别 4 个输入信号中有无故障信号,并输出一个从中选择的正确的无故障信号。如果 4 个输入信号中任何一个被检测出是故障信号,系统都将自动隔离这个故障信号,不让它输入到后面的舵回路中。

当 4 套系统工作都正常时,飞行员对驾驶杆的操纵经操纵力传感器 A,B,C,D 以及飞机的飞行状态参数经飞行状态传感器 A,B,C,D 各自产生 4 个同样的电指令信号,分别输入相应的综合器／补偿器中,再通过 4 个表决器／监控器的作用,分别输出一个正确的无故障信号加到相应的舵回路,4 舵回路的输出通过机械装置共同操纵一个助力器,使舵面偏转,以操纵飞机作相应的运动。如果某一个通道中的操纵力传感器或其他部件出现故障,则输入表决器／监控器的 4 个输入信号有一个是故障信号,此时由于表决器／监控器的作用,将隔离这个故障信号。每个表决器／监控器按规定的表决方式选出工作信号,并将其输出到舵回路,再驱动助力器、平尾,于是飞机按飞行员的操纵意图作相应运动。如果某一通道的舵回路出现故障,它本身能自动切除与助力器的联系(因舵回路采用余度舵机),这样到助力器去的仍是一个正确的无故障信号。同样,如果系统中某一通道再出现故障,电传操纵系统仍能正常工作,而且不会降低系统的性能。由此可见,四余度电传操纵系统具有双故障工作等级,故它又称双故障／工作电传操纵系统。

综上所述,电传操纵系统可以将飞行员的操纵指令信号,只通过导线(或总线)传给计算机,经其计算产生输出指令,操纵舵面偏转,以实现对飞机的操纵。它显然是一种人工操纵系统,其安全可靠性是由余度技术来保证的。

7.3.3.3 电传飞机飞行品质

电传操纵系统是在控制增稳操纵系统的基础上研制而成的,所以,电传飞机稳定性和操纵品质与控制增稳飞机的相比,既有相同点,又有不同点。比较它们的控制律可知,电传操纵系统中不仅有比例积分项(自动配平网络),还有俯仰角速度和法向过载反馈,所以,这种系统既具有俯仰自动配平功能,又具有增强飞机稳定性和操纵性的特点。另外,在大动压时,舵面偏转主要引起法向过载,在小动压时,主要引起俯仰角速度,所以,法向过载和俯仰角速度反馈的两个响应之和在整个飞行包线内起着重要作用。但法向过载信号是主信号,以实现过载指令(即操纵力指令)操纵,俯仰角速度不是主信号,其主要作用是改善系统的动态特性,这些情况与控制增稳操纵系统是相同的。除此以外,系统中还有迎角反馈和迎角／过载限制回路等。于是这个系统还具有增强飞机静稳定性(或放宽静稳定性)和提供理想的操稳品质的特点。下面主要介绍其不同点。

(1)提高飞机基本飞行性能和机动性

对于同种类型的两架飞机,若一架飞机安装控制增稳操纵系统,另一架安装电传操纵系统,由于电传操纵系统相比控制增稳操纵系统具有许多优点,如重量轻、战伤生存力高等,所以在相同的发动机推重比下,后一架飞机的基本飞行性能和机动性比前一架飞机好。正因为这个缘故,目前世界上高性能歼击机通常都采用电传操纵系统。如果将它安装在民航飞机上,也将会提高民航机的经济效益。

对歼击机的设计目标是提高机动性。目前常用的两种提高飞机基本飞行性能和机动性的方法是放宽静稳定性和机动载荷控制。关于这两种方法提高飞机基本飞行性能和机动性的具体内容，前面已经论述，这里不再赘述。

（2）大迎角和大过载时提供较好的操纵稳定性。

由于电传操纵系统不仅在正向通道中设置了过载限幅器，而且在反馈通道中设置了迎角／过载限制器，使得飞行员可以在整个飞行包线内、任何飞行状态下均可放心大胆地操纵飞机。比如过载限幅器就是防止由于飞行员操纵疏忽而引起过大的法向过载；而迎角／过载限制器，一方面限制了飞行员在空战过程中因操纵疏忽而出现过大的法向过载，防止飞机折断或解体，另一方面防止因飞机迎角太大而导致横航向运动变成不稳定，使飞行员无法操纵，或使飞机达到失速迎角而造成飞机失速。由于这两个装置的协调作用，以及在系统中引入反馈 $K_\alpha[F_2(s)K_\alpha\alpha + K_{\omega_z 3}k_{\omega_z}\omega_z]$，此系统能在飞机大迎角和大过载时提供较好的操纵稳定性。

（3）提供满意的操纵力特性。

选取迎角 α、俯仰角速度 ω_z 和法向过载 n_y 信号作为电传操纵系统的基本反馈，这样不仅能提高飞机的机动性，而且还能提供满意的操纵力特性。为了突出这些基本信号对操纵力特性的影响，可令 $H(s)=F_1(s)=F_2(s)=F_s(s)=1$，过载限幅器的系数为 1，并断开迎角／过载限制器。按照电传操纵系统的 NSS 和 PSS 两种工作状态，分别叙述如下：

1）NSS 工作状态。飞机高速飞行时，飞行员关心的主要参数为法向过载，所以先来研究法向过载对操纵力指令的传递函数。为此，将图 7－18 简化成图 7－22。由该图可得传递函数为

$$\frac{n_y(s)}{F_z(s)}=\frac{k_F MK_a(s+k_A)NRBG_{n_y\delta_z}}{s-RBG_{\alpha\delta_z}\left[K_\alpha(k_\alpha+k_{\omega_z 3}k_{\omega_z}G_{\omega_z\alpha})s+K_a(s+k_A)N(K_{\omega_z}k_{\omega_z}G_{\omega_z\alpha}+K_{n_y}k_{n_y}G_{n_y\alpha})\right]}$$

$$(7-92)$$

分子分母同除以 $K_a(s+k_A)NRBG_{n_y\delta_z}$，得

$$\frac{n_y(s)}{F_z(s)}=\frac{k_F M}{\Delta_{qx}+\Delta_{hx}}$$

$$(7-93)$$

式中

$$\Delta_{qx}=\frac{s}{K_a(s+k_A)NRBG_{n_y\delta_z}}$$

$$\Delta_{hx}=-\frac{G_{\alpha\delta_z}\left[K_\alpha(k_\alpha+k_{\omega_z 3}k_{\omega_z}G_{\omega_z\alpha})s+K_a(s+k_A)N(K_{\omega_z}k_{\omega_z}G_{\omega_z\alpha}+K_{n_y}k_{n_y}G_{n_y\alpha})\right]}{K_a(s+k_A)NG_{n_y\delta_z}}$$

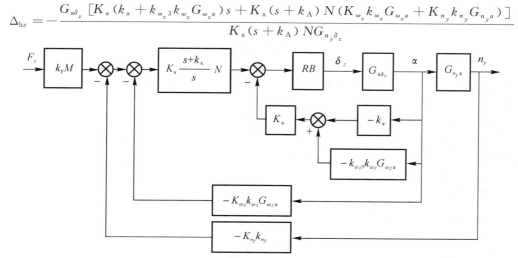

图 7－22　NSS 工作状态时图 7－18 的简化图

为了减小外界条件变化对系统动态特性的影响,增益 K_a 通常取为高增益,所以 $\Delta_{qx} \to 0$。即使不采用高增益,在设计时也容易使 Δ_{qx} 的作用处于次要地位而被略去,即相对于 Δ_{hx} 充分小,于是上式可改写成

$$\frac{n_y(s)}{F_z(s)} \approx \frac{k_F M}{\Delta_{hx}} \qquad (7-94)$$

因为

$$G_{\omega_z \alpha}(s) = s + \overline{Y}_C^\alpha \qquad (7-95)$$

$$G_{n_y \alpha}(s) = \frac{v}{g} \overline{Y}_C^\alpha = k_{n_y \alpha} \qquad (7-96)$$

$$G_{\omega_z n_y}(s) = \frac{G_{\omega_z \delta_z}(s)}{G_{n_y \delta_z}(s)} = \frac{s + \overline{Y}_C^\alpha}{k_{n_y \alpha}} \qquad (7-97)$$

考虑到校正网络 $N(s)$ 的功用是补偿伺服器、助力器引起的相位滞后,故可令 $N(s) = 1$。若取指令模型为

$$\left. \begin{array}{l} M(s) = \dfrac{k_M}{s + k_M} \\[2mm] k_M = k_A \end{array} \right\} \qquad (7-98)$$

则将以上各式代入式(7-94),得

$$\frac{n_y(s)}{F_z(s)} = \frac{-k_F k_A K_a k_{n_y \alpha}}{K_a \left[k_\alpha + k_{\omega_z 3} k_{\omega_z}(s + \overline{Y}_C^\alpha) \right] s + K_a K_{n_y} k_{n_y} k_{n_y \alpha}(s + k_A) \left[\dfrac{K_{\omega_z} k_{\omega_z}(s + \overline{Y}_C^\alpha)}{K_{n_y} k_{n_y} k_{n_y \alpha}} + 1 \right]}$$

$$(7-99)$$

在系统中各元部件确定后,由式(7-99)可知,由操纵力 F_z 所引起的法向过载 n_y(或迎角 α)的响应特性是周期性的,是一个典型的二阶振荡特性,因此在适当选择元部件的传动比情况下,可使其过程响应时间小于 3 s。换句话说,电传操纵系统的法向过载 n_y(或迎角 α)对操纵力的响应时间有可能设计得比控制增稳操纵系统小,即快速性好。

单位过载操纵力为

$$F_z^{n_y} = \left. \frac{F_z(s)}{n_y(s)} \right|_{SS} = -\frac{K_{n_y} k_{n_y}}{k_F} \left(\frac{K_{\omega_z} k_{\omega_z} g}{K_{n_y} k_{n_y} v} + 1 \right) \qquad (7-100)$$

由式(7-100)可知,它仅包含飞行速度 v 一个变量,只要通过选择合适的参数,操纵力梯度容易设计成速度 v 的线性函数或近似为常数。

当飞机高速飞行时,如 $Ma > 1.5$,并考虑到

$$\frac{K_{\omega_z} k_{\omega_z}}{K_{n_y} k_{n_y}} \approx 0.2 \sim 0.35 \qquad (7-101)$$

式(7-100)可改写为

$$F_z^{n_y} \approx -\frac{K_{n_y} k_{n_y}}{k_F} \qquad (7-102)$$

式(7-102)表示飞机高速飞行时,静态单位过载操纵力接近常数。

飞机低速飞行时,飞行员关心的主要参数为俯仰角速度,所以有必要研究俯仰角速度对操

纵力指令的传递函数。为此，将图 7-22 变换成图 7-23。由图可推得相应的传递函数为

$$\frac{\omega_z(s)}{F_z(s)} = \frac{k_F M K_a (s + k_A) N R B G_{\omega_z \delta_z}}{s - R B G_{\omega_z \delta_z} \left[K_a (k_a G_{\alpha \omega_z} + k_{\omega_z 3} k_{\omega_z}) s + K_a (s + k_A) N (K_{\omega_z} k_{\omega_z} + K_{n_y} k_{n_y} G_{n_y \omega_z}) \right]}$$

$$(7-103)$$

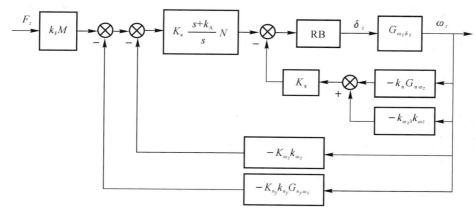

图 7-23　以俯仰角速度为输出变量的结构图

当用 $K_a(s + k_A) N R B G_{\omega_z \delta_z}$ 分别除以式（7-103）中的分子和分母，并考虑到增益 K_a 为高增益，则可采用前述方法，令

$$\frac{s}{K_a(s + k_A) N R B G_{\omega_z \delta_z}} \to 0$$

于是式（7-103）变成

$$\frac{\omega_z(s)}{F_z(s)} = \frac{-k_F M K_a (s + k_A) N}{K_a (k_a G_{\alpha \omega_z} + k_{\omega_z 3} k_{\omega_z}) s + K_a (s + k_A) N K_{n_y} k_{n_y} G_{n_y \omega_z} \left(\dfrac{K_{\omega_z} k_{\omega_z}}{K_{n_y} k_{n_y}} G_{\omega_z n_y} + 1 \right)}$$

$$(7-104)$$

令 $N(s) = 1$，并将 $G_{\alpha \omega_z}$，$G_{\omega_z n_y}$，$G_{n_y \omega_z}$ 的表达式代入式（7-95），整理后得

$$\frac{\omega_z(s)}{F_z(s)} = \frac{-k_F k_A K_a (s + \overline{Y}_C^\alpha)}{K_a \left[k_a + k_{\omega_z 3} k_{\omega_z} (s + \overline{Y}_C^\alpha) \right] s + K_a (s + k_A) K_{n_y} k_{n_y} k_{n_y^\alpha} \left[\dfrac{K_{\omega_z} k_{\omega_z} (s + \overline{Y}_C^\alpha)}{K_{n_y} k_{n_y}} + 1 \right]}$$

$$(7-105)$$

式（7-105）为俯仰角速度对操纵力指令的传递函数，它不是一个典型的二阶环节，因其分子中有一个零点，所以俯仰角速度的响应在相位上比法向过载提前一些。由此可见，它也是衡量飞机操纵性好坏的重要指标。

稳态时式（7-105）可改写成

$$\left. \frac{\omega_z(s)}{F_z(s)} \right|_{SS} = \frac{-k_F}{K_{\omega_z} k_{\omega_z} \left(1 + \dfrac{K_{n_y} k_{n_y} v}{K_{\omega_z} k_{\omega_z} g} \right)}$$

$$(7-106)$$

或改写成

$$F_z^{\omega_z} = \frac{F_z(s)}{\omega_z(s)}\bigg|_{SS} = -\frac{K_{\omega_z}k_{\omega_z}}{k_F}\left(1 + \frac{K_{n_y}k_{n_y}\upsilon}{K_{\omega_z}k_{\omega_z}g}\right) \approx \frac{K_{n_y}k_{n_y}}{k_F g}\upsilon \quad (7-107)$$

由式(7-107)可知,它也仅包含飞行速度 υ 一个变量,只要通过选择合适的参数,该指标也容易设计成速度 υ 的线性函数或近似为常数。

2)PSS工作状态。当飞机放下起落架时,自动配平网络转为PSS工作状态,此时飞机一般处于低速飞行状态。为了研究PSS状态时的操纵力特性,可将图7-18简化成图7-24。由图7-24可得俯仰角速度对操纵力指令的传递函数为

$$\frac{\omega_z(s)}{F_z(s)} = \frac{k_F M K_a(s+k_A) NRBG_{\omega_z\delta_z}}{(s+k_A)\left[1 - RBK_a(k_a G_{a\omega_z} + k_{\omega_z3}k_{\omega_z})G_{\omega_z\delta_z}\right] - NRBG_{\omega_z\delta_z}\cdot\left[k_A k_{\omega_z2}k_{\omega_z} + K_a(s+k_A)(K_{\omega_z}k_{\omega_z} + K_{n_y}k_{n_y}G_{n_y\omega_z})\right]}$$
$$(7-108)$$

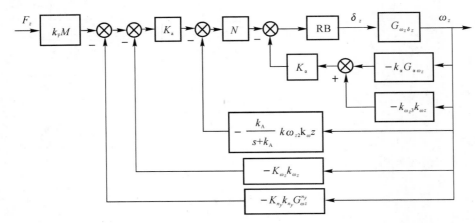

$$F_z \rightarrow \boxed{k_F M} \rightarrow \otimes \rightarrow \otimes \rightarrow \boxed{K_a} \rightarrow \otimes \rightarrow \boxed{N} \rightarrow \otimes \rightarrow \boxed{RB} \xrightarrow{\delta_z} \boxed{G_{\omega_z\delta_z}} \xrightarrow{\omega_z}$$

图7-24 PSS工作状态时图7-18的简化图

按同样的理由,令 $N(s)=1$,并将 $G_{\omega_z\delta_z}$,$G_{a\omega_z}$,$G_{n_y\omega_z}$ 的表达式代入式(7-108),整理后得

$$\frac{\omega_z(s)}{F_z(s)} = \frac{-k_F k_A K_a(s+\overline{Y}_C^a)}{\{K_a\left[(k_a+k_{\omega_z3}k_{\omega_z}(s+\overline{Y}_C^a))\right]\} + K_a\left[K_{\omega_z}k_{\omega_z}(s+\overline{Y}_C^a) + K_{n_y}k_{n_y}k_{n_ya}\right]\}\cdot(s+k_A) + k_A k_{\omega_z2}k_{\omega_z}(s+\overline{Y}_C^a)}$$
$$(7-109)$$

式(7-109)为PSS工作状态时,俯仰角速度对操纵力指令的传递函数。它与式(7-105)具有相同的阶次形式,不同点是多了一个可选择的 k_{ω_z2} 值,这样可对起飞、着陆时阻尼比不足进行补偿。

稳态时,式(7-109)可改写成

$$\frac{\omega_z(s)}{F_z(s)}\bigg|_{SS} = \frac{-k_F K_a \overline{Y}_C^a}{K_a(k_a+k_{\omega_z3}k_{\omega_z}\overline{Y}_C^a) + K_a(K_{\omega_z}k_{\omega_z}\overline{Y}_C^a + K_{n_y}k_{n_y}k_{n_ya}) + k_{\omega_z2}k_{\omega_z}\overline{Y}_C^a} \quad (7-110)$$

或改写成

$$F_z^{\omega_z} = \frac{K_a(k_a+k_{\omega_z3}k_{\omega_z}\overline{Y}_C^a) + K_a(K_{\omega_z}k_{\omega_z}\overline{Y}_C^a + K_{n_y}k_{n_y}k_{n_ya}) + k_{\omega_z2}k_{\omega_z}\overline{Y}_C^a}{-k_F K_a \overline{Y}_C^a} \quad (7-111)$$

式(7-111)为PSS工作状态时,单位俯仰角速度所需的操纵力增量。它与式(7-107)的不同点是,多了几个可选择量(如 k_a,k_{ω_z2},k_{ω_z3}),这样可针对亚声速飞行时飞机本身是静不稳

定的,以及起飞着陆时阻尼比不足进行补偿。

由以上分析可知,电传操纵系统中能选择的参数比控制增稳操纵系统多,而且容易实现。使得电传操纵系统在 NSS 和 PSS 工作状态下,都能提供满意的操纵力特性。如果再对 K_a,K_{ω_z} 和 K_{n_y} 随动压进行调参,则系统对飞行状态变化的敏感性是较小的。

正因为电传操纵系统能从起飞到着陆的整个飞行阶段和在宽广的飞行包线内提供满意的稳定性、操纵性和机动性,所以,电传操纵系统是目前比较理想的一种人工飞行操纵系统。

到此为止,对纵向电传操纵系统以及由此引起的飞机飞行性能和品质的变化进行了较详细的介绍。考虑到横航向电传操纵系统的组成、工作原理和控制律形式基本上与纵向类似,故不再介绍了。

当前,现代高性能歼击机通常安装三轴电传操纵系统。此时,设计电传操纵系统的指导思想是要最大限度地提高飞机整体性能,其设计有以下特点:

1)飞机气动布局比较灵活,构形比常规飞机复杂,操纵面较多,甚至达 10 个以上;

2)电传操纵系统具有多模态和多功能特点,如三轴控制增稳、边界限制和防失速尾旋功能等;

3)边界限制功能的内容较多,如对多种指令、迎角、侧滑角、俯仰角速度、滚转角速度和法向过载限制等;

4)与其他系统交联多,如与自动驾驶仪、发动机推力控制系统交联等;

5)为了保证复杂的三轴电传操纵系统的安全可靠性,除了有备份系统外,在主系统中常常采用非相似余度技术来设计余度系统,故系统余度结构较复杂。

7.3.3.4　电传操纵系统的优点和存在的问题

传统的机械操纵系统存在许多缺点,如重量大、体积大、存在非线性、弹性变形和保证飞机合适的操纵性的结构相当复杂,但其最大优点就是可靠性较高。电传操纵系统的优、缺点大体上与机械操纵系统相反。单通道电传操纵系统的可靠性不及机械操纵系统,但采用余度技术后就可克服此缺点。下面简单列举电传操纵系统的优缺点。

(1)电传操纵系统的优点。

1)操纵系统的体积小、重量轻。使用电传操纵系统,拆除机械杆系,可以显著减轻操纵系统的重量,例如 F-16 飞机可以减轻 1 810 N。通用动力公司估计,在大型、高性能战略轰炸机上使用电传操纵系统,可使飞行操纵系统重量减轻 84% 左右。与此同时还可以使操纵系统的体积大为减小。据估计,在战斗机上使用电传操纵系统约可减小体积 2.4 m³,在战略轰炸机上使用约可减小体积 4.39 m³。

2)提高战伤生存力。由于采用余度技术,其总线(导线)可在机翼和机身内部分散安排,所以在战伤生存性、安全可靠性方面,电传操纵系统也优于机械操纵系统。

3)消除机械操纵系统中的非线性因素影响。使用电传操纵系统消除了诸如摩擦、间隙、迟滞等机械系统的非线性因素,因此容易调整飞机响应和操纵力之间的函数关系,使其在所有飞行状态下满足要求,改善精确微小信号的操纵。

4)对飞机结构变化的影响不敏感。机械系统对挠曲、弯曲、热膨胀等引起的飞机结构的变化是非常敏感的,采用电传操纵系统后,这种影响自然就消失了。不仅如此,它甚至可能应用某种结构模态稳定措施来增加系统的疲劳寿命。

5)简化了主操纵系统与其他系统的组合。因为电气组合简单,所以电传操纵系统与战术武器投放系统、自动跟踪系统、自动着陆系统等自动控制系统的结合是很方便而且容易实现的。

6)节省设计和安装时间。使用电传操纵系统可以缩短设计和安装时间,这是不言而喻的。据北美洛克威尔公司估计,大批生产时,大型、高性能战略轰炸机飞行操纵系统设计和安装时间,每架飞机差不多可节约 5 000 个工时,使每架飞机生产总成本降低 8 万美元。

7)降低操纵系统的安装维护费用。采用机内自检装置可以很快发现故障并加以隔离,迅速恢复到正常的工作状态,不需要进行现在必须完成的花钱多、费时间的定期维修。电传操纵系统由于采用余度技术,部件数目增多,导致可能的故障次数有所增加。但是由于电传操纵系统故障隔离和维修简便,可完全抵消故障增加的影响。北美洛克威尔公司估计,对于高性能战略轰炸机来说,使用电传操纵系统,每飞行小时的维护工时大约减少 10%,这样可使飞机在地面的停机时间减少 3.5%。

8)增加座舱设计布局的灵活性。电传操纵系统可采用侧杆控制器,使驾驶杆不必安装在飞行员的正前方,因此飞行员观察仪表不受中央安装的驾驶杆的影响。

9)飞机操稳特性不仅得到根本改善,且可以发生质的变化。由前面分析可知,电传操纵系统不仅能改善飞机的稳定性、操纵性,而且能改善机动性,这是这种系统最突出的优点。正是因为有了这个优点,电传操纵系统才有可能成为设计随控布局飞机的基础,使飞机的性能发生质的变化。

10)使飞机设计具有更大的灵活性。电传操纵系统受飞机外型或系统性能变化的影响很小,这是因为电传操纵系统实际上控制的是飞机的运动而不是操纵面的位置。如果电传操纵系统在飞机基本设计阶段就被加以考虑,那么飞机设计师和气动力专家将得到更多的设计自由和更好的设计方法,然而这种设计以前一直受飞机机体在没有任何控制信号输入时是稳定的这一要求的限制。这种新的设计方法可以设计出机动性更好、重量更轻、阻力更小、气动布局更加灵活的飞机。这种技术对未来飞机所产生的影响将远远超出用电传操纵系统简单地取代机械操纵系统所能得到的好处。

(2)电传操纵系统存在的主要问题。

1)单通道电传操纵系统的可靠性不够高。由于单通道电传操纵系统中的电子元件质量和设计等因素,单通道系统的可靠性不够高。因此,目前均采用三余度或四余度电传操纵系统,并利用非相似余度技术设计备分系统,如四余度电传操纵加二余度模拟热备分系统。

2)电传操纵系统的成本较高。就单套系统来说,电传操纵系统的成本低于机械操纵系统,但前者必须采用余度系统才能可靠工作,所以成本还是比较高的,需要进一步简化余度和降低各部件的成本。

3)系统易受雷击和电磁脉冲波干扰影响。据统计,飞机平均雷击率为 7×10^{-7} h^{-1},所以电传操纵系统需要解决雷击和电磁脉冲干扰的损害。此外,由于现代飞机越来越多地采用复合材料,使用率达 30% 左右,这样系统中的电子元件失去了飞机金属蒙皮的屏蔽保护,抗电磁干扰和抗核辐射的问题更为突出。目前解决这些问题的唯一办法是采用光纤作为传输线路。光纤是介质材料,不向外辐射能量;不存在金属导线所固有的地环流及由此产生的瞬时扰动;对核辐射、电磁干扰不敏感;可以隔离通道之间的相互影响;光纤系统传输容量大,一根光纤就能传输视频、音频及数据信息。由于光纤技术的发展和数字式电传操纵系统的发展,出现了光传操纵系统。按功能来说,光传操纵系统就是应用光纤技术实现信号传输的操纵系统。当然,这种系统还有强度、成本、地面环境试验以及光纤维和飞机结构组合等问题有待进一步研究解决。

复　习　题

1. 近代飞机飞行操纵系统主要有＿＿＿＿＿＿＿＿、＿＿＿＿＿＿＿＿和＿＿＿＿＿＿＿＿。

2. 具有纵向阻尼器的飞机,等效短周期阻尼系数、等效短周期固有频率会不同程度的＿＿
＿＿＿＿＿＿；而当飞机装上纵向过载增稳器后,将会使飞机的＿＿＿＿＿＿＿增强。

3. 控制增稳操纵系统是由＿＿＿＿＿＿＿＿、＿＿＿＿＿＿和＿＿＿＿＿＿＿组成的。

4. 电传操纵系统因依据不同可以划分为很多种类。如根据所使用的控制器(飞行控制计算机)形式的不同加以分类,可将电传操纵系统划分为＿＿＿＿＿＿＿＿＿＿＿＿＿和＿＿＿＿
＿＿＿＿＿＿＿两个类别。

5. 对电传操纵系统的分析设计,主要包括两方面:①＿＿＿＿＿＿,②＿＿＿＿＿＿。

6. 简述纵向阻尼器的工作原理。

7. 带有阻尼器的增稳操纵系统对飞机的稳定性和操纵品质有哪些影响?

8. 简述法向过载增稳器的工作原理。

9. 带有法向过载增稳器的增稳操纵系统对飞机的稳定性和操纵品质有哪些影响?

10. 带有阻尼器和增稳器的增稳操纵系统对飞机的稳定性和操纵品质有哪些影响?

11. 简述纵向控制增稳操纵系统的组成。

12. 简述纵向控制增稳操纵系统的工作原理。

13. 纵向控制增稳操纵系统对飞机的稳定性和操纵品质有哪些影响?

14. 简述控制增稳操纵系统的优缺点。

15. 什么叫电传操纵系统?它如何分类?

16. 简述模拟式电传操纵系统的特点。

17. 简述数字式电传操纵系统的特点。

18. 什么是余度技术?它的主要作用是什么?

19. 余度系统具有哪些主要功能?

20. 试解释飞机的故障安全能力。

21. 简要说明飞机四余度电传操纵系统的组成。

22. 过载限幅器和迎角/过载限制器的主要作用是什么?

23. 电传操纵系统有哪些优点?存在哪些问题?

参 考 文 献

[1] 章梓雄,董曾南.粘性流体力学[M].北京:清华大学出版社,1998.

[2] 吴江航,韩庆书.计算流体力学的理论、方法及应用[M].北京:科学出版社,1988.

[3] 潘文全.流体力学基础[M].北京:机械工业出版社,1980.

[4] 陈廷楠.应用流体力学[M].北京:航空工业出版社,2000.

[5] 陈再新,刘福长,鲍国华,等.空气动力学[M].北京:航空工业出版社,1993.

[6] 张兆顺,崔桂香.流体力学[M].北京:清华大学出版社,2006.

[7] 钱翼稷.空气动力学[M].北京:北京航空航天大学出版社,2005.

[8] 徐华舫.空气动力学基础[M].北京:北京航空学院出版社,1987.

[9] 王旭,苏新兵.应用流体力学[M].西安:西北工业大学出版社,2012.

[10] 陈廷楠.飞机飞行性能品质与控制[M].北京:国防工业出版社,2007.

[11] 昂海松,余雄庆.飞行器先进设计技术[M].2版.北京:国防工业出版社,2014.

[12] 顾诵芬.飞机总体设计[M].北京:北京航空航天大学出版社,2001.

[13] 李为吉.飞机总体设计[M].西安:西北工业大学出版社,2005.

[14] 武文康.战斗机气动布局设计[M].西安:西北工业大学出版社,2005.

[15] 苏新兵,张登成.飞机飞行动力学[M].北京:国防工业出版社,2022.

[16] 比施根斯.飞行动力学[M].北京:国防工业出版社,2017.

[17] 刘世前.现代飞机飞行动力学与控制[M].上海:上海交通大学出版社,2014.

[18] 尼尔森.飞行稳定性和自动控制[M].北京:国防工业出版社,2008.

[19] 匡江红,王秉良.飞机飞行力学[M].北京:清华大学出版社,2012.